例題と演習で学ぶ

文系のための統計学

藤本佳久 著

学術図書出版社

まえがき

文系の学生にとって，微積・行列など経済学などのための基礎的な数学，ORなどの経営数学，それと統計学が三種の神器とでもいうべき大事な数学的「道具」になってきているのではないだろうか．

さらに，最近「数学」という名前で語られている内容が実は，「統計学」のことだったという話を聞くこともあるくらい文系の学生にとっても，統計学は身近になってきた．

著者は会計専門職大学院で公認会計士を目指す試験で「統計学」を選択する院生を教える経験の中で，それに対応したテキストがなかなか見つけられずにいた．公認会計士試験での統計学の出題は多岐にわたっているので，簡単な入門書では対処できない．本格的な理論書を採用した場合，実際の試験問題を解く段階までつなげていくのが簡単ではない．

公認会計士試験で統計学が採用されてから10年以上が過ぎた．これまでの過去問を織り交ぜながら統計学の解説を行うテキストが書けないものかと模索してきた．統計学での受験の対策本ではなく，あくまでも問題を解くことを通して統計学の考え方や適用の方法を解説することを目指した．

公認会計士試験における統計学の過去問は，公認会計士・監査委員会のホームページ，あるいは，行政文書開示の請求によって得ることができた．テキストの中での過去問の取り入れ方について触れておく．対策本ではないので，あえて出題年だけを記して引用して，何問目の問題とかまでは明示しないことにした．問題の文はできる限り変更しない形で取り入れることにしたが，小問だけを取り出したりするなど，その章の内容に関係する部分にだけ取り出すことは行ったので注意をお願いしたい．文章に関しては，このテキストが，「句点と読点」ではなく，「ピリオド・カンマ」を採用しているので，過去問もそのスタイルに書き直したことはお許しいただきたい．

ビッグデータの活用がこれからの時代の潮流になってきた現代においては，データサイエンティストという職業に代表されるように，統計学を活用することはますます重要になってきている．その意味でも，単に問題が解ければよいということではなくて，統計学の考え方とか適用方法を身につけていただきたいものだと願っている．

統計学は多岐にわたっているので，著者の力量不足もあり，本書では全体像を明らかにすることは到底できなかった．それでも，多少なりとも文系の学生にとっても使われ方が分かるように具体的な「例題」や「演習」を配置したつもりでいる．特に演習では本質的な部分は何なのかを「感覚」的に理解できるように，あえて「穴埋め式」にこだわった．それで問題解法の手順をつかんで頂きたいと考えた．

各章の最後に「問題と解説」と題して，公認会計士試験の過去問からその章に関係する問題（小問）を２，３問選び出し解説しているのでその章の内容のチェックとともに出題の仕方などの理解に役立てていただければ幸いである．

なお，大学の文系学部のテキストとして，使用の際には，各「演習問題」と「演習問題解答」が，印刷物として授業中に配布できるように，用意されている．著者自身もすでに授業で活用しているものであるが，必要な場合には出版社を通じて，ご一報頂ければ，提供可能である．

2017 年 3 月

著者

目　次

第 1 章

データの整理

国勢調査に代表されるような大規模な調査によって得られるデータ，あるいは，地震の観測など自然現象で得られるデータ，また実験室で行われる実験によるデータなど様々な種類のデータがある．統計学の目的はこのようにして得られたデータを整理，要約してその中の有用な情報を引き出すことである．ここで扱うのは，**記述統計学**と呼ばれる方法である．

1.1　度数分布表とヒストグラム

観測・調査されたデータを全体的に把握するには，表やグラフを用いるのが，適している．これの代表的な存在として，度数分布表やヒストグラムがある．

(a)　度数分布表

この方法は，データをいくつかの，**階級**に分け，各階級に属するデータの数がどのくらいあるか**度数**を数えて表に表すものである．

次の例を使って以下説明を進める．

例 1　ある 20 名のクラスで 100 点が満点の英語の試験を行ったところ次のような点数になった．

88	21	56	34	59
44	76	25	68	95
73	19	48	78	62
98	74	16	45	92

この表に表されたデータの最小値と最大値を含む範囲を，n 等分に分けて各

階級	階級値	度数	相対度数	累積度数	累積相対度数
0〜20	10	2	0.10	2	0.10
20〜40	30	3	0.15	5	0.25
40〜60	50	5	0.25	10	0.50
60〜80	70	6	0.30	16	0.80
80〜100	90	4	0.20	20	1.00

表 1.1　度数分布表

階級を考える．すなわち，

$$a_0 < a_1 < a_2 < \cdots < a_{n-1} < a_n$$

と，等間隔に並んだ値に対して，データ x を

$$a_0 \leqq x < a_1,\ a_1 \leqq x < a_2,\ \cdots,\ a_{n-1} \leqq x < a_n,$$

の n 個の**階級**に分類することである．例 1 では，$a_0 = 0, a_1 = 20, a_2 = 40, a_3 = 60, a_4 = 80, a_5 = 100$ である．各階級にするデータの個数を，**度数**という．

この表に現れた各値を説明する．

- 階級値は，階級を代表する値のことを指す．一般的には
$$\text{階級値} = \frac{a_{k+1} + a_k}{2}$$
のことである．したがって，例 1 では，階級値はそれぞれ 10，30，50，70，90 である．
- 階級（$[a_{k-1}, a_k)$）の度数を f_k とすると，データ全体の個数 N は，$N = f_1 + f_2 + \cdots + f_n$ となる．
$$\frac{f_k}{N}$$
あるいは，その百分率を，その階級の**相対度数**という．この例では，$N = 20$ であるので，各階級の度数を $N = 20$ で割ったものになる．
- **累積度数**は，その階級以下の階級の度数の総和である．同様に，**累積相対度数**は，その階級以下の階級の相対度数の総和である．

(b)　ヒストグラム

横軸に階級をとり，縦軸に度数を柱状に表したグラフを，**ヒストグラム**という．

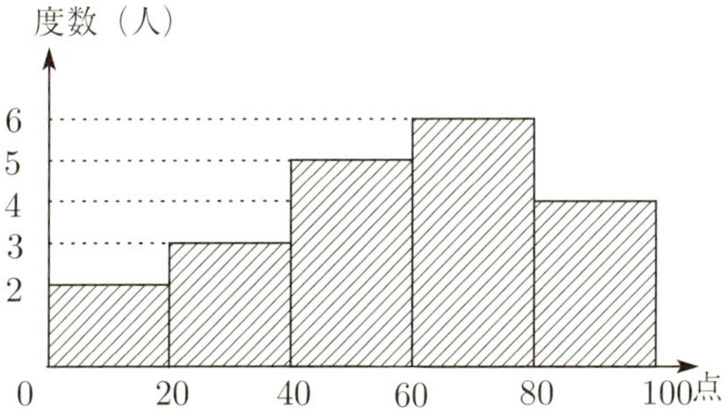

図 **1.1**　ヒストグラム

1.2　基礎統計量

1.2.1　代表値

観測・測定したデータが集められたときに，そのデータが集団として，どのような特性・性質をもっているのかを代表する値のことを**代表値**という．以下どんなものがあるかを見よう．

平均値 $\bar{x}$　データの値を全部加えて，全データ数で割ったもの．度数分布表を利用した場合は，階級値 × 度数の和を全データ数で割る．

例 1 では，

$$\bar{x} = \frac{88 + 21 + 56 + \cdots + 45 + 92}{20} = \frac{1171}{20} = 58.55$$

となる．度数分布表を利用すると

$$\bar{x} = \frac{10 \cdot 2 + 30 \cdot 3 + 50 \cdot 5 + 70 \cdot 6 + 90 \cdot 4}{20} = \frac{1140}{20} = 57$$

となる．

中央値（メジアン）M_e　真ん中の値（偶数のデータ数の場合の中央値は，真ん中の 2 個の値を足して 2 で割ったもの．奇数の場合には，真ん中の値は 1 個に指定できる）．度数分布表を利用した場合真ん中の値が属する階級値である．データが偶数の場合に，真ん中の 2 個が別々な階級に属する場合には，それぞれの階級値の値を足して2で割ったものである．

例1では，まず，点数の低い順に並べ替える必要がある．

$$16, 19, 21, 25, 34, 44, 45, 48, 56, 59, 62, 68, 73, 74, 76, 78, 88, 92, 95, 98$$

データが偶数であるから，10番目と11番目を足して2で割ると

$$M_e = \frac{59 + 62}{2} = 60.5$$

となる．度数分布表を利用すると，10番目が階級40～60に属し，11番目が60～80に属するので，2つの階級値50と70を足して2で割る．すなわち，

$$M_e = \frac{50 + 70}{2} = 20$$

となる．

最頻値（モード）M_o　最も頻繁に現れる値のことである．度数分布表を利用した場合は，度数の最も多い階級の階級値のことである．

例1では，同じ得点の学生はいない．度数分布表での最頻値でないと意味を持たない．度数分布表において，度数の最も多い階級は60～80であるから，最頻値 $M_o = 70$ となる．

四分位点 Q_i $(i = 1, 2, 3)$　データを小さい順番に並べ替えたときに，小さい方から，25%目に当たる値を**第1四分位点** Q_1，50%目に当たる値を**第2分位点** Q_2，75%目に当たる値を**第3分位点** Q_3 という．**四分位範囲**とは，

$$\text{四分位範囲} = \text{第3四分位点} - \text{第1四分位点}$$

で定義される値である．これが，大きいと，値が散らばっていることが分かるので，データの散らばり具合を測る尺度として利用されることもある．

四分位点の計算方法には後述するようにいくつか考え方があるようであるが，データ数が多くなれば，その差異は微少になるのであまり神経質になる必要はない．例1では，その中の2つで計算する．

その1　データは20個なので，4等分して，5個ずつのグループに分ける．

$$\boxed{16,19,21,25,34}, \boxed{44,45,48,56,59}, \boxed{62,68,73,74,76}, \boxed{78,88,92,95,98}$$

第1四分位点は1番目のグループの最後と2番目のグループの最初を足して2で割る.

$$第1四分位点 = \frac{34+44}{2} = 39$$

第3四分位点は3番目のグループの最後と4番目のグループの最初を足して2で割る.

$$第3四分位点 = \frac{76+78}{2} = 77$$

したがって,

$$四分位範囲 = 77 - 39 = 38$$

その2　最小値が1番目の16点，最大値が20番目の98点である．25%目は，$1 + \dfrac{20-1}{4} = 5.75$ 番目になる．したがって，5番目と6番目の値の間を4等分した3個目の値が第1四分位点になる．すなわち，

$$第1四分位点 = 34 + \frac{3}{4}\cdot(44-34) = 41.5$$

同様に，75%目は，$1 + \dfrac{3}{4}\cdot(20-1) = 15.25$ 番目になる．すなわち，

$$第3四分位点 = 76 + \frac{78-76}{4} = 76.5$$

したがって，

$$四分位範囲 = 76.5 - 41.5 = 35$$

となる.

中央値，四分位点などを求めようとすると，データを小さい順番に並べ替えておく必要があることに注意する.

例 2　今10人の子供がいたとする．お小遣いの金額を尋ねたところ，9人の子供は貧しい家庭でお小遣いは0円であった．ところが，1人は非常に富裕な家庭の子供で1月にお小遣いを百万円もらっていたとする．このとき，平均をとると

$$平均 = \frac{0+0+0+0+0+0+0+0+0+100}{10} = 10(万円)$$

となり，実態からかけ離れたものになる．例えば，中央値をとることにする．まず，小さい順番に並べると，

$$0, 0, 0, 0, 0, 0, 0, 0, 0, 100$$

なので，5番目と6番目の平均になるので，

$$中央値 = \frac{0+0}{2} = 0 \quad (万円)$$

となり10人のうちの9人の子供の状況をより反映した量になっている．この例の百万円のお小遣いというのは，他のデータから大きく外れた値になっている．こういう値を**外れ値**という．外れ値を含むデータの場合には，中央値は比較的その影響を受けない代表値だということが知られている．
よく平均を絶対的な指標として用いがちであるが，適切に他の代表値も用いてデータを整理要約することが肝要である．

平均，中央値 (メディアン)，最頻値 (モード) に関しては次のことが知られている．分布の形で峰が一つの分布を考える．

- 分布が左右対称の場合，平均，中央値 (メディアン)，最頻値 (モード) は一致する．

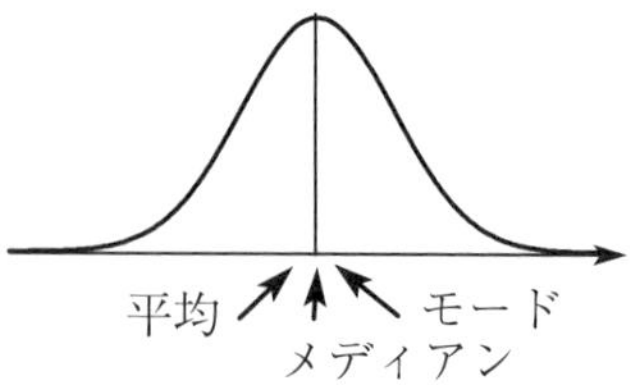

- 分布が右に裾が長く伸びている場合，一般的には

$$最頻値 (モード) < 中央値 (メディアン) < 平均$$

の順番になる．

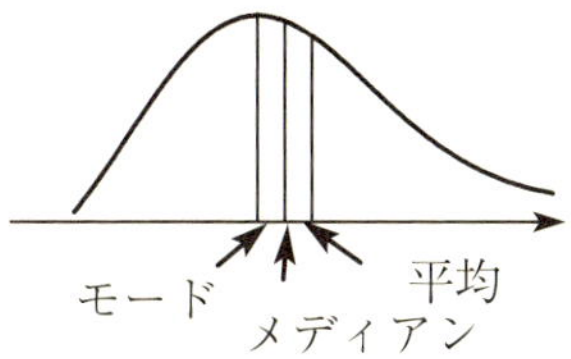

- 分布が左に裾が長く伸びている場合，一般的には

  平均 $<$ 中央値 (メディアン) $<$ 最頻値 (モード)

  の順番になる．

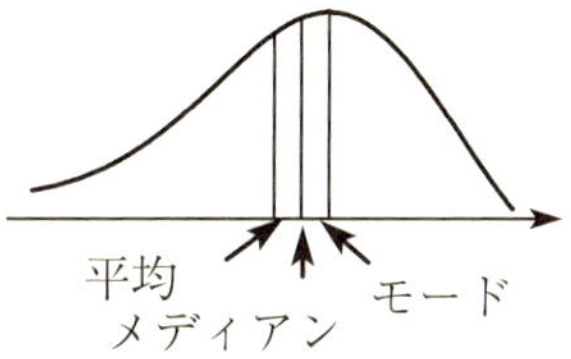

これからも分かるように，対称でなく右あるいは左にひずんだ分布の場合には，中央値 (メディアン) が安定していて，代表値としては他の 2 つより優れているといわれている．

1.2.2　散らばり具合

データがどのように分布しているか，どのように散らばっているかを測る尺度に，**分散**という概念がある．

分散 S^2　各データと平均値との差の自乗したものの平均を表す．N 個のデータ全体を x_i $(i = 1, \cdots, N)$ とすると，

$$S^2 = \frac{(x_1 - \bar{x})^2 + (x_2 - \bar{x})^2 + \cdots + (x_N - \bar{x})^2}{N} = \frac{1}{N}\sum_{i=1}^{N}(x_i - \bar{x})^2$$

と定義される．データの値を自乗したものの平均を $\overline{x^2}$ と書くことにする，すなわち

$$\overline{x^2} = \frac{x_1^2 + x_2^2 + \cdots + x_N^2}{N}$$

とすると，S^2 は，式変形により

公式 1

$$S^2 = \overline{x^2} - \bar{x}^2$$

例 1 では,

$$\overline{x^2} = \frac{16^2 + 19^2 + \cdots + 95^2 + 98^2}{20} = \frac{81691}{20} = 4084.55$$

となる．$\bar{x} = 58.55$ であったから，公式 1 を用いると

$$S^2 = 4084.55 - 58.55^2 = 656.4475$$

となる．度数分布表を利用すると

$$\overline{x^2} = \frac{10^2 \cdot 2 + 30^2 \cdot 3 + 50^2 \cdot 5 + 70^2 \cdot 6 + 90 \cdot 4}{20} = \frac{77200}{20} = 3860$$

であり，$\bar{x} = 57$ であったから，公式 1 を用いると

$$S^2 = 3860 - 57^2 = 611$$

と計算することができる．

$x_i - \bar{x}$ を偏差といい，偏差の 2 乗の総和 $\sum_{i=1}^{N}(x_i - \bar{x})^2$ を**偏差 2 乗和**，**偏差平方和**，あるいは**変動**などと言う．後述のように，相関係数の計算においても，分散の形ではなく，データ数 N で割る前の変動の方が扱いが簡単になることがあることを注意する．

標準偏差 S　分散の平方根をとったものを**標準偏差**という．

$$S = \sqrt{S^2}$$

である．例 1 では，標準偏差は

$$S = \sqrt{656.4475} = 25.62$$

となる．度数分布表を利用すると

$$S = \sqrt{611} = 24.72$$

である．

変動係数 CV　異なる 2 つのデータの分布の散らばりを比較する際には，標準偏差ではよく説明できないことがある．このようなときには，標準偏差を平均で割った**変動係数**（CV）

$$CV = \frac{S}{\bar{x}}$$

が用いられることがある．

1.2.3　データの分布の形

データの分布の形を計る量として以下のようなものがある．この章で扱うデータの分布の形というのは，度数分布表を基にしたヒストグラムでイメージできるものである．

歪度 β_1　データの分布が左右対称からどのようにずれているかを計る量としての役割がある．

$$\beta_1 = \frac{1}{N}\sum_{i=1}^{N}\left(\frac{x_i - \bar{x}}{S}\right)^3$$

を**歪度** (skewness) という．β_1 の正負で分布の形を判定することができる．

- $\beta_1 > 0$ の場合には，確率分布は右の裾が長くなる．
- $\beta_1 = 0$ の場合には，確率分布は左右対称である．
- $\beta_1 < 0$ の場合には，確率分布は左の裾が長くなる．

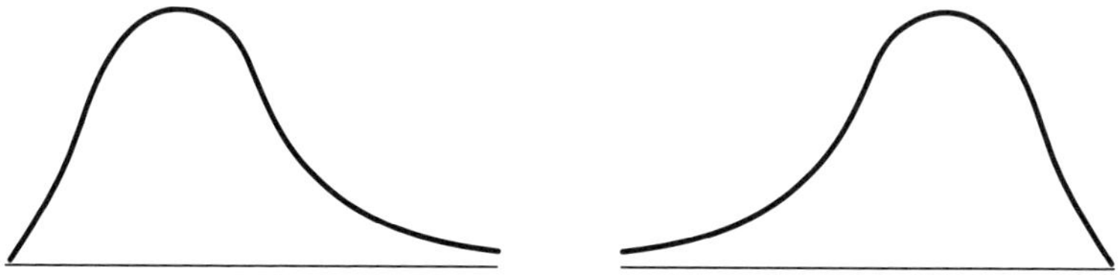

図 1.2　左：$\beta_1 > 0$　右：$\beta_1 < 0$

尖度 β_2　データの広がりを計る量として役割がある．正規分布の形を基準にしてそれより広がりがあるのか，集中しているのかを計る量である．

$$\beta_2 = \frac{1}{N}\sum_{i=1}^{N}\left(\frac{x_i - \bar{x}}{S}\right)^4 - 3$$

を**尖度** (Kurtosis) という．この章では離散的なデータしか扱ってないが，第 4 章では，連続に分布するデータも扱う．連続量である正規分布の場合 $\frac{1}{N}\sum_{i=1}^{N}\left(\frac{x_i-\bar{x}}{S}\right)^4$ に対応した値は 3 となる．それで，β_2 は正規分布の場合 0 となるように 3 を引いている．これと比較して確率分布の尖りの程度を表す．ただし，3 を引かない値を β_2 として定義する流儀もあることを注意する．

- $\beta_2 > 0$ の場合には，確率分布は正規分布より尖っている．
- $\beta_2 = 0$ の場合には，確率分布は正規分布の形状をしている．

- $\beta_2 < 0$ の場合には，確率分布は正規分布よりなだらかな曲線になっている．

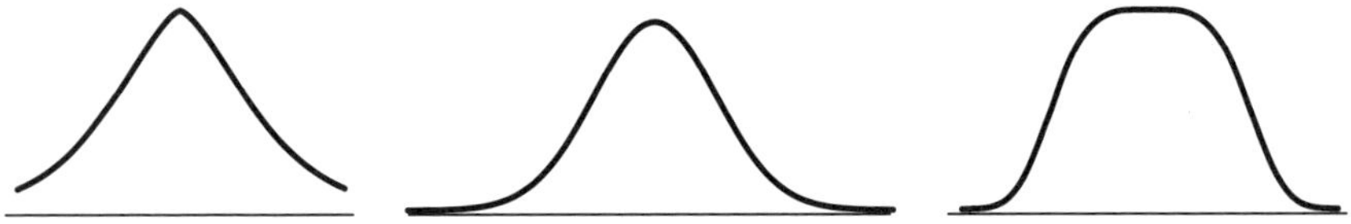

図 1.3　左：$\beta_2 < 0$　真ん中：$\beta_2 = 0$　右：$\beta_2 > 0$

例1の度数分布表に対するヒストグラムは以下の通りであった．

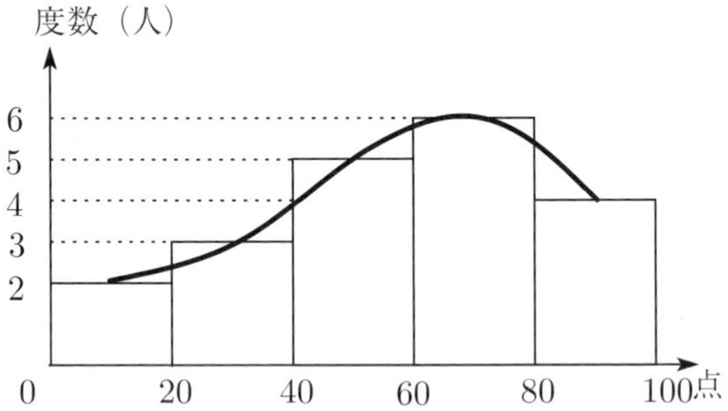

歪度は -0.173，尖度は -1.15 である．

例題 1　次があるクラス30人の数学の点数である．

55	89	46	32	79	91
58	43	23	78	88	58
95	86	74	27	59	50
77	44	99	54	73	76
16	66	45	85	68	94

(1)　上のデータに対して，度数分布表を作れ．

(2)　このデータに対して，ヒストグラムを作れ．

(3)　このデータに対して，平均，中央値，最頻値，第1四分位点，四分位範囲を求めよ．

(4)　このデータに対して，分散と標準偏差を求めよ．

[解]

(1)　データの並べ替え

番号	1	2	3	4	5	6	7	8	9	10	11	12	13	14	15
点数	16	23	27	32	43	44	45	46	50	54	55	58	58	59	66

番号	16	17	18	19	20	21	22	23	24	25	26	27	28	29	30
点数	68	73	74	76	77	78	79	85	86	88	89	91	94	95	99

(2)　度数分布表

階級	階級値	度数	相対度数	累積度数	累積相対度数
0～20	10	1	0.033	1	0.033
20～40	30	3	0.100	4	0.133
40～60	50	10	0.333	14	0.467
60～80	70	8	0.267	22	0.733
80～100	90	8	0.267	30	1.000

(3)　ヒストグラム

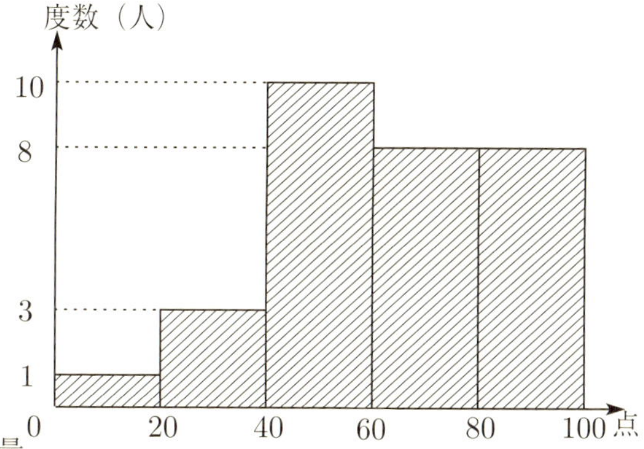

(4)　基本統計量

- 平均

$$平均 = \bar{x} = \frac{16 + 23 + 27 + \cdots + 94 + 95 + 99}{30} = 64.27\ (点)\cdot\cdot\cdot(答)$$

- 中央値

全体の総数が 30 人なので，真ん中は 15 番目と１６番目になる．したがって，２つの平均が中央値になる．すなわち，

$$中央値 = M_e = \frac{66 + 68}{2} = 67\ (点)\cdot\cdot\cdot(答)$$

- 最頻値

  最頻値は，$M_0 = 58$ 点となる．・・・(答)

  あるいは，度数分布表を基にした最頻値は，$M_0 = 50$ 点となる．・・・(答)

- 四分位点, 四分位範囲

  最小値が1番目の16点，最大値が30番目の99点である．データ数は30個であるから，中央値は15番目と16番目の平均になり，中央値のところで前半の15個，後半の15個に分けることができる．前半データ15個の中央のところが第1四分位点だと考えることができる．そうすると，個数が奇数なのでちょうど8番目のデータになる．すなわち，

$$第1四分位点 = 46\ (点) \cdot\cdot\cdot (答)$$

  となる．同様に第3四分位点は，後半データの中央のところだと考えると，こちらも奇数個なのでちょうど23番目のデータになる．すなわち，

$$第3四分位点 = 85\ (点) \cdot\cdot\cdot (答)$$

  となる．したがって，

$$四分位範囲 = 85 - 46 = 39\ (点) \cdot\cdot\cdot (答)$$

  となる．

(4) 分散と標準偏差

$$S^2 = \frac{1}{30}\{(16-\bar{x})^2 + (23-\bar{x})^2 + \cdots + (99-\bar{x})^2\} = 508.40 \cdot\cdot\cdot (答)$$

あるいは，公式1を用いると，

$$\overline{x^2} = \frac{1}{30}(16^2 + 23^2 + 27^2 + \cdots + 95^2 + 99^2) = 4638.6$$

であるから，

$$S^2 = 4638.6 - \bar{x}^2 = 508.40 \cdot\cdot\cdot (答)$$

となる．標準偏差は

$$S = \sqrt{S^2} = 22.55 \cdot\cdot\cdot (答)$$

である．■

注意1　四分位点の計算にはいくつか異なった考え方がある．例えば，

(1)　上記の例の場合にあるように，データ数は 30 個であるから，中央値のところで前半の 15 個，後半の 15 個に分けることができる．前半データの中央のところが第 1 四分位点だと考えることができ，ちょうど 8 番目のデータになり，第 1 四分位点は 46（点）だと考えることができる．同様に第 3 四分位点は，後半データの中央のところだと考えると，23 番目のデータになり 85（点）ということになる．

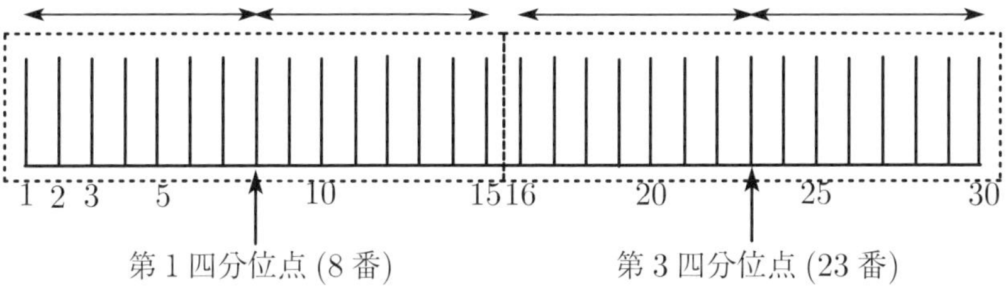

(2)　1 番目と 30 番目を両端にして，その間の 29 を 4 等分することで，四分位点を計算すると，25%目は，$1+\dfrac{30-1}{4}=8.25$ 番目になる．したがって，8 番目と 9 番目の間を 4 等分した値が第 1 四分位点になる．すなわち，

$$\text{第 1 四分位点} = 46+\frac{50-46}{4}=47\ (\text{点})$$

となる．同様に，75%目は，$1+\dfrac{3\cdot(30-1)}{4}=22.75$ 番目になる．すなわち，第 3 四分位点は，

$$\text{第 3 四分位点} = 79+\frac{3\cdot(85-79)}{4}=83.5\ (\text{点})$$

となる．

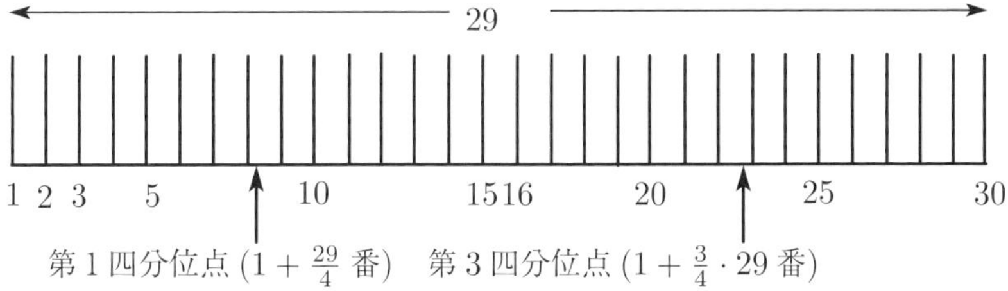

(3)　1 番目は端ではなく 0 番目から始まり，31 番目を最後として，その間を等

分に30個のデータが並んでいると考えると，$\frac{31}{4} = 7.75$ 番目の値が第1四分位点だと考えられる．したがって，第1四分位点は

$$45 + \frac{3}{4}(46 - 45) = 45.75 \text{ (点)}$$

となる．同様に，$\frac{3}{4} \cdot 31 = 23.25$ 番目の値が第3四分位点だと考えられるから，

$$85 + \frac{86 - 85}{4} = 85.25 \text{ (点)}$$

となる．

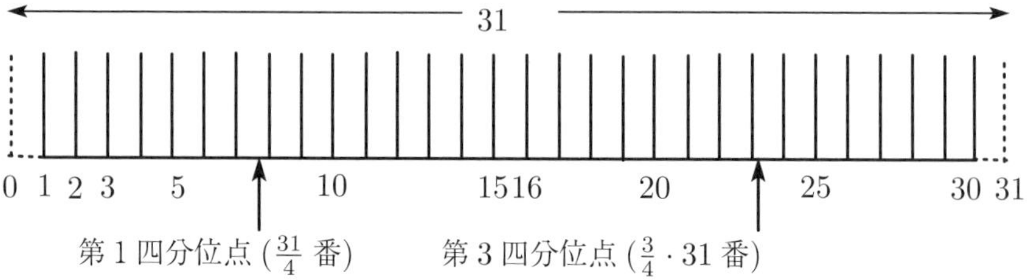

注意2

階級の個数 n をいくつにするかは決まった規則はない．目安を与えてくれるものとして，**スタージェス (Sturges) の公式**がある．

公式 2 (スタージェスの公式)　N をデータの個数とする．

$$n \approx 1 + \log_2 N = 1 + \frac{\log_{10} N}{\log_{10} 2} \fallingdotseq 1 + 3.3 \log_{10} N$$

$\log_{10} 2 \fallingdotseq 0.3010$ であるから，$\frac{1}{\log_{10} 2} \fallingdotseq 3.3$ である．例えば，

- $N = 100$ とすると，$n \approx 1 + 3.3 \times \log_{10} 100 = 1 + 3.3 \times 2 \fallingdotseq 7.6$
- $N = 1000$ とすると，$n \approx 1 + 3.3 \times \log_{10} 1000 = 1 + 3.3 \times 3 \fallingdotseq 11$

となる．あるいは，2進法に慣れている場合には，

$$2^2 = 4, 2^3 = 8, 2^4 = 16, 2^5 = 32, 2^6 = 64, 2^7 = 128, 2^8 = 256, 2^9 = 512, 2^{10} = 1024$$

を使うと，データの個数 $N = 100$ の場合，$2^6 < N < 2^7$ であるから，

$$1 + \log_2 2^6 < 1 + \log_2 N < 1 + \log_2 2^7$$

が成り立つので，$7 < n < 8$ であることが分かる．

注意3　データを直接目で見ながら度数を数える作業は骨の折れる作業である．こういう場合，例えば，Microsoft 社の「エクセル」を使うと度数分布表

を書くのも比較的簡単に行うことができる．

① 度数分布を表示したい場所をドラッグする．

	階級	度数
20	0～20	
40	20～40	
60	40～60	
80	60～80	
100	80～100	

② 関数から「frequency」を選ぶ

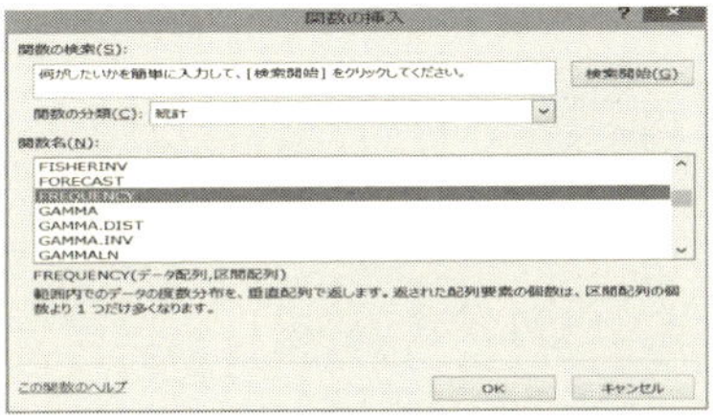

③ 関数「frequency」において，次のように「データ配列」と「区間配列」を入力する．

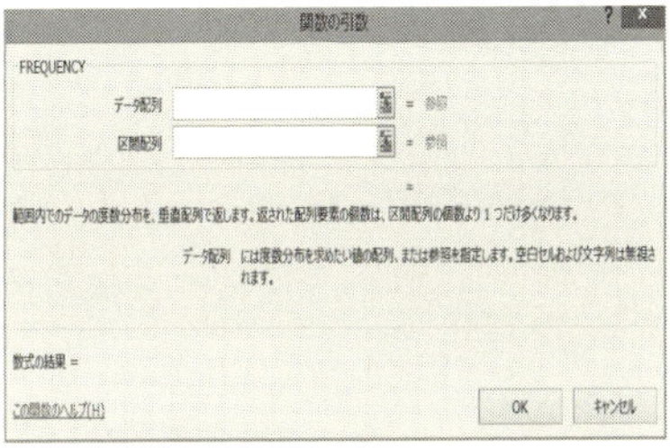

④「データ配列」として，30 人の数学の点数をドラッグする．

55	89	46	32	79	91
58	43	23	78	88	58
95	86	74	27	59	50
77	44	99	54	73	76
16	66	45	85	68	94

⑤「区間配列」として，階級の区分を示す値をドラッグする（100 のセルまで入れても今回は問題はない）．

	階級	度数
20	0～20	
40	20～40	
60	40～60	
80	60～80	
100	0～100	

⑥「ctrl+shift+Enter」を押すと，各階級の度数が表示される．20の行には「20点以下」の人数，40の行には「21点から40点以下」，60の行には「41点から60点以下」，80の行には「61点から80点以下」，100の行には「81点以上」の人数が表示される．

	階級	度数
20	0～20	1
40	20～40	3
60	40～60	10
80	60～80	8
100	80～100	8

■

1.3　度数分布表を用いた計算

前述のように，度数分布表を用いても基礎統計量を計算することができる．例えば，国勢調査のデータを用いる場合には，そのままのデータで平均や分散を求めるには計算量が膨大になる．このようにデータ数が多い場合には，度数分布表を用いて平均や分散を簡便に計算することができる．例題1の場合に比較してみよう．

元のデータのまま

No	x	x^2
1	16	256
2	23	529
3	27	729
⋮	⋮	⋮
29	95	9025
30	99	9801
合計	1928	139158

度数分布表を利用して

階級値 m	度数 f	mf	m^2f
10	1	10	100
30	3	90	2700
50	10	500	25000
70	8	560	39200
90	8	720	64800
合計	30	1880	131800

平均

$$\bar{x} = \frac{\text{[redacted]}}{30} = 64.27$$

中央値

$$M_e = \frac{66+68}{2} = 67$$

最頻値

$$M_o = 58$$

分散 S^2

$$S^2 = \frac{\text{[redacted]}}{30} - \left(\frac{\text{[redacted]}}{30}\right)^2 = 508.40$$

標準偏差 S

$$S = \sqrt{508.40} = 22.55$$

平均

$$\bar{x} = \frac{\text{[redacted]}}{30} = 62.67$$

中央値

$M_e = 70$ (15，16 番目の属する階級の階級値)

最頻値

$M_o = 50$ (度数が最大の階級値)

分散 S^2

$$S^2 = \frac{\text{[redacted]}}{30} - \left(\frac{\text{[redacted]}}{30}\right)^2 = 466.22$$

標準偏差 S

$$S = \sqrt{466.22} = 21.59$$

演習 1　次の表は国土交通省の調査に基づく平成 15 年度都道府県別の住宅地の地価下落率（%）を前年度比で表したものである．

都道府県名	北海道	青森	岩手	宮城	秋田	山形	福島	茨城	栃木	群馬	埼玉	千葉
地価下落率	2.9	1.4	1.2	5.4	2.5	2.6	4.2	6.2	6.3	5.4	5.9	9.5
	東京	神奈川	新潟	富山	石川	福井	山梨	長野	岐阜	静岡	愛知	三重
	4.1	5.5	5.7	7.0	7.5	4.6	7.3	4.1	5.2	6.5	4.6	5.1
	滋賀	京都	大阪	兵庫	奈良	和歌山	鳥取	島根	岡山	広島	山口	徳島
	7.0	7.0	8.6	8.5	7.3	4.4	3.3	0.4	5.1	3.3	4.0	4.4
	香川	愛媛	高知	福岡	佐賀	長崎	熊本	大分	宮崎	鹿児島	沖縄	
	4.3	3.3	1.5	3.7	1.3	3.3	2.6	1.3	0.9	1.5	3.3	

上の問題を以下の手順で答えなさい．［細い線の括弧］には式や文字を，［太い線の括弧］には数値を入れなさい．

問 1　度数分布表を書きなさい（次の 5 階級でまとめなさい）．

階級 (より大〜以下)	階級値	度数	相対度数	累積度数	累積相対度数
0 〜 2					
2 〜 4					
4 〜 6					
6 〜 8					
8 〜 10					

問 2 ヒストグラムを書きなさい．

問 3 各都道府県の下落率の全国平均，分散，標準偏差を求めなさい．

地価下落率 x_i	2.9	1.4	1.2	5.4	2.5	2.6	4.2	6.2	6.3	5.4	5.9	9.5
x_i^2												

4.1	5.5	5.7	7.0	7.5	4.6	7.3	4.1	5.2	6.5	4.6	5.1

7.0	7.0	8.6	8.5	7.3	4.4	3.3	0.4	5.1	3.3	4.0	4.4

											合計
4.3	3.3	1.5	3.7	1.3	3.3	2.6	1.3	0.9	1.5	3.3	

上記の表より

$$\text{下落率の全国平均} = \frac{\square}{\square} = \square \quad \cdots \text{(答)}$$

公式 1 より

$$\text{下落率の分散} = \frac{\square}{\square} - \left(\frac{\square}{\square}\right)^2 = \square \cdots (\text{答})$$

$$\text{下落率の標準偏差} = \sqrt{\square} = \square \cdots (\text{答})$$

問 4 中央値，(度数分布表での) 最頻値，第 1 四分位点，四分位範囲を求めなさい．まず，下落率が低い順に並べ替える．

都道府県名												
地価下落率												

まず，中央値は，データ数が奇数なので $\square$ 番目が中央になるので，$\square$ である・・・(答)．

度数分布表より，最頻値は $\square$ である・・・(答)．

第 1 四分位点は $\square$ であり，四分位範囲は $\square$ である・・・(答)．

■

1.4 ローレンツ曲線

ローレンツ曲線は，所得や資産などの分配における不平等度を表すのに用いられる．

五分位階級・十分位階級　例えばすべての世帯の年間収入などを，低い順に5段階にまとめ階級に分けたものを「5分位階級」という．その際には抽出率には地域差などあるのでそれらを調整した調整集計世帯数を用いて5等分している．同様に，10段階に分けたものを「10分位階級」という

次の例でローレンツ曲線を考えてみる．

例 3　総務省の2013年の家計調査年報によると，総世帯年間収入の5分位階級のデータは次のようになっている．

	I	II	III	IV	V	合計
世帯数分布 (抽出率調整)	2000	2000	2000	2000	2000	10000
年間収入 (万円)	176	311	431	607	1077	2602

例のデータを，1つは世帯数（世帯分布）を累積相対世帯数（世帯分布）の表に書き換える．

	I	II	III	IV	V	合計
世帯数分布 (抽出率調整)	2000	2000	2000	2000	2000	10000
相対世帯数	0.2	0.2	0.2	0.2	0.2	1.00
累積相対世帯数	0.2	0.4	0.6	0.8	1.0	

同様に，年収に関して，累積相対年収の表に書き換える．

	I	II	III	IV	V	合計
年間収入 (万円)	176	311	431	607	1077	2602
相対年間収入	0.07	0.12	0.17	0.23	0.41	1.00
累積相対年間収入	0.07	0.19	0.35	0.59	1.00	

xy 平面座標上に，横 (x 軸) に「累積相対世帯数」を，縦 (y 軸) に「累積相対年間収入」をとり，各階級の値をプロットし，それらを結んだ折れ線を**ローレンツ曲線**という．$(0,0)$ も付け加えておくと端点は，$(0,0)$ と $(1,1)$ になる．

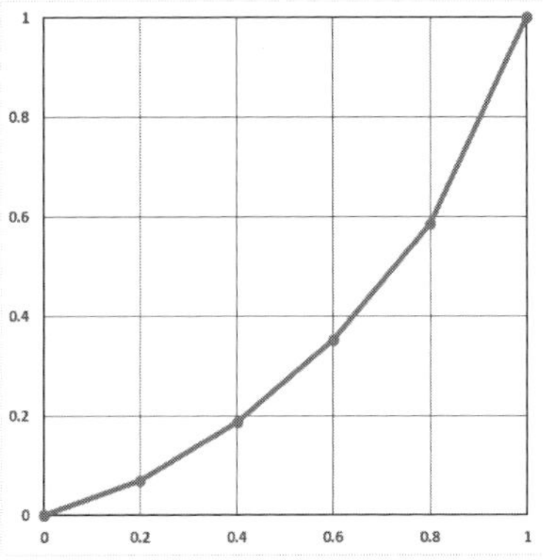

ローレンツ曲線に関しては次の観察が成り立つ．

- ローレンツ曲線が 45° の直線，すなわち $y = x$ の直線ならば，年間収入の分布は，均等に分布していることになる．つまり，1 つの階級に全世帯が属していることになる．これを**完全平等線**，あるいは均等分布線という．等分ではないが，5 分位階級の例を無理矢理作ると，次のようになる．全員が年間収入 300 万円とすると

	I	II	III	IV	V	合計
世帯数	0	0	0	0	1000	10000
累積相対世帯数	0	0	0	0	1.0	
年間収入 (万円)	0	0	0	0	300	300
累積相対年間収入	0	0	0	0	1.00	

ローレンツ曲線が次のように 45° の直線になる．

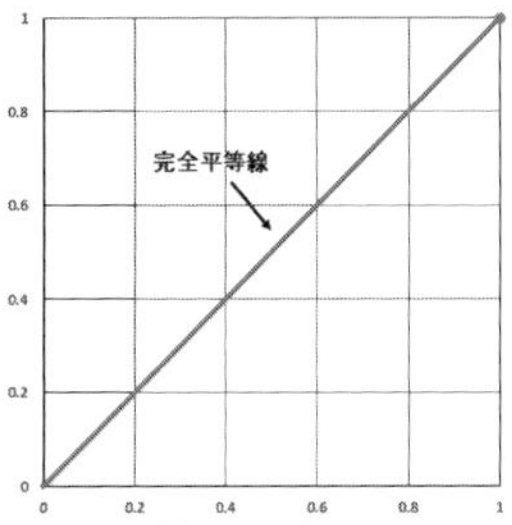

- ローレンツ曲線が 45° の直線から離れれば，年間収入の分布は，均等ではなくなる．不平等になっていく．例 3 は，その例になっている．

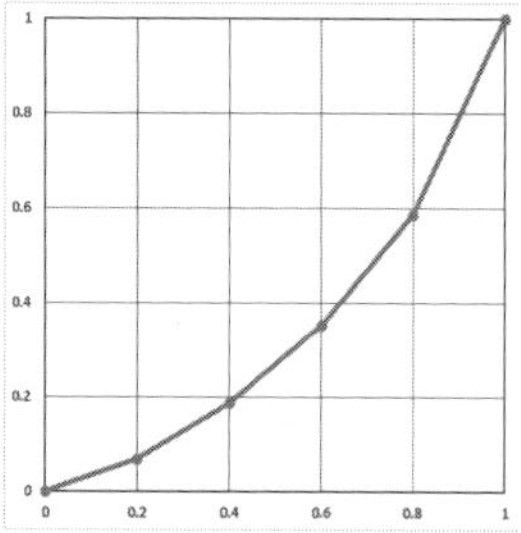

- ローレンツ曲線が 45° の直線からもっとも離れる場合，すなわち yx 軸 0 から 1 までの辺と y 軸 0 から 1 までの辺の辺からなる曲線の場合は，**完全不平等**であるという．1 世帯が全部の収入を独占し，残りの世帯は，年間収入が 0 であることを意味する．等分ではないが，5 分位階級の例を作ると，次のようになる．無理矢理分けた 4 階級全員が年間収入 0 円で，5 番目の階級に属する 1 世帯だけが全収入を独占する．その額を仮に 1 億円とすると

	I	II	III	IV	V	合計
世帯数	9999	0	0	0	1	10000
累積相対世帯数	0.9999	0	0	0	1.0	
年間収入 (万円)	0	0	0	0	0	10000
累積相対年間収入	0	0	0	0	1.00	

ローレンツ曲線は，次のように x 軸上 0 から 1 までの線分と y 軸上 0 から 1 までの線分が合わさったものになる．

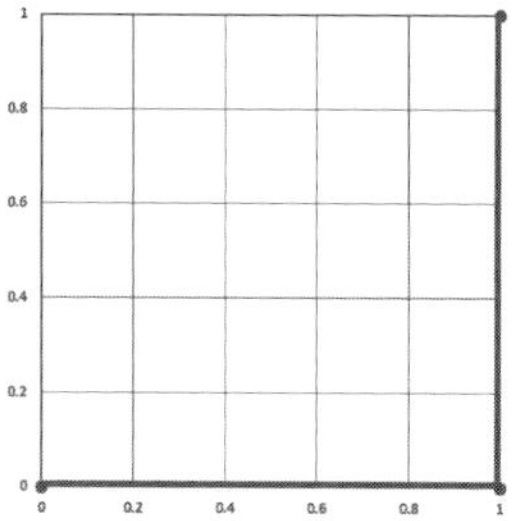

1.5　ジニ係数

不平等度を表す指標として**ジニ係数 (Gini)** が知られている．

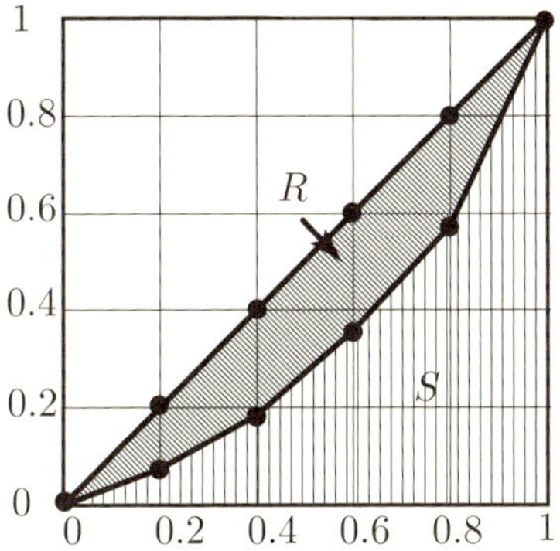

図のように完全平等線とローレンツ曲線に囲まれた部分の面積を R とおく．また，ローレンツ曲線の下部で x 軸と y 軸で囲まれた部分の面積を S とおく．この R と S を合わせると，x 軸，y 軸と完全平等線で囲まれた三角形になる．この三角形の面積を T とおくと，面積は $\frac{1}{2}$ である．

> **定義 1 (ジニ係数)**　ローレンツ曲線に対するジニ係数 G を次のように定義する．
> $$\text{ジニ係数 } G = \frac{\text{完全平等線とローレンツ曲線に囲まれた部分の面積 } R}{x \text{ 軸，} y \text{ 軸と完全平等線で囲まれた三角形 } T} \tag{1.1}$$

- ローレンツ曲線が完全平等線に一致するときは，定義よりジニ係数は 0 となる．
- ローレンツ曲線が完全不平等になる場合は定義より 1 になる．

したがって，ジニ係数 G は，$0 \leqq G \leqq 1$ となり，0 に近いほど平等になり，1 に近いほど不平等になるといえる．

$$G = \frac{R}{T} = \frac{T-S}{T} = 1 - \frac{S}{T} = 1 - 2S \tag{1.2}$$

となるので，この計算式によりジニ係数 G は S の面積を計算すれば求めることができる．

$N=5$ あるいは，$N=10$ として．N 分位階級の場合には，次のような台形（つぶれて三角形の場合も含めて）

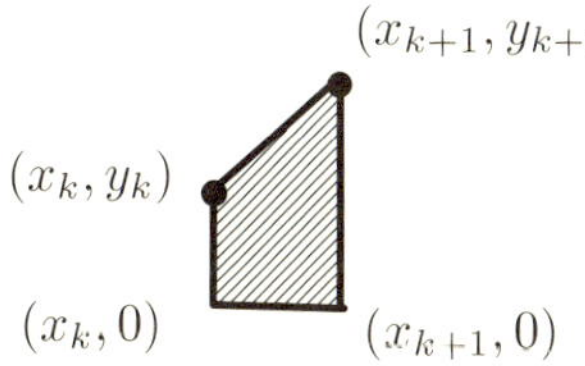

の面積 $\frac{1}{2}(y_k + y_{k+1})(x_{k+1} - x_k)$ を用いて計算することができる．

$$S = \frac{1}{2}\sum_{k=0}^{N-1}(y_k + y_{k+1})(x_{k+1} - x_k) \tag{1.3}$$

となる．特に，$d = x_{k+1} - x_k$ と一定の場合には，

$$S = \frac{1}{2}\sum_{k=0}^{N-1}(y_k + y_{k+1})d = \frac{1}{2}\{y_0 + 2(y_1 + y_2 + \cdots + y_{N-1}) + y_N\}d$$

と計算できる．例3の場合には，

$$\begin{aligned} S &= \frac{1}{2}\sum_{k=0}^{4}(y_k + y_{k+1})(x_{k+1} - x_k) \\ &= \frac{1}{2}(y_0 + 2(y_1 + y_2 + y_3 + y_4) + y_5)) \cdot 0.2 \\ &= \frac{1}{2}\{2(0.07 + 0.19 + 0.35 + 0.59) + 1\} \cdot 0.2 = 3.4 \end{aligned}$$

となる．したがって，計算式 (1.2) より

$$G = 1 - 2S = 1 - 2 \cdot 3.4 = 3.2$$

となる． ■

演習 2　次の表は総務省の2013年の家計調査年報の中の総世帯年間収入の10分位階級を表したものである．

	I	II	III	IV	V	VI
世帯数分布 (抽出率調整)	1000	1000	1000	1000	1000	1000
年間収入 (万円)	132	220	283	339	396	466

VII	VIII	IX	X	合計
1000	1000	1000	1000	10000
552	663	826	1326	

このデータを元にローレンツ曲線を描きなさい．また，ジニ係数を求めなさい．

上の問題を以下の手順で答えなさい． 細い線の括弧 には式や文字を， 太い線の括弧 には数値を入れなさい．

問 1　上のデータを元に，次の表の相対世帯数，累積を求めなさい．同様に，相対年間収入，累積相対年間年収も求めなさい．

	I	II	III	IV	V	VI	VII	VIII	IX	X	合計
世帯数分布 (抽出率調整)	1000	1000	1000	1000	1000	1000	1000	1000	1000	1000	10000
相対世帯数											
累積相対世帯数											

	I	II	III	IV	V	VI	VII	VIII	IX	X	合計
年間収入 (万円)	132	220	283	339	396	466	552	663	826	1326	
相対年間収入											
累積相対年間収入											

問 2　上の表を元に，ローレンツ曲線を描きなさい．

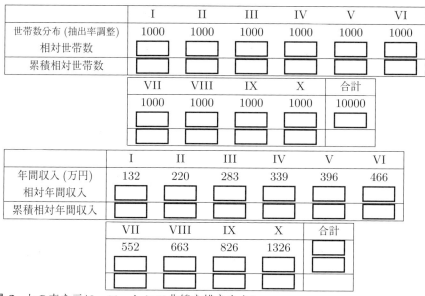

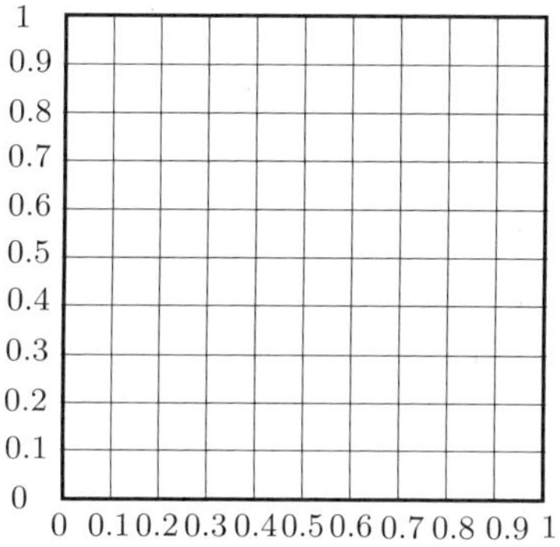

問 3　ジニ係数を求めなさい．

ローレンツ曲線の下部で x 軸と y 軸で囲まれた部分の面積 S について，台形の面積を合わせると

$S =$ ［　　　　　　］ $=$ ［　　］

計算式 (1.2) より

ジニ係数 $G =$ ［　　］ $=$ ［　　］　・・・(答)

■

1章 問題と解説

1. **(平成27年公認会計士試験)** 高校Aには野球部とサッカー部があり，野球部には12名，サッカー部には8名の3年生男子生徒がいる．これら3年生男子生徒を対象に懸垂の回数を調査した．それぞれの懸垂の回数は次のようになった．

野球部：15, 20, 21, 22, 23, 24, 25, 27, 27, 28, 29, 37（回）

サッカー部：10, 14, 18, 20, 21, 22, 26, 28（回）

(1)　野球部12名の懸垂の回数について以下の各問に答えなさい．

1）中央値（中位数）を求めなさい．

2）四分位範囲を求めなさい．

3）最小値，第1四分位数，中央値，第3四分位数，最大値を明記して箱ひげ図を描きなさい．

(2)（略）

[解説] 箱ひげ図とは，次のように箱と線を使って，最小値，第1四分位数(点)，中央値，第3四分位数(点)，最大値を示す図を指す．

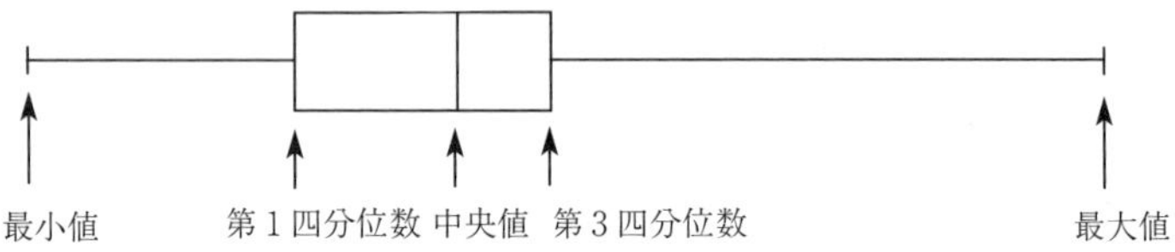

さらに，外れ値を考慮する場合には，箱ひげ図は，第1四分位数 −(四分位範囲 ×1.5) から，第3四分位数 +(四分位範囲 ×1.5) の範囲だけを考え，その範囲の外にある値は外れ値と考える．それを考慮した箱ひげ図は次のようになる (実線部分)．

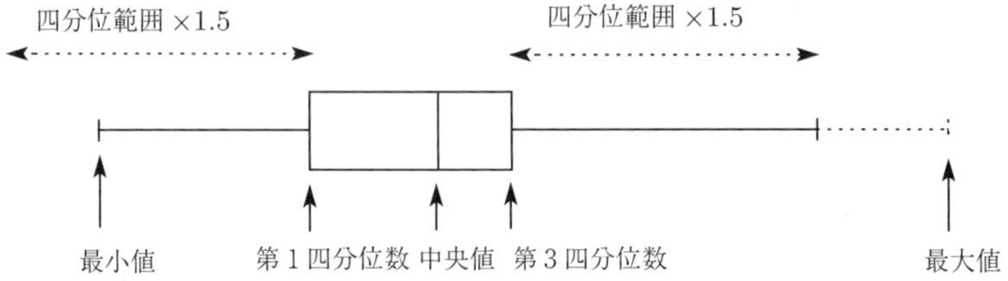

[解答] (1)

1)　中央値は，部員が偶数なので，6 番目と 7 番目の平均になる．すなわち，

$$中央値 = \frac{24+25}{2} = 24.5\ (回) \quad \cdots \textbf{(答)}$$

2)　四分位数 (点) は，

15,20,21	22,23,24	25,27,27	28,29,37

と考えると，第 1 四分位点は，$\frac{21+22}{2} = 21.5$ (回) で，第 3 四分位点は，$\frac{27+28}{2} = 27.5$ (回) となるので，

$$四分位範囲 = 第3四分位範囲 - 第1四分位範囲 = 27.5 - 21.5 = 6\ (回) \quad \cdots \textbf{(答)}$$

3)　箱ひげ図は以下の通りである **(答)**.

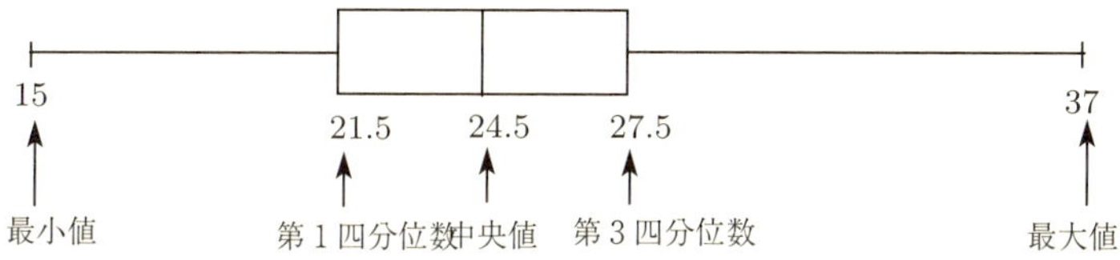

注意　例題 1 の後の，注意 1 で述べた他の方法での四分位数 (点) を計算した場合には以下のようになる．

(2) の方法：1 番目と 12 番目の間を 11 を 4 等分して四分位数を求める．25%は，$1 + 11/4 = 3.75$ 番目になる．

$$第1四分位数 = 21 + \frac{3}{4}(22-21) = 21.75\ (回)$$

75%は $1 + \frac{3}{4} \cdot 11 = 9.25$ 番目になる．

$$第3四分位数 = 27 + (28-27)/4 = 27.25\ (回)$$

したがって，

$$四分位範囲 = 27.25 - 21.75 = 5.5\ (回)$$

(3) の方法：0 番目と 13 番目の間を，等分に 12 個のデータ並んでいるとして四分位数を求める．25%は，$13/4 = 3.25$ 番目になる．

$$第1四分位数 = 21 + (22-21)/4 = 21.25\ (回)$$

75%は $\frac{3}{4} \cdot 13 = 9.75$ 番目になる．

$$第3四分位数 = 27 + \frac{3}{4}(28-27) = 27.75\ (回)$$

したがって,

$$四分位範囲 = 27.75 - 21.25 = 6.5\ (回)$$

2. (平成 21 年公認会計士試験)

製品 A, B, C について, 1995 年と 2005 年の販売金額と生産数量は 右の表のとおりである. 1995 年を基準時点, 2005 年を比較時点として, 3 つの製品 (A, B, C) を対象とした数量と価格の総合的な変化を評価したい. 基準時点を 100 として, ラスパイレス価格指数 (P_L), パーシェ価格指数 (P_P), フィッシャー価格指数 (P_F), ラスパイレス数量指数 (Q_L), パーシェ数量指数 (Q_P), フィッシャー数量指数 (Q_F) を求めなさい. なお「金額 = 数量 × 価格」である.

	1995 年		2005 年	
	金額	数量	金額	数量
A	45	12	54	18
B	52	8	78	12
C	120	18	126	14

[解説] まず, ラスパイレス指数, パーシェ指数, フィッシャー指数について説明する.

基準年と比較したい年 (比較年) の変化を示す指標を考えよう. それぞれの年の n 個の財 $A_1, A_2, \cdots, A_n$ の価格と数量が次の表のようになっていたとする.

	基準年 (t_0)		比較年 (t)	
財	価格	数量	価格	数量
A_1	P_1^0	Q_1^0	P_1^t	Q_1^t
A_2	P_2^0	Q_2^0	P_2^t	Q_2^t
$\cdots$	$\cdots$	$\cdots$	$\cdots$	$\cdots$
A_n	P_n^0	Q_n^0	P_n^t	Q_n^t

数量指数

ラスパイレス数量指数とは, 基準年における価格 P_k^0 $(k = 1, 2, \cdots, n)$ をウェイトとして, 比較年における数量の, 基準年における数量に対する比である. すなわち,

$$\text{ラスパイレス数量指数} = \frac{\sum_{k=1}^{n} P_k^0 Q_k^t}{\sum_{k=1}^{n} P_k^0 Q_k^0}$$
$$= \frac{\sum_{k=1}^{n} \text{基準年の } A_k \text{ の価格} \times \text{比較年の } A_k \text{ の数量}}{\sum_{k=1}^{n} \text{基準年の } A_k \text{ の価格} \times \text{基準年の } A_k \text{ の数量}}$$

パーシュ数量指数とは，比較年における価格P_k^t $(k = 1, 2, \cdots, n)$ をウェイトとして，比較年における数量の，基準年における数量に対する比である．すなわち，

$$\text{パーシュ数量指数} = \frac{\sum_{k=1}^{n} P_k^t Q_k^t}{\sum_{k=1}^{n} P_k^t Q_k^0}$$
$$= \frac{\sum_{k=1}^{n} \text{比較年の } A_k \text{ の価格} \times \text{比較年の } A_k \text{ の数量}}{\sum_{k=1}^{n} \text{比較年の } A_k \text{ の価格} \times \text{基準年の } A_k \text{ の数量}}$$

フィッシャー数量指数とは，ラスパイレス数量指数とパーシュ数量指数の幾何平均である．すなわち，

$$\text{フィッシャー数量指数} = \sqrt{\text{ラスパイレス数量指数} \times \text{パーシュ数量指数}}$$

価格指数

ラスパイレス価格指数とは，基準年における数量Q_k^0 $(k = 1, 2, \cdots, n)$ をウェイトとして，比較年における価格の，基準年における価格に対する比である．すなわち，

$$\text{ラスパイレス価格指数} = \frac{\sum_{k=1}^{n} P_k^t Q_k^0}{\sum_{k=1}^{n} P_k^0 Q_k^0}$$
$$= \frac{\sum_{k=1}^{n} \text{比較年の } A_k \text{ の価格} \times \text{基準年の } A_k \text{ の数量}}{\sum_{k=1}^{n} \text{基準年の } A_k \text{ の価格} \times \text{基準年の } A_k \text{ の数量}}$$

パーシュ価格指数とは，比較年における数量Q_k^t $(k = 1, 2, \cdots, n)$ をウェイトとして，比較年における価格の，基準年における価格に対する比である．すなわち，

$$\text{パーシュ価格指数} = \frac{\sum_{k=1}^{n} P_k^t Q_k^t}{\sum_{k=1}^{n} P_k^0 Q_k^t} = \frac{\sum_{k=1}^{n} \text{比較年の } A_k \text{ の価格} \times \text{比較年の } A_k \text{ の数量}}{\sum_{k=1}^{n} \text{基準年の } A_k \text{ の価格} \times \text{比較年の } A_k \text{ の数量}}$$

フィッシャー価格指数とは，ラスパイレス価格指数とパーシュ価格指数の幾何平均である．すなわち，

$$\text{フィッシャー価格指数} = \sqrt{\text{ラスパイレス価格指数} \times \text{パーシュ価格指数}}$$

[解答]　1995 年が基準年でり，2005 年が比較年であるから，

	基準年			比較年		
	金額	価格	数量	金額	価格	数量
A	45	3.75	12	54	3	18
B	52	6.5	8	78	6.5	12
C	120	$6.\dot{6}$	18	126	9	14
合計	217			258		

価格指数に関して各計算式より

$$\text{ラスパイレス価格指数 } P_L = \frac{3 \cdot 12 + 6.5 \cdot 8 + 9 \cdot 18}{3.75 \cdot 12 + 6.5 \cdot 8 + 6.\dot{6} \cdot 18} \times 100 = \frac{250}{217} \times 100 \fallingdotseq 115.2 \quad \cdots (\text{答})$$

$$\text{パーシュ価格指数 } P_P = \frac{3 \cdot 18 + 6.5 \cdot 12 + 9 \cdot 14}{3.75 \cdot 18 + 6.5 \cdot 12 + 6.\dot{6} \cdot 14} \times 100 = \frac{258}{238.8\dot{3}} \times 100 \fallingdotseq 108.0 \quad \cdots (\text{答})$$

$$\text{フィッシャー価格指数 } P_F = \sqrt{\frac{250}{217} \times \frac{258}{716.5/3}} \times 100 \fallingdotseq 111.6 \quad \cdots (\text{答})$$

数量指数に関して各計算式より

$$\text{ラスパイレス数量指数 } Q_L = \frac{3.75\cdot 18 + 6.5\cdot 12 + 6.\cdot 6\cdot 14}{3.75\cdot 12 + 6.5\cdot 8 + 6.\dot{6}\cdot 18}\times 100$$

$$= \frac{238.8\dot{3}}{217}\times 100 \fallingdotseq 110.1 \quad \cdots (\text{答})$$

$$\text{パーシュ数量指数 } Q_P = \frac{3\cdot 18 + 6.5\cdot 12 + 9\cdot 14}{3\cdot 12 + 6.5\cdot 8 + 9\cdot 18}\times 100$$

$$= \frac{258}{250}\times 100 \fallingdotseq 103.2 \quad \cdots (\text{答})$$

$$\text{フィッシャー数量指数 } Q_F = \sqrt{\frac{716.5/3}{217}\times\frac{258}{250}}\times 100 \fallingdotseq 106.6 \quad \cdots (\text{答})$$

■

3. (**平成 27 年公認会計士試験**)　下の表は，厚生労働省『平成 23 年所得再分配調査報告書』をもとに，再分配による所得分布の変化を示すため作成した所得再分配前後における世帯員の所得の分布（等価所得）の表である．この調査は，社会保障制度における給付と負担，租税制度における負担が所得の分配にどのような影響を与えているかを明らかにするための調査である．以下の各問に答えなさい．

(1)　等価当初所得と等価再分配所得について，それぞれのローレンツ曲線と均等分布線を描きなさい．

(2)　等価当初所得におけるジニ係数は 0.47 となる．等価再分配所得におけるジニ係数を求めなさい．

(3)　ローレンツ曲線およびジニ係数を比較し，所得再分配の効果について考察しなさい．

表：所得再分配による所得階級別の世帯員分布の変化（等価所得）

等価当初所得階級	世帯員数	世帯構成		等価当初所得	
		構成比	累積比	相対等価所得	累積相対等価所得
100 万円未満	3,357	0.270	0.270	0.028	0.028
100 万円以上 200 万円未満	2,073	0.167	0.437	0.089	0.117
200 万円以上 300 万円未満	2,074	0.167	0.604	0.146	0.263
300 万円以上 400 万円未満	1,773	0.143	0.747	0.175	0.437
400 万円以上 500 万円未満	1,239	0.100	0.847	0.158	0.595
500 万円以上 600 万円未満	744	0.060	0.907	0.116	0.711
600 万円以上 700 万円未満	449	0.036	0.943	0.083	0.794
700 万円以上	705	0.057	1.000	0.206	1.000
総数	12,414	1.000		1.000	

等価再配分所得階級	世帯員数	世帯構成		等価再配分所得	
		構成比	累積比	相対等価所得	累積相対等価所得
100 万円未満	749	0.060	0.060	0.033	0.033
100 万円以上 200 万円未満	2,656	0.214	0.274	0.140	0.174
200 万円以上 300 万円未満	3,348	0.270	0.544	0.217	0.391
300 万円以上 400 万円未満	2,437	0.196	0.740	0.206	0.597
400 万円以上 500 万円未満	1,465	0.118	0.858	0.145	0.742
500 万円以上 600 万円未満	774	0.062	0.921	0.094	0.836
600 万円以上 700 万円未満	410	0.033	0.954	0.053	0.889
700 万円以上	575	0.046	1.000	0.111	1.000
総数	12,414	1.000		1.000	

資料・厚生労働省『平成 23 年所得再分配調査報告書』（第 7 表）より一部変更

[解説と解答]

(1)「等価当初所得」のローレンツ曲線は，x 軸に，「累積相対度数」，つまり，世帯構成の「累積比」をとり，y 軸には「等価当初所得」の「累積相対等価所得」をとればよい．具体的には，上記表を基に，対応する 2 組の値を xy 座標上の点としてプロットし，折れ線で結べばよい．

$$(x, y) = (0,0), (0.27, 0.028), (0.437, 0.117), (0.604, 0.263), (0.747, 0.437)$$
$$(0.847, 0.595), (0.907, 0.711), (0.943, 0.794), (1, 1)$$

同様に，「等価再配分所得」のローレンツ曲線は，x 軸に，世帯構成の「累積比」をとり，y 軸には「等価再配分所得」の「累積相対等価所得」をとればよい．具体的には，同様に上記表を基に，対応する 2 組の値を xy 座標上の点としてプロットし，折れ線で結べばよい．

$$(x, y) = (0,0), (0.060, 0.033), (0.274, 0.140), (0.544, 0.391), (0.740, 0.597)$$
$$(0.858, 0.742), (0.921, 0.836), (0.954, 0.889), (1, 1)$$

均等分布線（完全平等線）は，点 $(0,0)$ と $(1,1)$ を結んだ傾きが $45°$ の直線（線分）になる．図に表すと，次のようになる．**(答)**

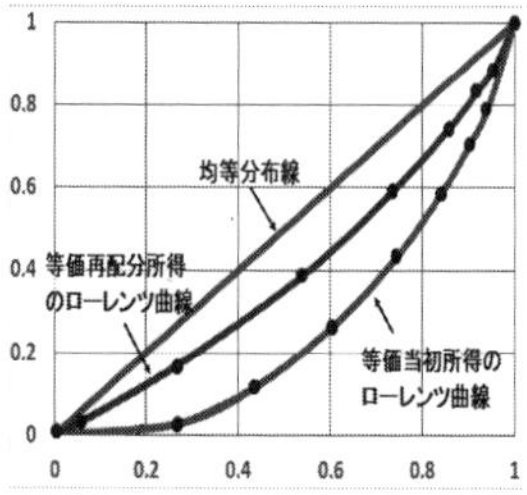

(2) ローレンツ曲線の下部で x 軸と y 軸で囲まれた部分の面積 S は，式 (1.3) を用いると

$$S = \frac{1}{2}\sum_{k=0}^{N-1}(y_k + y_{k+1})(x_{k+1} - x_k)$$

$$= \frac{1}{2}\{(0 + 0.033)(0.060 - 0) + (0.033 + 0.140)(0.274 - 0.033)$$

$$+ (0.140 + 0.391)(0.544 - 0.274) + (0.391 + 0.597)(0.740 - 0.544)$$

$$+ (0.597 + 0.742)(0.858 - 0.740) + (0.742 + 0.836)(0.921 - 0.858)$$

$$+(0.836 + 0.889)(0.954 - 0.921) + (0.889 + 1)(1 - 0.954)\} \fallingdotseq 0.3968$$

したがって，ジニ係数は式 (1.3) を用いて，

$$G = 1 - 2S = 1 - 2 \cdot 0.3968 = 0.2064 \fallingdotseq= 0.21$$ ・・・**(答)**

(3) ローレンツ曲線とジニ係数に関しては次の 2 つの事実を確認すればよい．

- ローレンツ曲線は均等分布線（完全平等線）から離れるにつれて不平等が強まる．
- ジニ係数 G は，$0 \leqq G \leqq 1$ で，0 に近いほど平等になり，1 に近いほど不平等になる．

この観点で，ローレンツ曲線とジニ係数を見ると

(答)

- 再配分前のローレンツ曲線より，再配分後のローレンツ曲線は，世帯構成のどの点でも，均等分布線（完全平等線）に近くなっていて，偏らず平均的に格差は改善されていることが確認できる．
- 配分前のジニ係数と再配分後のジニ係数を比べると，$0.47 > 0.21$ であり，数値の上でも格差が改善されたことが分かる．

■

1章 章末問題

1. 気象庁によると，1974 年から 40 年間の東京の年間の降水量 (mm) は次の通りである．

年	1974	1975	1976	1977	1978	1979	1980	1981	1982	1983
降水量	1580.5	1540.5	1557.5	1454.0	1030.0	1453.5	1577.5	1463.5	1575.5	1340.5
年	1984	1985	1986	1987	1988	1989	1990	1991	1992	1993
降水量	879.5	1516.5	1458.0	1089.0	1515.5	1937.5	1512.5	2042.0	1619.5	1872.5
年	1994	1995	1996	1997	1998	1999	2000	2001	2002	2003
降水量	1131.5	1220.0	1333.5	1302.0	1546.5	1622.0	1603.0	1491.0	1294.5	1854.0
年	2004	2005	2006	2007	2008	2009	2010	2011	2012	2013
降水量	1750.0	1482.0	1740.0	1332.0	1857.5	1801.5	1679.5	1479.5	1570.0	1614.0

このとき，以下の問に答えなさい．

(1) 度数分布表を書きなさい．

(2) ヒストグラムを書きなさい．

(3) 各都道府県の下落率の全国平均，分散，標準偏差を求めなさい．

(4) 中央値、(度数分布表での) 最頻値，第 1 四分位点，四分位範囲を求めなさい．

2. 例題 1 の歪度と尖度を計算しなさい．

3. 総務省の 2013 年の家計調査年報によると，総世帯貯蓄高の 5 分位階級のデータは次のようになっている．

	I	II	III	IV	V	合計
世帯数分布 (抽出率調整)	2000	2000	2000	2000	2000	10000
貯蓄 (万円)	98	454	977	1896	5271	8696

(1) 上の表を元に，ローレンツ曲線を描きなさい．

(2) ジニ係数を求めなさい．

第2章

2組のデータの整理

2.1　2組のデータの関係

2組のデータが与えられたときに，その間の関係を調べることがある．例えば，身長と体重の関係はよく扱われる事例である．

調べる方法として，考え方はいつも同様であるが，1つはグラフ化して視覚的に関係を調べる方法がある．もう1つはデータを基に，数値化して考える方法である．

グラフ化の方は，2組のデータをそれぞれ，x 座標，y 座標とし，それを組み合わせて平面上に，点としてプロットするやり方で，**散布図**という (図 2.1)．

一方，数値で，2つのデータに関連性があるかどうかを表す指標として，**相関係数**というものがある．

2組のデータに関連性がある場合には，その関係を，一方のデータを，他方のデータから見た関係で表す方が，よりその関係性を表せることがある．それが，**回帰分析**と呼ばれる分析方法である．

2.1.1　散布図

2組のデータを表す変数を，x と y とし，次の様に N 個のデータの組として与えられているとする．

$$(x_1, y_1), (x_2, y_2), \cdots, (x_N, y_N)$$

とする．

このとき，これらを平面上の点としてプロットする．表された図を**散布図**という．

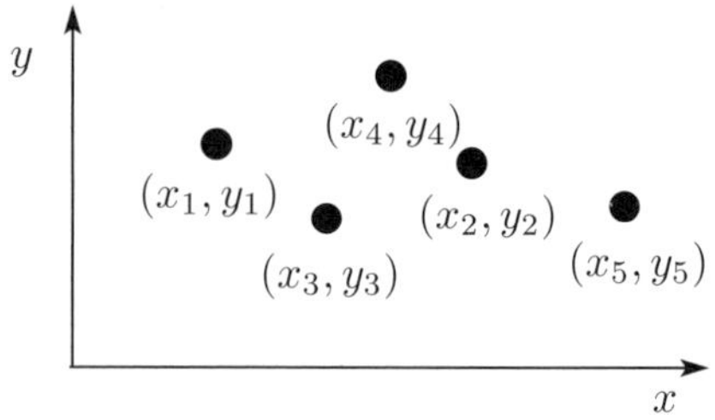

図 2.1　散布図

図から次のように判断することがある．データが直線に近い状態で並んでいる場合を考えると，これは，一方のデータが増えると，それにつれて，直線的に変化することになるので，この場合，2つのデータの組は，互いに影響しあっていることが読み取れる．この状況を，**相関関係がある**という．右肩上がりの直線の場合に，**正の相関関係**があると言い，右肩下がりの直線の場合に，**負の相関関係**があると言う．データが直線上からかけ離れ，バラバラに散らばっている場合には，互いの影響がないと考え，**無相関である**という (図 2.2).

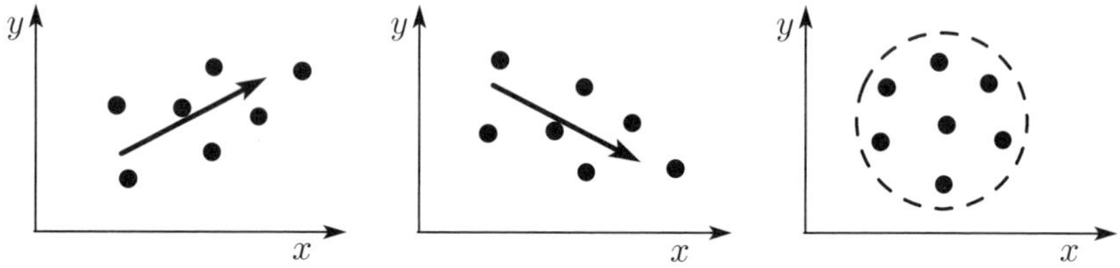

図 2.2　左図：正の相関　中央図:負の相関　右図：無相関

データの分布が直線上に近づくほどに，相関関係は**強い**といい，直線が太い帯になる場合には，相関関係は**弱い**という (図 2.3).

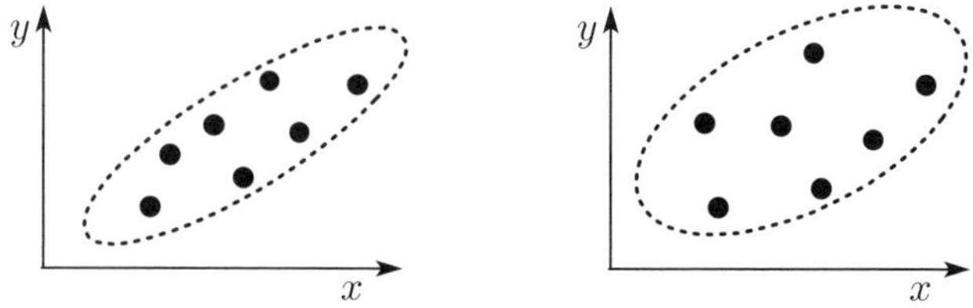

図 2.3　左図：相関関係は強い　右図：相関関係は弱い

2.1.2　相関係数

強い相関関係がある場合には，散布図を見ることによって，視覚的に，相関関係を確認することができる．しかし，相関が弱くなるにつれて，視覚的に判断することは困難になる．そこで，数量的に，相関関係を表す指標が有効になってくる．**相関係数**と呼ばれる数量がその目的で使われる．これを次の簡単な例を用いて説明しよう．

簡単な例　2 組のデータを表す変数 x と y に対して 3 個のデータの組

$$(x_1, y_1) = (2, 3),\ (x_2, y_3) = (10, 5),\ (x_3, y_3) = (6, 7)$$

が与えられたとする（$N = 3$）．このとき，平均は

$$(\bar{x}, \bar{y}) = (6, 5)$$

となる．平均値からのずれをそれぞれ新たな変数 x'，y' を考えると

$$x'_1 = x_1 - \bar{x} \quad x'_2 = x_2 - \bar{x} \quad x'_3 = x_3 - \bar{x}$$
$$y'_1 = y_1 - \bar{y} \quad y'_2 = y_2 - \bar{y} \quad y'_3 = y_3 - \bar{y}$$

$$A'(x'_1, y'_1) = (-4, -2),\ B'(x'_2, y'_2) = (4, 0),\ C'(x'_3, y'_3) = (0, 2)$$

これに対して，成分ごとにまとめたベクトル $\vec{x}$，$\vec{y}$ を考える．

$$\vec{x} = (x'_1, x'_2, x'_3) = (-4, 4, 0)$$
$$\vec{y} = (y'_1, y'_2, y'_3) = (-2, 0, 2)$$

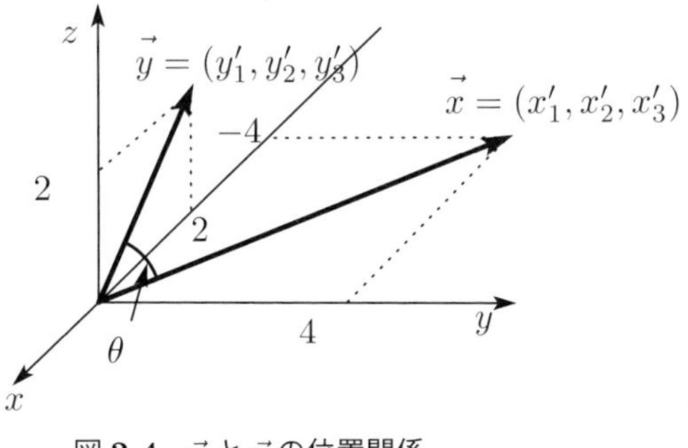

図 **2.4**　$\vec{x}$ と $\vec{y}$ の位置関係

相関係数とは何かというと，2 つのベクトル $\vec{x}$ と $\vec{y}$ の位置関係で 2 つのデータが関係あるかどうか判定するものである．典型的な場合を図で説明しよう．

2つのベクトル $\vec{x}$ と $\vec{y}$ の方向が同じで，
① 向きも同じときは**正の相関関係**があると考える．典型的な位置関係は

2つのベクトル $\vec{x}$ と $\vec{y}$ の方向は同じだが，
② 向きが反対のときは**負の相関関係**と考える．典型的な位置関係は

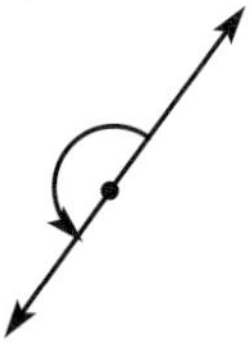

2つのベクトル $\vec{x}$ と $\vec{y}$ の方向が互いに直
③ 角に近いときは**相関関係がない**，つまり無相関と考える．典型的な位置関係は

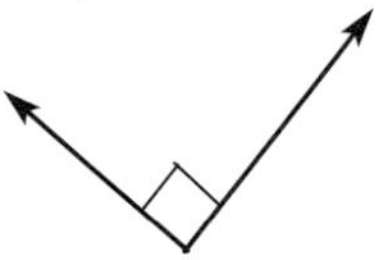

上記の図のような典型的な場合は分かりやすい．それでは，それらの「中間に位置する」場合の相関関係を考えてみよう．

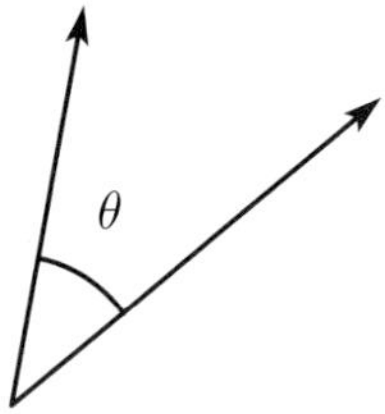

図のように，2つのベクトル $\vec{x}$ と $\vec{y}$ のなす角を θ とするとき，2つの変数 x と y の相関係数を次のように定義する．

$$x \text{ と } y \text{ の相関係数} = \cos\theta$$

特に上述の図の場合についていうと，

① 典型的な正の相関関係の場合には，$\theta = 0°$ であるから，相関係数 $= \cos 0° = 1$.

② 典型的な負の相関関係の場合には，$\theta = 180°$ であるから，相関係数 $= \cos 180° = -1$.

③ 典型的な相関関係がない場合には，$\theta = 90°$ であるから，相関係数 $= \cos 90° = 0$.

となる．一般的な角度の場合には，ベクトルの内積を利用して計算することが

できる．

$$\begin{aligned}\vec{x}\text{ と }\vec{y}\text{ の内積} = \vec{x}\cdot\vec{y} &= |\vec{x}||\vec{y}|\cos\theta &(2.1)\\ &= x_1'y_1' + x_2'y_2' + x_3'y_3' &(2.2)\end{aligned}$$

(2.1) の右辺の $|\vec{x}|$，$|\vec{y}|$ の各々の 2 乗を $N=3$ で割ったものを考える．

$$\begin{aligned}\frac{|\vec{x}|^2}{N} &= \frac{{x'}_1^2 + {x'}_2^2 + {x'}_3^2}{N}\\ &= \frac{(x_1-\bar{x})^2 + (x_2-\bar{x})^2 + (x_3-\bar{x})^2}{N} = S_x^2\end{aligned}$$

は x の**分散**になる（x の分散を強調するときには単に S^2 ではなく，S_x^2 と表すことにする）．同様に，

$$\frac{|\vec{y}|^2}{N} = \frac{(y_1-\bar{y})^2 + (y_2-\bar{y})^2 + (y_3-\bar{y})^2}{N} = S_y^2$$

は y の**分散**になる．(2.2) の右辺を $N=3$ で割ったものは，

$$\frac{x_1'y_1' + x_2'y_2' + x_3'y_3'}{N} = \frac{(x_1-\bar{x})(y_1-\bar{y}) + (x_2-\bar{x})(y_2-\bar{y}) + (x_3-\bar{x})(y_3-\bar{y})}{N}$$

となる．これを，x の y の共分散といい，S_{xy} と表す．(2.1)，(2.2) より

$$\begin{aligned}x\text{ と }y\text{ の相関係数} &= \cos\theta = \frac{(x_1'y_1' + x_2'y_2' + x_3'y_3')}{|\vec{x}||\vec{y}|}\\ &= \frac{(x_1'y_1' + x_2'y_2' + x_3'y_3')/N}{(|\vec{x}|/\sqrt{N})(|\vec{y}|/\sqrt{N})}\\ &= \frac{x\text{ の }y\text{ の共分散}}{\sqrt{x\text{ の分散}}\sqrt{y\text{ の分散}}} = \frac{S_{xy}}{S_xS_y}\end{aligned}$$

となる．■

ここまで，$N=3$ の場合に説明してきたが，$N=3$ 以外の一般の場合でも同様の考え方が成り立つ．変数 x と y に対して，(x_i, y_i) を N 個からなる 2 つのデータの組とする．

$$S_{xy} = \frac{1}{N}\sum_{i=1}^{N}(x_i-\bar{x})(y_i-\bar{y})$$

を x と y の**共分散**という．$\mathrm{Cov}(x,y)$ と表すこともある．また，

$$S_x^2 = \frac{1}{N}\sum_{i=1}^{N}(x_i-\bar{x})^2 \quad S_y^2 = \frac{1}{N}\sum_{i=1}^{N}(y_i-\bar{y})^2$$

はそれぞれ x と y の**分散**であった．このとき，相関係数 r を

公式 3 (相関係数)

$$r = \frac{S_{xy}}{S_x S_y} = \frac{\sum(x_i-\bar{x})(y_i-\bar{y})/N}{\sqrt{\sum(x_i-\bar{x})^2/N}\sqrt{\sum(y_i-\bar{y})^2/N}} = \frac{\sum(x_i-\bar{x})(y_i-\bar{y})}{\sqrt{\sum(x_i-\bar{x})^2}\sqrt{\sum(y_i-\bar{y})^2}}$$

と定義する．

$x_i-\bar{x}$ のことを**偏差**という．偏差の2乗，つまり，偏差の平方和の総和 $\sum_{i=1}^{N}(x_i-\bar{x})^2$ を**偏差平方和**とか**変動**という．また，$(x_i-\bar{x})(y_i-\bar{y})$ を**偏差積**といい，偏差積の総和 $\sum_{i=1}^{N}(x_i-\bar{x})(y_i-\bar{y})$ を**偏差積和**という．相関係数は，上記式の最後を見ると x, y の偏差平方和と x, y の偏差積和で計算できることが分かる．

一般的に，相関係数と用いた相関関係に関しては次のようにまとめることができる．

$r > 0$　　のときには，正の相関関係であるという．

$r < 0$　　のときには，負の相関関係であるという．

相関係数の強弱に関しては，次のような目安と表現の仕方がある．

$0 \leqq |r| \leqq 0.2 \Rightarrow$ 相関関係はほとんどない

$0.2 \leqq |r| \leqq 0.4 \Rightarrow$ 相関関係が多少ある

$0.4 \leqq |r| \leqq 0.7 \Rightarrow$ 相関関係がかなりある

$0.7 \leqq |r| \leqq 1.0 \Rightarrow$ 相関関係が強い

実際に計算するときには，次の計算公式の方が便利になるかもしれない．S_x^2 は上述通りで繰り返しになる．

公式 4

$$S_x^2 = \frac{1}{N}\sum_{i=1}^{N} x_i^2 - \left(\frac{\sum_{i=1}^{N} x_i}{N}\right)^2 = \overline{x^2} - \bar{x}^2$$

$$S_{xy} = \frac{1}{N}\sum_{i=1}^{N} x_i y_i - \frac{\sum_{i=1}^{N} x_i}{N}\frac{\sum_{i=1}^{N} y_i}{N} = \overline{xy} - \bar{x}\bar{y}$$

具体的な計算を次の例題で見てみよう.

例題 2　大学 1 年生の 1 週間のアルバイト時間 (x_i) と 1 年間の取得単位数 (y_i) を調べたら次のようになった。

データ／大学生	アルバイト時間数 (x_i)	取得単位数 (y_i)
A	8	32
B	20	18
C	12	24
D	5	30
E	18	10
F	10	24

問 1．　散布図を画け。

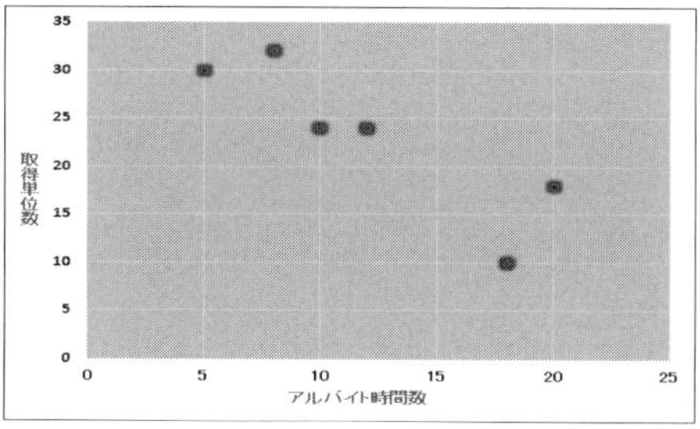

問 2．　相関係数 r を求めよ。

データ / 大学生	アルバイト時間数 (x_i)	取得単位数 (y_i)	x_i^2	y_i^2	x_iy_i
A	8	32	64	1024	256
B	20	18	400	324	360
C	12	24	144	576	288
D	5	30	25	900	150
E	18	10	324	100	180
F	10	24	100	576	240
合計	73	138	1057	3500	1474
平均	$\frac{73}{6}$	23	$\frac{1057}{6}$	$\frac{3500}{6}$	$\frac{1474}{6}$

表を用いると，公式3より

$$r = \frac{\sum(x_i-\bar{x})(y_i-\bar{y})/N}{\sqrt{\sum(x_i-\bar{x})^2/N}\sqrt{\sum(y_i-\bar{y})^2/N}} = \frac{\frac{1}{N}\sum x_iy_i - \bar{x}\bar{y}}{\sqrt{\frac{1}{N}\sum x_i^2-\bar{x}^2}\sqrt{\frac{1}{N}\sum y_i^2-\bar{y}^2}}$$

$$= \frac{\frac{1474}{6}-\frac{73}{6}23}{\sqrt{\frac{1057}{6}-\left(\frac{73}{6}\right)^2}\sqrt{\frac{3500}{6}-23^2}} = -0.874 \quad \cdots (\text{答})$$

あるいは

$$r = \frac{\sum(x_i-\bar{x})(y_i-\bar{y})}{\sqrt{\sum(x_i-\bar{x})^2}\sqrt{\sum(y_i-\bar{y})^2}} = \frac{\sum x_iy_i - N\bar{x}\bar{y}}{\sqrt{\sum x_i^2-N\bar{x}^2}\sqrt{\sum y_i^2-N\bar{y}^2}}$$

$$= \frac{1474-6\cdot\frac{73}{6}23}{\sqrt{1057-6\cdot\left(\frac{73}{6}\right)^2}\sqrt{3500-6\cdot 23^2}} = -0.874 \quad \cdots (\text{答})$$

■

演習 3　学生 6 人の統計学のテストの点数 (x_i) と数学の点数 (y_i) を調べたら次のようになった。

学生＼点数	統計学 (x_i)	数学 (y_i)
A	66	56
B	81	95
C	41	52
D	79	91
E	60	72
F	90	84

以下の問に答えなさい．［細い線の括弧］には式，文字を，［太い線の括弧］には数値を入れなさい．（ある・ない）はいずれかを選択し，丸で囲みなさい．

問 1．　散布図を画きなさい．

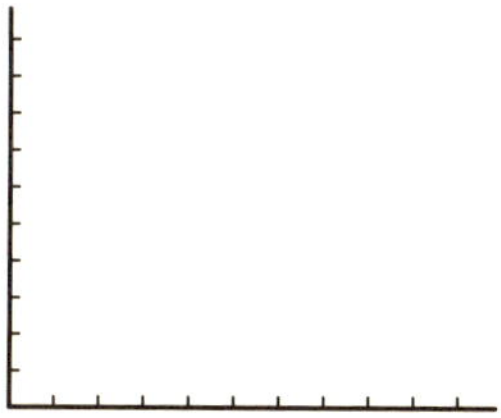

問 2．　統計学と数学の平均，分散，標準偏差を式で表し，以下の表を用いて，それらの値を求めよ．

	統計学	数学
平均	［　　］ = ［　　］	［　　］ = ［　　］
分散	［　　］ = ［　　］ = ［　　］	［　　］ = ［　　］ = ［　　］
標準偏差	［　　］ = ［　　］	［　　］ = ［　　］

問 3． 相関係数 r の定義の式を書き，その値を求めなさい．この数値からどのような相関関係が読み取れるか答えなさい．

$$\text{相関係数}\, r = \frac{\boxed{}}{\boxed{}}$$

$$= \frac{\boxed{}}{\boxed{}} = \boxed{}$$

統計学と数学の点数の間には，［　　　　　　　　　　］相関関係が（ある・ない）といえる．

学生＼点数	統計学 (x_i)	数学 (y_i)	x_i^2	y_i^2	x_iy_i
A	66	56			
B	81	95			
C	41	52			
D	79	91			
E	60	72			
F	90	84			
合計					
平均					

■

2.2　回帰分析

相関関係では，2つのデータの組に関係があるかあるかどうかを調べた．ここでは，一歩進めて，2つのデータの組において，一方の変数 x（これを，**独立変数**，あるいは**説明変数**という）から，他方の変数 y（これを，**従属変数**，**目的変数**，あるいは**被説明変数**という）を表す方法を考えよう．

まずは，ここでは簡単な場合として，2つの変数が1次関数の関係が背景にあると考えられるモデルを考えよう．

2つのデータの組 $\{(x_i, y_i), i = 1, \cdots, N\}$ が与えられたとする．これが

$$y_i = \alpha + \beta x_i + \varepsilon_i, \quad (i = 1, 2, \cdots, n)$$

という1次関数の関係で表されているとしよう．たとえ x_i の値が同じにとっ

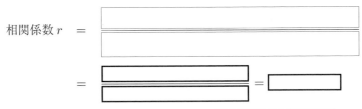

たとしても，y_i が実験や観測で得られた値の場合に偶然の変動による誤差生じる．それを ε_i で表し，**誤差項**という．

このモデルを**線形回帰モデル**とか**単純回帰モデル**（あるいは，**単回帰モデル**）という．このモデルを用いて，2 変数 x と y の関係を分析することを**回帰分析**を行うという．

2.2.1 回帰直線

実際に，2 つのデータの組 $\{(x_i, y_i), i = 1, \cdots, N\}$ が与えられたとする．これに対して線形回帰モデルを適用しようとする．このデータを基に 1 次関数 $y_i = \alpha + \beta x_i \ (i = 1, 2, \cdots, N)$ を，どのように推測すればよいかを考えよう．

観測，測定，調査で得られたデータには偶然の誤差が含まれているのでこのデータ自身がそのまま直線に表されていることは期待できない．α，β の推定値 $\hat{\alpha}$，$\hat{\beta}$ に対して，直線

$$y = \hat{\alpha} + \hat{\beta} x$$

を用いて予測した値 $\hat{y}_i = \hat{\alpha} + \hat{\beta} x_i$ と実際のデータ y_i との差を残差 e_i という

$$e_i = y_i - \hat{y}_i = y_i - (\hat{\alpha} + \hat{\beta} x_i)$$

これを 2 乗した合計，すなわち 2 乗和の合計，残差の変動，あるいは残差平方和といい，S_e と表す．

$$S_e = \sum_{i=1}^{N} e_i^2 = \sum_{i=1}^{N} (y_i - \hat{y}_i)^2 = \sum_{i=1}^{N} (y_i - \hat{\alpha} - \hat{\beta} x_i)^2$$

が最小になるように直線を決めるのが妥当だと思われる．この方法を**最小 2 乗法**という．このようにして，求められた α，β の推定値 $\hat{\alpha}$，$\hat{\beta}$ を，改めて a，b と書くことにする．こうして求めた直線

$$y = a + bx$$

を**回帰直線**，あるいは**回帰推定式**という．

以下，最小 2 乗法でこの直線を決定する．

$$S_e = \sum_{i=1}^{N} (y_i - \hat{y}_i)^2 = \sum_{i=1}^{N} (y_i - a - bx)^2$$

とおく．この S_e の最小値を a, b の偏微分が 0 になるようにして求める．

$$\frac{\partial S_e}{\partial a} = -\sum_{i=1}^{N} 2(y_i - a - bx_i)x_i = 0 \quad (\Leftarrow a \text{ で微分}) \tag{2.3}$$

$$\frac{\partial S_e}{\partial b} = -\sum_{i=1}^{N} 2(y_i - a - bx_i) = 0 \quad (\Leftarrow b \text{ で微分}) \tag{2.4}$$

a と b の連立方程式を解けばよい (**正規方程式**と呼ぶ).

解.　以下 $\sum$ の添字を省略する．整理すると

$$(\sum x_i y_i) - a(\sum x_i) - b(\sum x_i^2) = 0 \tag{2.5}$$

$$(\sum y_i) - Na \qquad - b(\sum x_i) = 0 \tag{2.6}$$

$(2.6)\times\sum x_i-(2.5)\times N$

$$\begin{array}{lll}
(\sum x_i)(\sum y_i) & -Na(\sum x_i) & -b(\sum x_i)^2 = 0 \\
-)N(\sum x_i y_i) & -Na(\sum x_i) & -Nb(\sum x_i^2) = 0 \\
\hline
(\sum x_i)(\sum y_i) - N(\sum x_i y_i) + b\{N(\sum x_i^2) - (\sum x_i)^2\} & & = 0
\end{array}$$

よって，b として，

$$b = \frac{N(\sum x_i y_i) - (\sum x_i)(\sum y_i)}{N(\sum x_i^2) - (\sum x_i)^2}$$

また，$(2.6)\times\sum x_i^2-(2.5)\times\sum x_i$

$$\begin{array}{lll}
(\sum x_i^2)(\sum y_i) & -Na(\sum x_i)^2 & -b(\sum x_i^2)(\sum x_i) = 0 \\
-)(\sum x_i)(\sum x_i y_i) & -a(\sum x_i)^2 & -b(\sum x_i^2)(\sum x_i) = 0 \\
\hline
(\sum x_i^2)(\sum y_i) - (\sum x_i)(\sum x_i y_i) - a\{N(\sum x_i^2) - (\sum x_i)^2\} & & = 0
\end{array}$$

よって，a として

$$a = \frac{(\sum x_i^2)(\sum y_i) - (\sum x_i)(\sum x_i y_i)}{N(\sum x_i^2) - (\sum x_i)^2}$$

$$x \text{ の分散 } S_x^2 = \frac{1}{N}\sum(x_i - \bar{x})^2 = \frac{N\sum x_i^2 - (\sum x_i)^2}{N^2}$$

$$x \text{ と } y \text{ の共分散 } S_{xy} = \frac{1}{N}\sum(x_i - \bar{x})(y_i - \bar{y}) = \frac{N\sum x_i y_i - (\sum x_i)(\sum y_i)}{N^2}$$

より $\boxed{b = \frac{S_{xy}}{S_x^2}}$ となる．

$$
\begin{aligned}
a &= \frac{(\sum x_i^2)(\sum y_i) - (\sum x_i)(\sum x_i y_i)}{N(\sum x_i^2) - (\sum x_i)^2} \\
&= \frac{(\frac{\sum y_i}{N})\{N(\sum x_i^2) - (\sum x_i)^2\} - (\frac{\sum x_i}{N})\{N(\sum x_i y_i) - (\sum x_i)(\sum x_i y_i)\}}{N(\sum x_i^2) - (\sum x_i)^2} \\
&= \bar{y} - b\bar{x}
\end{aligned}
$$

となる．

以上，まとめると，回帰直線は

$$
\begin{aligned}
y &= a + bx \\
&\quad \begin{cases} b = \frac{S_{xy}}{S_x^2} \\ a = \bar{y} - b\bar{x} \end{cases}
\end{aligned} \tag{2.7}
$$

となる．あるいは，

$$
y - \bar{y} = \frac{S_{xy}}{S_x^2}(x - \bar{x}) \tag{2.8}
$$

とも表せる．これより，回帰直線は $(\bar{x}, \bar{y})$ を通る傾きが a の直線であることが分かる．

2.2.2 残差

上述のように，回帰直線 $y = a + bx$ を用いて各 x_i に対して，

$$
\hat{y}_i = a + bx_i
$$

を y_i の**予測値**という．また，

$$
e_i = y_i - \hat{y}_i
$$

を**残差**という．回帰モデルの $y_i = \alpha + \beta x_i + \varepsilon_i$ と $y_i = a + bx_i + e_i$ と比較すれば，e_i は ε_i の推定値とみなすことができることが分かる．

残差に対して次のことが成り立つ．この式は (2.3) と (2.4) を書き直したものに過ぎない．

残差の性質

$$\sum_{i=1}^{N} e_i = 0, \quad \sum_{i=1}^{N} x_i e_i = 0 \tag{2.9}$$

つまり，

① 残差の合計は 0 になる．② 残差と独立変数（説明変数）は直交している．

ことを意味している．

[説明] 大事な事実で証明は簡単なので式を導いてみよう．(2.9) の第 1 式について：

$$\begin{aligned}\sum_{i=1}^{N} e_i &= \sum_{i=1}^{N}(y_i - \hat{y}_i) = \sum_{i=1}^{N}(y_i - a - bx_i)\\ &= \sum_{i=1}^{N}\{y_i - bx_i - (\bar{y} - b\bar{x})\} \quad (\because a = \bar{y} - b\bar{x})\\ &= \sum_{i=1}^{N}(y_i - \bar{y}) - b\sum_{i=1}^{N}(x_i - \bar{x}) = 0\end{aligned}$$

(2.9) の第 2 式について：

$$\begin{aligned}\sum_{i=1}^{N} x_i e_i &= \sum_{i=1}^{N} x_i\{y_i - bx_i - (\bar{y} - b\bar{x})\} = \sum_{i=1}^{N} x_i\{(y_i - \bar{y}) - b(x_i - \bar{x})\}\\ &= \sum_{i=1}^{N} x_i\{(y_i - \bar{y}) - b(x_i - \bar{x})\} - N\bar{x}\sum_{i=1}^{N}\{(y_i - \bar{y}) - b(x_i - \bar{x})\}\\ &\qquad \left(\because (2.9) \text{ より } \sum_{i=1}^{N}\{(y_i - \bar{y}) - b(x_i - \bar{x})\} = 0\right)\\ &= \sum_{i=1}^{N}(x_i - \bar{x})\{(y_i - \bar{y}) - b(x_i - \bar{x})\}\\ &= \sum_{i=1}^{N}(x_i - \bar{x})(y_i - \bar{y}) - b\sum_{i=1}^{N}(x_i - \bar{x})^2 = 0 \quad (b \text{ の定義より})\end{aligned}$$

■

2.2.3 全変動の分解

$\sum_{i=1}^{N}(y_i - \bar{y})^2$ は実験や観測で得られたデータの変動のであるので**全変動**，とか目的変数の**偏差平方和**という．式 (2.9) より，$\sum_{i=1}^{N}(y_i - \hat{y}_i) = 0$ であるから，$\bar{y} = \bar{\hat{y}}$ となる．そこで，$\sum_{i=1}^{N}(\hat{y}_i - \bar{y})^2$ は回帰直線を用いた予測の変動であるから**回帰変動**，あるいは**回帰平方和**という．また，式 (2.9) より残差の平均 $\bar{e} = \frac{1}{N}\sum_{i=1}^{N} e_i = 0$ である．それで，$\sum_{i=1}^{N}(y_i - \hat{y})^2 = \sum_{i=1}^{N} e_i^2$ を**残差変動**，あるいは**残差平方和**という．このときに，全変動は次のように分解される．

定理 1 (全変動の分解)

$$\sum_{i=1}^{N}(y_i - \bar{y})^2 = \sum_{i=1}^{N}(\hat{y}_i - \bar{y})^2 + \sum_{i=1}^{N} e_i^2 \tag{2.10}$$

2.2.4 決定係数

ここで用いたモデルの回帰直線が，どの程度実際の実験，あるいは観測で得られたデータを説明することができているのだろうか？つまり，説明変数 x に対して，回帰直線を用いて予測した $\hat{y}_i$ が実際のデータ y_i をどの程度説明できているのかということである．このモデルがよく説明できているとき，このモデルや回帰直線は「当てはまりがよい」と表現をする．それを計る指標があると便利であろう．それが**決定係数** R^2 である．

(2.10) によると，y_i の平均の回りの変動 $\sum_{i=1}^{N}(y_i - \bar{y})^2$ は，回帰直線で説明できる推定値の平均回りの変動 $\sum_{i=1}^{N}(\hat{y}_i - \bar{y})^2$ と説明できない残差の平均回りの変動 $\sum_{i=1}^{N} e_i^2$ とに分解できる．当然残差の平均回りの変動が小さくなれば，回帰直線で説明できる部分が大きくなり「当てはまりがよくなる」と考えられる．

そこで，**決定係数** R^2 を，全変動の中の回帰変動の割合として定義する．あるいは，目的変数の分散 S_y^2 に対する予測値の分散 $S_{\hat{y}}^2$ の割合として定義すると言っても同じことである．つまり，

定義 2 (決定係数)

$$R^2 = \frac{\sum_{i=1}^{N}(\hat{y}_i - \bar{y})^2}{\sum_{i=1}^{N}(y_i - \bar{y})^2} = 1 - \frac{\sum_{i=1}^{N} e_i^2}{\sum_{i=1}^{N}(y_i - \bar{y})^2} = \frac{S_{\hat{y}}^2}{S_y^2} = 1 - \frac{S_e^2}{S_y^2} \tag{2.11}$$

(2.10) より，$\sum_{i=1}^{N}(\hat{y}_i-\bar{y})^2=\sum_{i=1}^{N}(y_i-\bar{y})^2-\sum_{i=1}^{N}e_i^2$ であるから，上の式変形の 2 番目の等号が成り立つ．

$$S_e^2=\frac{1}{N}\sum_{i=1}^{N}(e_i-\bar{e})^2=\frac{1}{N}\sum(y_i-\hat{y}_i)^2=\frac{1}{N}\sum(y_i-a-bx_i)^2$$

$$=\frac{1}{N}\sum\left\{(y_i-\bar{y})-\frac{S_{xy}}{S_x^2}(x_i-\bar{x})\right\}^2$$

$$=\frac{1}{N}\left[\underbrace{\sum(y_i-\bar{y})^2}_{\parallel \atop S_{y^2}}-2\frac{S_{xy}}{S_x^2}\underbrace{\sum(x_i-\bar{x})(y_i-\bar{y})}_{\parallel \atop S_{xy}}+\frac{S_{xy}^2}{S_x^4}\underbrace{\sum(x_i-\bar{x})^2}_{\parallel \atop S_x^2}\right]$$

$$=S_y^2-\frac{S_{xy}^2}{S_x^2}=S_y^2\left(1-\frac{S_{xy}^2}{S_x^2S_y^2}\right)=S_y^2(1-r^2)$$

が成り立つ．したがって，

$$R^2=\frac{S_{\hat{y}}^2}{S_y^2}=1-\frac{S_e^2}{S_y^2}=1-(1-r^2)=r^2$$

となり，決定係数 R^2 は相関係数の 2 乗 r^2 と等しくなる．$-1\leqq r\leqq 1$ より

$$0\leqq R^2\leqq 1$$

が直ちに導かれる．また，

$$\frac{1}{N}\sum(y_i-\hat{y}_i)^2=\frac{1}{N}\sum(y_i-a-bx_i)^2=\frac{1}{N}\sum\left\{(y_i-\bar{y})-\frac{S_{xy}}{S_{x^2}}(x_i-\bar{x})\right\}^2$$

$$=\underbrace{\frac{1}{N}\sum(y_i-\bar{y})^2}_{\parallel \atop S_y^2}-2\frac{S_{xy}}{S_x^2}\underbrace{\frac{1}{N}\sum(x_i-\bar{x})(y_i-\bar{y})}_{\parallel \atop S_{xy}}+\frac{S_{xy}^2}{S_x^4}\underbrace{\frac{1}{N}\sum(x_i-\bar{x})^2}_{\parallel \atop S_x^2}$$

$$=S_y^2-\frac{S_{xy}^2}{S_x^2}=S_y^2\left(1-\frac{S_{xy}^2}{S_x^2S_y^2}\right)$$

$$=\frac{1}{N}\sum(y_i-\bar{y})^2(1-r^2)$$

が成り立つ．この式より，

> 決定係数 R^2 が 1 に近いほど，実際のデータの値と回帰直線による予測値は近くなる．すなわち，回帰直線の あてはまり がいいことを表す．

2章 問題と解説

1. (平成 **25** 年公認会計士試験)

下の表は5つの家計の所得 x と貯蓄 y のデータ（単位：万円）である．

家計 (h)	1	2	3	4	5
所得 (x_h)	500	700	600	400	300
貯蓄 (y_h)	30	70	50	30	20

いま貯蓄を所得に回帰させる回帰方程式を

$$y_h = \alpha + \beta x_h + u_h,\ h = 1, \cdots, 5$$

とする．ここで u_h は回帰の誤差項で，各 h について独立に平均ゼロ，分散 σ^2 の正規分布に従うものとする．

このとき，以下の各問に答えなさい．

(1) α および β の最小2乗推定量 $\hat{\alpha}$ および $\hat{\beta}$ の最小2乗推定値をそれぞれ求めなさい．

(2) 上の表のデータを当てはめた場合の α および β の最小2乗推定値をそれぞれ求めなさい．

(3) σ^2 の不偏推定値を求めなさい．

(4) 決定係数の値を求めなさい．

(5) 所得が550万円の家計の貯蓄を予測しなさい．

[解説と解答]

(1) 回帰直線の式 (2.7) より，

$$\hat{\beta} = \frac{S_{xy}}{S_x^2} = \frac{\sum_{i=1}^{N}(x_i - \bar{x})(y_i - \bar{y})}{\sum_{i=1}^{N}(x_i - \bar{x})^2}$$

$$\hat{\alpha} = \bar{y} - \hat{\beta}\bar{x}$$

である．この問題では，$N = 5$，i としては h を使うと，$\bar{x} = \frac{1}{5}\sum_{h=1}^{5} x_h$，

$\bar{y} = \frac{1}{5}\sum_{h=1}^{5} y_h$ である．したがって，

$$\hat{\beta} = \frac{\displaystyle\sum_{h=1}^{5}\left(x_h - \frac{1}{5}\sum_{h=1}^{5} x_h\right)\left(y_h - \frac{1}{5}\sum_{h=1}^{5} y_h\right)}{\displaystyle\sum_{i=1}^{5}\left(x_i - \frac{1}{5}\sum_{i=1}^{N} x_i\right)^2} \quad \cdots (答)$$

$$\hat{\alpha} = \frac{1}{5}\sum_{h=1}^{5} y_h - \frac{\hat{\beta}}{5}\sum_{h=1}^{5} x_h \quad \cdots (答)$$

(2)　$\hat{\beta}$ については (1) の形のまま計算するより，計算公式の公式 4 を使った方が計算が簡単になる．表にまとめて計算する．

家計 (h)	1	2	3	4	5	合計
x_h	500	700	600	400	300	2500
y_h	30	70	50	30	20	200
x_h^2	250000	490000	360000	160000	90000	1350000
y_h^2	900	4900	2500	900	400	9600
$x_h y_h$	15000	49000	30000	12000	6000	112000

$$\hat{\beta} = \frac{\overline{xy} - \bar{x}\bar{y}}{\overline{x^2} - \bar{x}^2} = \frac{\dfrac{112000}{5} - \dfrac{2500}{5}\dfrac{200}{5}}{\dfrac{1350000}{5} - \left(\dfrac{2500}{5}\right)^2}$$

$$= \frac{22400 - 500 \cdot 40}{270000 - 500^2} = \frac{2400}{20000} = 0.12 \quad \cdots (答)$$

$$\hat{\alpha} = \bar{y} - \hat{\beta}\bar{x} = \frac{200}{5} - 0.12 \times \frac{2500}{5} = 40 - 60 = -20 \quad \cdots (答)$$

(3)　σ^2 の不偏推定値の計算は第 2 章の範囲を超えている．詳しくは第 11 章で扱う．事実を確認しておくと σ^2 の普遍推定量 (値) V_e は公式 52

$$V_e = \frac{\displaystyle\sum_{h=1}^{5}(y_h - \hat{y}_h)^2}{5 - 2}$$

である．ただし，$\hat{y}_h = \hat{\alpha} + \hat{\beta}x_h$ である．

家計 (h)	1	2	3	4	5	合計
x_h	500	700	600	400	300	
y_h	30	70	50	30	20	
$\hat{y}_h$	40	64	52	28	16	
$y_h - \hat{y}_h$	-10	6	-2	2	4	
$(y_h - \hat{y}_h)^2$	100	36	4	4	4	160

したがって,

$$V_e = \frac{\displaystyle\sum_{h=1}^{5}(y_h - \hat{y}_h)^2}{5-2} = \frac{160}{3} = 53.\dot{3} \quad \cdots \text{(答)}$$

である.

(4)　決定係数 R^2 は (2.11) の式と (3) での計算より

$$R^2 = 1 - \frac{S_e^2}{S_y^2} = 1 - \frac{\displaystyle\frac{1}{5}\sum_{h=1}^{5}(y_h - \hat{y}_h)^2}{\overline{y^2} - \bar{y}^2} = 1 - \frac{\dfrac{160}{5}}{\dfrac{9600}{5} - \left(\dfrac{200}{5}\right)^2}$$

$$= 1 - \frac{32}{320} = 0.9 \quad \cdots \text{(答)}$$

(5)　式 $\hat{y} = \hat{\alpha} + \hat{\beta}x$ を使って予測すると

$$\hat{y} = \hat{\alpha} + \hat{\beta}550$$

$$= -20 + 0.12 \cdot 550 = -20 + 66 = 46 \text{（万円）} \quad \cdots \text{(答)}$$

■

2. (平成 **23** 年公認会計士試験)

2つの変数 x, y に関する観測値の組が25個 $(x_i, y_i, i = 1, \cdots, 25)$ 得られ，その平均値が $\bar{x} = 10$, $\bar{y} = 20$, そして x の平方和は $S_{xx} = \sum_{i=1}^{25}(x_i - \bar{x})^2 = 1944$, y の平方和は $S_{yy} = \sum_{i=1}^{25}(y_i - \bar{y})^2 = 2400$, x と y の積和は $S_{xy} = \sum_{i=1}^{25}(x_i - \bar{x})(y_i - \bar{y}) = 1728$ であった．このとき，以下の各問に答えなさい．

(1)　文章の ［ア］ から ［ウ］ には適当な語句を，［①］ から ［⑦］ には適切な数値を解答欄に記入しなさい．

- x と y の相関係数は ［①］ である．
- x と y の間に線形回帰方程式 $y_i = \alpha + \beta x_i + \varepsilon_i$（ただし，$\varepsilon_i$ は互いに独立に，平均ゼロ，分散一定の正規分布にしたがう誤差項）を設定する．これを最小二乗法により推定したとき，その切片の推定値 $\hat{\alpha}$ は ［②］，傾きの推定値 $\hat{\beta}$ は ［③］ である．これを用いると x が与えられたときの y の予測値は $\hat{y}_i = \hat{\alpha} + \hat{\beta} x_i$ となる．また回帰平方和を $S_{\hat{y}\hat{y}} = \sum_{i=1}^{25}(\hat{y}_i - \bar{y})^2$ とし，残差平方和を $S_{ee} = \sum_{i=1}^{25}(y_i - \hat{y})^2$ とする．
- 決定係数は $\dfrac{\boxed{\text{ア}}}{y\text{ の平方和}}$ である．この単回帰分析においては決定係数は相関係数の ［イ］ に等しいため，その値は ［④］ である．このことから ［ア］＝［⑤］ であり，したがって残差平方和の値は ［⑥］ となる．
- 誤差項 ε_i の分散の不偏推定量の値は $s^2 =$ ［⑦］ であるので，傾きの推定値 $\hat{\beta}$ の ［ウ］ は $\dfrac{s}{\sqrt{S_{xx}}}$ で計算される．

(2)　(略)

[解説と解答]

①: x と y の相関係数 r は公式3により

$$
\begin{aligned}
r &= \frac{S_{xy}}{S_x S_y} = \frac{S_{xy}}{\sqrt{S_{xx}}\sqrt{S_{yy}}}\text{(この問題での記号で表現)} \\
&= \frac{1728}{\sqrt{1944}\sqrt{2400}} = 0.8 \quad \cdots \text{(答)}
\end{aligned}
$$

②と③：回帰直線の式 (2.7) より，

$$\begin{aligned}\hat{\beta} &= \frac{S_{xy}}{S_x^2} = \frac{S_{xy}}{S_{xx}}(\text{この問題での記号で表現}) \\ &= \frac{1728}{1944} \fallingdotseq 0.89 \quad \cdot\cdot\cdot(\text{答}) \\ \hat{\alpha} &= \bar{y} - \hat{\beta}\bar{x} \\ &= 20 - 0.\dot{8}\cdot 10 \fallingdotseq 11.11 \quad \cdot\cdot\cdot(\text{答})\end{aligned}$$

ア：決定係数 R^2 は (2.11) の式より

$$R^2 = \frac{\sum_{i=1}^{N}(\hat{y}_i - \bar{y})^2}{\sum_{i=1}^{N}(y_i - \bar{y})^2} = \frac{\text{回帰平方和}}{\text{全変動（}y\text{ の平方和)}}$$

であるから，ア = 回帰平方和　・・・(答)

イ：$R^2 = r^2$ であるから，イ =2 乗　・・・(答)

④：$R^2 = 0.8^2 = 0.64$　・・・(答)

⑤：⑤$= R^2 \times y$ の平方和 $= 0.64 \cdot 2400 = 1536$　・・・(答)

⑥：式 (2.10) より

$$y \text{ の平方和} = \text{回帰平方和} + \text{残差平方和}$$

であるから，⑥$= y$ の平方和 − 回帰平方和 $= 2400 - 1536 = 864$　・・・(答)

⑦：前の問題でも述べたが，誤差項の分散の不偏推定値の計算は第 2 章の範囲を超えていて，詳しくは第 11 章で扱うが，事実を確認しておくと誤差項の分散の普遍推定量 V_e は公式 52

$$V_e = \frac{\displaystyle\sum_{i=1}^{N}(y_i - \hat{y}_i)^2}{N-2}$$

であるので，⑦$= \frac{\text{回帰平方和}}{25-2} = \frac{864}{23} \fallingdotseq 37.57$　・・・(答)

ウ：$\dfrac{s^2}{S_{xx}}$ は推定量 $\hat{\beta}$ の不偏分散になっている．したがって，これの根号をとった $\dfrac{s}{\sqrt{S_{xx}}}$ は標準偏差である．ウ = 標準偏差　・・・(答)

■

2章　章末問題

1. 総務省の2013年の家計調査年報によると，年間収入と1か月の教養娯楽費関係費及び住居費の10分位階級のデータは次のようになっている (教養娯楽費関係費及び住居費は百円の位で四捨五入した).

	I	II	III	IV	V	VI	VII	VIII	IX	X
年間収入 (万円)	132	220	283	339	396	466	552	663	826	1,327
教養娯楽費 (千円)	12	18	23	24	27	30	32	36	42	58
住居費 (千円)	14	20	19	18	19	20	20	21	22	19

(1) 上の表を元に，年間収入と1か月の教養娯楽費関係費の相関係数を求めなさい.

(2) 上の表を元に，年間収入と1か月の住居費の相関係数を求めなさい.

2. **(平成19年度公認会計士試験)**　ある変数 X と Y の標本が次のとおりとする.

X	4.5	5.0	3.0	3.5	4.0
Y	3.0	3.0	5.0	5.0	4.0

この標本を使って線形回帰式

$$Y_i = \alpha + \beta X_i + \varepsilon_i$$

を最小2乗法によって推定する．ただし，ε_i は誤差項を表し，これは互いに独立な平均0，分散 σ^2 の正規分布に従うものとする．このとき以下の問に答えなさい.

(1) α，β の推定値 $\hat{\alpha}$，$\hat{\beta}$ をそれぞれ求めなさい.

(2) 決定係数を求めなさい.

第3章

確率

確率は，ある事柄が起こる可能性を0から1までの数値で表現したものである．0ならば，起こる可能性はなく，1であれば，必ず起こることを表している．1に近い値ほど起こる可能性は大になる．

3.1　試行と事象

例えば，コイン投げを例に取ってみよう．コインを投げて表がでるか裏が出るかやってみないと分からない．投げてどちらがでるか実験したり，観測したりすることを**試行**という．起こりうることがらを**事象**という．今の場合，表や裏である．また，試行によって起こりうる事象全体の集合を**標本空間**，あるいは**全事象**といい，Ω と表す．正確には，事象は標本空間の部分集合を指し，標本空間のただ1つの要素である事象を**根元事象**という．標本空間の要素を1つも含まない空集合も事象とみなすことにして**空事象**ということにする．それを $\emptyset$ と表す．

例 4　(1)　コイン投げの場合には，標本空間は，

$$\Omega = \{\,表，裏\,\}$$

となる．根元事象は

$$\{\,表\,\},\{\,裏\,\}$$

の2つがある．

(2)　サイコロを振る場合には，標本空間は，

$$\Omega = \{1, 2, 3, 4, 5, 6\}$$

となる．根元事象は

$$\{1\},\{2\},\{3\},\{4\},\{5\},\{6\}$$

の6つである．

例題 3　2個のコインがある．5百円玉を A，百円玉を B とする．今，2個のコインを投げる試行を行う．このとき，標本空間と根元事象を求めなさい．

[解]　A，B のコインはそれぞれ表と裏という2つの事象を持つから，(A,B) の組を考えると，標本空間は

$$\Omega=\{(\text{表},\text{表}),(\text{表},\text{裏}),(\text{裏},\text{表}),(\text{裏},\text{裏})\}$$

となる．根元事象は

$$\{(\text{表},\text{表})\},\{(\text{表},\text{裏})\},\{(\text{裏},\text{表})\},\{(\text{裏},\text{裏})\}$$

の4つである．■

3.2　和事象，積事象，余事象

事象は集合の概念によって表されるので，ベン図を用いると分かりやすく説明できる．

- **排反事象**　事象 A と B が共通部分を持たないとき，A と B は，**排反事象**であるという．あるいは，A と B は，**互いに排反**であるともいう．

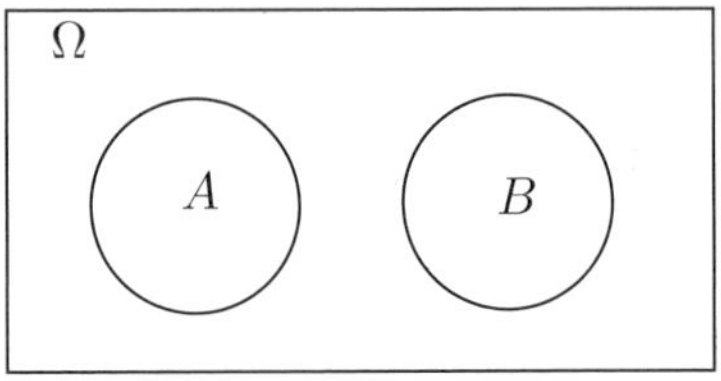

- **和事象**　事象 A と B があるとき，どちらか一方が起こるという事象 C を考えるとき，C を，A と B の**和事象**であるといい，$A\cup B$ と表す．

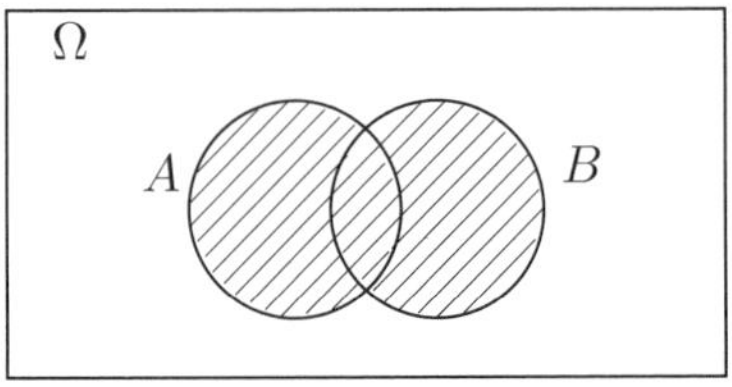

- **積事象** 事象 A と B があるとき，両方が共に起こるという事象 C を考えるとき，C を，A と B の**積事象**であるといい，$A \cap B$ と表す．

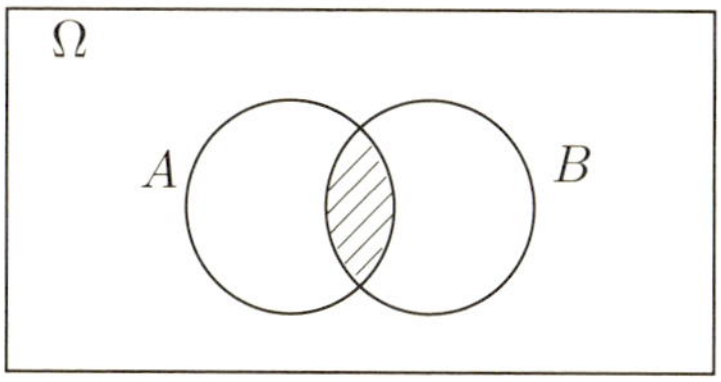

- **余事象**（あるいは，**補事象**） 事象 A が起こらないという事象を A の**余事象**，あるいは **補事象**といい，A^c，あるいは $\overline{A}$ と表す．つまり，標本空間の中の集合として考えると，余事象 A^c は事象 A の補集合である．事象 A と事象 A^c は排反事象になっている．

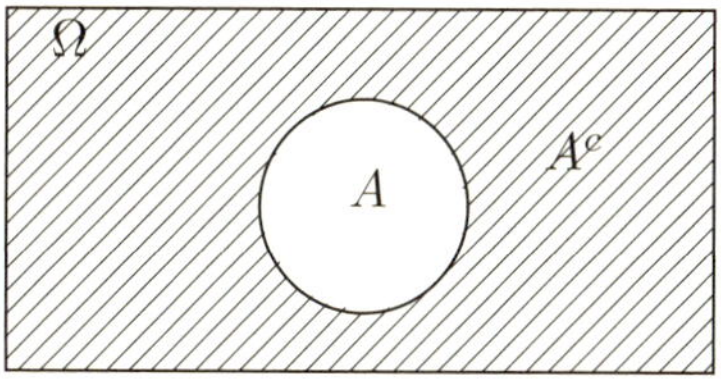

例題 4 1 個のサイコロを振ることを考えよう．このとき，事象 A，B，C を次の通りだとする．ただし，数字は目の数を表すものとする．

$$\begin{aligned} A &= \{\text{目が偶数である}\} \\ B &= \{1,2,3,4\} \\ C &= \{5,6\} \end{aligned}$$

このとき，

(1) A と B の和事象 $(A \cup B)$ を求めなさい．

(2) A と B の積事象 $(A \cap B)$ を求めなさい．

(3) B と C は，互いに排反であることを確かめなさい．

(4) B の余事象 B^c が C であることを確かめなさい．

[解]

(1) A を具体的に書くと，$A = \{2,4,6\}$ となるので，$A \cup B = \{1,2,3,4,6\}$ となる．

(2) $A = \{2,4,6\}$ であるから，$A \cap B = \{2,4\}$ となる．

(3)　$B \cap C =$ となるので，B と C は互いに排反になる．

(4)　サイコロの目の標本空間は $\Omega = \{1, 2, 3, 4, 5, 6\}$ であるので，B の余事象 $\overline{B} = \{5, 6\}$ となる．したがって，B の余事象は C である．

■

事象 A, B, C を考えるときに，次の**分配法則**が成り立つ．

公式 5 (分配法則)

$$
\begin{aligned}
(A \cup B) \cap C &= (A \cap C) \cup (B \cap C) \\
(A \cap B) \cup C &= (A \cup C) \cap (B \cup C)
\end{aligned}
$$

和事象，積事象の余事象に関しては，次の**ド・モルガンの法則**が成り立つ．

公式 6 (ド・モルガンの法則)

$$
\begin{aligned}
(A \cup B)^c &= A^c \cap B^c \\
(A \cap B)^c &= A^c \cup B^c
\end{aligned}
$$

一般に

$$
\begin{aligned}
(A_1 \cup A_2 \cup A_3 \cup \cdots \cup A_n)^c &= A_1^c \cap A_2^c \cap \cdots \cap A_n^c \\
(A_1 \cap A_2 \cap A_3 \cap \cdots \cap A_n)^c &= A_1^c \cup A_2^c \cup \cdots \cup A_n^c
\end{aligned}
$$

2個の事象 A,B についてのド・モルガンの法則を用いると，3個以上の事象に関しても同じ法則が成り立つことが示せる．例えば，A,B,C について繰り返し上記の法則を適用すると

$$
\begin{aligned}
(A \cup B \cup C)^c &= \{A \cup (B \cup C)\}^c = A^c \cap (B \cup C)^c \quad \text{(ド・モルガンの法則)} \\
&= A^c \cap (B^c \cap C^c) \quad \text{(ド・モルガンの法則)} \\
&= A^c \cap B^c \cap C^c
\end{aligned}
$$

となる．

3.3　順列と組合せ

以下の節で扱う確率の計算では，次の順列や組合せを使って事象の計算を行うことが有効になる．

- **順列** 何個かのものを順序を考慮しながら並べたものを**順列**という．n 個の異なるものの中から r 個をとりだし並べた順列の総数を ${}_nP_r$ と表す．このとき

$$ {}_nP_r = n(n-1)\cdots(n-r+1) = \frac{n!}{(n-r)!} $$

となる．ここで，$n!$ は n の**階乗**といい，1 から n までの整数の積を表す．すなわち，

$$ n! = 1\cdot 2\cdot 3\cdot \cdots \cdot n $$

となる．ただし，$n=0$ の場合にも使えるように，$0! = 1$ と定義する．

- **組合せ** 何個のものから順序を考慮しないでいくつかを取り出したものを**組合せ**という．n 個の異なるものの中から r 個をとりだす組合せの総数を ${}_nC_n$ と表す．このとき，

$$ {}_nC_r = \frac{n!}{r!(n-r)!} = \frac{{}_nP_r}{r!} $$

となる．

3.4 確率の定義

ラプラスによる確率の定義を次のように与える．

> **定義 3** 根元事象が N 個の場合を考える．どの根元事象も同程度に確からしいとする．事象 A に含まれる根元事象の個数を $m(A)$ とする．このとき，事象 A が起こる**確率**を $P(A)$ と書き
>
> $$ P(A) = \frac{m(A)}{N} $$
>
> と定義する．

ラプラスの確率の定義は，サイコロやコインやトランプを扱う場合などのように同程度に確からしいことが仮定されている場合には，よい定義となっている．

例 5 サイコロを振ったときに 3 の倍数がでる事象 A の確率を求めよう．サイコロの場合には，どの根元事象も同程度に確からしいといえる．

$$ 3 \text{ の倍数がでる事象 } A = \{3, 6\} $$

となるので，これは根元事象 $\{3\}$ と $\{6\}$ の2個からなる．したがって，

$$P(A) = \frac{2}{6} = \frac{1}{3}$$

となる．

次のような例題を考えよう．

例題 5　中の見えない箱の中に，十円が3枚，百円が2枚入っていたとする．この箱から1枚取り出す試行を行う．取り出した硬貨が百円である事象を A とするとき，事象 A が起こる確率を求めなさい．

[解]　3枚の十円に，それぞれ1，2，3と番号を書き，2枚の百円に，それぞれ4，5と番号を書くことにする．各番号を書いた硬貨を選び出す事象が根元事象になる．すなわち，$\{1\}, \{2\}, \{3\}, \{4\}, \{5\}$ であり，各根元事象の確率は同程度に確からしいといえる．事象 A は，$\{4\}$ と $\{5\}$ という根元事象からなる．したがって，

$$P(A) = \frac{2}{5} \quad \cdots (答)$$

となる．これは，組合せの考え方と使うと，次のように考えられる．5枚の硬貨から1枚を取り出す場合の数が根元事象の個数になる．したがって，${}_5C_1$．一方，百円玉を選ぶ根元事象の個数は，2個の百円硬貨から1枚選ぶ場合の個数になる．したがって，${}_2C_1$．したがって，

$$P(A) = \frac{{}_2C_1}{{}_5C_1} \quad \cdots (答)$$

と場合の数の計算の割合になる．　■

しかしながら，各根元事象が，同程度に確からしいかどうか判定できないときには，上記のラプラスの方法は有効ではない．そこで，実際の試行を通じて，次のような，**頻度による確率の定義**が考えられている．

定義 4　N 回の試行を試みたときに，事象 A が起こった回数が n 回だとする．試行回数 N を増やしていくときに，事象が起こる回数の割合 (**頻度**) がある値 p に近づくとする．すなわち

$$\frac{n}{N} \to p$$

とするとき，事象 A の確率を

$$P(A) = p$$

と定義する．

上記の確率の定義は，理論的には不完全である．コルモゴルフは次の公理主義的定義を採用することで，この不完全さを克服した．

確率の公理

(1)　すべての事象 A に対して，$0 \leqq P(A) \leqq 1$,

(2)　$P(\Omega) = 1$,

(3)　互いに排反な事象 A_i $(i = 1, 2, \cdots)$ に対して，

$$P(A_1 \cup A_2 \cup A_3 \cup \cdots) = P(A_1) + P(A_2) + P(A_3) + \cdots$$

3.5　確率の計算

事象 A と B が排反事象ならば，公理の (3) の性質が成り立つ．

公式 7 (加法定理)　事象 A と B が排反事象ならば，

$$P(A \cup B) = P(A) + P(B)$$

一般に，事象 A と B が排反事象でないならば，

$$P(A \cup B) = P(A) + P(B) - P(A \cap B)$$

この性質を**加法定理**という．

例題 6　ジョーカーを除いたトランプの52枚のカードがある．無作為に3枚のカードを取り出すとき次の確率を求めなさい．

(1)　3枚のカードのうち2枚は絵札で，残り1枚は絵札でない確率

(2)　3枚のカードのうちどれも絵札でもエースでもなく，カードの数字が偶数である確率

(3)　3枚のカードのうち少なくとも1枚は絵札が入っている確率

[解]

(1)　事象 $A=\{$3枚のカードのうち2枚は絵札で，残り1枚は絵札でない$\}$ とおく．52枚のカードから無作為に3枚を取り出す場合の数は

$$ {}_{52}\mathrm{C}_3 = \frac{52!}{(52-3)!3!} = 50\cdot 17\cdot 26 = 22100 $$

絵札は全部で12枚，残りのカードは40枚．この中から絵札2枚，絵札でないカード1枚を取り出す場合の数は

$$ {}_{12}\mathrm{C}_2\cdot {}_{40}\mathrm{C}_1 = \frac{12!}{(12-2)!2!}\cdot\frac{40!}{(40-1)!1!} = 66\cdot 40 = 2640 $$

したがって

$$ P(A) = \frac{{}_{12}\mathrm{C}_2\cdot {}_{40}\mathrm{C}_1}{{}_{52}\mathrm{C}_3} = \frac{2640}{22100} = \frac{132}{1105} \fallingdotseq 0.12 \quad \cdots(答) $$

(2)　事象 $A=\{$3枚のカードのうちどれも絵札でなく，カードの数字が偶数である$\}$ とおく．52枚のカードから無作為に3枚を取り出す場合の数は

$$ {}_{52}\mathrm{C}_3 = \frac{52!}{(52-3)!3!} = 50\cdot 17\cdot 26 = 22100 $$

各スートの偶数の数字は，2，4，6，8，10であるから，これらの数字のカードは全部で20枚．これらの中から3枚を取り出す場合の数は

$$ {}_{20}\mathrm{C}_3 = \frac{20!}{(20-3)!3!} = 3\cdot 19\cdot 20 = 1140 $$

したがって

$$ P(A) = \frac{{}_{20}\mathrm{C}_3}{{}_{52}\mathrm{C}_3} = \frac{1140}{22100} = \frac{57}{1105} \fallingdotseq 0.05 \quad \cdots(答) $$

(3)　事象 $A=\{$3枚のカードのうち少なくとも1枚は絵札が入っている$\}$ とおく．題意に沿って解いていくと，絵札が1枚，2枚，3枚含まれる3つの場合をそれぞれ計算することになる．こういう場合には，余事象を考えると計算が

簡単になる．つまり，A の余事象 A^c は

$$A^c = \{3 \text{枚の中に絵札は} 1 \text{枚も入ってない}\}$$

となる．3 枚を絵札以外から選ぶ場合の数を計算すればよいのでずいぶん簡単になる．52 枚のカードから無作為に 3 枚を取り出す場合の数は

$$_{52}\mathrm{C}_3 = \frac{52!}{(52-3)!3!} = 50 \cdot 17 \cdot 26 = 22100$$

絵札以外のカードは全部で 40 枚あったので，これらの中から 3 枚を取り出す場合の数は

$$_{40}\mathrm{C}_3 = \frac{40!}{(40-3)!3!} = 19 \cdot 13 \cdot 40 = 9880$$

したがって

$$P(A^c) = \frac{_{40}\mathrm{C}_3}{_{52}\mathrm{C}_3} = \frac{9880}{22100} = \frac{38}{85}$$

となるので，事象 A の起こる確率と事象 A^c の起こる確率は足して 1 だから

$$P(A) = 1 - P(A^c) = 1 - \frac{38}{85} = \frac{47}{85} \fallingdotseq 0.48 \quad \cdots (\text{答})$$

■

注意 $A^c = \{3 \text{枚の中に絵札は} 1 \text{枚も入ってない}\}$ となることはド・モルガンの法則から分かる．事象 $A_k = \{3 \text{枚の中に絵札が} k \text{枚入っている}\}$ $(k = 1, 2, 3)$ とおくと，$A_k^c = \{3 \text{枚の中に絵札が} k \text{枚は入ってない}\}$ となる．一方，

$$A = A_1 \cup A_2 \cup A_3$$

と表すことができる．したがって，ド・モルガンの法則を使うと

$$\begin{aligned} A^c &= (A_1 \cup A_2 \cup A_3)^c \\ &= A_1^c \cap A_2^c \cap A_3^c \quad (\text{ド・モルガンの法則とその後の注意}) \\ &= \{3 \text{枚の中に絵札は} 1 \text{枚も入ってない}\} \end{aligned}$$

となることが示せる． ■

例題 7 2 個のサイコロを振り，出た目の合計を S とする．事象 $A = \{S \text{が偶数であるか，あるいは，} 3 \text{の倍数である}\}$ とする．このとき，A の確率を求めなさい．

[解]　サイコロの目をそれぞれ a, b とするとき，2つの目の組を (a, b) と書くことにする．このとき，組合せの数は全部で36通りある．まず，事象 $B = \{S$ が偶数である $\}$ とし，含まれる根元事象を列挙する．

$$
\begin{array}{ll}
S = 2 \text{ のとき} & (1,1) \\
S = 4 \text{ のとき} & (1,3),(2,3),(3,1) \\
S = 6 \text{ のとき} & (1,5),(2,4),(3,3),(4,2),(5,1) \\
S = 8 \text{ のとき} & (2,6),(3,5),(4,4),(5,3),(6,2) \\
S = 10 \text{ のとき} & (4,6),(5,5),(6,4) \\
S = 12 \text{ のとき} & (6,6)
\end{array}
$$

全部で18通りある．次に，事象 $C = \{S$ が3の倍数である $\}$ とし，含まれる根元事象を列挙する．

$$
\begin{array}{ll}
S = 3 \text{ のとき} & (1,2),(2,1) \\
S = 6 \text{ のとき} & (1,5),(2,4),(3,3),(4,2),(5,1) \\
S = 9 \text{ のとき} & (3,6),(4,5),(5,4),(6,3) \\
S = 12 \text{ のとき} & (6,6)
\end{array}
$$

全部で12通りある．明らかに，$B \cap C$ は空事象ではないので，B と C は互いに排反ではない．$B \cap C$ は，$S = 6$ と $S = 12$ の場合があるので，全部で6通りある．$A = B \cup C$ であるので，加法定理より，

$$
\begin{aligned}
P(A) &= P(B \cup C) = P(B) + P(C) - P(B \cap C) \\
&= \frac{18}{36} + \frac{12}{36} - \frac{6}{36} = \frac{24}{36} = \frac{2}{3} \quad \cdots \text{(答)}
\end{aligned}
$$

■

3.6　条件付確率

事象 B が，事象 A に引き続いて起こるときに，事象 A が起こったことで事象 B の起こる確率が影響を受けるときに，事象 B の起こる確率を事象 A を条件とする B の**条件付確率**といい，$P(B|A)$ と表す．

次の簡単な例で考えてみよう．中の見えない箱の中に，百円玉2枚と十円玉2枚が入っているとする．まず，箱の中から1枚を取りだす試行を行う．さら

に，引き続き，もう 1 枚の硬貨を取り出す試行を行い，それが十円である事象を B とする．1 回目の試行で，取り出した硬貨が百円であるという事象 A か，十円かであるという事象 $\bar{A}$ かによって，事象 B が起こる確率が変わってくる．

- 1 回目が百円であるという事象 A の場合：残りは，百円が 1 枚，十円が 2 枚であるので，

$$P(B|A) = \frac{2}{3}$$

- 1 回目が十円であるという事象 $\bar{A}$ の場合：残りは，百円が 2 枚，十円が 1 枚であるので，

$$P(B|\bar{A}) = \frac{1}{3}$$

となる．

一般的には，次のように定義される．

定義 5

$$P(B|A) = \frac{P(A \cap B)}{P(A)}$$

これを，次のように表現して，**乗法定理**ということがある．

公式 8

$$P(A \cap B) = P(A) \cdot P(B|A)$$

$$P(B) = P(B|A)$$

が成り立つとき，事象 A と B は**独立**であるという．事象 A と B が独立であるとき，

$$P(A \cap B) = P(A) \cdot P(B)$$

が成り立つ．

例題 8　箱の中に白球が 5 個，赤球が 3 個入っている．まず，箱の中から 1 個取り出す．このとき，それが赤球である事象を A とする．続いて箱の中から 1 個取り出す．これが白球である事象を B とする．このとき，条件付確率 A を条件とする B の条件付確率 $P(B|A)$ を求めなさい．ただし，最初に取り出した球を箱に戻す復元抽出の場合と非復元抽出に場合をそれぞれ計算しなさい．

(1)　復元抽出のときの $P(B|A)$

(2)　非復元抽出のときの $P(B|A)$

[解]

(1) 復元抽出のときは，2回目にも箱には8球入っている．

$$P(B|A) = \frac{P(A \cap B)}{P(A)} = \frac{\dfrac{{}_3\mathrm{C}_1 \cdot {}_5\mathrm{C}_1}{{}_8\mathrm{C}_1 \cdot {}_8\mathrm{C}_1}}{\dfrac{{}_3\mathrm{C}_1}{{}_8\mathrm{C}_1}} = \frac{{}_5\mathrm{C}_1}{{}_8\mathrm{C}_1} = \frac{5}{8} \quad \cdots (\text{答})$$

(2) 非復元抽出のときは，2回目には箱には7球しか入っていない．

$$P(B|A) = \frac{P(A \cap B)}{P(A)} = \frac{\dfrac{{}_3\mathrm{C}_1 \cdot {}_5\mathrm{C}_1}{{}_8\mathrm{C}_1 \cdot {}_7\mathrm{C}_1}}{\dfrac{{}_3\mathrm{C}_1}{{}_8\mathrm{C}_1}} = \frac{{}_5\mathrm{C}_1}{{}_7\mathrm{C}_1} = \frac{5}{7} \quad \cdots (\text{答})$$

■

注意　条件が付かない場合には，

$$P(B) = \frac{{}_5\mathrm{C}_1}{{}_8\mathrm{C}_1} = \frac{5}{8}$$

であるから，復元抽出のときには，$P(B) = P(B|A)$ となるので，事象 A と B は独立である．一方，非復元抽出のときには，$P(B) \neq P(B|A)$ となるので，事象 A と B は独立ではない．事象 A が事象 B に影響を与えていると言える．

■

3.6.1　ベイズの定理

条件付確率 $P(B|A)$ に対して，条件と結果を入れ替えた事象 B の下での事象 A の起きる条件付確率 $P(A|B)$ を求めることができないだろうか？これに対する答がベイズの定理である．18世紀にイギリスの僧侶ベイズ（Bayes）によって考案された定理である．

公式 9 (ベイズの定理)

$$P(A|B) = \frac{P(B|A)P(A)}{P(B|A)P(A) + P(B|A^c)P(A^c)}$$

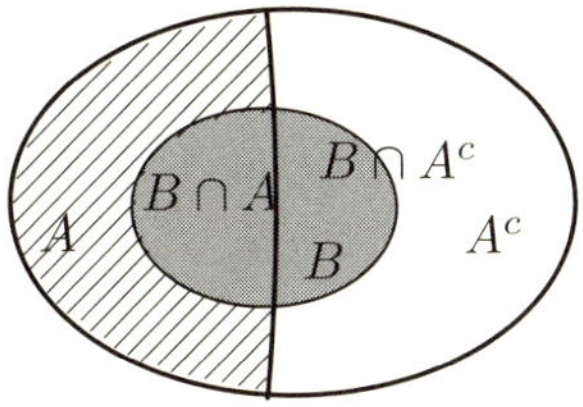

覚え方

$$\begin{aligned} P(A|B) &= \frac{P(A\cap B)}{P(B)} && \Leftarrow \text{条件付確率} \\ &= \frac{P(A\cap B)}{P(B\cap A) + P(B\cap A^c)} && \Leftarrow \text{排反集合に分割} \\ &= \frac{P(B|A)P(A)}{P(B|A)P(A) + P(B|A^c)P(A^c)} && \Leftarrow \text{乗法定理} \end{aligned}$$

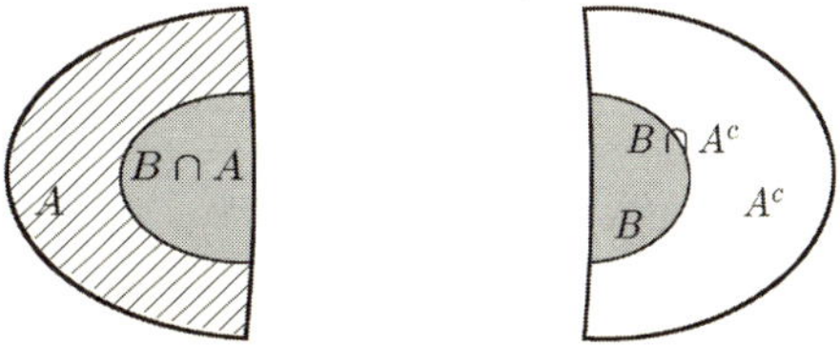

条件が $A_1, A_2, \cdots, A_n$ のように複数個の場合の一般のベイズの定理は

定理　(ベイズの定理)

$$P(A_k|B) = \frac{P(B|A_k)P(A_k)}{P(B|A_1)P(A_1) + P(B|A_2)P(A_2) + \cdots + P(B|A_n)P(A_n)}$$

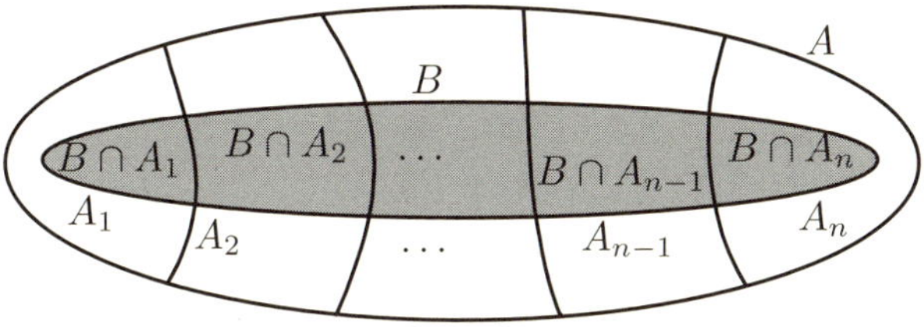

3.6.2　例題

例題 9　ある菓子メーカーでは赤いパッケージと緑のパッケージの2種類の菓子を製造していて，それを仕分ける機械を開発中である．生産ラインで運ばれた2種類の菓子を赤い箱には赤いパッケージの菓子を，緑の箱には緑のパッケージの菓子を自動的に選別して詰める仕組みである．ところが，赤いパッケージの菓子を緑の箱に間違って仕分ける確率が5%，緑のパッケージの菓子を赤い箱に間違って仕分ける確率が10%ある．赤と緑の生産量の比は2 : 1であるとする．赤い箱に含まれる緑のパッケージの菓子の確率を求めなさい．

[解] B を赤い箱である事象，A を緑のパッケージの菓子である事象とする．

		A 緑の菓子 $\mid A$	A^c 赤の菓子 $\mid A^c$	B, B^c の確率
B	赤箱 $\mid B$	0.1	0.95	
B^c	緑箱 $\mid B^c$	0.9	0.05	
	A, A^c の確率	$\frac{1}{3}$	$\frac{2}{3}$	

$$
\begin{aligned}
P(A|B) &= \frac{P(B|A)P(A)}{P(B|A)P(A)+P(B|A^c)P(A^c)} \quad \text{(ベイズの定理)} \\
&= \frac{0.1\cdot\frac{1}{3}}{0.1\cdot\frac{1}{3}+0.95\cdot\frac{2}{3}} = \frac{1}{20} = 0.05
\end{aligned}
$$

（答）　赤い箱に含まれる緑のパッケージの菓子の確率は0.05である．

注意　表より「緑の箱に含まれる赤のパッケージの菓子」の確率も同様に求めることができる．　■

演習 4　ある会社で独自にウィルス検出ソフトを開発した．ウィルスに感染しているメールを検出する確率は98%である．しかし，ウィルスに感染していないメールを感染メールと誤認識する可能性も5%ある．ウィルスに感染したメールは100件に3件の確率で送られてくる．いま重要そうなメールが届いたが，ウィルスソフトがウィルスに感染したメールとしてはじいた．このメールが本当にウィルスに感染している確率を求めなさい，上の問題を以下の手順で答えなさい．$\boxed{\text{細い線の括弧}}$ には式や文字を，$\boxed{\text{太い線の括弧}}$ には数値を入れなさい．

問 1． 次の表を完成させなさい．

B を $\boxed{}$，A を $\boxed{}$ であるとする．

		A	A^c	
		感染メール $\mid A$	非感染メール $\mid A^c$	B, B^c の確率
B	検出メール $\mid B$	$\boxed{}$	$\boxed{}$	
B^c	非検出メール $\mid B^c$	$\boxed{}$	$\boxed{}$	
	A, A^c の確率	$\boxed{}$	$\boxed{}$	

問 2． 公式を適用して確率を求めなさい．

$$P(A|B) = \frac{\boxed{}}{\boxed{}} \quad \text{(ベイズの定理)}$$

$$= \frac{\boxed{}}{\boxed{}} = \frac{\boxed{}}{\boxed{}} = \boxed{}$$

（答）　渦中のメールが本当にウィルスに感染している確率は $\boxed{}$ ％である。

■

条件が複数の場合の例題も扱おう．

例題 10　ある会社では 3 つの工場 P_1, P_2, P_3 で，同じ製品を作っている．3 つの工場から送られてきた製品を本社でチェックしている．P_1 工場は 10%，P_2 工場は 20%，P_3 工場は 30%不良品が含まれていることが分かっている．P_1 工場と P_2 工場と P_3 工場の生産量は $4:3:1$ である．いま，どの工場から送られてきた製品か分からない箱がある．その中から無作為に 5 個を取り出したところ，不良品が 2 個含まれていた．この箱が P_1 工場から送られてきた箱である確率を求めなさい．

[解]　A_k $(k = 1, 2, 3)$ を P_k 工場の箱である事象を、B を箱から抜き出した 5

個のうち不良品が2個でる事象を表すとすれば，

$$P(B|A_1) = {}_5\mathrm{C}_3 0.9^3\cdot 0.1^2 = \frac{5!}{3!2!}0.9^3\cdot 0.1^2 = \frac{729}{10000}$$

$$P(B|A_2) = {}_5\mathrm{C}_3 0.8^3\cdot 0.2^2 = \frac{2048}{10000}$$

$$P(B|A_3) = {}_5\mathrm{C}_3 0.7^3\cdot 0.3^2 = \frac{3087}{10000}$$

$$P(A_1) = \frac{1}{2},\ P(A_2)=\frac{3}{8},\ P(A_3)=\frac{1}{8}$$

であるから，表にすると

		A_1	A_2	A_3	
		P_1 工場 $\vert A_1$	P_2 工場 $\vert A_2$	P_3 工場 $\vert A_3$	B, B^c の確率
B	5個中不良品2個 $\vert B$	$\frac{729}{10000}$	$\frac{2048}{10000}$	$\frac{3087}{10000}$	
B^c	それ以外 $\vert B^c$	$\frac{9271}{10000}$	$\frac{7952}{10000}$	$\frac{6913}{10000}$	
	$A_1, A_2.A_3$ の確率	$\frac{1}{2}$	$\frac{3}{8}$	$\frac{1}{8}$	

よって，

$$P(A_1|B) = \frac{P(A_1\cap B)}{P(B\cap A_1)+P(B\cap A_2)+P(B\cap A_3)} \quad \text{(排反事象)}$$

$$= \frac{P(B|A_1)P(A_1)}{P(B|A_1)P(A_1)+P(B|A_2)P(A_2)+P(B|A_3)P(A_3)} \quad \text{(ベイズの定理)}$$

$$= \frac{\frac{729}{10000}\cdot\frac{1}{2}}{\frac{729}{10000}\cdot\frac{1}{2}+\frac{2048}{10000}\cdot\frac{3}{8}+\frac{3087}{10000}\cdot\frac{1}{8}} = \frac{972}{4049} \fallingdotseq 0.24$$

（答）　この箱が P_1 工場から送られてきた箱である確率は0.24である．

■

3章 問題と解説

1. (平成 **26** 年公認会計士試験)

(1) ある病気の症状において，高熱の患者の割合は 0.3，微熱の患者の割合は 0.7 である．これらの患者にある薬を投与し，解熱効果を調べ，結果をまとめると次のようになった．

表：条件付き確率

解熱効果	両熱	微熱
非常に有り	0.60	0.25
少し有り	0.25	0.50
全く無し	0.15	0.25
計	1.00	1.00

「高熱」であることを事象 A,「微熱」であることを事象 A^c，薬を投与し「解熱効果が非常に有り」を事象 B_1，「解熱効果が少し有り」を事象 B_2，「解熱効果が全く無し」を事象 B_3 とする．このとき，次の値を求めなさい．

1) 「高熱」かつ「解熱効果が非常に有り」の確率 $\Pr(A \cap B_1)$

2) 「微熱」または「解熱効果が全く無し」の確率 $\Pr(A^c \cup B_3)$

3) 「解熱効果が非常に有り」の中で「高熱」の確率 $\Pr(A|B_1)$

4) 「解熱効果が非常に有り」または「解熱効果が少し有り」の中で「微熱」の確率 $\Pr(A^c|B_1 \cup B_2)$

[解説と解答] 条件付確率がからむ問題である．乗法定理も用いて計算する．

(1) 乗法定理を用いると

$$\Pr(A \cap B_1) = \Pr(A) \cdot \Pr(B_1|A) = 0.3 \cdot 0.6 = 0.18 \quad \cdots (答)$$

(2) 事象 $A^c \cup B_3$ は，A^c と $A \cap B_3$ の排反事象に分けられるので

$$\Pr(A^c \cup B_3) \quad = \quad \Pr(A^c) + \Pr(A \cap B_3) = 0.7 + 0.3 \cdot 0.15 = 0.745 \quad \cdots (答)$$

(3) 乗法定理を用いると

$$\Pr(A^c \cap B_1) = \Pr(A^c) \cdot \Pr(B_1|A^c) = 0.7 \cdot 0.25 = 0.175$$

であり，B_1 は $A\cap B_1$ と $A^c\cap B_1$ の排反事象に分けられるので，

$$\begin{aligned}\Pr(A|B_1) &= \frac{\Pr(A\cap B_1)}{\Pr(B_1)} = \frac{\Pr(A\cap B_1)}{\Pr(A\cap B_1)+\Pr(A^c\cap B_1)}\\ &= \frac{0.18}{0.18+0.175} = 0.507 \quad \cdot\cdot\cdot (答)\end{aligned}$$

(4) 乗法定理を用いると

$$\begin{aligned}\Pr(A\cap B_2) &= \Pr(A)\cdot\Pr(B_2|A) = 0.3\cdot 0.25 = 0.075\\ \Pr(A^c\cap B_2) &= \Pr(A^c)\cdot\Pr(B_2|A^c) = 0.7\cdot 0.5 = 0.35\end{aligned}$$

であり，B_1 と B_2 を2つの排反事象に分けることにより

$$\begin{aligned}\Pr(B_1) &= \Pr(A\cap B_1)+\Pr(A^c\cap B_1) = 0.18+0.175 = 0.355\\ \Pr(B_2) &= \Pr(A\cap B_2)+\Pr(A^c\cap B_2) = 0.075+0.35 = 0.425\end{aligned}$$

となる．これらを用いると

$$\begin{aligned}\Pr(A^c|B_1\cup B_2) &= \frac{\Pr(A^c\cap(B_1\cup B_2))}{\Pr(B_1\cup B_2)} = \frac{\Pr(A^c\cap B_1)+\Pr(A^c\cap B_2))}{\Pr(B_1)+\Pr(B_2)}\\ &= \frac{0.175+0.35}{0.355+0.425} = 0.673077 \quad \cdot\cdot\cdot (答)\end{aligned}$$

■

2. (平成23年公認会計士試験)

赤玉と白玉があわせて9個入っている袋から玉を取り出す試行を考える．取り出す前の袋の中の赤玉の数を X とし、その事前分布は離散一様分布すなわち、

$$\Pr(X=k) = \frac{1}{10}, \quad k=0,1,\cdots,9$$

であるとする．以下では、袋から玉を m 個無作為に取り出すとき、その玉の色が m 個とも白であるという事象を W_m であらわす．以下の各問に答えなさい．

(1) 赤玉の数 X が3であるとき、W_1 の条件付確率 $\Pr(W_1|X=3)$ を求めなさい．

(2) 赤玉の数 X が3であるとき、W_2 の条件付確率 $\Pr(W_2|X=3)$ を求めなさい．

(3) W_1 の確率 $\Pr(W_1)$ および W_2 の確率 $\Pr(W_2)$ を求めなさい．導出過程も示しなさい．

(4) 事後確率 $\Pr(X=k|W_1)$ を求めなさい．

[解説と解答]

(1) この問題での記号法にしたがって，確率を Pr で表す．

$W_1 \cap \{X=3\}$ の事象は，袋に赤玉が 3 個（白玉は 6 個）入っていて，1 個無作為に取りだしたときにそれが白玉であるという事象になっている．W_1 の状況において，取り出し方は全部で ${}_9\mathrm{C}_1 = 9$ 通りであり，白玉 6 個から白玉を 1 個取り出す場合の数は ${}_6\mathrm{C}_1 = 6$ 通りである．したがって，

$$\Pr(W_1 \cap \{X=3\}) = \frac{1}{10} \cdot \frac{{}_6\mathrm{C}_1}{{}_9\mathrm{C}_1} = \frac{1}{10} \cdot \frac{6}{9} = \frac{1}{15}$$

であるから，

$$\Pr(W_1 | X=3) \quad = \quad \frac{\Pr(W_1 \cap \{X=3\})}{\Pr(X=3)} = \frac{\frac{1}{15}}{\frac{1}{10}} = \frac{2}{3}$$

(2) $W_2 \cap \{X=3\}$ の事象は，袋に赤玉が 3 個（白玉は 6 個）入っていて，2 個無作為に取りだしたときにそれが白玉であるという事象になっている．W_1 の状況において，取り出し方は全部で ${}_9\mathrm{C}_2 = \frac{9!}{7!2!} = 36$ 通りであり，白玉 6 個から白玉を 2 個取り出す場合の数は ${}_6\mathrm{C}_2 = \frac{6!}{4!2!} = 15$ 通りである．したがって，

$$\Pr(W_1 \cap \{X=3\}) = \frac{1}{10} \cdot \frac{{}_6\mathrm{C}_2}{{}_9\mathrm{C}_2} = \frac{1}{10} \cdot \frac{15}{36} = \frac{1}{24}$$

であるから，

$$\Pr(W_2 | X=3) = \frac{\Pr(W_2 \cap \{X=3\})}{\Pr(X=3)} = \frac{\frac{1}{24}}{\frac{1}{10}} = \frac{5}{12}$$

(3) $W_1 \cap \{X=9\} = \emptyset$ であるから

$$W_1 = (W_1 \cap \{X=0\}) \cup (W_1 \cap \{X=1\}) \cup \cdots \cup (W_1 \cap \{X=8\})$$

であり，各 $W_1 \cap \{X=i\}$, $(i=1,\cdots,8)$ は互いに排反事象であるから，

$$\begin{aligned}
\Pr(W_1) &= \sum_{i=1}^{8} \Pr(W_1 \cap \{X=i\}) = \sum_{i=1}^{8} \Pr(X=i)\Pr(W_1|X=i) \text{ (公式 8)} \\
&= \frac{1}{10}\left(\frac{{}_9\mathrm{C}_1}{{}_9\mathrm{C}_1} + \frac{{}_8\mathrm{C}_1}{{}_9\mathrm{C}_1} + \frac{{}_7\mathrm{C}_1}{{}_9\mathrm{C}_1} + \frac{{}_6\mathrm{C}_1}{{}_9\mathrm{C}_1} + \frac{{}_5\mathrm{C}_1}{{}_9\mathrm{C}_1} + \frac{{}_4\mathrm{C}_1}{{}_9\mathrm{C}_1} + \frac{{}_3\mathrm{C}_1}{{}_9\mathrm{C}_1} + \frac{{}_2\mathrm{C}_1}{{}_9\mathrm{C}_1} + \frac{{}_1\mathrm{C}_1}{{}_9\mathrm{C}_1}\right) \\
&= \frac{1}{10}\left(\frac{9}{9} + \frac{8}{9} + \frac{7}{9} + \frac{6}{9} + \frac{5}{9} + \frac{4}{9} + \frac{3}{9} + \frac{2}{9} + \frac{1}{9}\right) = \frac{1}{10} \times 5 = \frac{1}{2} \quad \cdots \text{(答)}
\end{aligned}$$

また，$W_2 \cap \{X=9\} = W_2 \cap \{X=8\} = \emptyset$ であるから

$$W_2 = (W_2 \cap \{X=0\}) \cup (W_2 \cap \{X=1\}) \cup \cdots \cup (W_2 \cap \{X=7\})$$

であり，各 $W_2 \cap \{X=i\}$, $(i=1,\cdots,7)$ は互いに排反事象であるから，

$$\begin{aligned}
\Pr(W_2) &= \sum_{i=1}^{7}\Pr(W_2\cap\{X=i\}) = \sum_{i=1}^{7}\Pr(X=i)\Pr(W_2|X=i) \ (\text{公式}\,8)\\
&= \frac{1}{10}\left(\frac{{}_9\mathrm{C}_2}{{}_9\mathrm{C}_2}+\frac{{}_8\mathrm{C}_2}{{}_9\mathrm{C}_2}+\frac{{}_7\mathrm{C}_2}{{}_9\mathrm{C}_2}+\frac{{}_6\mathrm{C}_2}{{}_9\mathrm{C}_2}+\frac{{}_5\mathrm{C}_2}{{}_9\mathrm{C}_2}+\frac{{}_4\mathrm{C}_2}{{}_9\mathrm{C}_2}+\frac{{}_3\mathrm{C}_2}{{}_9\mathrm{C}_2}+\frac{{}_2\mathrm{C}_2}{{}_9\mathrm{C}_2}\right)\\
&= \frac{1}{10}\cdot\frac{1}{8\cdot 9}(8\cdot9+7\cdot8+6\cdot7+5\cdot6+4\cdot5+3\cdot4+2\cdot3+1\cdot2)\\
&= \frac{1}{3} \quad \cdots (\text{答})
\end{aligned}$$

(4)　(3) で $\Pr(W_1)$ を求めてあるので，

$$\Pr(X=k|W_1) = \frac{\Pr(\{X=k\}\cap W_1)}{\Pr(W_1)} = \frac{\Pr(\{X=k\}\cap W_1)}{1/2}$$

(1) と同様に考えて，$0 \leqq k < 8$ のとき

$$\Pr(W_1\cap\{X=k\}) = \frac{1}{10}\cdot\frac{{}_{9-k}\mathrm{C}_1}{{}_9\mathrm{C}_1} = \frac{9-k}{90}$$

である．$k=9$ のとき，$W_1\cap\{X=k\}=\emptyset$ であるから，明らかに $\Pr(W_1\cap\{X=k\})=0$ となるので，まとめて $0\leqq k\leqq 9$ のとき，

$$\Pr(W_1\cap\{X=k\}) = \frac{9-k}{90}$$

となる．したがって，

$$\Pr(X=k|W_1) = \frac{\Pr(\{X=k\}\cap W_1)}{1/2} = \frac{\frac{9-k}{90}}{\frac{1}{2}} = \frac{9-k}{45} \quad \cdots (\text{答})$$

注意　すでに (3) で $\Pr(W_1)$ を求めているので，ベイズの定理を使う方が二度手間の感がある．

$$\Pr(X=k|W_1) = \frac{\Pr(W_1|X=k)\Pr(X=k)}{\Pr(W_1|X=k)\Pr(X=k)+\Pr(W_1|X\neq k)\Pr(X\neq k)}$$

ここで，(3) での計算を考慮すると

$$\Pr(W_1|X=k) = \frac{\Pr(W_1\cap\{X=k\})}{\Pr(X=k)} = \frac{\frac{9-k}{90}}{\frac{1}{10}} = \frac{9-k}{9}$$

$$\begin{aligned}
\Pr(W_1\cap\{X\neq k\}) &= \sum_{i\neq k}\Pr(W_1\cap\{X=i\}) = \sum_{i\neq k}\frac{9-i}{90}\\
&= \sum_{j=0}^{9}\frac{j}{90}-\frac{9-k}{90} = \frac{1}{2}-\frac{9-k}{90}
\end{aligned}$$

より

$$\Pr(W_1|X \neq k) \;=\; \frac{\Pr(W_1 \cap \{X \neq k\})}{\Pr(X \neq k)} = \frac{\frac{1}{2} - \frac{9-k}{90}}{\frac{9}{10}} = \frac{10}{9}\left(\frac{1}{2} - \frac{9-k}{90}\right)$$

これをベイズの定理に代入すると

$$\begin{aligned}
\Pr(X = k|W_1) &= \frac{\Pr(W_1|X = k)\Pr(X = k)}{\Pr(W_1|X = k)\Pr(X = k) + \Pr(W_1|X \neq k)\Pr(X \neq k)} \\
&= \frac{\frac{9-k}{9} \cdot \frac{1}{10}}{\frac{9-k}{9} \cdot \frac{1}{10} + \frac{10}{9}\left(\frac{1}{2} - \frac{9-k}{90}\right) \cdot \frac{9}{10}} \\
&= \frac{\frac{9-k}{90}}{\frac{9-k}{90} + \left(\frac{1}{2} - \frac{9-k}{90}\right)} = \frac{9-k}{45} \quad \cdots (\text{答})
\end{aligned}$$

■

3.(平成 25 年公認会計士試験) 以下の文章の ア から ケ に適切な数値を記入しなさい．(1．(略))

2.　店 B も 4 種類の弁当を販売している．下の表はそれぞれの弁当の価格と，ある期間における天気別の売上数の割合である．

	300 円	400 円	500 円	600 円	売上金額
晴れ	0.1	0.2	0.3	0.4	1.0
曇り	0.2	0.3	0.3	0.2	1.0
雨	0.4	0.3	0.2	0.1	1.0

(1)　天気についての事前情報がなく，各天気になる確率は 1/3 ずつと仮定する．この表に基づきベイズの定理を用いると，

1)　400 円の弁当が 1 つ売れたとき，晴れであった確率は カ である．

2)　500 円の弁当が 2 つ，600 円の弁当が 1 つ売れたとき，晴れであった確率は キ である．

(2)　天気予報では，晴れ，曇り，雨の確率がそれぞれ 0.4，0.6，0.0 であった．これを事前情報として，この表に基づきベイスの定理を用いると，

1)　400 円の弁当が 1 つ売れたとき，晴れであった確率は ク である．

2)　500 円の弁当が 2 つ，600 円の弁当が 1 つ売れたとき，晴れであった確率は ケ である．

[解説と解答]　条件付確率とベイズの定理の問題である．

2.　(1)「晴れ」の事象を A_1,「曇り」の事象を A_2,「雨」の事象を A_3 とする.

1) 今,「400円の弁当が1つ売れる」という事象を B とする.

$$P(A_1) = P(A_2) = P(A_3) = \frac{1}{3}$$

となる. さらに

$$P(B|A_1) = 0.2,\ P(B|A_2) = 0.3,\ P(B|A_3) = 0.3$$

ベイズの定理より

$$\begin{aligned} P(A_1|B) &= \frac{P(B|A_1)P(A_1)}{P(B|A_1)P(A_1) + P(B|A_2)P(A_2) + P(B|A_3)P(A_3)} \\ &= \frac{0.2 \cdot \frac{1}{3}}{0.2 \cdot \frac{1}{3} + 0.3 \cdot \frac{1}{3} + 0.3 \cdot \frac{1}{3}} = 0.25 \quad \cdots \text{(答)} \end{aligned}$$

2) 今,「500円の弁当が2つ, 600円の弁当が1つ売れる」という事象を B とする.

$$P(A_1) = P(A_2) = P(A_3) = \frac{1}{3}$$

となる. さらに

$$\begin{aligned} P(B|A_1) &= {}_3\mathrm{C}_2 0.3^2 \cdot 0.4 = 0.108 \\ P(B|A_2) &= {}_3\mathrm{C}_2 0.3^2 \cdot 0.2 = 0.054 \\ P(B|A_3) &= {}_3\mathrm{C}_2 0.2^2 \cdot 0.1 = 0.012 \end{aligned}$$

ベイズの定理より

$$\begin{aligned} P(A_1|B) &= \frac{P(B|A_1)P(A_1)}{P(B|A_1)P(A_1) + P(B|A_2)P(A_2) + P(B|A_3)P(A_3)} \\ &= \frac{0.108 \cdot \frac{1}{3}}{0.108 \cdot \frac{1}{3} + 0.054 \cdot \frac{1}{3} + 0.012 \cdot \frac{1}{3}} = 0.62069 \quad \cdots \text{(答)} \end{aligned}$$

(2)「晴れ」の事象を A_1,「曇り」の事象を A_2,「雨」の事象を A_3 とする.

1) 今,「400円の弁当が1つ売れる」という事象を B とする.

$$P(A_1) = 0.4,\ P(A_2) = 0.6,\ P(A_3) = 0$$

となる. さらに

$$P(B|A_1) = 0.2,\ P(B|A_2) = 0.3,\ P(B|A_3) = 0.3$$

ベイズの定理より

$$\begin{aligned} P(A_1|B) &= \frac{P(B|A_1)P(A_1)}{P(B|A_1)P(A_1)+P(B|A_2)P(A_2)+P(B|A_3)P(A_3)} \\ &= \frac{0.2\cdot 0.4}{0.2\cdot 0.4+0.3\cdot 0.6+0.3\cdot 0} = 0.307692 \quad \cdots \text{(答)} \end{aligned}$$

2) 今,「500 円の弁当が 2 つ, 600 円の弁当が 1 つ売れる」という事象を B とする.

$$P(A_1)=0.4,\ P(A_2)=0.6,\ P(A_3)=0$$

となる. さらに

$$\begin{aligned} P(B|A_1) &= {}_3\mathrm{C}_2 0.3^2\cdot 0.4 = 0.108 \\ P(B|A_2) &= {}_3\mathrm{C}_2 0.3^2\cdot 0.2 = 0.054 \\ P(B|A_3) &= {}_3\mathrm{C}_2 0.2^2\cdot 0.1 = 0.012 \end{aligned}$$

ベイズの定理より

$$\begin{aligned} P(A_1|B) &= \frac{P(B|A_1)P(A_1)}{P(B|A_1)P(A_1)+P(B|A_2)P(A_2)+P(B|A_3)P(A_3)} \\ &= \frac{0.108\cdot 0.4}{0.108\cdot 0.4+0.054\cdot 0.6+0.012\cdot 0} = 0.571429 \quad \cdots \text{(答)} \end{aligned}$$

■

3章　章末問題

1. 種類の異なる4個のコインを投げるとき，起こりうる事象を列挙しなさい．

2. 3個のコインがある．5百円玉を A，百円玉を B，十円玉を C とする．今，3個のコインを投げる試行を行う．このとき，標本空間と根元事象を求めなさい．

3. 3個の事象 A,B,C に関して

$$(A \cap B \cap C)^c = A^c \cup B^c \cup C^c$$

が成り立つことを2個の事象 A,B に関するド・モルガンの法則を用いて示しなさい．

4. ジョーカーを除いたトランプの52枚のカードがある．無作為に4枚のカードを取り出すとき次の確率を求めなさい．

(1)　4枚のカードのうち2枚は絵札で，残り2枚は絵札でない確率

(2)　4枚のカードのうちどれも絵札でなく，カードの数字が偶数である確率

(3)　4枚のカードのうち少なくとも1枚は絵札が入っている確率

5. ある予備校でP大学入学試験の合否の状況を調査したところ，不合格になった人のうち1割は模試で合格圏内にパスしていた．他方，合格した人のうち8割は模試で合格圏内にパスしていることが分かった．ちなみに，例年のデータから不合格になる人は全体の60%，合格する人は40%となっている．このような情報をもとにして，模試で合格圏内でパスしながら不合格になる人の確率を計算しなさい．

6. ある会社でウソ発見器を開発した．ウソを言っている人の9割をウソだと見抜ける．しかし，真実を言っている人の2割を誤ってウソをついていると判定してしまう．いま100人を集めてウソを言う人40人，真実を言う人を60人とした．無作為に抽出したある人がウソを言っていると判定されたとする．このときこの人が実際には真実を言っている確率を求めなさい，

第 4 章

確率変数

4.1 離散型確率変数

変数 X があるとき，各値をとるときの確率 p が与えられているとき，その変数を離散型**確率変数**という．確率変数を表すのに大文字の X が用いられることが多い．

確率変数の例をみてみよう．

例 6 変数 X として，コインの表と裏という 2 つの値をとるものを考える．このとき，コインの表が出るか，裏が出るか同じ確率だとすると，それぞれ，確率は 1/2 ということになる．そこで，コインが表のとき X の値を 0 とし，その確率 1/2，同様にコインが裏のとき X の値を 1 とし，その確率 1/2 を合わせて考えると，X は確率変数とみなせることになる．

変数 X	0	1
確率 p	1/2	1/2

例 7 サイコロを振る試行を考えたとき，その目を変数 X とすると，とりうる値は $1, 2, 3, 4, 5, 6$ となる．各目のでる確率 p は 1/6 と考えられる．したがって，式を用いて表すと，

$$P(X=1)=\frac{1}{6},\ P(X=2)=\frac{1}{6},\ \cdots,\ P(X=6)=\frac{1}{6}$$

となる．これにより，X は確率変数とみなせる．

変数 X	1	2	3	4	5	6
確率 p	1/6	1/6	1/6	1/6	1/6	1/6

例 8 変数 X_1，X_2 として，それぞれコインの表と裏という 2 つの値をとるも

のを考える．例 6 のように，コインが表のとき X_i の値を 0 とし，コインが裏のとき X_i の値を 1 とする $(i = 1, 2)$．このときに，新たな確率変数 X として，$X = X_1 + X_2$ を考える．X_1 と X_2 の組み合わせは (表，表)，(表，裏)，(裏，表)，(裏，裏) の 4 通りであるから，次のように確率を合わせて考えると，X は確率変数とみなせる．

変数 X	0	1	2
確率 p	1/4	1/2	1/4

確率変数 X が離散的な値 $\{x_i, i = 1, 2, \cdots, n\}$ をとり，

$$P(X = x_i) = p_i \quad (i = 1, \cdots, n)$$

であるとき**離散型**確率変数という．ただし，$p_i \geqq 0$ $(i = 1, \cdots, n)$，$p_1 + p_2 + \cdots + p_n = 1$ とする ($n = \infty$ の場合も許す)．

$$f(x_i) = p_i$$

で決まる $f(x)$ を離散型**確率分布**という．次の表

X	x_1	x_2	$\cdots$	x_n
確率	p_1	p_2	$\cdots$	p_n

を**確率分布表**といい，下図のような確率分布のグラフを**ヒストグラム**という．

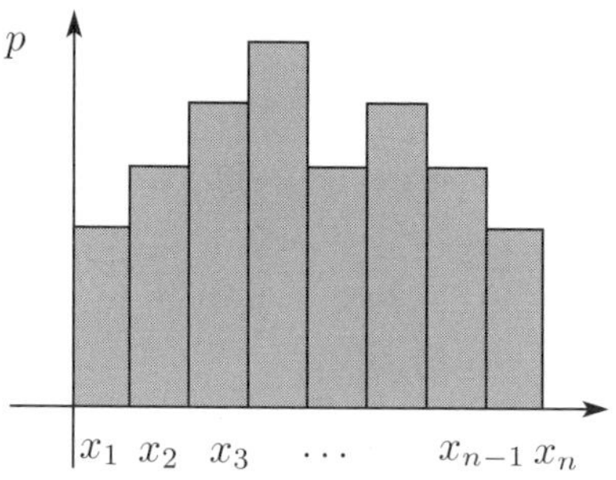

4.2　連続型確率変数

一方，確率変数 X が，ある関数 $f(x)$ によって

$$P(a \leqq X \leqq b) = \int_a^b f(x)dx$$

と確率が与えられる場合，X は**連続型**の確率変数という．ただし，

$$f(x) \geqq 0 \text{ かつ } \int_{-\infty}^{\infty} f(x)dx = 1$$

を満たすものとする．この $f(x)$ を X の**確率密度関数**という．下図のように確率は面積で与えられるので，1 点における確率，例えば $P(X=a)$ は存在しない．

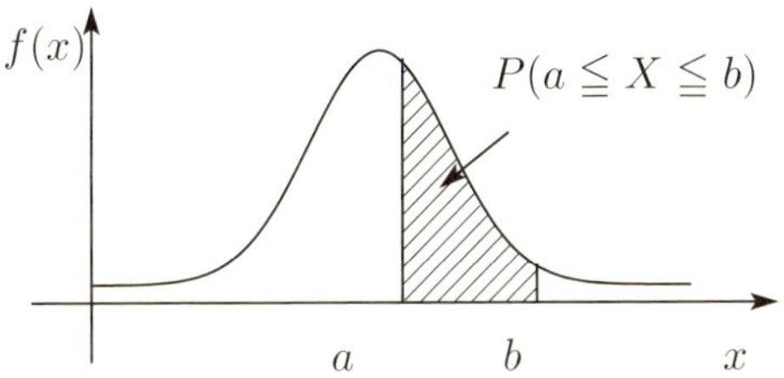

4.3 累積分布関数

実数 x に対して，確率変数 X が x 以下になる確率

$$F(x) = P(X \leqq x)$$

を，確率変数 X の**累積分布関数**ということにする．

- **離散型確率変数の場合：** $x_i \leqq x$ となる i 全体に対して，それを改めて $i = 1, 2, \cdots, N'$ としたとき

$$F(x) = P(X \leqq x) = \sum_{i=1}^{N'} p_i$$

と表せる．

- **連続型確率変数の場合：** 確率変数 X の密度関数 $f(x)$ を用いて

$$F(x) = P(X \leqq x) = \int_{-\infty}^{x} f(t)dt$$

と表せる．

変数 X が $a \leqq X \leqq b$ の範囲の確率を計算するには，累積分布関数を使って

$$P(a \leqq X \leqq b) = F(b) - F(a)$$

と計算できる．

例 9　連続型確率変数の例を扱う．確率密度関数 $f(x)$ が

$$f(x) = \frac{1}{\sqrt{2\pi}\sigma} e^{-\frac{(x-\mu)^2}{2\sigma^2}}$$

で与えられる確率変数 X の分布を平均が μ，分散が σ^2 の**正規分布**という．特に，$\mu = 0$，$\sigma^2 = 1^2$ のときの正規分布を**標準正規分布**という．次章で詳しく説明するが，いろいろの統計に登場する代表的な連続型確率変数の例になっている．密度関数のグラフは次の図の通りである．

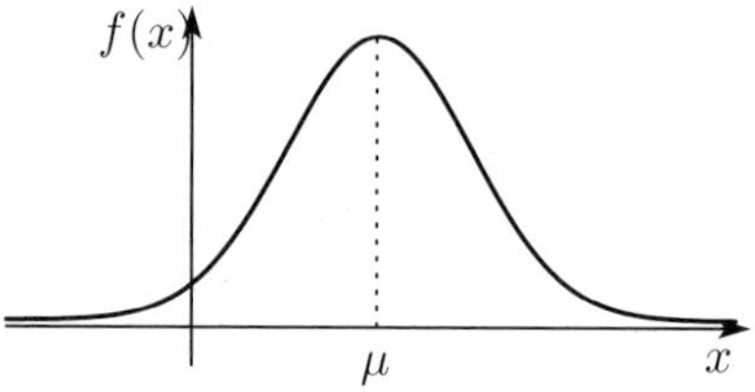

4.3.1　中央値と最頻値

確率分布に対して，性質を表す代表的な値を見ておこう．次節では平均を扱うので，ここでは中央値（メディアン）と最頻値（モード）を取り上げる．

- **中央値（メディアン）**　離散型でも，連続型でも同様に，累積分布関数 $F(x)$ を用いると，中央値は，

$$F(x) = \frac{1}{2}$$

  となる x である．確率がちょうど 1/2 になるという意味で中央の値だということである．

- **最頻値（モード）**　離散型確率変数 X の場合は，X に対する最頻値とは，確率 $\{p_i\}$ の中で最大値を与える p_i に対して，x_i の値のことである．連続型確率変数 X の場合には，X に対する最頻値とは，密度関数 $f(x)$ の最大値を与える x の値である．

4.4　期待値（平均）と分散

確率変数 X を離散型確率変数とし，

$$P(X = x_i) = p_i \quad (i = 1, \cdots, n)$$

とおいたとき，$f(x_i) = p_i$ で決まる確率分布を持つとする．

定義 6 (離散型確率変数の場合の期待値)

$$E(X) = \sum_{i=1}^{n} x_i f(x_i) = \sum_{i=1}^{n} x_i p_i$$

で定義される値 $E(X)$ を 離散型確率変数 X の **期待値**，あるいは，**平均**という．

例題 11　サイコロを振ったときにでる目の数を確率変数 X とするとき X の期待値を求めなさい．

[解] サイコロの目の数を確率変数 X とする．

$$\begin{aligned} E(X) &= 1 \times \frac{1}{6} + 2 \times \frac{1}{6} + 3 \times \frac{1}{6} + 4 \times \frac{1}{6} + 5 \times \frac{1}{6} + 6 \times \frac{1}{6} \\ &= (1+2+3+4+5+6) \times \frac{1}{6} = 3.5 \quad \cdots (\text{答}) \end{aligned}$$

■

演習 5　2つのサイコロの目の数を X とする．このとき，確率変数 X の期待値を求めよ．

上の問題を以下の手順で答えなさい．［細い線の括弧］には式や文字を，［太い線の括弧］には数値を入れなさい．

問 1. 次の表を完成させなさい．

変数 X	2	3	4	5	6	7	8	9	10	11	12
確率 p											

問 2. 上の表を基に，期待値を計算しなさい．

$$\begin{aligned} E(X) &= \sum_{i=1}^{n} x_i p_i \\ &= \boxed{} \\ &= \boxed{} \quad \cdots (\text{答}) \end{aligned}$$

■

X を連続型確率変数として，$f(x)$ を X の確率密度関数とする．

定義 7 (連続型確率変数の場合の期待値)

$$E(X) = \int_{-\infty}^{\infty} xf(x)dx$$

で定義される値 $E(X)$ を 連続型確率変数 X の **期待値**，あるいは，**平均**という．

次に連続型確率変数の例として一様分布を取り上げる．確率密度 $f(x)$ が

$$f(x) = \begin{cases} \frac{1}{b-a} & (a \leqq x \leqq b) \\ 0 & (\text{それ以外}) \end{cases}$$

である連続型確率変数 X の確率分布を**一様分布**という．

例題 12　X を，次の $f(x)$ を確率密度関数にもつ連続型確率変数とする．

$$f(x) = \begin{cases} \frac{1}{10} & (0 \leqq x \leqq 10) \\ 0 & (\text{それ以外}) \end{cases}$$

とする．このとき，確率変数 X の期待値を求めなさい．

[解]

$$E(X) = \int_{-\infty}^{\infty} xf(x)dx = \int_{0}^{10} x \cdot \frac{1}{10}dx = \left[\frac{x^2}{20}\right]_0^{10} = 5 \quad \cdots (\text{答})$$

■

演習 6　X を，次の $f(x)$ を確率密度関数にもつ連続型確率変数とする．

$$f(x) = \begin{cases} 5e^{-5x} & (x \geqq 0) \\ 0 & (x < 0) \end{cases}$$

とする（この確率変数の分布を**指数分布**という）．このとき，確率変数 X の期待値を求めなさい．

[細い線の括弧] には式や文字を，[太い線の括弧] には数値を入れなさい．

$$
\begin{aligned}
E(X) &= \boxed{\qquad\qquad} = \boxed{\qquad\qquad} \\
&= \boxed{\qquad\qquad} - \boxed{\qquad\qquad} \\
&= \boxed{\qquad\qquad} = \boxed{\qquad}
\end{aligned}
$$

・・・(答)

■

4.4.1 期待値の性質

期待値には次のような性質がある．これらを活用すると計算が簡単になる場合がある．

公式 10 c は定数とし，X, Y をそれぞれ確率変数とする．このとき，次が成り立つ．

① $E(c) = c$

② $E(X + c) = E(X) + c$

③ $E(cX) = cE(X)$

④ $E(X + Y) = E(X) + E(Y)$

例題 13 3 つのサイコロの目の数を X とする．このとき，確率変数 X の期待値を求めよ．

[解] 3 つのサイコロ 1 個 1 個の出る目を確率変数として，X_1，X_2，X_3 とすると，$X = X_1 + X_2 + X_3$ となる．例題 11 より，$E(X_i) = 3.5$ $(i = 1, 2, 3)$ である．したがって，上記の公式より

$$E(X) = E(X_1) + E(X_2) + E(X_3) = 3.5 + 3.5 + 3.5 = 10.5$$

・・・(答)

■

確率変数 X の関数 $g(X)$ を考えよう．$g(X)$ もまた確率変数であるので，同様に期待値（平均）を考えることができる．

定義 8 (関数の期待値)

- **離散型確率変数の場合：**

$$E(g(X)) = \sum_{i=1}^{n} g(x_i)f(x_i) = \sum_{i=1}^{n} g(x_i)p_i \tag{4.1}$$

- **連続型確率変数の場合：**

$$E(g(X)) = \int_{-\infty}^{\infty} g(x)f(x)dx \tag{4.2}$$

で定義される値 $E(g(X))$ を $g(X)$ の**期待値**という．

例題 14　(1)　コインを4回投げたとき，表の数を X とおくとき，X の平均を求めなさい．

(2)　コインを4回投げたとき，表の数を X とおくとき，X^2 に100円をかけた金額を賞金でもらえるゲームがあるとする．ただし，このゲームの参加費は600円だったとする．このとき，参加費を差し引いた獲得賞金の期待値を求めなさい．

[解]

(1)　X は確率変数で，確率分布表は次の通りである．

X	0	1	2	3	4
確率	$\frac{1}{16}$	$\frac{1}{4}$	$\frac{3}{8}$	$\frac{1}{4}$	$\frac{1}{16}$

$$E(X) = 0 \cdot \frac{1}{16} + 1 \cdot \frac{1}{4} + 2 \cdot \frac{3}{8} + 3 \cdot \frac{1}{4} + 3 \cdot \frac{1}{4} + 4 \cdot \frac{1}{16} = 2 \quad \cdots (\text{答})$$

となる．

(2)　Y を獲得賞金から参加費を引いた金額を表す変数とすると，Y は X の関数

$$Y = g(X) = 100X^2 - 600$$

として表される確率変数である．確率分布表は

X	0	1	2	3	4
Y	−600	−500	−200	300	1000
確率	$\frac{1}{16}$	$\frac{1}{4}$	$\frac{3}{8}$	$\frac{1}{4}$	$\frac{1}{16}$

したがって，参加費を差し引いた獲得賞金の期待値は

$$\begin{aligned} E(Y) &= (100 \cdot 0^2 - 600) \cdot \frac{1}{16} + (100 \cdot 1^2 - 600) \cdot \frac{1}{4} + (100 \cdot 2^2 - 600) \cdot \frac{3}{8} \\ &\quad +(100 \cdot 3^2 - 600) \cdot \frac{1}{4} + (100 \cdot 4^2 - 600) \cdot \frac{1}{16} \\ &= -100\,(\text{円}) \cdot\cdot\cdot (\text{答}) \end{aligned}$$

■

4.4.2 分散と標準偏差

定義 9　μ を確率変数 X の期待値，つまり平均だとする．このとき，

- **離散型確率変数の場合：**

$$V(X) = \sum_{i=1}^{n} (x_i - \mu)^2 f(x_i) = \sum_{i=1}^{n} (x_i - \mu)^2 p_i \tag{4.3}$$

- **連続型確率変数の場合：**

$$V(X) = \int_{-\infty}^{\infty} (x - \mu)^2 f(x) dx \tag{4.4}$$

で定義される値 $V(X)$ を X の**分散**という．これは，期待値の定義を使うと

$$V(X) = E((X - \mu)^2)$$

と表すことができる．また，$\sqrt{V(X)}$ を X の**標準偏差**という．

期待値の性質を使って書き直した次の形もよく用いられる．

公式 11

$$\begin{aligned} V(X) &= E(X^2 - 2\mu X + \mu^2) \\ &= E(X^2) - 2\mu E(X) + \mu^2 = E(X^2) - \mu^2 \\ &= E(X^2) - E(X)^2 \end{aligned}$$

例題 15　サイコロを振ったときにでる目の数を確率変数 X とするとき X の分散を求めなさい．

[解]　例題 11 より，$E(X) = 3.5$ である．

変数 X	1	2	3	4	5	6
確率 p	1/6	1/6	1/6	1/6	1/6	1/6

であるから，定義にしたがって，計算すると

$$\begin{aligned} V(X) &= \sum_{i=1}^{n}(x_i-\mu)^2 p_i \\ &= (1-3.5)^2\cdot\frac{1}{6}+(2-3.5)^2\cdot\frac{1}{6}+(3-3.5)^2\cdot\frac{1}{6}+(4-3.5)^2\cdot\frac{1}{6} \\ &\quad +(5-3.5)^2\cdot\frac{1}{6}+(6-3.5)^2\cdot\frac{1}{6} \\ &= \{6.25+2.25+0.25+0.25+2.25+6.25\}\cdot\frac{1}{6}=\frac{35}{12} \qquad \cdots(\text{答}) \end{aligned}$$

あるいは，

変数 X^2	1	4	9	16	25	36
確率 p	1/6	1/6	1/6	1/6	1/6	1/6

を用いると，

$$\begin{aligned} E(X^2) &= 1\cdot\frac{1}{6}+4\cdot\frac{1}{6}+9\cdot\frac{1}{6}+16\cdot\frac{1}{6}+25\cdot\frac{1}{6}+36\cdot\frac{1}{6} \\ &= (1+4+9+16+25+36)\cdot\frac{1}{6}=\frac{91}{6} \end{aligned}$$

であるから，公式11より

$$V(X)=E(X^2)-E(X)^2=\frac{91}{6}-3.5^2=\frac{35}{12} \qquad \cdots(\text{答})$$

■

4.4.3　分散の性質

公式 12　c は定数とし，X を確率変数とする．このとき，次の性質が成り立つ．

① $V(c)=0$

② $V(X+c)=V(X)$

③ $V(cX)=c^2V(X)$

例題 16　(1) コインを 4 回投げたとき，表の数を X とおくとき，X の分散を求めなさい．

(2) コインを 4 回投げたとき，表の数を X とおくとき，X^2 に 100 円をかけた金額を賞金でもらえるゲームがあるとする．ただし，このゲームの参加費は 600 円だったとする．このとき，参加費を差し引いた獲得賞金の分散を求めなさい．

[解]

(1) 前の例題より平均は 2.

X	0	1	2	3	4
確率	$\frac{1}{16}$	$\frac{1}{4}$	$\frac{3}{8}$	$\frac{1}{4}$	$\frac{1}{16}$

$$\begin{aligned} V(X) &= (0-2)^2 \cdot \frac{1}{16} + (1-2)^2 \cdot \frac{1}{4} + (2-2)^2 \cdot \frac{3}{8} + (3-2)^2 \cdot \frac{1}{4} \\ &\quad + (4-2)^2 \cdot \frac{1}{16} = 2 \end{aligned}$$

(2) 前の例題と同様に Y を獲得賞金から参加費を引いた金額を表す変数とすると，Y は X の関数

$$Y = g(X) = 100X^2 - 600$$

として表される確率変数である．

X	0	1	2	3	4
Y	-600	-500	-200	300	1000
確率	$\frac{1}{16}$	$\frac{1}{4}$	$\frac{3}{8}$	$\frac{1}{4}$	$\frac{1}{16}$

したがって，参加費を差し引いた獲得賞金の平均（期待値）は -100（円）であった．分散は

$$\begin{aligned} V(Y) &= \{-600-(-100)\}^2 \cdot \frac{1}{16} + \{-500-(-100)\}^2 \cdot \frac{1}{4} \\ &\quad + \{-200-(-100)\}^2 \cdot \frac{3}{8} + \{300-(-100)\}^2 \cdot \frac{1}{4} \\ &\quad + \{1000-(-100)\}^2 \cdot \frac{1}{16} = 175000 \cdots \text{（答）} \end{aligned}$$

■

よく登場する，1次式で表される確率変数の変換 $Y = aX + b$ の場合を覚えておくと便利である．

公式 13　a, b を定数とする．このとき確率変数 X に対して $Y = aX + b\ (a \neq 0)$ は

$$\begin{aligned} E(Y) &= E(aX+b) = aE(X) + b \\ V(Y) &= V(aX+b) = a^2V(X) \end{aligned}$$

となる．

例題 17　確率変数 X に対して，平均 $E(X) = 3$，分散 $V(X) = 4$ とする．このとき，次の確率変数 Y の平均と分散を求めなさい．

(1) $Y = 5X + 3$

(2) $Y = -8X - 5$

[解] (1)

$$\begin{aligned} E(Y) &= E(5X+3) = 5E(X) + 3 = 5 \cdot 3 + 3 = 18 \quad \cdots (答) \\ V(Y) &= V(5X+3) = 5^2V(X) = 25 \cdot 4 = 100 \quad \cdots (答) \end{aligned}$$

(2)

$$\begin{aligned} E(Y) &= E(-8X-5) = -8E(X) - 5 = -8 \cdot 3 - 5 = -29 \quad \cdots (答) \\ V(Y) &= V(-8X-5) = (-8)^2V(X) = 64 \cdot 4 = 256 \quad \cdots (答) \end{aligned}$$

■

4.5　積率（モーメント）

定義 10　確率変数 X に対して，

$$\mu_n = E(X^n)$$

を**原点まわりの** n **次積率**，あるいは**モーメント**といい，$\mu = E(X)$ とおくとき，

$$\mu'_n = E((X-\mu)^n)$$

を**平均まわりの** n **次積率**，あるいは**モーメント**という．

期待値（平均）は原点まわりの1次モーメントであり，分散は平均まわりの

2次モーメントである．すなわち，

$$\mu_1 = E(X) = \mu, \quad \mu_2' = V(X)$$

さらに，分散は，公式 11 より

$$\mu_2' = \mu_2 - \mu_1^2 \tag{4.5}$$

と表すことができる．積率を求める方法を考えよう．

$$M(t) = E(e^{tx})$$

を**積率母関数**という．

- **離散型確率変数の場合：**

$$M(t) = E(e^{tx}) = \sum_{i=1}^{n} e^{tx_i} f(x_i) = \sum_{i=1}^{n} e^{tx_i} p_i$$

- **連続型確率変数の場合：**

$$M(t) = E(e^{tx}) = \int_{-\infty}^{\infty} e^{tx} f(x) dx$$

積率母関数が存在するときには，これを用いると次のことが成り立つ．

$$M'(0) = E(X), M''(t) = E(X^2), \cdots, M^{(k)}(0) = E(X^k)$$

これにより，任意の次数の原点回りのモーメント（積率）を求めることができる．次に，

$$\psi(t) = \log M(t)$$

を**キュミュラント母関数**を考える．これを用いると次のように計算される．

$$\psi'(0) = E(X) \qquad \psi''(0) = \mu_2' = V(X)$$

$$\psi'''(0) = \mu_3' \qquad \psi^{(4)}(0) = \mu_4' - 3V(X)^2$$

いくつかの大事な量を見ておこう．E は期待値を表し，μ はこの分布の平均，σ は標準偏差だとする．すでに，第1章で，歪度，尖度は扱ったが，ここでも再度扱うことにする．

歪度 β_1

$$\beta_1 = E\left(\left(\frac{X-\mu}{\sigma}\right)^3\right) = \frac{\mu_3'}{\sigma^3}$$

を X の**歪度** (skewness) という．具体的に書くと

- **離散型確率変数の場合：**

$$\beta_1 = \sum_{i=1}^{n} \left(\frac{x_i - \mu}{\sigma} \right)^3 f(x_i) = \sum_{i=1}^{n} \left(\frac{x_i - \mu}{\sigma} \right)^3 p_i$$

- **連続型確率変数の場合：**

$$\beta_1 = \int_{-\infty}^{\infty} \left(\frac{x - \mu}{\sigma} \right)^3 f(x) dx$$

β_1 の正負によって次のような形になる．

- $\beta_1 > 0$ の場合には，確率分布は右の裾が長くなる．
- $\beta_1 = 0$ の場合には，確率分布は左右対称である．
- $\beta_1 < 0$ の場合には，確率分布は左の裾が長くなる．

尖度 β_2

$$\beta_2 = E\left(\left(\frac{X - \mu}{\sigma} \right)^4 \right) - 3 = \frac{\mu_4'}{\sigma^4} - 3$$

を X の**尖度** (Kurtosis) という．具体的に書くと

- **離散型確率変数の場合：**

$$\beta_2 = \sum_{i=1}^{n} \left(\frac{x_i - \mu}{\sigma} \right)^4 f(x_i) = \sum_{i=1}^{n} \left(\frac{x_i - \mu}{\sigma} \right)^4 p_i$$

- **連続型確率変数の場合：**

$$\beta_2 = \int_{-\infty}^{\infty} \left(\frac{x - \mu}{\sigma} \right)^4 f(x) dx$$

これは，確率分布の尖りの程度を表す．正規分布の場合には $E\left(\left(\frac{X-\mu}{\sigma} \right)^4 \right) = 3$ になる．β_2 は正規分布の場合 0 となるように 3 を引いている．ただし，3 を引かない値を β_2 として定義する流儀もあることを注意する．したがって，

β_2 の正負によって，分布の尖り具合が分かる．

- $\beta_2 > 0$ の場合には，確率分布は正規分布より尖っている．
- $\beta_2 = 0$ の場合には，確率分布は正規分布の形状をしている．
- $\beta_2 < 0$ の場合には，確率分布は正規分布よりなだらかな曲線になっている．

4 章 問題と解説

1. (平成 19 年公認会計士試験) X_t $(t=1,2,\ldots)$ は正の値をとる確率変数であり，$X_0=x_0$ は固定されている．また，

$$Y_t=\log X_t-\log X_{t-1}\quad(t=1,2,\ldots)$$

が独立な平均 μ，分散 σ^2 の正規分布に従うものとする．ただし，log は自然対数を表す．このとき，以下の問に答えなさい．

(1) Y_t の確率密度関数 $f(y_t)$ を記しなさい．

(2) $Z_t=\log X_t$ とするとき，Z_t の確率密度関数 $f(z_t)$ を記しなさい．

(3) X_t の確率密度関数 $f(x_t)$ を記しなさい．

(4) X_t の期待値とメディアン (中央値，中位数) をそれぞれ求めなさい．

(5) $x_0=100,\mu=0.2,\sigma^2=0.4$ とするとき，確率 $\Pr(X_{10}<100)$ を求めなさい．導出過程も示しなさい．

[解説と解答]

(1) 例 9 にあるように Y_t は，平均 μ，分散 σ^2 の正規分布であるから，密度関数は次のようになる．

$$f(y_t)=\frac{1}{\sqrt{2\pi}\sigma}e^{-\frac{(y_t-\mu)^2}{2\sigma^2}}\qquad\cdot\cdot\cdot(\text{答})$$

.

(2) ここは次章で学ぶ公式 19 を先取りして借用する（詳しくは次章参照）．

$$Y_1+Y_2+\cdots+Y_t=\log X_t-\log X_0$$

であるから，$Y_1+Y_2+\cdots+Y_t$ は，平均 $t\mu$，分散 $t\sigma^2$ の正規分布にしたがう，よって，$Z_t=\log X_t$ は，$Y_1+Y_2+\cdots+Y_t$ を $\log X_0$ だけ平行移動したものであるから，平均 $t\mu+\log X_0$，分散 $t\sigma^2$ の正規分布にしたがう．Z_t の密度関数を $f(z_t)$ と書くことにすると，例 9 の形に倣って

$$f(z_t)=\frac{1}{\sqrt{2\pi t}\sigma}e^{-\frac{(z_t-t\mu-\log X_0)^2}{2\sigma^2 t}}\qquad\cdot\cdot\cdot(\text{答})$$

となる．

(3) 変数を変換すると

$$P(Z_t < z) = \int_{-\infty}^{z} f(z_t)dz_t = \int_0^{e^z} f(\log x_t)\frac{dz_t}{dx_t}dx_t$$
$$= \int_0^{e^z} \frac{1}{\sqrt{2\pi t}\sigma} e^{-\frac{(\log x_t - t\mu - \log X_0)^2}{2\sigma^2 t}} \frac{dz_t}{dx_t}dx_t$$
$$= \int_0^{e^z} \frac{1}{\sqrt{2\pi t}\sigma x_t} e^{-\frac{(\log x_t - t\mu - \log X_0)^2}{2\sigma^2 t}} dx_t \quad \left(\frac{dz_t}{dx_t} = \frac{1}{x_t}\text{だから}\right)$$

したがって,

$$f(x_t) = \frac{1}{\sqrt{2\pi t}\sigma x_t} e^{-\frac{(\log x_t - t\mu - \log X_0)^2}{2\sigma^2 t}} \quad \cdots (\text{答})$$

(4) 連続型確率変数の場合の期待値の定義 7 より,

$$E(X_t) = \int_0^{\infty} \frac{x_t}{\sqrt{2\pi t}\sigma x_t} e^{-\frac{(\log x_t - t\mu - \log X_0)^2}{2\sigma^2 t}} dx_t$$
$$= \int_{-\infty}^{\infty} \frac{e^{z_t}}{\sqrt{2\pi t}\sigma} e^{-\frac{(z_t - t\mu - \log X_0)^2}{2\sigma^2 t}} dz_t \quad ((3)\text{ の式と}, x_t = e^{z_t}\text{ より})$$

$w = (z_t - t\mu - \log X_0)/(\sigma\sqrt{t})$ とおくと，$dw = \frac{dz_t}{\sigma\sqrt{t}}$ であるから

$$E(X_t) = \int_{-\infty}^{\infty} \frac{e^{\sigma\sqrt{t}w + t\mu + \log X_0}}{\sqrt{2\pi t}\sigma} e^{-\frac{w^2}{2}} \sigma\sqrt{t}dw$$
$$= \frac{X_0 e^{\mu t}}{\sqrt{2\pi}} \int_{-\infty}^{\infty} e^{-\frac{w^2}{2}} e^{\sigma\sqrt{t}w} dw$$

$$-\frac{w^2}{2} + \sigma\sqrt{t}w = -\frac{1}{2}\left(w^2 - 2\sigma\sqrt{t}w\right) = -\frac{1}{2}\left\{(w - \sigma\sqrt{t})^2 - \sigma^2 t\right\}$$

そこで，$v = w - \sigma\sqrt{t}$ とおくと，

$$E(X_t) = \frac{X_0 e^{\mu t + \frac{\sigma^2 t}{2}}}{\sqrt{2\pi}} \int_{-\infty}^{\infty} e^{-\frac{v^2}{2}} dv \quad \left(\because \frac{1}{\sqrt{2\pi}} \int_{-\infty}^{\infty} e^{-v^2} = 1\right)$$
$$= X_0 e^{\mu t + \frac{t\sigma^2}{2}} \quad \cdots (\text{答})$$

次に中央値（メディアン）を求めよう．中央値の定義を復習すると

> 数値 m が
> $$P(X_t < m) = \frac{1}{2}$$
> を満たすとき**中央値（メディアン）**という

$$P(X_t < m) = P(Z_t < \log m)$$

である．Z_t は，平均 $t\mu + \log X_0$ ，分散 $t\sigma^2$ の正規分布にしたがう．したがって，正規分布の対称性より，平均までの確率がちょうど $\frac{1}{2}$ になる．

$$\log m = t\mu + \log X_0$$

と解くと，次のようになる．

$$m = x_0 e^{\mu t} \quad \cdot\cdot\cdot (答)$$

(5)　この問題の記号法に合わせて，確率 P を Pr と表すと，

$$\Pr(X_{10} < 100) = \Pr(Z_{10} < \log 100)$$

Z_t は, 平均 $t\mu + \log X_0 = 10 \cdot 0.2 + \log 100 = 2 + \log 100$, 分散 $t\sigma^2 = 10 \cdot 0.4 = 4$ の正規分布にしたがう．これも次章で扱うが，正規分布の確率を計算するためには標準正規分布表を利用しないといけないので，標準化で標準正規分布に変換しないといけない．標準化変換

$$W = \frac{Z_{10} - (2 + \log 100)}{\sqrt{4}}$$

により，標準正規分布 $N(0, 1^2)$ にしたがう．

$$w = \frac{\log 100 - (2 + \log 100)}{\sqrt{4}} = -1$$

であるから，標準正規分布表より

$$\Pr(W < -1) = \Pr(W > 1) = 0.1587 \quad \cdot\cdot\cdot (答)$$

■

2. (平成 20 年公認会計士試験)

1. ある株式の t 期の価格 S_t は，確率 0.6 で $2S_{t-1}$ になり，確率 0.4 で $0.5S_{t-1}$ になるものとする．$S_0 = 8000$ として，以下の問に答えなさい．

(1)　$S_3 = 16000$ となる確率を求めなさい．

(2)　S_3 の値に応じて $X = \max(S_3 - 10000, 0)$ がもらえる金融商品があるものとする．ただし，$\max(a, b)$ は，a と b の大きいほうを表す．この確率変数 X の期待値 $E(X)$ を求めなさい．

2. ふたつの金融商品 A,B の 1 億円 (これを 1 単位とし，以下では単位は明示しない) あたりの収益 X_A，X_B は互いに独立であり，それぞれ平均 μ_A，μ_B および標準偏差 σ_A，σ_B の正規分布に従う確率変数とする．なお，標準正規分布 $N(0,1)$ に従う確率変数 X の分布関数を $\Phi(x) = \Pr\{X \leqq x\}$ と表す．

(1) $S_1 = X_A + X_B$，$S_2 = 2X_A$ とするとき，S_1 が負になる確率 $\Pr\{S_1 < 0\}$ および S_2 が負になる確率 $\Pr\{S_2 < 0\}$ を，Φ を用いた式で表しなさい．また $\mu_A = \mu_B = 0.2$，$\sigma_A = 0.75$，$\sigma_B = 1.0$ として，それらの数値を求めなきい．

(2) 一般の σ_A，σ_B に対して，資金 1 単位を A に w 単位，B に $(1-w)$ 単位配分した場合の収益 $S = wX_A + (1-w)X_B$ を考える．S の分散を最小にする w を求め，そのときの S の分散を式で表しなさい．とくに $\sigma_A = 0.75$，$\sigma_B = 1.0$ のとき，w および S の分散を数値で求めなさい．

[解説と解答]

1. $S_t = 2S_{t-1}$ の場合を U，$S_t = 0.5S_{t-1}$ の場合を D ということにする．つまり，U のときは 2 倍になり，D のときは半分になるとことである．S_3 の状況を整理すると

① $\{U,U,U\}$ ならば，$S_3 = 2S_2 = 2^2S_1 = 2^3S_0 = 64000$ で，この確率は 0.6^3 である．

② $\{U,U,D\}$ ならば，$S_3 = 2^2\left(\frac{1}{2}\right)S_0 = 16000$ で，この確率は ${}_3\mathrm{C}_2 0.6^2 \cdot 0.4$ である．

③ $\{U,D,D\}$ ならば，$S_3 = 2\left(\frac{1}{2}\right)^2 S_0 = 4000$ で，この確率は ${}_3\mathrm{C}_1 0.6 \cdot 0.4^2$ である．

④ $\{D,D,D\}$ ならば，$S_3 = \left(\frac{1}{2}\right)^3 S_0 = 1000$ で，この確率は 0.4^3 である．

となることが分かれば以下はこれに沿って計算すればよい．

(1) $S_3 = 16000$ となるのは，3 回のうち 2 回が U で，1 回が D の場合となる．したがって，上の説明では ②の場合になり，確率は 0.6 が 2 回，0.4 が 1 回で，そうなる場組み合わせの数は ${}_3\mathrm{C}_1$ であるから，

$$P(S_3 = 16000) = {}_3\mathrm{C}_2 0.6^2 \cdot 0.4 = 0.432 \quad \cdot\cdot\cdot (答)$$

となる．

(2) S_3 の可能な価格は $1000, 4000, 16000, 64000$ である．したがって，$X = \max(S_3 - 10000, 0)$ は，

$$X = \begin{cases} 0 & S_3 = 1000, 4000 \text{ のとき} \\ 6000 & S_3 = 16000 \text{ のとき} \\ 54000 & S_3 = 64000 \text{ のとき} \end{cases}$$

となる．したがって，

$$E(X) = 6000 \cdot {}_3C_2 0.6^2 \cdot 0.4 + 54000 \cdot 0.6^3 = 14256 \quad \cdots \text{(答)}$$

2.　ここでも次章で学ぶ公式 19 を先取りして借用する（詳しくは次章参照）．X_A と X_B は独立な正規分布にしたがうから，$S_1 = X_A + X_B$ は平均 $\mu_A + \mu_B$，分散 $\sigma_A^2 + \sigma_B^2$ の正規分布にしたがう．$S_2 = 2X_A$ は，平均 $2\mu_A$，分散 $4\sigma_A^2$ の正規分布にしたがう．S_1 の標準化（詳しくは次章参照）

$$X = \frac{S_1 - (\mu_A + \mu_B)}{\sqrt{\sigma_A^2 + \sigma_B^2}}$$

により，$S_1 = 0$ は $X = -\frac{\mu_A + \mu_B}{\sqrt{\sigma_A^2 + \sigma_B^2}}$ に写されるから，

$$\Pr\{S_1 < 0\} = \Pr\left\{X < -\frac{\mu_A + \mu_B}{\sqrt{\sigma_A^2 + \sigma_B^2}}\right\} = \Phi\left(-\frac{\mu_A + \mu_B}{\sqrt{\sigma_A^2 + \sigma_B^2}}\right) \quad \cdots \text{(答)}$$

同様に，S_2 の標準化

$$X = \frac{S_2 - 2\mu_A}{2\sigma_A}$$

により，$S_1 = 0$ は $X = -\frac{2\mu_A}{2\sigma_A} = -\frac{\mu_A}{\sigma_A}$ に写されるから，

$$\Pr\{S_2 < 0\} = \Pr\left\{X < -\frac{\mu_A}{\sigma_A}\right\} = \Phi\left(-\frac{\mu_A}{\sigma_A}\right) \quad \cdots \text{(答)}$$

$\mu_A = \mu_B = 0.2$，$\sigma_A = 0.75$，$\sigma_B = 1.0$ とすると，標準正規分布は，左右対称であるから，左図の確率は，右図の確率と一致するので，標準正規分布表により

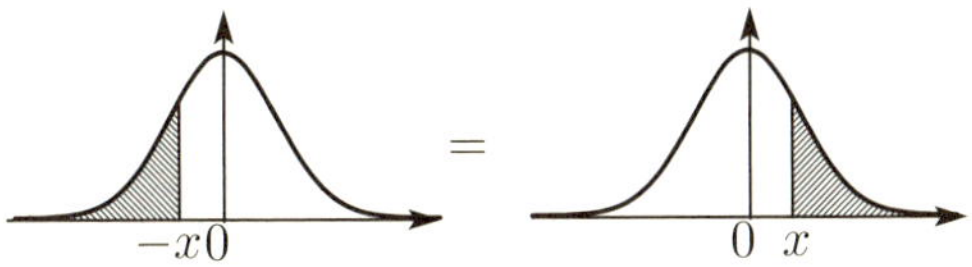

$$\Pr\{S_1 < 0\} = \Phi\left(-\frac{0.2+0.2}{\sqrt{0.75^2+1.0^2}}\right) = \Phi(-0.32) = \Pr\{X > 0.32\}$$

$$= 0.3745 \quad \cdot\cdot\cdot \text{(答)}$$

同様に，

$$\Pr\{S_2 < 0\} = \Phi\left(-\frac{0.2}{0.75}\right) = \Phi\left(-0.2\dot{6}\right) = \Pr\{X > 0.2\dot{6}\}$$

0.26 と 0.27 のときの確率を補間する．すなわち，0.01 を 10 等分して約 0.007 分を換算すると

$$0.3974 - (0.3974 - 0.3936) \times \frac{7}{10} \fallingdotseq 0.3947$$

であるから

$$\Pr\{S_2 < 0\} = \Pr\{X > 0.2\dot{6}\} = 0.3947 \quad \cdot\cdot\cdot \text{(答)}$$

(2)　2 つの確率変数の和の分散には，第 6 章の公式 26 を先取りして用いることにする．この問題では，X_A と X_B は独立であるので，

$$V(S) = V(wX_A + (1-w)X_B)) = V(wX_A) + V((1-w)X_B) \text{ (公式 26 より)}$$

$$= w^2V(X_A) + (1-w)^2V(X_B) \text{ (公式 12 より)}$$

$$= w^2\sigma_A^2 + (1-w)^2\sigma_B^2 = (\sigma_A^2 + \sigma_B^2)w^2 - 2\sigma_B^2 w + \sigma_B^2$$

となる．w の 2 次関数の最小値問題になる．したがって，2 次関数を標準形で表せば

$$V(S) = (\sigma_A^2 + \sigma_B^2)\left(w - \frac{\sigma_B^2}{\sigma_A^2 + \sigma_B^2}\right)^2 + \frac{\sigma_A^2\sigma_B^2}{\sigma_A^2 + \sigma_B^2}$$

であるので，

$$w = \frac{\sigma_B^2}{\sigma_A^2 + \sigma_B^2} \quad \cdot\cdot\cdot \text{(答)}$$

のとき，$V(S)$ は最小値

$$V(S) = \frac{\sigma_A^2\sigma_B^2}{\sigma_A^2 + \sigma_B^2} \quad \cdot\cdot\cdot \text{(答)}$$

になる．$\sigma_A = 0.75$，$\sigma_B = 1.0$ とすると，

$$w = \frac{1.0^2}{0.75^2 + 1.0^2} = 0.64 \quad \cdot\cdot\cdot \text{(答)}$$

で，

$$V(S) = \frac{0.75^2 \cdot 1.0^2}{0.75^2 + 1.0^2} = 0.36 \quad \cdots \text{(答)}$$

となる. ■

3. **(平成 18 年公認会計士試験)** ある投資機会があり，その収益 x は次のような確率分布に従う.

$$P(x = 0) = 0.4$$
$$p(x) = 0.6 \cdot \frac{1}{50}(10 - x) \quad (0 < x < 10)$$

また，$P(x < 0) = 0$，$P(x > 10) = 0$ である.

このとき以下の問に答えなさい. なお計算過程も示しなさい.

(1) 収益 x の分布関数 $F(x) = P(X \leqq x)$ を求め，図示しなさい.

(2) この投資機会の期待値 $E(X)$ および分散 $V(X)$ を求めなさい.

(3) この投資機会から得られる収益が 5 より大きい確率 $P(X > 5)$ を求めなさい.

(4) 同等の条件を持った $n = 100$ 種の投資機会がある. すなわち投資機会 $x_1, \cdots, x_n$ は上記 x と同じ確率分布に従う独立な確率変数とする.

このとき収益の和 $S = \sum_{i=1}^{n} x_i$ が 230 より大きい確率 $P(S > 230)$ を求めなさい (答えは近似値でよい).

[解説と解答]

(1) 定義にしたがって，分布関数を計算する.

$$F(x) = \begin{cases} 0 & (x < 0) \\ 0.4 + \int_0^x p(t)dt = 1 - 0.006(x-10)^2 & (0 \leqq x \leqq 10) \\ 0.4 + \int_0^{10} p(t)dt = 1 & (10 \leqq x) \end{cases} \quad \cdots \text{(答)}$$

となる. ここで，

$$\int_0^x p(t)dt = \int_0^x 0.6 \cdot \frac{1}{50}(10-t)dt = 0.012\left[10t - \frac{1}{2}t^2\right]_0^x = -0.006(x-10)^2 + 0.6$$

である.図は以下の通りである.

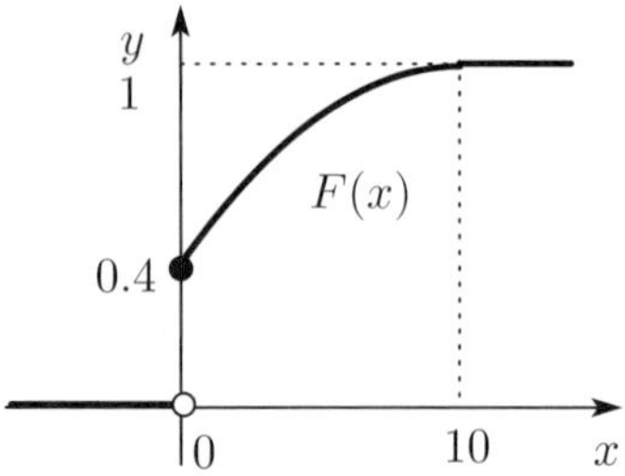

・・・(答)

(2) 期待値と分散を定義にしたがって計算する．

$$
\begin{aligned}
E(X) &= 0\cdot 0.4 + \int_0^{10}\{-0.012x(x-10)\}dx \\
&= [-0.006x^2(x-10)]_0^{10} + 0.006\int_0^{10} x^2dx \quad (\text{部分積分を用いる}) \\
&= 0.006\left[\frac{x^3}{3}\right]_0^{10} = 2 \quad \cdots (\text{答})
\end{aligned}
$$

$$
\begin{aligned}
E(X^2) &= 0^2\cdot 0.4 - 0.012\int_0^{10} x^2(x-10)dx \\
&= -0.012\left(\left[\frac{1}{3}x^3(x-10)\right]_0^{10} - \frac{1}{3}\int_0^{10} x^3dx\right) \quad (\text{部分積分を用いる}) \\
&= 0.004\left[\frac{1}{4}x^4\right]_0^{10} = 10
\end{aligned}
$$

公式 11 より

$$V(X) = E(X^2) - E(X)^2 = 10 - 2^2 = 6 \quad \cdots (\text{答})$$

(3)

$$P(X > 5) = 1 - F(5) = 1 - (1 - 0.006\cdot 25) = 0.15 \quad \cdots (\text{答})$$

(4) この問題も第 4 章までの内容を超えるものになっているが，先取りして解いてみよう．各 x_i が正規分布ならば，これらの和 S も正規分布になるので簡単に解決できるが，x_i は正規分布ではない．こういう場合には，第 7 章の「中心極限定理」が強い味方になってくれる．乱暴な言い方をすれば，正規分布でなくても，たくさん集まると正規分布に近づくということである．この問題も 100 個の分布の和になっている．

中心極限定理　母平均が μ，母分散が σ^2 である母集団から，無作為に n 個の標本 $\{X_1, X_2, \cdots, X_n\}$ を抽出したとする．標本平均を $\overline{X}$ とおくと，

$$Z = \frac{\overline{X} - \mu}{\frac{\sigma}{\sqrt{n}}}$$

は，n が十分に大きいときには標準正規分布で近似できる．

$E(x_j) = 2, V(x_j) = 6$ $(j = 1, 2, \cdots, n)$ であるから，

$$Z = \frac{\overline{S} - 2}{\frac{\sqrt{6}}{\sqrt{100}}}$$

とおくと，$S = 230$ のとき，

$$Z = \frac{2.3 - 2}{\frac{\sqrt{6}}{\sqrt{100}}} = \frac{3}{\sqrt{6}} \fallingdotseq 1.225$$

標準正規分布表より，$w = 1.22$ と $w = 1.23$ の確率の真ん中をとると

$$P(S > 230) \approx P(Z > 1.225) = \frac{0.1112 + 0.1093}{2} = 0.11025 \quad \cdots (答)$$

■

4章　章末問題

1. 一様分布にに対して，分散，歪度，尖度を求めなさい．

2. 演習6の指数分布に対して，分散，歪度，尖度を求めなさい．

3. 確率変数 X に対して，平均 $E(X)=5$，分散 $V(X)=8$ とする．このとき，次の確率変数 Y の平均と分散を求めなさい．

(1) $Y=-6X+2$

(2) $Y=3X-7$

4. (平成25年公認会計士試験) 確率変数 X と Y は互いに独立であり，それぞれ次の分布に従っている．

$$\Pr(X=x) \quad = \quad \begin{cases} \frac{1}{8}, & x=0,3\text{ のとき} \\ \frac{3}{8}, & x=1,2\text{ のとき} \\ 0, & \text{それ以外} \end{cases}$$

$$\Pr(X=x) \quad = \quad \begin{cases} \frac{1}{5}, & y=-2,-1,0,1,2\text{ のとき} \\ 0, & \text{それ以外} \end{cases}$$

また確率変数 Z と W は，$Z=2X-3Y$，$W=4X+Y$ で定義されるものとする．このとき，以下の各問に答えなさい．

(1) X の分散 $V(X)$ の値を求めなさい．

(2) Y と Z の共分散 $\mathrm{Cov}(X,Z)$ の値を求めなさい．

(3) Z と W の相関係数 $\mathrm{Cor}(Z,W)$ の値を求めなさい．

(4) $W=2$ のときの Z の条件付き確率 $\Pr(Z=8|W=2)$ の値を求めなさい．

第5章

確率分布

ここでは，具体的な確率分布を考えよう．確率変数 X の確率分布が，以下の形の確率分布，例えば，$B(n,p)$，$P_o(\lambda)$，$N(\mu,\sigma^2)$ などに従うとき，簡便に $X \sim B(n,p)$，$X \sim P_o(\lambda)$，$X \sim N(\mu,\sigma^2)$ などと表すことにする．

5.1 離散型確率分布

ここでは，離散型確率変数のいくつかの例を扱う．まず，ベルヌーイ試行から始める．次に続く二項分布の基礎になっている試行である．

5.1.1 ベルヌーイ試行 $B(1,p)$

成功 (S) と失敗 (F) という2つの結果しかもたない試行を考える．

$$P(\text{成功}) = p, \quad P(\text{失敗}) = q = 1 - p$$

とする．例えば，コイン投げがこれにあたる．表がでることを「成功」，裏が出ることを「失敗」とするとよい．この場合，$p = 1/2$ ということになる．

同じ条件の下に，独立に，成功 (S) と失敗 (F) という2つの結果しかもたない試行を繰り返すことにする．この試行のことを**ベルヌーイ試行**という．

ベルヌーイ試行に対して，試行が「成功」なら1,「失敗」なら0という値をとるすると，確率変数 X が定義される．つまり，

$$X = \begin{cases} 0 & \text{失敗 (F) のとき,} \\ 1 & \text{成功 (S) のとき} \end{cases}$$

である．これを**ベルヌーイ確率変数**といい，その分布を**ベルヌーイ分布**といい，

$B(1,p)$ と表す．確率分布は

$$f(x) = p^x q^{1-x}, \quad (x = 0, 1)$$

である．

変数 X	0	1
確率 P	q	p

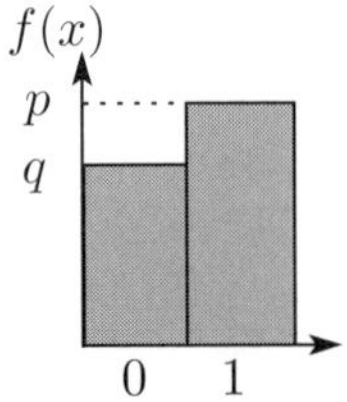

公式 14 (ベルヌーイ分布の平均と分散)

$$E(X) = p$$
$$V(X) = pq$$

5.1.2　二項分布 $B(n,p)$

2つの値 A, B を持つ試行において，A が起こる確率を p，B が起こる確率を $1-p$ とする．この試行を，独立に n 回繰り返すことを考える．すなわち，ベルヌーイ試行を n 回繰り返す場合を考えようということである．このとき，確率変数 X として，n 回の中で A が起こる回数を対象にする．そうすると，$n-x$ 回 B が起こることになるので，$X = x$ となる確率は

$$P(X = x) = {}_n\mathrm{C}_x p^x (1-p)^{n-x} \quad (x = 0, 1, \cdots, n)$$

と表される．$f(x) = {}_n\mathrm{C}_x p^x (1-p)^{n-x}$ で決まる確率分布を**二項分布**といい，$B(n,p)$ と表す．

このとき，平均（期待値）と分散は次のようになる．

公式 15 (二項分布の平均と分散)

$$E(X) = np$$
$$V(X) = np(1-p)$$

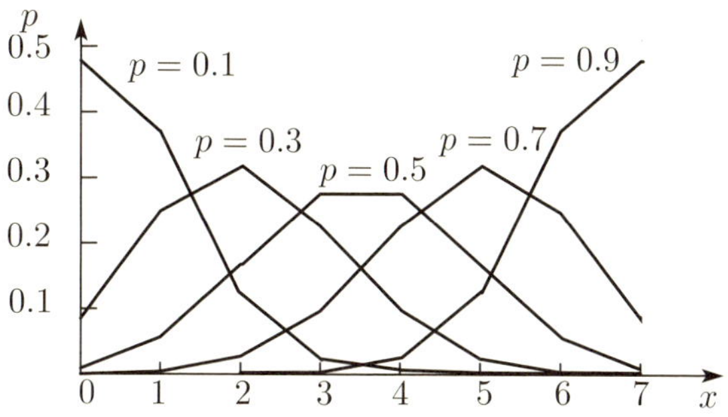

図 **5.1**　二項分布 $B(7,p)$

> **例題 18**　箱の中に 10 本のくじが入っている．そのうち 3 本は当たりで，残り 7 本ははずれになっている．1 回引いては，その引いたくじをまた箱に戻すことにする．このとき，5 回引いたとき，当たりのでる回数を確率変数 X として，確率分布を求め，さらに，平均，分散を求めなさい．

[解]　1 回くじを引いたときに当たりが出る確率は 3/10 である．確率分布は

$$f(x)=P(X=x)={}_5\mathrm{C}_x(0.3)^x(0.7)^{5-x}\quad (x=0,1,\cdots,5)$$

となる．

変数 X	0	1	2	3	4	5
確率 P	0.16807	0.36015	0.3087	0.1323	0.02835	0.00243

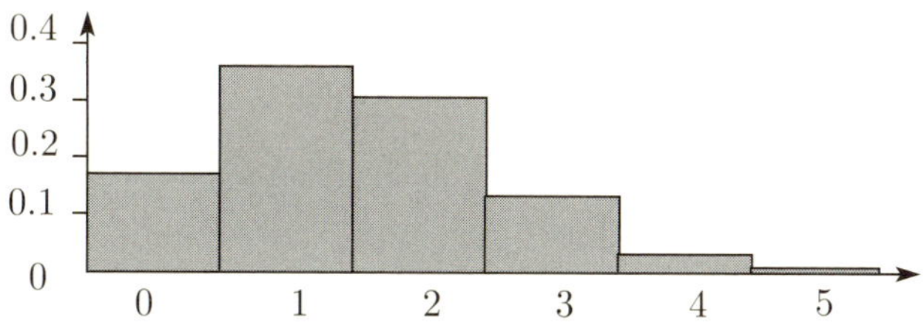

$$E(X)=\sum_{x=0}^{5}xf(x)=0\cdot 0.16807+1\cdot 0.36015+2\cdot 0.3087$$

$$+3\cdot 0.1323+4\cdot 0.02835+5\cdot 0.00243$$

$$=1.5\quad \cdots(答)$$

$$V(X) = \sum_{x=0}^{5}(x-1.5)^2 f(x) = (-1.5)^2 \cdot 0.16807 + (-0.5)^2 \cdot 0.36015$$

$$+ 0.5^2 \cdot 0.3087 + 1.5^2 \cdot 0.1323 + 2.5^2 \cdot 0.02835 + 3.5^2 \cdot 0.00243$$

$$= 1.05 \quad \cdots \text{(答)}$$

■

演習 7　サイコロを 6 回振ることにした．このとき，目の数が 2 以下である回数を確率変数 X として，確率分布を求め，さらに，平均，分散を求めなさい．

上の問題を以下の手順で答えなさい． 細い線の括弧 には式や文字を， 太い線の括弧 には数値を入れなさい．

問 1.　次の確率分布の表を完成させなさい．

1 回サイコロを振ったときに出る目が 2 以下である確率は [　　] である．

確率分布は

$$f(x) = P(X = x) = \boxed{\qquad\qquad} \quad (x = 0, 1, \cdots, 6)$$

となる．

変数 X	0	1	2	3	4	5	6
確率 P	[　]	[　]	[　]	[　]	[　]	[　]	[　]

問 2.　平均，分散を求めなさい．

$$E(X) = \boxed{\qquad\qquad} = \boxed{\qquad\qquad}$$

$$+ \boxed{\qquad\qquad}$$

$$= \boxed{\qquad} \quad \cdots \text{(答)}$$

$$V(X) = \boxed{\qquad\qquad} = \boxed{\qquad\qquad}$$

$$+ \boxed{\qquad\qquad}$$

$$= \boxed{\qquad} \quad \cdots \text{(答)}$$

■

5.1.3 ポアソン分布 $P_o(\lambda)$

二項分布において，n が大きく，p が小さい場合には，次の近似が成り立つ．$n \to \infty$ のとき，np が λ に近づく状況では，

$$ {}_n\mathrm{C}_k p^k (1-p)^{n-k} \to \frac{\lambda^k}{k!} e^{-\lambda} $$

が成り立つ．これを**ポアソンの小数の法則**という．

$\lambda > 0$ とするとき，確率変数 X として，$X = x$ となる確率は

$$ f(x) = P(X = x) = p_x = \frac{\lambda^x}{x!} e^{-\lambda} \quad (x = 0, 1, 2, \cdots) $$

となる離散分布を**ポアソン分布** $P_o(\lambda)$ という (図 5.2 参照).

ポアソン分布は，あまり起こらないような事態を扱う場合に適用される．例えば，工場など多くの製品を製造する過程での不良品の数，交通事故発生件数，火災事故件数などがあげられる．

さらに言えば，この分布は「待ち行列理論」においても重要な役割を果たす．

店舗や ATM 機を利用する客が「ランダムに」到着するような場合に，0 から t までの時間にちょうど n 人が到着する確率を $v_n(t)$ とすると，$v_n(t)$ は

$$ v_n(t) = \frac{\lambda^n t^n}{n!} e^{-\lambda t} $$

とポアソン分布で表わされる．ここで，λ は単位時間に到着する客の平均人数を表す（後出の「指数分布」も参照されたい).

公式 16 (ポアソン分布の平均と分散)

$$ E(X) = \lambda $$
$$ V(X) = \lambda $$

ポアソン分布の計算

(a) **ポアソン分布表** ポアソン分布の場合には，平均 λ がパラメータとして入っていて，各 λ 毎に，x に対する表を作成しないといけない．λ は実数なので，λ について網羅しようとすると膨大な表になってしまう．多くの場合，簡易的にいくつかの λ に対する表ですませることが多い．例えば，次のようなものが一例である (表 5.1).

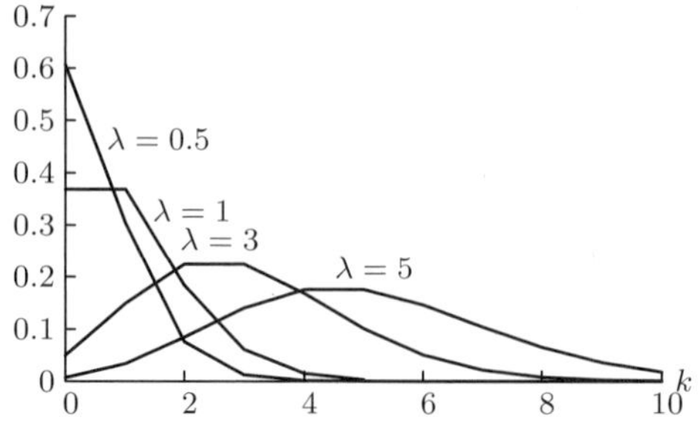

図 5.2　ポアソン分布 $P(\lambda)$

平均値 λ の値

x ＼ λ	2.0	2.5	3.0	3.5	4.0	4.5	5.0	5.5	6.0
0	0.135	0.082	0.050	0.030	0.018	0.011	0.007	0.004	0.002
1	0.271	0.205	0.149	0.106	0.073	0.050	0.034	0.022	0.015
2	0.271	0.257	0.224	0.185	0.147	0.112	0.084	0.062	0.045
3	0.180	0.214	0.224	0.216	0.195	0.169	0.140	0.113	0.089
4	0.090	0.134	0.168	0.189	0.195	0.190	0.175	0.156	0.134
5	0.036	0.067	0.101	0.132	0.156	0.171	0.175	0.171	0.161
6	0.012	0.028	0.050	0.077	0.104	0.128	0.146	0.157	0.161
7	0.003	0.010	0.022	0.039	0.060	0.082	0.104	0.123	0.138
8	0.001	0.003	0.008	0.017	0.030	0.046	0.065	0.085	0.103
9	0.000	0.001	0.003	0.007	0.013	0.023	0.036	0.052	0.069
10	0.000	0.000	0.001	0.002	0.005	0.010	0.018	0.029	0.041
⋯	⋯	⋯	⋯	⋯	⋯	⋯	⋯	⋯	⋯
⋯	⋯	⋯	⋯	⋯	⋯	⋯	⋯	⋯	⋯

（左欄：x の値）

表 5.1　ポアソン分布表

(b)　$e^{-\lambda}$ の値を利用

$e^{-\lambda}$ の値が与えられている場合は，後は階乗とべきの計算で求めることができる．

(c)　Excel など統計ソフトを使う

ポアソン分布表が手元にない場合，あるいはあっても対応する λ の値がない場合などは，表計算ソフトがあればそれを使って確率を求めることができる．例えば，Microsoft 社の表計算ソフト「エクセル」の場合には，「統計」に分類される次の関数

POISSON.DIST(x,λ,FALSE)

を用いることによって，$f(x)=\frac{\lambda^x}{x!}e^{-\lambda}$ の確率が計算できる．

例題 19 ある工場の1つのラインでは毎日大量の製品を作っている．そのラインでは1日平均3個の不良品がでることが分かっている．1日の不良品の個数を確率変数 X とすると，X は平均が3のポアソン分布に従うとする．このとき，不良品が1日4個以上である確率を求めなさい．

[解] 平均が3のポアソン分布は

$$f(x)=P(X=x)=\frac{3^x}{x!}e^{-3}\quad(x=0,1,2,\cdots)$$

である．$x\geqq 4$ となる場合は，無限にあるのでひとつひとつの確率を計算して足し合わせることはできない．そこで「X が4以上である事象」の排反事象「X が3以下である事象」の確率を求め，1から引くことにする．$x\leqq 3$ となるのは，$x=0,1,2,3$ であるから，

$$P(X=0)=\frac{3^0}{0!}e^{-3}=0.04979\qquad P(X=1)=\frac{3^1}{1!}e^{-3}=0.14936$$

$$P(X=2)=\frac{3^2}{2!}e^{-3}=0.22404\qquad P(X=3)=\frac{3^3}{3!}e^{-3}=0.22404$$

となる．これらの値は $e^{-3}=0.04979$ を用いて計算することができる．あるいは，巻末のポアソン分布表を使っても計算できる．

平均値 λ の値

	x \ λ	2.0	2.5	3.0	3.5	4.0	4.5	5.0	5.5	6.0
x の値	0	0.135	0.082	0.050	0.030	0.018	0.011	0.007	0.004	0.002
	1	0.271	0.205	0.149	0.106	0.073	0.050	0.034	0.022	0.015
	2	0.271	0.257	0.224	0.185	0.147	0.112	0.084	0.062	0.045
	3	0.180	0.214	0.224	0.216	0.195	0.169	0.140	0.113	0.089
	4	0.090	0.134	0.168	0.189	0.195	0.190	0.175	0.156	0.134
	5	0.036	0.067	0.101	0.132	0.156	0.171	0.175	0.171	0.161
	6	0.012	0.028	0.050	0.077	0.104	0.128	0.146	0.157	0.161
	7	0.003	0.010	0.022	0.039	0.060	0.082	0.104	0.123	0.138
	8	0.001	0.003	0.008	0.017	0.030	0.046	0.065	0.085	0.103
	9	0.000	0.001	0.003	0.007	0.013	0.023	0.036	0.052	0.069
	10	0.000	0.000	0.001	0.002	0.005	0.010	0.018	0.029	0.041
	⋯	⋯	⋯	⋯	⋯	⋯	⋯	⋯	⋯	⋯
	⋯	⋯	⋯	⋯	⋯	⋯	⋯	⋯	⋯	⋯

したがって，

$$P(X\leqq 3)=0.04979+0.14936+0.22404+0.22404=0.647$$

よって，

$$P(X \geqq 4) = 1 - P(X \leqq 3) = 0.353 \quad \cdots \text{(答)}$$

■

演習 8　ある工場のでは大量の部品を作っている．その工場では1日平均4個の不良品がでることが分かっている．1日の不良品の個数を確率変数 X とすると，X は平均が4のポアソン分布に従うとする．このとき，不良品が1日2個以下である確率を求めなさい．

上の問題を以下の手順で答えなさい．［細い線の括弧］には式や文字を，［太い線の括弧］には数値を入れなさい．

問 1.　ポアソン分布表を用いて次を求めなさい．$\lambda = \boxed{\quad}$ として，ポアソン分布表をみると

$$P(X=0) = \boxed{\qquad\qquad}$$
$$P(X=1) = \boxed{\qquad\qquad}$$
$$P(X=2) = \boxed{\qquad\qquad}$$

となる．

問 2.　上で求めた確率を合わせて確率を計算しなさい．

$$P(X \leqq \boxed{\quad}) = \boxed{\qquad\qquad} + \boxed{\qquad\qquad} + \boxed{\qquad\qquad}$$
$$= \boxed{\qquad\qquad} \quad \cdots \text{(答)}$$

■

5.2　連続型の確率分布

5.2.1　一様分布 $U(a,b)$

確率密度関数が，実数 $a < b$ に対して

$$f(t) = \begin{cases} \frac{1}{b-a} & a \leqq t \leqq b \\ 0 & \text{それ以外} \end{cases}$$

となる分布をパラメータ (a,b) の**一様分布**といい，$U(a,b)$ と表す．

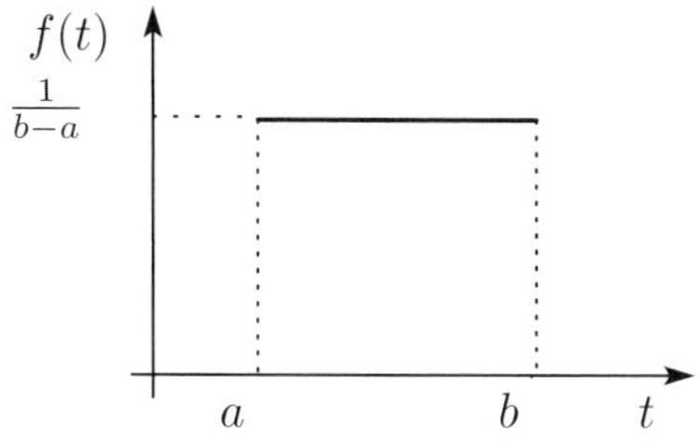

図 **5.3** 一様分布 $U(a,b)$

公式 17 (一様分布の平均と分散)

$$E(X) = \frac{a+b}{2}$$

$$V(X) = \frac{(b-a)^2}{12}$$

5.2.2 正規分布 $N(\mu,\sigma^2)$

正規分布は多くの人数を調査したときの身長，体重などを初めとして，様々な統計に頻繁に登場する代表的な分布である．**ガウス分布**ともいう．

平均が μ，分散が σ^2 の正規分布とは，確率変数 X の密度関数が

$$g(x) = \frac{1}{\sqrt{2\pi}\sigma} e^{-\frac{(x-\mu)^2}{2\sigma^2}}$$

と表される分布のことをいう．密度関数のグラフは下図のような釣り鐘状の形をしている．

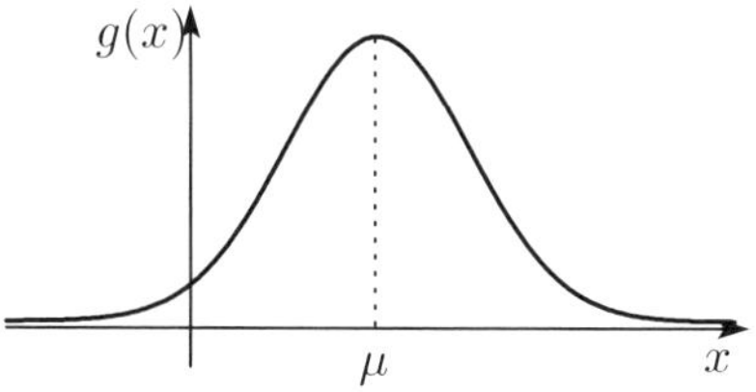

図 **5.4** 正規分布

平均が μ，分散が σ^2 の正規分布を $N(\mu,\sigma^2)$ と表す．

$a \leqq X \leqq b$ となる確率は

$$P(a \leqq X \leqq b) = \int_a^b \frac{1}{\sqrt{2\pi}\sigma} e^{-\frac{(x-\mu)^2}{2\sigma^2}} dx$$

で計算される．

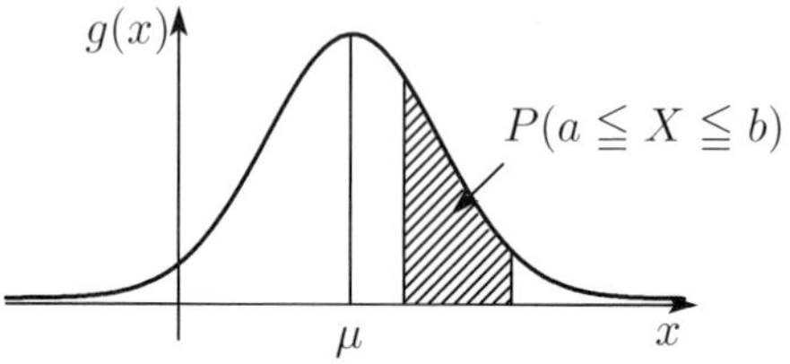

図 5.5 正規分布 $N(\mu, \sigma^2)$ と確率

まとめると

公式 18 (正規分布の平均と分散)

$$E(X) = \mu$$
$$V(X) = \sigma^2$$

正規分布は統計の理論や応用においてきわめて重要な役割を果たす．例えば，後述のように，中心極限定理によるといかなる分布の母集団であっても，標本の個数を大きくすれば，その平均は正規分布に近づくことが知られている．

正規分布には次のような性質がある．

公式 19 (正規分布の性質) ① 確率変数 $X_1, X_2, \cdots, X_n$ が，それぞれ独立に

$$\begin{cases} \text{平均が } \mu_1, \mu_2, \cdots, \mu_n \\ \text{分散が } \sigma_1^2, \sigma_2^2, \cdots, \sigma_n^2 \end{cases}$$

の正規分布 $N(\mu_i, \sigma_i^2)$ に従うとき，$X = a_1X_1 + a_2X_2 + \cdots + a_nX_n$ は

$$\begin{cases} \text{平均が } a_1\mu_1 + a_2\mu_2 + \cdots + a_n\mu_n \\ \text{分散が } a_1^2\sigma_1^2 + a_2^2\sigma_2^2 + \cdots + a_n^2\sigma_n^2 \end{cases}$$

の正規分布に従う．

② X_i が独立に正規分布 $N(\mu, \sigma^2)$ に従うとき，$\bar{X} = \frac{1}{n}(X_1 + X_2 + \cdots + X_n)$ は，正規分布 $N(\mu, \frac{\sigma^2}{n})$ に従う．

5.2.3 標準正規分布 $N(0,1)$

正規分布の中で特に，平均が 0，分散 1 の正規分布 $N(0,1)$ を**標準正規分布**という．確率変数 X を平均が μ，分散が σ^2 の正規分布であるとする．今，確率変数 Z を

標準化

$$Z = \frac{X-\mu}{\sigma}$$

と変数変換（これを**標準化**という）を行うと，確率変数 Z は標準正規分布に従う．Z を**標準化変数**という．この密度関数は

$$f(z) = \frac{1}{\sqrt{2\pi}}e^{-\frac{z^2}{2}}$$

という関数になる．この関数を**標準正規分布の密度関数**という．この関数は，$N(\mu,\sigma^2)$ で $\mu=0$，$\sigma=1$ とした場合になっている．したがって，$N(0,1^2)$ と表せる．このように，$N(\mu,\sigma^2)$ を $N(0,1^2)$ に変換することを**標準化する**という．

$N(\mu,\sigma^2)$ において，その値より上側の確率が $100\alpha\%$ となる確率変数 X の値 $\tilde{z}(\alpha)$ を**上側 100α% 点**，あるいは**上側 100α% のパーセント点**という．すなわち $\tilde{z}(\alpha)$ は α に対して

$$\alpha = P(X \geqq \tilde{z}(\alpha))$$

を満たすことで決まってくる値である．

ここでは，標準正規分布 $N(0,1^2)$ の場合を考えよう．上側確率が $100\alpha\%$ のパーセント点となる確率変数 Z の値 z_α は α に対して

$$\alpha = P(Z \geqq z_\alpha)$$

を満たすことで決まってくる値である．全確率は 1 であるから，標準正規分布曲線と Z 軸で囲まれる面積は 1 になるようにしてある．したがって，グラフにおける $P(Z \geqq z_\alpha)$ の部分の面積と確率は一致している（図 5.6 参照）．

標準正規分布の確率の計算には次の性質を利用する．

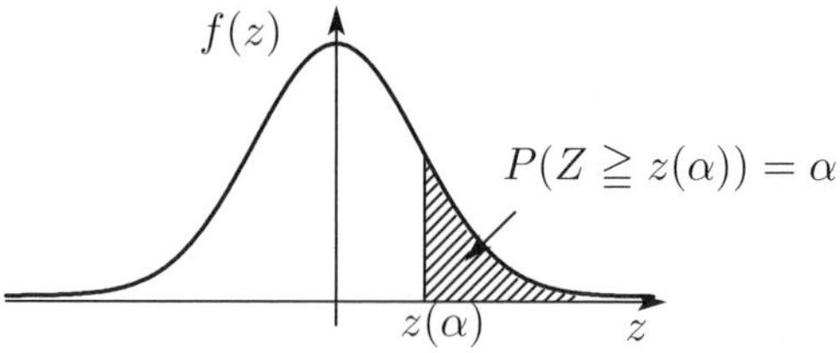

図 **5.6**　標準正規分布 $N(0,1^2)$

> **公式 20**
>
> - $P(Z \geqq 0) = 0.5$　（グラフは中心に対して対称）
> - $P(Z \leqq z) = 1 - P(Z \geqq z)$
> - $z \geqq 0$ のとき，$P(Z \leqq -z) = P(Z \geqq z)$　（グラフは中心に対して対称）

5.2.4　標準正規分布表

前述のように

$$F(w) = P(Z \leqq w) = \int_{-\infty}^{w} f(z)dz$$

を累積分布関数という．それを使うと

$$P(a \leqq X \leqq b) = F(b) - F(a)$$

と計算できるのであった．ところが，$f(z) = \dfrac{1}{\sqrt{2\pi}}e^{-\frac{z^2}{2}}$ の不定積分は，初等函数（代数関数や指数関数，対数関数，三角関数，逆三角関数などのことをいう）では表すことができない複雑なもので実際の計算には使えるようなものではない．そこで，いろいろの w に対する $F(w)$ 値の近似計算した値が必要になる．これらを集めた表が**標準正規分布表**である．統計学の教科書にはこれらの表が載っているがいくつかのパターンがあるようである．

標準正規分布表の形

(a)　累積積分の値の表

表 5.2 は $F(w)$ の値を正規分布表として表にまとめたものである．

表は次のように見ればよい．

① 左段は w の値の「小数 1 位までの」値を表し，それに続く「小数 2 位」の値は表の上段に表している．

小数第2位

小数第1位まで

w	.00	.01	.02	.03	.04	.05	.06	.07	.08	.09
0.0	0.5000	0.5040	0.5080	0.5120	0.5160	0.5199	0.5239	0.5279	0.5319	0.5359
0.1	0.5398	0.5438	0.5478	0.5517	0.5557	0.5596	0.5636	0.5675	0.5714	0.5753
0.2	0.5793	0.5832	0.5871	0.5910	0.5948	0.5987	0.6026	0.6064	0.6103	0.6141
0.3	0.6179	0.6217	0.6255	0.6293	0.6331	0.6368	0.6406	0.6443	0.6480	0.6517
0.4	0.6554	0.6591	0.6628	0.6664	0.6700	0.6736	0.6772	0.6808	0.6844	0.6879
0.5	0.6915	0.6950	0.6985	0.7019	0.7054	0.7088	0.7123	0.7157	0.7190	0.7224
0.6	0.7257	0.7291	0.7324	0.7357	0.7389	0.7422	0.7454	0.7486	0.7517	0.7549
0.7	0.7580	0.7611	0.7642	0.7673	0.7704	0.7734	0.7764	0.7794	0.7823	0.7852
0.8	0.7881	0.7910	0.7939	0.7967	0.7995	0.8023	0.8051	0.8078	0.8106	0.8133
0.9	0.8159	0.8186	0.8212	0.8238	0.8264	0.8289	0.8315	0.8340	0.8365	0.8389
10.0	0.8413	0.8438	0.8461	0.8485	0.8508	0.8531	0.8554	0.8577	0.8599	0.8621
10.1	0.8643	0.8665	0.8686	0.8708	0.8729	0.8749	0.8770	0.8790	0.8810	0.8830
⋯	⋯	⋯	⋯	⋯	⋯	⋯	⋯	⋯	⋯	⋯
⋯	⋯	⋯	⋯	⋯	⋯	⋯	⋯	⋯	⋯	⋯

表 5.2　累積積分の値の表

② $w = 0.35$ のときの累積積分の値を求めるときには，左段の「0.3」と上段の「.05」の交わる場所の値「0.6368」を探せばよい．

③ それは，次の図の部分の面積が確率に対応している．

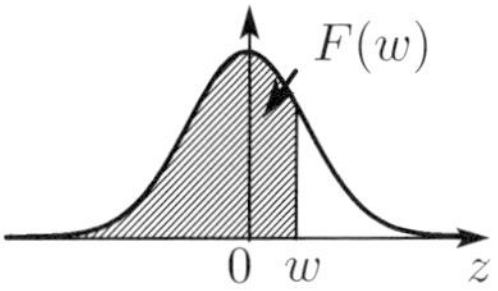

多くの場合，$w \geqq 0$ の表しか掲載していない．それは，$w < 0$ に対する $F(w)$ の値は公式 20 を利用すると，

$$F(w) = 1 - F(-w)$$

と計算できるからである．

(b)　上側確率の表

w の値に対して，

$$G(w) = P(Z \geqq w) = \int_w^\infty f(z)dz$$

の値は下図の斜線部の面積，つまり確率を表すが，それを標準正規分布表として採用することがある（表 5.3 参照）．この本では，これを標準正

規分布表[1]として採用している．

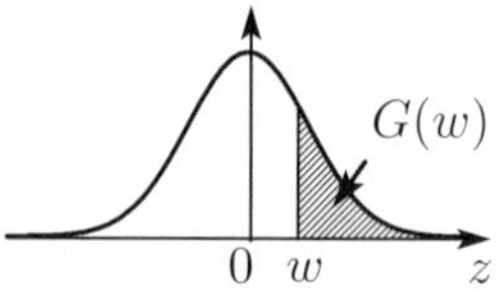

小数第2位

小数第1位まで

w	.00	.01	.02	.03	.04	.05	.06	.07	.08	.09
0.0	0.5000	0.4960	0.4920	0.4880	0.4840	0.4801	0.4761	0.4721	0.4681	0.4641
0.1	0.4602	0.4562	0.4522	0.4483	0.4443	0.4404	0.4364	0.4325	0.4286	0.4247
0.2	0.4207	0.4168	0.4129	0.4090	0.4052	0.4013	0.3974	0.3936	0.3897	0.3859
0.3	0.3821	0.3783	0.3745	0.3707	0.3669	0.3632	0.3594	0.3557	0.3520	0.3483
0.4	0.3446	0.3409	0.3372	0.3336	0.3300	0.3264	0.3228	0.3192	0.3156	0.3121
0.5	0.3085	0.3050	0.3015	0.2981	0.2946	0.2912	0.2877	0.2843	0.2810	0.2776
0.6	0.2743	0.2709	0.2676	0.2643	0.2611	0.2578	0.2546	0.2514	0.2483	0.2451
0.7	0.2420	0.2389	0.2358	0.2327	0.2296	0.2266	0.2236	0.2206	0.2177	0.2148
0.8	0.2119	0.2090	0.2061	0.2033	0.2005	0.1977	0.1949	0.1922	0.1894	0.1867
0.9	0.1841	0.1814	0.1788	0.1762	0.1736	0.1711	0.1685	0.1660	0.1635	0.1611
1.0	0.1587	0.1562	0.1539	0.1515	0.1492	0.1469	0.1446	0.1423	0.1401	0.1379
1.1	0.1357	0.1335	0.1314	0.1292	0.1271	0.1251	0.1230	0.1210	0.1190	0.1170
⋯	⋯	⋯	⋯	⋯	⋯	⋯	⋯	⋯	⋯	⋯
⋯	⋯	⋯	⋯	⋯	⋯	⋯	⋯	⋯	⋯	⋯

表 5.3　上側確率の値の表

確率を表す部分の位置から**上側確率**という．この表も多くの場合，$w \geqq 0$ の表しか掲載していない．それは，$w < 0$ に対する $G(w)$ の値は公式 20 を利用すると，

$$G(w) = 1 - G(-w)$$

と計算できるからである．後述の，検定の有意水準を扱うときには，この表の方が便利だと感じることもある．累積積分との関係は

$$G(w) = 1 - F(w)$$

である．

表は次のように見ればよい．

[1] 日本規格協会のものを始めとして多くの統計表では，例えば，0.4020 の表し方は .0402 と 0 を表示しない表記法になっている．

① 左段は w の値の「小数 1 位までの」値を表し，それに続く「小数 2 位」の値は表の上段に表している．

② $w = 0.35$ のときの上側確率の値を求めるときには，左段の「0.3」と上段の「.05」の交わる場所の値「0.3632」を探せばよい．

③ それは，次の図の部分の面積が確率に対応している．

(c) Excel など統計ソフトを使う

標準正規分布表が手元になくても，表計算ソフトがあればそれを使って値が求められる．

ここでは，Microsoft 社の表計算ソフト EXCEL を使う方法を例としてあげる．正規分布表を利用して求めるのは次の 2 種類である．

(1) w を与えて，その上側確率 $\alpha = P(Z \geqq w)$ を求める．

「統計」に分類される次の関数

NORM.S.DIST(値,TRUE)

は，累積積分 $F(w) = \mathrm{NORM.S.DIST}(w, TRUE)$ となる関数のことである．例えば，$w = 0.35$ に対して，その上側確率は $\mathrm{NORM.S.DIST}(0.35, TRUE)$ を計算することで，上側確率 0.6368 と求められる．

(2) 確率 α を与えて，その上側確率 $100\alpha\%$ のパーセント点を求める．

確率 α に対して，次の関数

NORMS.INV(α)

で，上側確率 $100\alpha\%$ のパーセント点を求めることができる．例えば，確率 0.6368 に対して，$\mathrm{NORM.S.INV}(0.6368) = 0.3499$ とパーセント点が求められる．正規分布表を利用するときには，確率 α を表から探さないといけないので，見つけるのに手間がかかる．その意味で，表計算ソフトが利用できれば，探す手間なくパーセント点を計算できる．

5.2.5 標準正規分布表を用いた確率の計算

$P(Z \geqq w)$ の値は，実際には手計算では計算できないので，巻末の標準正規分布表を用いて行う．

例題 20　$N(0, 1^2)$ において，次の値を求めなさい．

(1) Z が 1.02 以下になる確率，すなわち $P(Z \leqq 1.02)$．

(2) $P(-0.7 \leqq Z \leqq 0.43)$．

(3) 上側確率 2.74% のパーセント点 $z_{0.0274}$ の値．

[解]

(1) 標準正規分布表より，

$$P(Z \leqq 1.02) = 1 - G(1.02) = 1 - 0.1539 = 0.8461 \quad \cdots (答)$$

となる．

小数第2位

小数第1位まで

w	.00	.01	.02	.03	.04	.05	.06	.07	.08	.09
⋯	⋯	⋯	⋯	⋯	⋯	⋯	⋯	⋯	⋯	⋯
0.9	0.1841	0.1814	0.1788	0.1762	0.1736	0.1711	0.1685	0.1660	0.1635	0.1611
1.0	0.1587	0.1562	0.1539	0.1515	0.1492	0.1469	0.1446	0.1423	0.1401	0.1379
1.1	0.1357	0.1335	0.1314	0.1292	0.1271	0.1251	0.1230	0.1210	0.1190	0.1170
⋯	⋯	⋯	⋯	⋯	⋯	⋯	⋯	⋯	⋯	⋯

(2) 標準正規分布表より，公式 20 を使うと

$$\begin{aligned} P(-0.7 \leqq Z \leqq 0.43) &= 1 - P(Z \geqq 0.43) - P(Z \leqq -0.7) \\ &= 1 - P(Z \geqq 0.43) - P(Z \geqq 0.7) \\ &= 1 - 0.3336 - 0.2420 = 0.4244 \quad \cdots (答) \end{aligned}$$

となる．

小数第2位

小数第1位まで

w	.00	.01	.02	.03	.04	.05	.06	.07	.08	.09
⋯	⋯	⋯	⋯	⋯	⋯	⋯	⋯	⋯	⋯	⋯
0.3	0.3821	0.3783	0.3745	0.3707	0.3669	0.3632	0.3594	0.3557	0.3520	0.3483
0.4	0.3446	0.3409	0.3372	0.3336	0.3300	0.3264	0.3228	0.3192	0.3156	0.3121
0.5	0.3085	0.3050	0.3015	0.2981	0.2946	0.2912	0.2877	0.2843	0.2810	0.2776
0.6	0.2743	0.2709	0.2676	0.2643	0.2611	0.2578	0.2546	0.2514	0.2483	0.2451
0.7	0.2420	0.2389	0.2358	0.2327	0.2296	0.2266	0.2236	0.2206	0.2177	0.2148
⋯	⋯	⋯	⋯	⋯	⋯	⋯	⋯	⋯	⋯	⋯

(3) $\alpha = 0.0274$ とすると，

$$P(Z \geqq w) = G(w) = \alpha = 0.0274$$

なる値を探す．標準正規分布表より，$w = 1.92$．したがって，

$$z_{0.0274} = 1.92 \quad \cdots \text{(答)}$$

となる．

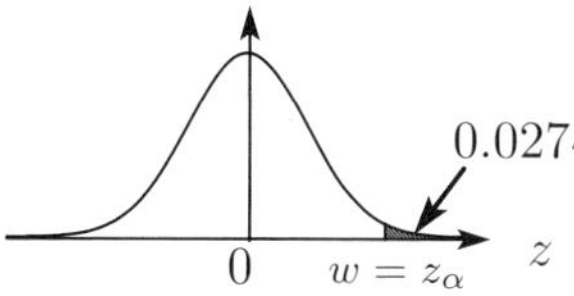

小数第 2 位

小数第1位まで w	.00	.01	.02	.03	.04	.05	.06	.07	.08	.09
⋯	⋯	⋯	⋯	⋯	⋯	⋯	⋯	⋯	⋯	⋯
1.8	0.0359	0.0351	0.0344	0.0336	0.0329	0.0322	0.0314	0.0307	0.0301	0.0294
1.9	0.0287	0.0281	0.0274	0.0268	0.0262	0.0256	0.0250	0.0244	0.0239	0.0233
2.0	0.0228	0.0222	0.0217	0.0212	0.0207	0.0202	0.0197	0.0192	0.0188	0.0183
⋯	⋯	⋯	⋯	⋯	⋯	⋯	⋯	⋯	⋯	⋯

注意 たとえば，$\alpha = 0.0270$ のような場合には，ちょうどよい w の値がない．この場合には，$w = 1.92$ と $w = 1.93$ で値に合わせて按分をとる．このことを**補間**するという．すなわち，$w = \frac{1.92\cdot 1 + 1.93\cdot 2}{3} = 1.92\dot{6}$ となるから，$z_{0.270} = 1.927$ となる．補間の求め方は次の図の通りである（直線的に補間するので線形補間という）．$x = \dfrac{n\cdot a + m\cdot b}{m+n}$ である．

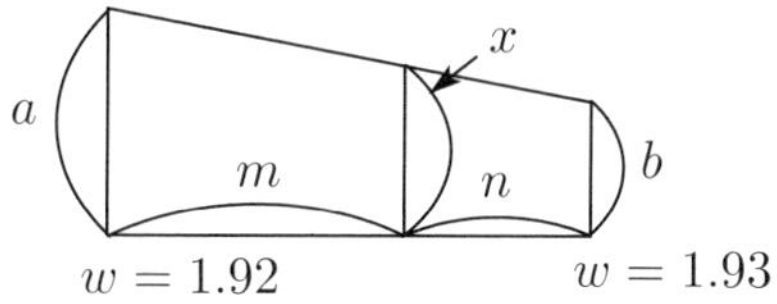

■

演習 9 $N(0, 1^2)$ において，次の値を求めなさい．

(1) Z が -0.78 以上になる確率，すなわち $P(Z \geqq -0.78)$．

(2) $P(-0.16 \leqq Z \leqq 0.27)$．

(3) 上側確率 16.85% のパーセント点 z_α の値．

以下の 細い線の括弧 には式や文字を， 太い線の括弧 には数値を入れなさい．

(1) 公式20を使うと，標準正規分布表より，

$$P(Z \geqq -0.78) = 1 - P(\boxed{\qquad\qquad}) = 1 - P(\boxed{\qquad\qquad})$$

$$= 1 - \boxed{\qquad} = \boxed{\qquad} \quad \cdots (答)$$

となる．

(2) 公式20を使うと，標準正規分布表より，

$$P(-0.16 \leqq Z \leqq 0.27) = 1 - P(\boxed{\qquad\qquad}) - P(\boxed{\qquad\qquad})$$

$$= 1 - P(\boxed{\qquad\qquad}) - P(\boxed{\qquad\qquad})$$

$$= 1 - \boxed{\qquad} - \boxed{\qquad} = \boxed{\qquad} \quad \cdots (答)$$

となる．

(3) $\alpha = 0.1685$ とすると，

$$P(Z \geqq w) = G(w) = \boxed{\qquad\qquad} = \boxed{\qquad}$$

なる値を探す．標準正規分布表より，$w = \boxed{\qquad}$．したがって，

$$z_{0.1685} = \boxed{\qquad} \quad \cdots (答)$$

となる．■

役立つ事実（よく使われる値）

実際の問題では，標準偏差の値を基準にして測ることが多いので，次の事実は覚えておくと便利である．

① 平均から標準偏差の範囲をとると，確率は68.3%となる．つまり，

$$\boxed{P(-\sigma \leqq X - \mu \leqq \sigma) \fallingdotseq 0.683} \longleftrightarrow$$

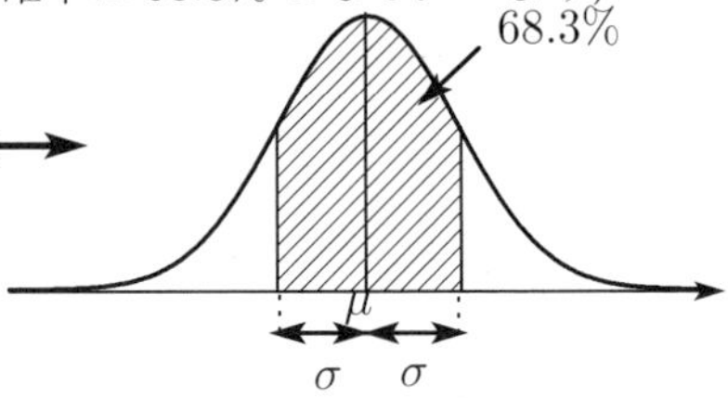

② 平均から標準偏差の2倍の範囲をとると，確率は95.5%となる．つまり，

$$P(-2\sigma \leqq X-\mu \leqq 2\sigma) \fallingdotseq 0.955$$ ⟷

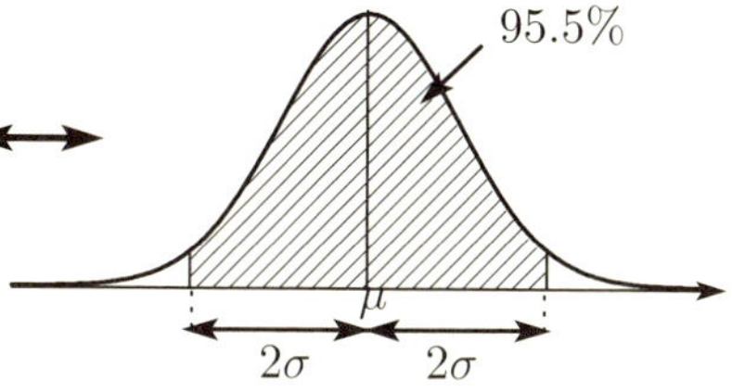

③ 平均から標準偏差の 3 倍の範囲をとると，確率は 99.7% となる．つまり，

$$P(-3\sigma \leqq X-\mu \leqq 3\sigma) \fallingdotseq 0.997$$ ⟷

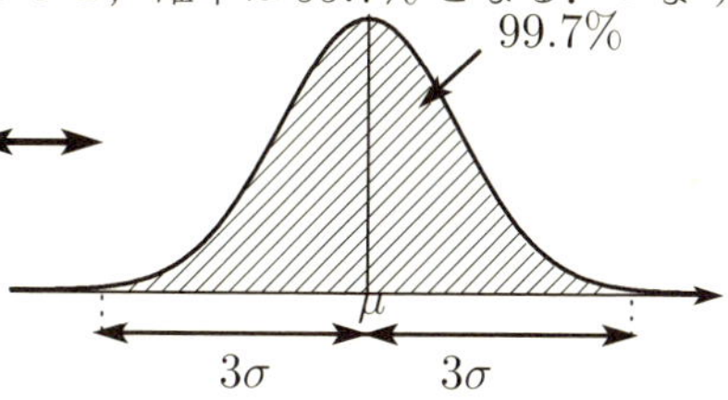

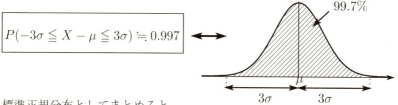

標準正規分布としてまとめると，

① （**1σ の範囲**） $P(-1 \leqq Z \leqq 1) = \mathbf{0.683}$，つまり 68.3%

② （**2σ の範囲**） $P(\{-2 \leqq Z \leqq 2\}) = \mathbf{0.955}$，つまり 95.5%

③ （**3σ の範囲**） $P(\{-3 \leqq Z \leqq 3\}) = \mathbf{0.997}$，つまり 99.7%

5.2.6 一般の正規分布の場合の確率の計算

標準でない正規分布の場合に，確率変数を標準化することにより，標準正規分布に変換することで，標準正規分布表を利用する．

例題 21 (1) $N(8, 4^2)$ において，X が 16.4 以上になる確率を求めなさい．
(2) $N(10, 6^2)$ において，$P(-5.2 \leqq X \leqq 14.38)$ を求めなさい．
(3) $N(6, 3^2)$ において，上側確率 4.09% のパーセント点 z_α の値を求めなさい．

[解]

(1) 変数を標準化して考えよう．

$$Z = \frac{X-\mu}{\sigma}$$

という変数変換を行う．今，$X = 16.4$ として，$\mu = 8$，$\sigma = 4$ であるから，

$$Z = \frac{16.4-8}{4} = 2.1$$

標準正規分布表より，

$$P(X \geqq 16.4) \;=\; P(Z \geqq 2.1) = 0.0179 \quad \cdots \text{(答)}$$

となる．

小数第2位

小数第1位まで

w	.00	.01	.02	.03	.04	.05	.06	.07	.08	.09
⋯	⋯	⋯	⋯	⋯	⋯	⋯	⋯	⋯	⋯	⋯
2.0	0.0228	0.0222	0.0217	0.0212	0.0207	0.0202	0.0197	0.0192	0.0188	0.0183
2.1	0.0179	0.0174	0.0170	0.0166	0.0162	0.0158	0.0154	0.0150	0.0146	0.0143
2.2	0.0139	0.0136	0.0132	0.0129	0.0125	0.0122	0.0119	0.0116	0.0113	0.0110
⋯	⋯	⋯	⋯	⋯	⋯	⋯	⋯	⋯	⋯	⋯

(2)　変数を標準化して考えよう．

$$Z = \frac{X - 10}{6}$$

という変数変換を行う．$X = -5.2$ に対して，

$$Z = \frac{-5.2 - 10}{6} = -2.02$$

$X = 14.38$ に対して，

$$Z = \frac{14.38 - 10}{6} = 0.73$$

標準正規分布表より，公式 20 を使うと

$$\begin{aligned} P(-5.2 \leqq X \leqq 14.38) &= P(-2.02 \leqq Z \leqq 0.73) \\ &= 1 - P(Z \geqq 0.73) - P(Z \leqq -2.02) \\ &= 1 - P(Z \geqq 0.73) - P(Z \geqq 2.02) \\ &= 1 - 0.2327 - 0.0217 = 0.7456 \quad \cdots (\text{答}) \end{aligned}$$

となる．

小数第2位

小数第1位まで

w	.00	.01	.02	.03	.04	.05	.06	.07	.08	.09
⋯	⋯	⋯	⋯	⋯	⋯	⋯	⋯	⋯	⋯	⋯
0.6	0.2743	0.2709	0.2676	0.2643	0.2611	0.2578	0.2546	0.2514	0.2483	0.2451
0.7	0.2420	0.2389	0.2358	0.2327	0.2296	0.2266	0.2236	0.2206	0.2177	0.2148
⋯	⋯	⋯	⋯	⋯	⋯	⋯	⋯	⋯	⋯	⋯
1.9	0.0287	0.0281	0.0274	0.0268	0.0262	0.0256	0.0250	0.0244	0.0239	0.0233
2.0	0.0228	0.0222	0.0217	0.0212	0.0207	0.0202	0.0197	0.0192	0.0188	0.0183
⋯	⋯	⋯	⋯	⋯	⋯	⋯	⋯	⋯	⋯	⋯

(3)　$\alpha = 0.0409$ とすると，

$$P(Z \geqq w) = G(w) = \alpha = 0.0409$$

なる値を探す．標準正規分布表より，$w = 1.74$．したがって，

$$z_{0.0409} = 1.74 \quad \cdots \text{（答）}$$

となる．標準化を逆にたどると

$$Z = \frac{X - 6}{3}$$

より，

$$z(0.0409) = \frac{\tilde{z}(0.0409) - 6}{3}$$

を解くと，

$$\tilde{z}_{0.0409} = 3 \cdot 1.74 + 6 = 11.22 \quad \cdots \text{（答）}$$

となる．

小数第 2 位

小数第1位まで	w	.00	.01	.02	.03	.04	.05	.06	.07	.08	.09
	···	···	···	···	···	···	···	···	···	···	···
	1.6	0.0548	0.0537	0.0526	0.0516	0.0505	0.0495	0.0485	0.0475	0.0465	0.0455
	1.7	0.0446	0.0436	0.0427	0.0418	0.0409	0.0401	0.0392	0.0384	0.0375	0.0367
	1.8	0.0359	0.0351	0.0344	0.0336	0.0329	0.0322	0.0314	0.0307	0.0301	0.0294
	···	···	···	···	···	···	···	···	···	···	···

■

演習 10　(1)　$N(6, 5^2)$ において，X が 12.2 以下になる確率を求めなさい．
(2)　$N(5, 3^2)$ において，$P(0.53 \leqq X \leqq 9.68)$ を求めなさい．
(3)　$N(7, 4^2)$ において，上側確率 5.05% のパーセント点 $\tilde{z}_\alpha$ の値を求めなさい．

以下の［細い線の括弧］には式や文字を，［太い線の括弧］には数値を入れなさい．

(1)　変数を標準化して考えよう．

$$Z = \boxed{}$$

という変数変換を行う．今，$X = 12.2$ として，$\mu = \boxed{}$，$\sigma = \boxed{}$ であるから，

$$Z = \boxed{} = \boxed{}$$

標準正規分布表より，

$$P(X \leqq 12.2) = P(Z \boxed{\qquad\qquad}) = 1 - P(\boxed{\qquad\qquad})$$

$$= 1 - \boxed{\qquad\qquad} = \boxed{\qquad\qquad} \quad \cdots (答)$$

となる．

(2)　変数を標準化して考えよう．

$$Z = \boxed{\qquad\qquad\qquad}$$

という変数変換を行う．$X = \boxed{\qquad\qquad}$ に対して，

$$Z = \boxed{\qquad\qquad\qquad} = \boxed{\qquad\qquad}$$

$X = \boxed{\qquad\qquad}$ に対して，

$$Z = \boxed{\qquad\qquad\qquad} = \boxed{\qquad\qquad}$$

公式20を使うと，標準正規分布表より，

$$P(0.53 \leqq X \leqq 9.68) = P(\boxed{\qquad\qquad\qquad\qquad})$$

$$= 1 - P(\boxed{\qquad\qquad\qquad}) - P(\boxed{\qquad\qquad\qquad})$$

$$= 1 - P(\boxed{\qquad\qquad\qquad}) - P(\boxed{\qquad\qquad\qquad})$$

$$= 1 - \boxed{\qquad\qquad} - \boxed{\qquad\qquad} = \boxed{\qquad\qquad} \quad \cdots (答)$$

となる．

(3)　$\alpha = \boxed{\qquad\qquad}$ とすると，

$$P(Z \geqq w) = G(w) = \boxed{\qquad\qquad} = \boxed{\qquad\qquad}$$

なる値を探す．標準正規分布表より，$w = \boxed{\qquad\qquad}$. したがって，

$$z_{0.0505} = \boxed{\qquad\qquad}$$

となる．標準化を逆にたどると

$$Z = \boxed{\qquad\qquad\qquad}$$

より，

$$z_{\boxed{}} = \boxed{}$$

を解くと，

$$\tilde{z}_{\boxed{}} = \boxed{} = \boxed{} \quad \cdots (答)$$

となる．

■

> **例題 22**　X_1，X_2 を互いに独立な標準正規分布に従う確率変数とする．確率変数 Y を
>
> $$Y = 3X_1 + 5X_2 - 2$$
>
> とおく．このとき，確率 $P(-3 \leqq Y \leqq 6)$ を求めなさい．

[解]　Y は，$\tilde{Y} = 3X_1 + 4X_2$ から 2 を引いたものであるから，公式 19 により，Y は平均が $3 \cdot 1 + 4 \cdot 1 - 2 = 5$，分散が $3^2 \cdot 1^2 + 4^2 \cdot 1^2 = 5^2$ となる正規分布に従う．標準化

$$Z = \frac{Y - 5}{5}$$

により，$Y = 3$，6 はそれぞれ，$Z = -0.4$，0.2 に移る．よって，標準正規分布表より

$$\begin{aligned} P(-3 \leqq Y \leqq 6) &= P(-0.4 \leqq Z \leqq 0.2) = 1 - P(Z \geqq 0.2) - P(Z \leqq -0.4) \\ &= 1 - P(Z \geqq 0.2) - P(Z \geqq 0.4)) \\ &= 1 - 0.4207 - 0.3446 = 0.2349 \quad \cdots (答) \end{aligned}$$

■

5.2.7　指数分布 $Ex(\lambda)$

$\lambda > 0$ に対して，確率変数 X の確率密度関数が

$$f(t) = \begin{cases} \lambda e^{-\lambda t} & t \geqq 0 \\ 0 & t < 0 \end{cases}$$

となる確率変数 X の分布をパラメータ λ の**指数分布** $Ex(\lambda)$ という．

公式 21 (指数分布の平均と分散)

$$E(X) = \frac{1}{\lambda}$$

$$V(X) = \frac{1}{\lambda^2}$$

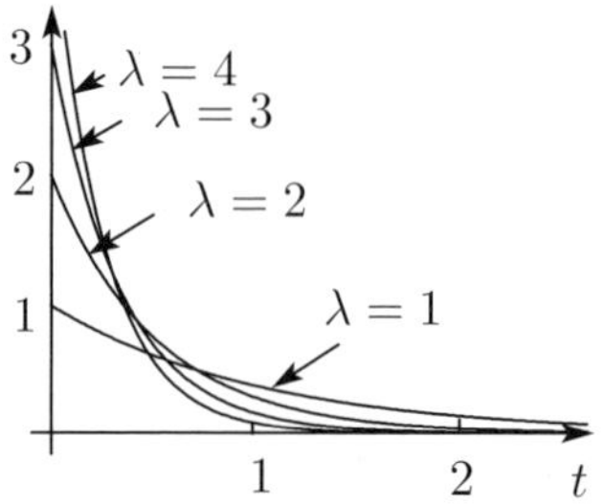

図 5.7　指数分布

前出のように，「待ち行列理論」において，店舗や ATM 機を利用する客が「ランダムに」(いつ訪れるか決まった法則がない場合を指す) 到着するような場合を想定したとき，0 から t までの時間にちょうど n 人が到着する確率を $v_n(t)$ はポアソン分布で表されるのであった．このように客の人数を扱うとポアソン分布が登場したが，対照的に，次の客が到着する到着間隔を T とするとき，T は確率変数になっていて，この T を表現する分布が指数分布になっている．密度関数を $f(t)$ とおくと，

$$f(t) = \begin{cases} \lambda e^{-\lambda t} & t \geqq 0 \\ 0 & t < 0 \end{cases}$$

となる．ここで，λ は単位時間に到着する客の平均人数を表す (詳しくは，拙著『例題と演習で学ぶ　経営数学入門 –待ち行列理論と在庫管理–』，学術図書出版社，2013 を参照されたい)．

例題 23　ある店では，客は「ランダムに」店にやってくるものとする．1 時間当たりに訪れる客の平均人数は $\lambda = 4$ 人だとする．今到着した客の後に，次の客が到着する間隔 T は確率変数で，パラメータ λ の指数分布に従うものとする．このとき，間隔 T が 15 分以上になる確率を求めなさい．

[解] 時間の単位を 1 時間にしているので，15 分は 1/4 時間である．

$$\begin{aligned} P(T \geqq \frac{1}{4}) &= \int_{\frac{1}{4}}^{\infty} f(t)dt = \int_{\frac{1}{4}}^{\infty} 4e^{-4t}dt \\ &= \left[-e^{-4t}\right]_{\frac{1}{4}}^{\infty} = -e^{-\infty} + e^{-1} \\ &= e^{-1} = 0.368 \quad \cdots (答) \end{aligned}$$

■

注意 e^x の値は残念ながら，手計算はできないので，関数電卓，あるいは，EXCEL 等で計算する必要がある．

演習 11 ある場所の ATM 機では，お金を引き出す客は「ランダムに」にやってくるものとする．1 時間当たりに訪れる客の平均人数は $\lambda = 9$ 人だとする．今到着した客の後に，次の客が到着する間隔 T は確率変数で，パラメータ λ の指数分布に従うものとする．このとき，間隔 T が 10 分以上になる確率を求めなさい．

以下の［細い線の括弧］には式や文字や記号を，［太い線の括弧］には数値を入れなさい．

時間の単位を 1 時間にしているので，10 分は □ 時間である．

$$\begin{aligned} P(T \geqq \square) &= \int_{\square}^{\square} f(t)dt = \int_{\square}^{\square} \square \, dt \\ &= \left[\square\right]_{\square}^{\square} = \square \\ &= \square = \square \quad \cdots (答) \end{aligned}$$

■

5.2.8 コーシー分布 $C(\lambda, \alpha)$

確率変数 X の確率密度関数が

$$f(x) = \frac{1}{\pi} \frac{\alpha}{\alpha^2 + (x-\lambda)^2} \quad (\alpha > 0)$$

となる確率変数 X の分布を**コーシー分布**という．

公式 22 (コーシー分布の平均と分散)

$$
\begin{aligned}
E(X) &= \text{不定} \\
V(X) &= \infty(\text{発散する})
\end{aligned}
$$

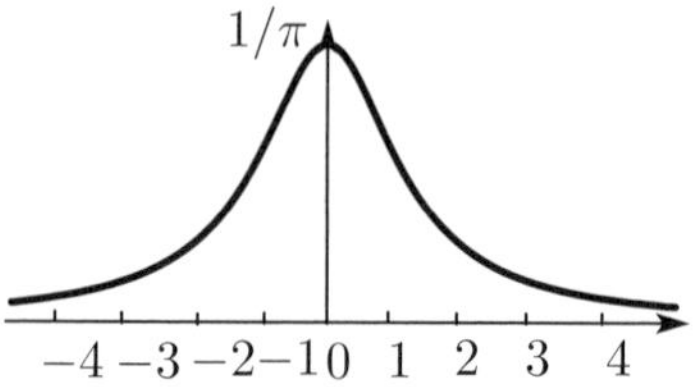

図 **5.8**　コーシー分布 ($\alpha = 1,\ \lambda = 0$)

$\alpha = 1,\ \lambda = 0$ のときは，後出の t 分布 $t(1)$ になっている．

5.2.9　対数正規分布 $LN(\mu, \sigma^2)$

確率変数 X に対して，$\log X$ が正規分布 $N(\mu, \sigma^2)$ に従うとき，X は**対数正規分布**に従うといい，$LN(\mu, \sigma^2)$ と表す．所得の分布などは対数正規分布になることが知られている．

$\log X$ が，平均 μ，分散 σ^2 の正規分布に従うとき，X の確率密度関数 $f(x)$ は次の式で与えられる．

$$
f(x) = \begin{cases} \dfrac{1}{\sqrt{2\pi}\sigma x} e^{-\frac{(\log x - \mu)^2}{2\sigma^2}} & (x > 0) \\ 0 & (x \leqq 0) \end{cases}
$$

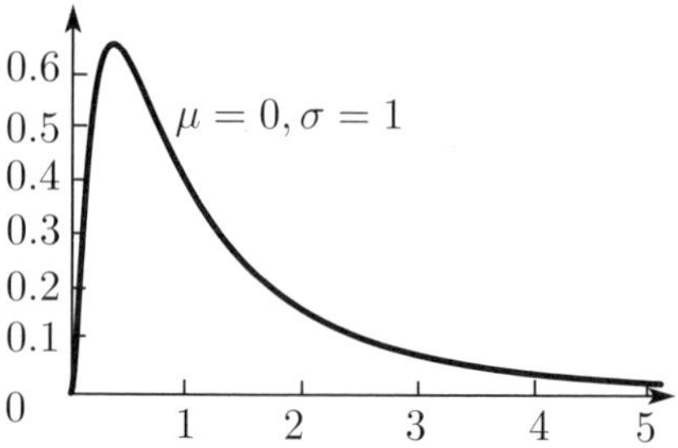

図 **5.9**　対数正規分布

置換積分を考えればこの式が理解できる．$Y = \log X$ が平均 μ，分散 σ^2 の正規分布に従うから，Y の確率密度関数 $g(y)$ は次の式で与えられる．

$$g(y) = \frac{1}{\sqrt{2\pi}\sigma} e^{-\frac{(y-\mu)^2}{2\sigma^2}}$$

y	$-\infty$	$\nearrow$	$\log t$	$\nearrow$	∞
x	0	$\nearrow$	t	$\nearrow$	∞

$$\begin{aligned}
P(X \leqq t) = P(Y \leqq \log t) &= \int_{-\infty}^{\log t} \frac{1}{\sqrt{2\pi}\sigma} e^{-\frac{(y-\mu)^2}{2\sigma^2}} dy \\
&= \int_0^t \frac{1}{\sqrt{2\pi}\sigma} e^{-\frac{(\log x-\mu)^2}{2\sigma^2}} \frac{dy}{dx} dx \quad (y = \log x \text{ と置き換える}) \\
&= \int_0^t \frac{1}{\sqrt{2\pi}\sigma} e^{-\frac{(\log x-\mu)^2}{2\sigma^2}} \frac{1}{x} dx \quad \left(\frac{dy}{dx} = \frac{1}{x} \text{ より}\right) \\
&= \int_0^t \frac{1}{\sqrt{2\pi}\sigma x} e^{-\frac{(\log x-\mu)^2}{2\sigma^2}} dx
\end{aligned}$$

となるから，被積分関数を比較すればよい．$\log X$ の真数は正でないといけないので，$x \leqq 0$ に対しては，$f(x) = 0$ とおく．

公式 23 (対数正規分布の平均，分散，中央値，最頻値)

$$\begin{aligned}
E(X) &= e^{\mu+\frac{\sigma^2}{2}} \\
V(X) &= e^{2\mu+2\sigma^2} - e^{2\mu+\sigma^2} \\
\text{中央値} &= e^{\mu} \\
\text{最頻値} &= e^{\mu-\sigma^2}
\end{aligned}$$

上の公式より

最頻値 $<$ 中央値 $<$ 平均

という順番になっている．覚えておくと便利なことがある．

対数正規分布に対する計算を行うときは，逆に変数を取り替えることで，正規分布の計算に持ち込むことで計算が簡単になることがある．変数の変換に慣れておくと便利である．

5章 問題と解説

1. (平成 23 年公認会計士試験) ある科目の試験の点数（50 点満点）は，第1回目の試験については平均 35 点，標準偏差 6 点であり，第 2 回目の試験では平均 30 点，標準偏差 8 点であった．ここで各試験の点数は互いに独立に正規分布にしたがっているとする．この 2 回の試験の点数の合計で成績を評価するとき，以下の各問に答えなさい．

(1) 合計点 80 点以上は何%いると考えられるか．

(2) 合計点 45 点以下は何%いると考えられるか．

(3) 合計点の上位 15%までを成績 A と判定する場合，成績 A の最低点を求めなさい．

(4) 合計点の下位 20%までを成績 D と判定する場合，成績 D の最高点を求めなさい．

(5) 合計点の上位 15%–40%までを成績 B と判定する場合，成績 B の下限となる点数を求めなさい．

[解説と解答] 正規分布の和と標準正規分布表を使う基本的な問題になっている．まず，X_1, X_2 を第 1 回目，第 2 回目の点数を表す確率変数だとする．$\mu_1 = 35$，$\sigma_1 = 6$，$\mu_2 =$，$\sigma_2 = 8$ であるから，$X = X_1 + X_2$ は $N(\mu_1 + \mu_2, \sigma_1^2 + \sigma_2^2) = N(65, 10^2)$ に従う．標準化は

$$Z = \frac{X - 65}{10}$$

となる．

(1) 上記の標準化をおこなうと，$X = 80$ は，$Z = 1.5$ に写される．標準正規分布表より

$$P(X \geqq 80) = P(Z \geqq 1.5) = 0.0668$$

であるから，6.68%である．・・・(答)

(2) 同様に上記の標準化によって，$X = 45$ は，$Z = -2$ に写される．標準正規分布表より

$$P(X \leqq 45) = P(Z \leqq -2) = P(Z \geqq 2) = 0.0228 \quad \cdots(答)$$

(3) $\alpha = 0.15$ として，

$$P(Z \geqq w) = G(w) = \alpha$$

となる値 $w = z_{0.15}$ を求める．標準正規分布表より，$w = 1.03$ のとき，$G(w) = 0.1515$，$w = 1.04$ のとき，$G(w) = 0.1492$．したがって，補間して

$$z_{0.15} = \frac{1.03 \cdot 8 + 1.04 \cdot 15}{23} \fallingdotseq 1.037$$

となる．標準化

$$z_{0.15} = \frac{\tilde{z}_{0.15} - 65}{10}$$

を逆にたどると

$$\tilde{z}_{0.15} = 10 \cdot 1.037 + 65 = 75.37$$

であるから，76 点が A の最低点である．・・・**(答)**

注意　点数は整数なので，$w = 1.03$ あるいは $w = 1.04$ としても 10 倍しても小数部分の変化だけなので，補間しないで，近い方をとり $z_{0.15} = 1.04$ として計算しても問題ない．

(4)　$\alpha = 0.20$ とし，$P(Z \leqq w) = \alpha$ となる値 w を求める．$0.20 < 0.5$（標準正規分布の左半分側にある）から，$w < 0$ となる．公式 20 より $P(Z \leqq w) = P(Z \geqq -w)$ である．ここで，標準正規分布表より，$z_{0.20} \fallingdotseq 0.84$ となる．したがって，$w = -z_{0.20} = -0.84$ である．標準化を逆にたどり，w に対応する $N(65, 10^2)$ の値を $\tilde{w}$ とおく．

$$w = \frac{\tilde{w} - 65}{10}$$

を解くと，$P(Z \leqq w) = P(X \leqq \tilde{w})$ となる．

$$\tilde{w} = 10 \cdot (-0.84) + 65 = 56.6$$

であるから，56 点が D の最高点である．・・・**(答)**

(5)　$\alpha = 0.40$ として，$P(Z \geqq w) = \alpha$ となる $w = z_{0.40}$ を求める．標準正規分布表より，$z_{0.40} \fallingdotseq 0.25$．標準化

$$z_{0.40} = \frac{\tilde{z}_{0.40} - 65}{10}$$

を逆にたどると，

$$\tilde{z}_{0.40} = 10 \cdot 0.25 + 65 = 67.5$$

であるから，68 点が B の最低点である．・・・**(答)**　■

2. **(平成18年公認会計士試験)** 資本金規模1億円から10億円の法人企業 28,000 社に関して，企業の1年間の売上高の分布は対数正規分布に似た形になることが知しられている，いま $n = 10,000$ 社を無作為に抽出し，売上高の観測値 x_1，x_2，$\cdots$，x_n を得たものとする．x の平均値，分散をそれぞれ

$$\bar{x} = \frac{1}{n}\sum_{i=1}^{n} x_i \quad s_x^2 = \frac{1}{n}\sum_{i=1}^{n}(x_i - \bar{x})^2$$

とし，メディアン (中央値，中位数) を m と表すとき，次の結果が得られた．

$$\bar{x} \equiv 110.0(\text{億円}), s_x = 100.0(\text{億円}), m_x = 85.0(\text{億円})$$

第1四分位，第3四分位については次の結果が得られた．

$$Q_1 = 60.0(\text{億円}), Q_3 = 120.0(\text{億円})$$

ここで，変数 u，v を次のように定める．

$$u = x/s_x, \quad v = \log_{10} x$$

また u，v の平均，分散，中央値をそれぞれ $\bar{u}$，$\bar{v}$，s_u^2，s_v^2，m_u，m_v と表す．

(1) 平均 $\bar{x}$，中央値 m_x と x のモード (最頻値，並数)m_o の大小関係を答えなさい．

(2) $\bar{u}$ と s_u を求めなさい．

(3) $\bar{v}$ と $\log_{10}\bar{x}$ とは等しくない．$n = 2$ の場合に，その大小関係を証明し，一般の n の場合の大小関係について説明しなさい．

(4) m_u および $d = m_v - \log_{10} m_x$ を求めなさい．

(5) $\displaystyle\sum_{i=1}^{n}(x_i - m)^2$ を最小にする解は $m = \bar{x}$ となることを示しなさい．

(6) u，v について，それぞれ第1四分位 Q_{1u}，Q_{1v} と第3四分位 Q_{3u}，Q_{3v} を求めなさい．

(7) x のヒストグラムおよび v のヒストグラムの概略を図示しなさい

[解答と解説]

(1) 対数正規分布の知識があると有利な問題である．まず，

1° グラフを形を知っているだけでもよい．対数正規分布のグラフは右に裾が伸びているので，この章の 5.2.9 で説明したように，

最頻値 (モード) $= m_o <$ 中央値 (メディアン) $= m_x <$ 平均 $= \bar{x}$ 　・・・(答)

が成り立つ．あるいは，

2° 対数正規分布の性質（5 章 5.2.9 参照）より，

$$\bar{x} = e^{\mu + \frac{\sigma^2}{2}},\ m_x = e^{\mu},\ m_o = e^{\mu - \sigma^2}$$

であるから，

$$m_o < m_x < \bar{x} \quad \cdot\cdot\cdot(\text{答})$$

(2) 平均と分散の定義に従って計算すればよい．

$$\bar{u} = \frac{\bar{x}}{s_x} = \frac{110.0}{100.0} = 1.1 \quad \cdot\cdot\cdot(\text{答})$$

$$s_u = \sqrt{V(u)} = \sqrt{V\left(\frac{x}{s_x}\right)} = \sqrt{\frac{1}{s_x^2}V(x)} \quad (\text{公式 12 より})$$

$$= \sqrt{\frac{1}{s_x^2}s_x^2} = 1 \quad \cdot\cdot\cdot(\text{答})$$

(3) 対数関数が単調増加であることと，相加平均・相乗平均を使う．

$n = 2$ のとき

$$\bar{v} = \frac{v_1 + v_2}{2} = \frac{1}{2}(\log_{10} x_1 + \log_{10} x_2) = \frac{1}{2}\log_{10} x_1 x_2 = \log_{10}\sqrt{x_1 x_2}$$

$$\log_{10}\bar{x} = \log_{10}\frac{x_1 + x_2}{2}$$

対数の真数の部分をみると，相加平均・相乗平均の関係より

$$\frac{x_1 + x_2}{2} \geqq \sqrt{x_1 x_2}$$

が成り立つ．ただし，等号が成り立つのは $x_1 = x_2$ であり，そのときに限る．関数 $y = \log_{10} x$ は単調増加である (底 10 が 1 より大きい) から，両辺の対数をとっても不等号の向きはそのままである．

$$\log_{10}\frac{x_1 + x_2}{2} \geqq \log_{10}\sqrt{x_1 x_2}$$

つまり，

$$\log_{10}\bar{x} \geqq \bar{v}$$

が成り立つ．ただし，等号が成り立つのは $x_1 = x_2$ であり，そのときに限る．

ポイントは「対数関数が単調増加であること」と，「相加平均・相乗平均」を使うところであることが分かる．相加平均・相乗平均の関係は一般の n の場合も成り立つのでそのまま $n = 2$ の考え方を適用すればよい．

n が一般のときには，相加平均・相乗平均の関係より

$$\frac{x_1+x_2+\cdots+x_n}{n} \geqq \sqrt[n]{x_1x_2\cdots x_n}$$

が成り立つ．ただし，等号が成り立つのは $x_1=x_2=\cdots=x_n$ であり，そのときに限る．したがって，両辺を対数関数に当てはめると

$$\begin{aligned}
\text{左辺} &= \log_{10}\left(\frac{x_1+x_2+\cdots+x_n}{n}\right)=\log_{10}\bar{x} \\
\text{右辺} &= \log_{10}\sqrt[n]{x_1x_2\cdots x_n}=\frac{1}{n}\log_{10}x_1x_2\cdots x_n \\
&= \frac{1}{n}(\log_{10}x_1+\log_{10}x_2+\cdots+\log_{10}x_n)=\bar{v}
\end{aligned}$$

である．関数 $y=\log_{10}x$ は単調増加である (底 10 が 1 より大きい) から，

$$\log_{10}\bar{x} \geqq \bar{v}$$

が成り立つ．ただし，等号が成り立つのは $x_1=x_2=\cdots=x_n$ であり，そのときに限る．つまり，データの平均の対数の値より，各データの対数の値の平均の方が，大きい（か等しい）ということである．

(4)

$$m_u=\frac{m_x}{s_x}=\frac{85.0}{100.0}=0.85 \quad \cdot\cdot\cdot(\text{答})$$
$$d=m_v-\log_{10}m_x=\log_{10}m_x-\log_{10}m_x=0 \quad \cdot\cdot\cdot(\text{答})$$

(5)　$f(m)=\sum_{i=1}^{n}(x_i-m)^2$ とおくと，m の 2 次関数で

$$f(m)=\sum_{i=1}^{n}(m^2-2x_im+x_i^2)=nm^2-2m\sum_{i=1}^{n}x_i+\sum_{i=1}^{n}x_i^2$$

下に凸な関数である．したがって，最小値は $f(m)$ の極値を求めればよい．

$$\frac{d}{dm}f(m)=2nm-2\sum_{i=1}^{n}x_i=0$$

となる m である．したがって，

$$m=\frac{\sum_{i=1}^{n}x_i}{n}=\bar{x}$$

が示された．

(6)

$$Q_{1u} = \frac{Q_{1x}}{s_x} = \frac{60.0}{100.0} = 0.6 \quad \cdots (答)$$

$$Q_{1v} = \log_{10} Q_{1x} = \log_{10} 60.0 \fallingdotseq 1.78 \quad \cdots (答)$$

$$Q_{3u} = \frac{Q_{3x}}{s_x} = \frac{120.0}{100.0} = 1.2 \quad \cdots (答)$$

$$Q_{3v} = \log_{10} Q_{3x} = \log_{10} 120.0 \fallingdotseq 2.08 \quad \cdots (答)$$

(7) 対数正規分布と平均が約 $\frac{1.78+2.08}{2} = 1.93$ の正規分布であることを理解して概形を描けばよい．

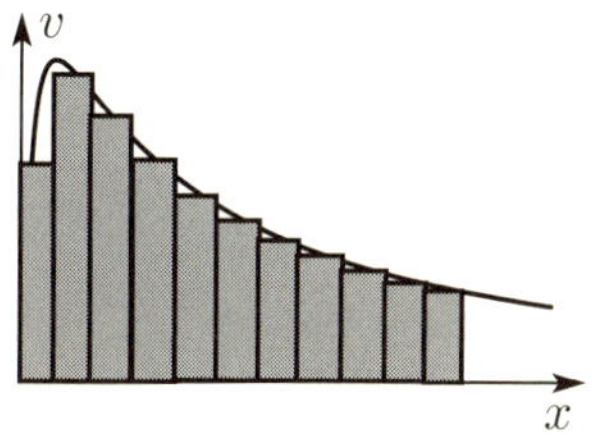

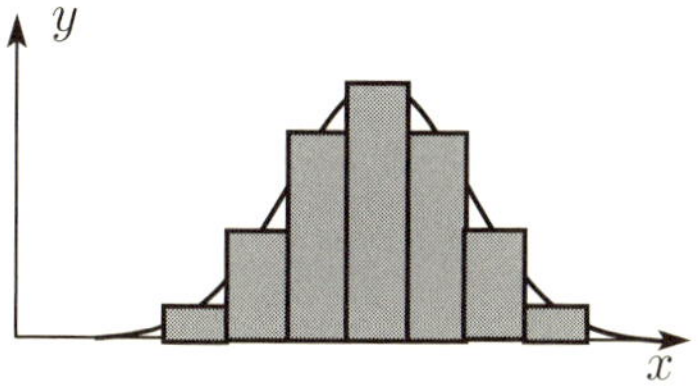

■

3. (平成 **21** 年公認会計士試験)

1. 3 つの株式 A，B，C の収益率 R_A，R_B，R_C は，観測されない共通因子 F に依存して以下のように変動する．

$$R_A = 1 + F + u_A, R_B = 3 - 2F + u_B, R_C = 5 + 4F + u_C$$

ここで，F，u_A，u_B，u_C は互いに独立的な正規分布に従い，平均はすべて 0，分散はそれぞれ 1，1，2，3 とする．このとき，株式 A，B，C に 2 : 1 : 1 の比率で投資した場合の収益率

$$R_P = \frac{1}{2}R_A + \frac{1}{4}R_B + \frac{1}{4}R_C$$

について，以下の問に答えなさい．

(1) R_P の期待値と分散を求めなさい．

(2) R_P が r を下回る確率が 0.05 となるような r の値を求めなさい．

2. ある株価 S_t の自然対数値 $\log S_t$ は以下のように変動する．

$$\log S_t = 0.5 + \log S_{t-1} + u_t \quad (t = 1, 2, \ldots)$$

ここで，u_t は平均 0，分散 0.4 の正規分布に従い，互いに独立である．現在の株価を $S_0 = 1$ として，S_{10} の期待値とメディアン (中央値，中位数) を求めなさい．ただし，どちらも e^x の形になるので，x の値を答えなさい．導出過程も示しなさい．

[解説と解答]　独立な正規分布の和がまた正規分布になる事実をここでも使う．

(1)　R_A，R_B，R_C は F，u_A，u_B，u_C で表せるから，

$$\begin{aligned} R_P &= \frac{1}{2}R_A + \frac{1}{4}R_B + \frac{1}{4}R_C \\ &= \frac{1}{2}(1 + F + u_A) + \frac{1}{4}(3 - 2F + u_B) + \frac{1}{4}(5 + 4F + u_C) \\ &= \frac{5}{2} + F + \frac{1}{2}u_A + \frac{1}{4}u_B + \frac{1}{4}u_C \end{aligned}$$

となる．これより，公式 19 より R_P は正規分布になる．公式 10 より

$$E(R_P) = \frac{5}{2} + \frac{1}{2}E(u_A) + \frac{1}{4}E(u_B) + \frac{1}{4}E(u_C) = \frac{5}{2} \quad \cdots \text{(答)}$$

$$V(R_P) = V(F) + \left(\frac{1}{2}\right)^2 V(u_A) + \left(\frac{1}{4}\right)^2 V(u_B) + \left(\frac{1}{4}\right)^2 V(u_C)$$

$$= 1 + \frac{1}{4}\cdot 1 + \frac{1}{16}\cdot 2 + \frac{1}{16}\cdot 3 = \frac{25}{16} \quad \cdots \text{(答)}$$

(2)　(1) により，$R_P \sim N\left(\frac{5}{2}, \left(\frac{5}{4}\right)^2\right)$ である．$\alpha = 0.05$ とし，$Z \sim N(0, 1^2)$ として，

$$P(Z \leqq w) = \alpha$$

となる w を求める．$0.05 < 0.5$（標準正規分布の左半分側にある）から，$w < 0$ となる．公式 20 より，$P(Z < w) = P(Z > -w)$ となる．ここで，標準正規分布表より，$w = 1.64$ のとき $G(w) = 0.0505$，$w = 1.65$ のとき $G(w) = 0.0495$ となる．したがって，補間して

$$z_{0.05} = \frac{1.64 + 1.65}{2} = 1.645$$

となる．したがって，$w = -z_{0.05} = -1.645$ である．標準化を逆にたどり対応する R_P の値は r である．

$$w = \frac{r - \frac{5}{2}}{\frac{5}{4}}$$

を解くと，$P(Z \leqq w) = P(R_P \leqq r)$ となる．よって

$$r = \frac{5}{4} \cdot (-1.645) + \frac{5}{2} = 0.4438 \quad \cdots \text{(答)}$$

である．

2．対数正規分布の知識と正規分布の和が正規分布になる性質を使う．

$$\log S_t - \log S_{t-1} = 0.5 + u_t$$

$t = 1$ から $t = 10$ まで両辺の和をとる．

$$\sum_{t=1}^{10} (\log S_t - \log S_{t-1}) = 0.5 \times 10 + \sum_{t=1}^{10} u_t$$

$$\begin{aligned} \text{左辺} &= (\log S_1 - \log S_0) + (\log S_2 - \log S_1) + \cdots + (\log S_{10} - \log S_9) \\ &= \log S_{10} - \log S_0 = \log S_{10} - \log 1 = \log S_{10} \end{aligned}$$

また，$\sum_{t=1}^{10} u_t$ は，公式 19 により，平均は 0，分散は $0.4 + 0.4 + \cdots + 0.4 = 0.4 \times 10 = 4$ となる．左辺はこれに定数 5 を加えたものであるから平均が 5，分散が 4 の正規分布に従う．すなわち，

$$\log S_{10} \sim N(5, 4)$$

となる．対数をとったものが正規分布になっているので，S_{10} は対数正規分布に従う．公式 23 より，$\mu = 5$，$\sigma^2 = 4$ として，期待値を求めると

$$E(S_{10}) = e^{\mu + \frac{\sigma^2}{2}} = e^7$$

となるので，$x = 7 \cdots$ (答)．

メディアンは

$$\text{メディアン} = e^{\mu} = e^5$$

となるので，$x = 5 \cdots$ (答)．■

5章　章末問題

1. 二項分布 $B(n,p)$ に対して，公式15が成り立つことを示しなさい．

2. 箱の中に白玉5個と赤玉3個が入っている．毎回1個を取り出しては，その玉をまた箱に戻すことにする．このとき，6回取り出したとき白玉のでる回数を確率変数 X として，確率分布を求め，さらに，平均，分散を求めなさい．

3. $N(0,1^2)$ において，次の値を求めなさい．

(1) Z が0.78以下になる確率，すなわち $P(Z \leqq 0.78)$.

(2) $P(-0.16 \leqq Z \leqq 0.27)$.

(3) 上側から確率 $\alpha = 16.85\%$ になるパーセント点 z_α の値.

4. 次の値を求めなさい．

(1) $N(6,5^2)$ において，X が12.2以下になる確率を求めなさい．

(2) $N(5,3^2)$ において，$P(0.53 \leqq X \leqq 9.68)$ を求めなさい．

(3) $N(7,4^2)$ において，上側確率が5.05%のパーセント点 $\tilde{z}_\alpha$ の値を求めなさい．

5. 確率変数 X は対数正規分布に従うとして，$\log X$ が，平均 μ，分散 σ^2 の正規分布に従うとする．このとき，分散，中央値，最頻値が公式23のようになることを計算で示しなさい．

6. あるお店では，客は「ランダムに」にやってくるものとする．1時間当たりに訪れる客の平均人数は $\lambda = 4$ 人だとする．今到着した客の後に，次の客が到着する間隔 T は確率変数で，パラメータ λ の指数分布に従うものとする．このとき，間隔 T が20分以上になる確率を求めなさい．

7. 公式23の分散，中央値，最頻値を計算で確かめなさい．

8. ポアソン分布に対して，公式16の平均と分散を計算で求めなさい．

第 6 章

多次元確率分布

一般的に，n 個の確率変数 $X_1, X_2, \cdots, X_n$ の確率分布を同時に扱う．これらを n 次元ベクトル $(X_1, X_2, \cdots, X_n)$ として表し，n **次元確率変数**という．特に，ここでは，2 変数確率変数 (X, Y) の場合を主に扱うことにする．

6.1　同時確率分布

離散型確率変数と連続型確率変数に分けて議論する．

離散型確率変数

$X = x_i$ の値をとり，$Y = y_j$ の値をとる確率が

$$P(X = x_i, Y = y_j) = p_{ij}$$

と与えられているとき，(X, Y) を 2 次元確率変数という．また，

$$f(x_i, y_j) = p_{ij}$$

を 2 次元確率変数 (X, Y) の**同時確率分布**という．$f(x, y)$ を関数とみたとき，同時確率変数と呼ばれる．確率分布 $f(x_i, y_j)$ は，

$$f(x_i, y_j) \geqq 0,\ \text{かつ}\ \sum_{i,j} f(x_i, y_j) = 1$$

を満たさないといけない．このとき，事象 A に対して，確率 $P(A)$ は

$$P(A) = \sum_{(x_i, y_j) \in A} f(x_i, y_j)$$

と定義される．

2次元確率変数 (X,Y) の同時確率分布に対して，(X,Y) の関数 $g(X,Y)$ の期待値 $E(g(X,Y))$ は，

$$E(g(X,Y)) = \sum_i \sum_j g(x_i, y_j) f(x_i, y_j)$$

と定義される．したがって，

例題 24　(1) 2個のサイコロを振り，それぞれ出た目の数を X，Y とおく．X と Y は，前の例題で見たように，確率変数になる．このとき，2次元確率変数 (X,Y) の同時確率分布表を表しなさい．また，$g(X,Y) = X + Y$ の期待値を計算しなさい．

(2) 2個のコインがあり，いずれも表が出る確率が $\frac{1}{3}$，裏が出る確率は $\frac{2}{3}$ であるとする．X，Y を，表がでるとき値0をとり，裏がでるとき値1をとる確率変数とする．このとき，2次元確率変数 (X,Y) の同時確率分布表を表しなさい．また，$g(X,Y) = XY$ の期待値を計算しなさい．

[解]　(1)　変数が2個あるので，分布表を作成すると2次元の表になる．

Y＼X	1	2	3	4	5	6
1	$\frac{1}{36}$	$\frac{1}{36}$	$\frac{1}{36}$	$\frac{1}{36}$	$\frac{1}{36}$	$\frac{1}{36}$
2	$\frac{1}{36}$	$\frac{1}{36}$	$\frac{1}{36}$	$\frac{1}{36}$	$\frac{1}{36}$	$\frac{1}{36}$
3	$\frac{1}{36}$	$\frac{1}{36}$	$\frac{1}{36}$	$\frac{1}{36}$	$\frac{1}{36}$	$\frac{1}{36}$
4	$\frac{1}{36}$	$\frac{1}{36}$	$\frac{1}{36}$	$\frac{1}{36}$	$\frac{1}{36}$	$\frac{1}{36}$
5	$\frac{1}{36}$	$\frac{1}{36}$	$\frac{1}{36}$	$\frac{1}{36}$	$\frac{1}{36}$	$\frac{1}{36}$
6	$\frac{1}{36}$	$\frac{1}{36}$	$\frac{1}{36}$	$\frac{1}{36}$	$\frac{1}{36}$	$\frac{1}{36}$

・・・(答)

$$E(g(X,Y)) = E(X+Y) = \sum_{i=1}^{6} \sum_{j=1}^{6} (x_i + y_j) f(x_i, y_j)$$

$$= \sum_{x=1}^{6} \sum_{y=1}^{6} \frac{x+y}{36} = \frac{1}{36} \left(\sum_{x=1}^{6} \sum_{y=1}^{6} x + \sum_{x=1}^{6} \sum_{y=1}^{6} y \right)$$

$$= \frac{1}{36} \left(6 \sum_{x=1}^{6} x + 6 \sum_{y=1}^{6} y \right) = \frac{1}{36} (6 \cdot 21 + 6 \cdot 21) = 7$$

・・・(答)

(2) 2 次元確率変数 (X,Y) の同時確率分布表は次のようになる．

Y \ X	0	1
0	$\frac{1}{9}$	$\frac{2}{9}$
1	$\frac{2}{9}$	$\frac{4}{9}$

・・・(答)

$$E(g(X,Y)) = E(XY) = \sum_{i=1}^{2}\sum_{j=1}^{2} x_i y_j f(x_i, y_j)$$

$$= 0\cdot 0\cdot \frac{1}{9} + 0\cdot 1\cdot \frac{2}{9} + 1\cdot 0\cdot \frac{2}{9} + 1\cdot 1\cdot \frac{4}{9} = \frac{4}{9} \quad \cdots (\text{答})$$

■

連続型確率変数

X,Y をそれぞれ連続型確率変数とし，$f(x,y)$ を 2 次元確率密度関数とする．

$$f(x,y) \geqq 0,\ \text{かつ}\ \int_{-\infty}^{\infty}\int_{-\infty}^{\infty} f(x,y)dxdy = 1$$

を満たすときに，(X,Y) を 2 次元連続型確率変数といい，$f(x,y)$ を X,Y の**同時確率密度関数**という．また，(X,Y) の分布を同時確率分布という．

事象 $A \subset \Omega$ に対して，確率 $P(A)$ は

$$P(A) = \int\int_A f(x,y)dxdy$$

と定義される．

2 次元確率変数 (X,Y) の同時確率密度関数に対して，(X,Y) の関数 $g(X,Y)$ の期待値 $E(g(X,Y))$ は，

$$E(g(X,Y)) = \int_{-\infty}^{\infty}\int_{-\infty}^{\infty} g(x,y)f(x,y)dxdy$$

と定義される．

例題 25 X，Y は連続型確率変数で，2 次元確率密度関数 $f(x,y)$ は，

$$f(x,y) = \begin{cases} e^{-x-y} & (x>0, y>0) \\ 0 & (\text{それ以外}) \end{cases}$$

であるとする．$g(X,Y) = X+Y$ の期待値を計算しなさい．

[解]　定義にしたがって計算する．

$$
\begin{aligned}
E(g(X,Y)) = E(X+Y) &= \int_{-\infty}^{\infty}\int_{-\infty}^{\infty}(x+y)f(x,y)dxdy \\
&= \int_0^{\infty}\left(\int_0^{\infty}(x+y)e^{-x-y}dx\right)dy \\
&= \int_0^{\infty}\left(e^{-y}\int_0^{\infty}xe^{-x}dx + ye^{-y}\int_0^{\infty}e^{-x}dx\right)dy \\
&= \int_0^{\infty}\left\{e^{-y}\left(\left[-xe^{-x}\right]_0^{\infty} - \int_0^{\infty}(-e^{-x})dx\right) + ye^{-y}\left[-e^{-x}\right]_0^{\infty}\right\}dy \\
&= \int_0^{\infty}\left\{e^{-y}\left(-\left[e^{-x}\right]_0^{\infty}\right) + ye^{-y}\right\}dy = \int_0^{\infty}(y+1)e^{-y}dy \\
&= \left[-(y+1)e^{-y}\right]_0^{\infty} - \int_0^{\infty}(-e^{-y})dy = 1 - \left[e^{-y}\right]_0^{\infty} = 2 \quad \cdots (\text{答})
\end{aligned}
$$

注意　∞ を含む積分は，正確には広義積分で，$\int_0^{\infty} = \lim_{M\to\infty}\int_0^M$ で，極限が収束するときにその極限値を積分の値にする．ここで登場する極限

$$
\begin{aligned}
\lim_{x\to\infty} xe^{-x} &= \lim_{x\to\infty}\frac{x}{e^x} = \lim_{x\to\infty}\frac{(x)'}{(e^x)'} \ (\text{ロピタルの定理}) \\
&= \lim_{x\to\infty}\frac{1}{e^x} = 0
\end{aligned}
$$

は確定する．$\lim_{x\to\infty} e^{-x} = 0$ はグラフからも明らかであろう．■

6.2　周辺確率分布

離散型確率変数

同時確率分布を基にして，一方だけの分布を考えると，例えば，X だけの確率分布

$$
g(x_i) = \sum_j f(x_i, y_j)
$$

が得られる．同様に，Y だけの確率分布

$$
h(y_j) = \sum_i f(x_i, y_j)
$$

も得られる．これらをそれぞれ，X, Y の**周辺確率分布**という．

例題 26　2 次元確率変数 (X,Y) の同時確率分布が次のように与えられているとする．

X \ Y	-2	-1	2	3
1	0.1	0.07	0.12	0.13
2	0.09	0.03	0.1	0.08
3	0.11	0.06	0.03	0.08

X と Y の周辺分布を求めなさい．さらに，それぞれ，平均 $E(X)$，$E(Y)$ と分散 $V(X)$，$V(Y)$ を求めなさい．

[解]　同時確率分布に周辺分布を書き込む．

X \ Y	-2	-1	2	3	$g(x)$
1	0.1	0.07	0.12	0.13	0.42
2	0.09	0.03	0.1	0.08	0.3
3	0.11	0.06	0.03	0.08	0.28
$h(y)$	0.3	0.16	0.25	0.29	

であるから，X の周辺分布は

X	1	2	3
$P(X=x)$	0.42	0.3	0.28

・・・(答)

同様に Y の周辺分布は

Y	-2	-1	2	3
$P(Y=y)$	0.3	0.16	0.25	0.29

・・・(答)

期待値（平均）は次の通りである．

$$E(X) = 1\cdot 0.42 + 2\cdot 0.3 + 3\cdot 0.28 = 1.86 \quad \cdots \text{(答)}$$

$$E(Y) = (-2)\cdot 0.3 + (-1)\cdot 0.16 + 2\cdot 0.25 + 3\cdot 0.29 = 0.61 \quad \cdots \text{(答)}$$

分散は次のようになる．

$$V(X) = (1-1.86)^2\cdot 0.42 + (2-1.86)^2\cdot 0.3 + (3-1.86)^2\cdot 0.28$$
$$= 0.6804 \quad \cdots \text{(答)}$$

$$V(Y) = (-2-0.61)^2 \cdot 0.3 + (-1-0.61)^2 \cdot 0.16 + (2-0.61)^2 \cdot 0.25 + (3-0.61)^2 \cdot 0.29 = 4.5979 \quad \cdots (\text{答})$$

注意　分散は次のようにも計算できる．

$$E(X^2) = 1^2 \cdot 0.42 + 2^2 \cdot 0.3 + 3^2 \cdot 0.28 = 4.14$$

$$E(Y^2) = (-2)^2 \cdot 0.3 + (-1)^2 \cdot 0.16 + 2^2 \cdot 0.25 + 3^2 \cdot 0.29 = 4.97$$

公式 11 より

$$V(X) = E(X^2) - E(X)^2 = 4.14 - 1.86^2 = 0.6804$$

$$V(Y) = E(Y^2) - E(Y)^2 = 4.97 - 0.61^2 = 4.5979$$

■

連続型確率変数

同時確率密度関数を基にして，一方だけの密度関数を考えると，例えば，X だけの確率密度関数

$$g(x) = \int_{-\infty}^{\infty} f(x,y)dy$$

が得られる．同様に，Y だけの確率密度関数

$$h(y) = \int_{-\infty}^{\infty} f(x,y)dx$$

も得られる．これらをそれぞれ，X, Y の**周辺確率密度関数**という．

例題 27　2 次元確率変数 (X, Y) の同時確率密度関数が次のように与えられているとする．

$$f(x,y) = \frac{1}{2\pi} \exp\left\{-2(x-2)^2 + \sqrt{3}(x-2)y - \frac{y^2}{2}\right\}$$

X と Y の周辺確率密度関数を求めなさい．さらに，それぞれ，平均 $E(X)$, $E(Y)$ と分散 $V(X)$, $V(Y)$ を求めなさい．

[解] X の周辺密度関数 $g(x)$ を求める.

$$
\begin{aligned}
g(x) &= \int_{-\infty}^{\infty} \frac{1}{2\pi} \exp\left\{-2(x-2)^2 + \sqrt{3}(x-2)y - \frac{y^2}{2}\right\} dy \\
&= \frac{1}{2\pi} \exp\left\{-2(x-2)^2\right\} \int_{-\infty}^{\infty} \exp\left[-\frac{1}{2}\left\{y-\sqrt{3}(x-2)\right\}^2 + \frac{3}{2}(x-2)^2\right] dy \\
&= \frac{1}{\sqrt{2\pi}} \exp\left\{-\frac{(x-2)^2}{2}\right\} \frac{1}{\sqrt{2\pi}} \int_{-\infty}^{\infty} \exp\left(-\frac{z^2}{2}\right) dy \\
&\qquad (z = y - \sqrt{3}(x-2) \text{ とおく}) \\
&= \frac{1}{\sqrt{2\pi}} \exp\left\{-\frac{(x-2)^2}{2}\right\} \quad \cdots (\text{答})
\end{aligned}
$$

これは，定義より平均が 2，分散 1 の正規分布の密度関数になっていることが分かる．したがって，$E(X) = 2 \cdots$ **(答)**，$V(X) = 1 \cdots$ **(答)**.

Y の周辺密度関数 $h(y)$ を求める.

$$
\begin{aligned}
h(y) &= \int_{-\infty}^{\infty} \frac{1}{2\pi} \exp\left\{-2(x-2)^2 + \sqrt{3}(x-2)y - \frac{y^2}{2}\right\} dx \\
&= \frac{1}{2\pi} \exp\left(-\frac{y^2}{2}\right) \int_{-\infty}^{\infty} \exp\left[-2\left\{(x-2) - \frac{\sqrt{3}}{4}y\right\}^2 + \frac{3}{8}y^2\right] dx \\
&= \frac{1}{\sqrt{2\pi}} \exp\left(-\frac{y^2}{8}\right) \frac{1}{\sqrt{2\pi}} \int_{-\infty}^{\infty} \exp\left(-\frac{z^2}{2}\right) \frac{dz}{2} \\
&\qquad \left(z = 2\left\{(x-2) - \frac{\sqrt{3}}{4}y\right\} \text{とおくと}, dz = 2dx\right) \\
&= \frac{1}{2\sqrt{2\pi}} \exp\left(-\frac{y^2}{8}\right) \quad \cdots (\text{答})
\end{aligned}
$$

これは，定義より平均が 0，分散 2 の正規分布の密度関数になっていることが分かる．したがって，$E(Y) = 0 \cdots$ **(答)**，$V(X) = 2 \cdots$ **(答)**. ■

6.3　共分散と相関係数

離散型，連続型いずれの場合にも，X, Y を確率変数とするとき，μ_X, μ_Y をそれぞれ各確率変数の期待値とする．このとき，

$$
\sigma_{XY} = \mathrm{Cov}(X, Y) = E((X-\mu_X)(Y-\mu_Y))
$$

を，X, Y の**共分散**という．具体的に書くと，

離散型確率変数の場合

$$\sigma_{XY} = \mathrm{Cov}(X, Y) = \sum_i \sum_j (x_j - \mu_X)(y_j - \mu_Y) f(x_i, y_j)$$

連続型確率変数の場合

$$\sigma_{XY} = \mathrm{Cov}(X, Y) = \int_{-\infty}^{\infty} \int_{-\infty}^{\infty} (x - \mu_X)(y - \mu_Y) f(x, y) dxdy$$

となる．公式 11 の場合と同じように次の公式が成り立つ．計算する場合にはこちらの方が便利かも知れない．

公式 24

$$\begin{aligned}\mathrm{Cov}(X, Y) &= E((X - \mu_X)(Y - \mu_Y)) = E(XY - \mu_Y X - \mu_X Y + \mu_X \mu_Y) \\ &= E(XY) - E(X)E(Y)\end{aligned}$$

X と Y の相関係数は次のように定義される．

定義 11 (確率変数 X と Y の相関係数)　確率変数 X と Y の**相関係数** ρ_{XY}（あるいは，簡単に ρ とも表す）を

$$\rho_{XY} = \rho = \frac{\mathrm{Cov}(X, Y)}{\sqrt{V(X)}\sqrt{V(Y)}} = \frac{\sigma_{XY}}{\sigma_X \sigma_Y}$$

と定義する．

相関係数 ρ_{XY} は，

$$-1 \leqq \rho_{XY} \leqq 1$$

を満たす．特に，$\rho_{XY} = 0$ となる場合，X, Y は，**無相関**であるという．

6.4　条件付確率分布と独立な確率変数

同時確率分布，同時確率密度関数を並列的でなく，一方を主にして他方を従に見ると，条件付の確率を考えることが出来る．

離散型確率変数

$Y = y_j$ を条件とする**条件付確率** $P(X = x_i | Y = y_j)$，あるいは $X = x_i$ を

条件とする**条件付確率** $P(Y=y_j|X=x_i)$ を

$$
\begin{aligned}
P(X=x_i|Y=y_j) &= \frac{P(X=x_i, Y=y_j)}{P(Y=y_j)} = \frac{f(x_i,y_j)}{h(y_j)} \equiv g(x_i|y_j) \\
P(Y=y_j|X=x_i) &= \frac{P(X=x_i, Y=y_j)}{P(X=x_i)} = \frac{f(x_i,y_j)}{g(x_i)} \equiv h(y_j|x_i)
\end{aligned}
$$

と定義できる．

条件付期待値を

$$
\begin{aligned}
E(X|Y=y_j) &= \sum_i x_i g(x_i|y_j) = \mu_{X|y_j} \\
E(Y|X=x_i) &= \sum_j y_j h(y_j|x_i) = \mu_{Y|x_i}
\end{aligned}
$$

と定義する．同様に，**条件付分散**を

$$
\begin{aligned}
V(X|Y=y_j) &= \sum_i (x_i-\mu_{X|y_j})^2 g(x_i|y_j) = \sigma^2_{X|y_j} \\
V(Y|X=x_i) &= \sum_j (y_j-\mu_{Y|x_i})^2 h(y_j|x_i) = \sigma^2_{Y|x_i}
\end{aligned}
$$

と定義する．

連続型確率変数

$Y=y$ を条件とする**条件付確率密度関数** $g(x|y)$，あるいは $X=x$ を条件とする**条件付確率密度関数** $h(y|x)$ を

$$
\begin{aligned}
g(x|y) &= \frac{f(x,y)}{h(y)} \\
h(y|x) &= \frac{f(x,y)}{g(x)}
\end{aligned}
$$

と定義できる．**条件付期待値**を

$$
\begin{aligned}
E(X|Y=y) &= \int_{-\infty}^{\infty} x g(x|y)dx = \mu_{X|y} \\
E(Y|X=x) &= \int_{-\infty}^{\infty} y h(y|x)dy = \mu_{Y|x}
\end{aligned}
$$

と定義する．同様に，**条件付分散**を

$$
\begin{aligned}
V(X|Y=y) &= \int_{-\infty}^{\infty} (x-\mu_{X|y})^2 g(x|y)dx = \sigma_{X|y}^2 \\
V(Y|X=x) &= \int_{-\infty}^{\infty} (y-\mu_{Y|x})^2 h(y|x)dy = \sigma_{Y|x}^2
\end{aligned}
$$

と定義する．

一般には，

$$
\begin{aligned}
f(x_i,y_j) &= g(x_i)\cdot h(y_j|x_i), \qquad & f(x,y) &= g(x)\cdot h(y|x) \\
f(x_i,y_j) &= g(x_i|y_j)\cdot h(y_j), \qquad & f(x,y) &= g(x|y)\cdot h(y)
\end{aligned}
$$

が成り立つ．

$$
f(x,y) = g(x)\cdot h(y)
$$

が成り立つときに，X と Y は，**独立**であるという．

公式 25 (独立な確率変数の積の期待値)　確率変数 X と Y が独立ならば，

$$
E(XY) = E(X)E(Y)
$$

が成り立つ．

また，確率変数の和に関しては，

公式 26 (独立な確率変数の和の期待値と分散)　確率変数 X と Y に対して，a, b を定数とすると，一般的に

$$
\begin{aligned}
E(aX+bY) &= aE(X)+bE(Y) \\
V(aX+bY) &= a^2V(X)+b^2V(Y)+2ab\ \mathrm{Cov}(X,Y)
\end{aligned}
$$

が成り立つ．特に，確率変数 X と Y が独立ならば，

$$
V(aX+bY) = a^2V(X)+b^2V(Y)
$$

が成り立つ．

独立と無相関の関係については，次のことを注意しておく．

- 確率変数 X と Y が独立ならば，X と Y は無相関である．
- しかしながら，確率変数 X と Y が無相関であっても，X と Y が独立とは限らない．

相関係数や独立に関する次の例題をみよう．

例題 28　2 次元確率変数 (X, Y) の同時確率分布が次のように与えられているとする．

X \ Y	−2	0	1
−1	0.2	0.1	0.15
1	0.1	0.15	0.1
2	0.1	0.05	0.05

(1)　X と Y の周辺分布を求めなさい．

(2)　期待値 $E(X)$，$E(Y)$ と分散 $V(X)$，$V(Y)$ を求めなさい．

(3)　X と Y の相関係数を求めなさい．

(4)　条件付期待値 $E(X|Y=-2)$ と条件付分散 $V(X|Y=-2)$ を求めなさい．

(5)　X と Y が独立であるかどうか求めなさい．

[解]

(1)　同時確率分布に周辺分布を書き込む．

X \ Y	−2	0	1	$g(x)$
−1	0.2	0.1	0.15	0.45
1	0.1	0.15	0.1	0.35
2	0.1	0.05	0.05	0.2
$h(y)$	0.4	0.3	0.3	

であるから，X の周辺分布は

X	−1	1	2
$P(X=x)$	0.45	0.35	0.2

・・・(答)

同様に Y の周辺分布は

Y	−2	0	1
$P(Y=y)$	0.4	0.3	0.3

・・・(答)

(2) 期待値（平均）は次の通りである．

$$
\begin{aligned}
E(X) &= (-1)\cdot 0.45 + 1\cdot 0.35 + 2\cdot 0.2 = 0.3 \quad \cdots (\text{答}) \\
E(Y) &= (-2)\cdot 0.4 + 0\cdot 0.3 + 1\cdot 0.3 = -0.5 \quad \cdots (\text{答})
\end{aligned}
$$

分散は次のようになる．

$$
\begin{aligned}
V(X) &= (-1-0.3)^2\cdot 0.45 + (1-0.3)^2\cdot 0.35 + (2-0.3)^2\cdot 0.2 \\
&= 1.51 \quad \cdots (\text{答}) \\
V(Y) &= (-2+0.5)^2\cdot 0.4 + (0+0.5)^2\cdot 0.3 + (1+0.5)^2\cdot 0.3 \\
&= 1.65 \cdots (\text{答})
\end{aligned}
$$

である．

注意　分散は次のようにも計算できる．

$$
E(X^2) = (-1)^2\cdot 0.45 + 1^2\cdot 0.35 + 2^2\cdot 0.2 = 1.6
$$

$$
E(Y^2) = (-2)^2\cdot 0.4 + 0^2\cdot 0.3 + 1^2\cdot 0.3 = 1.9
$$

公式11より

$$
V(X) = E(X^2) - E(X)^2 = 1.6 - 0.3^2 = 1.51
$$

$$
V(Y) = E(Y^2) - E(Y)^2 = 1.9 - (-0.5)^2 = 1.65
$$

(3) X と Y の共分散 σ_{XY} は，定義にしたがって計算すると

$$
\begin{aligned}
\sigma_{XY} &= (-1-0.3)\cdot(-2+0.5)\cdot 0.2 + (-1-0.3)\cdot(0+0.5)\cdot 0.1 \\
&\quad +(-1-0.3)\cdot(1+0.5)\cdot 0.15 + (1-0.3)\cdot(-2+0.5)\cdot 0.1 \\
&\quad +(1-0.3)\cdot(0+0.5)\cdot 0.15 + (1-0.3)\cdot(1+0.5)\cdot 0.1 \\
&\quad +(2-0.3)\cdot(-2+0.5)\cdot 0.1 + (2-0.3)\cdot(0+0.5)\cdot 0.05 \\
&\quad +(2-0.3)\cdot(1+0.5)\cdot 0.05 = 0
\end{aligned}
$$

であるから X と Y の相関係数 ρ は，

$$
\rho = \frac{\sigma_{XY}}{\sigma_X \sigma_Y} = 0 \quad \cdots (\text{答})
$$

注意 共分散は次のようにも計算できる.

$$
\begin{aligned}
E(XY) &= (-1)\cdot(-2)\cdot 0.2 + (-1)\cdot 0\cdot 0.1 + (-1)\cdot 1\cdot 0.15 + 1\cdot(-2)\cdot 0.1 \\
&\quad + 1\cdot 0\cdot 0.15 + 1\cdot 1\cdot 0.1 + 2\cdot(-2)\cdot 0.1 + 2\cdot 0\cdot 0.05 + 2\cdot 1\cdot 0.05 \\
&= -0.15
\end{aligned}
$$

となるので，公式 24 より，

$$\mathrm{Cov}(X,Y) = E(XY) - E(X)E(Y) = -0.15 - 0.3\cdot(-0.5) = 0$$

(4) $g(-1|-2) = \frac{0.2}{0.4} = 0.5$, $g(1|-2) = \frac{0.1}{0.4} = 0.25$, $g(2|-2) = \frac{0.1}{0.4} = 0.25$
であるから

$$E(X|Y=-2) = \sum_{i=1}^{3} x_i g(x_i|-2) = (-1)\cdot 0.5 + 1\cdot 0.25 + 2\cdot 0.25 = 0.25 \quad \cdots(答)$$

$$E(X^2|Y=-2) = \sum_{i=1}^{3} x_i^2 g(x_i|-2) = (-1)^2\cdot 0.5 + 1^2\cdot 0.25 + 2^2\cdot 0.25 = 1.75$$

公式 11 より

$$
\begin{aligned}
V(X|Y=-2) &= E(X^2|Y=-2) - E(X|Y=-2)^2 \\
&= 1.75 - 0.25^2 = 1.6875 \quad \cdots(答)
\end{aligned}
$$

(5) 例えば，

$$P(X=-1, Y=-2) = 0.2 \neq 0.45\cdot 0.4 = P(X=-1)P(Y=-2)$$

であるから，独立ではない. ■

演習 12　2 次元確率変数 (X, Y) の同時確率分布が次のように与えられているとする.

X \ Y	-1	2	3
3	0.15	0.25	0.2
4	0.05	0.2	0.15

(1)　X と Y の周辺分布を表に書き込みなさい.

(2)　期待値 $E(X)$, $E(Y)$ と分散 $V(X)$, $V(Y)$ を求めなさい.

(3)　X と Y の相関係数を求めなさい.

(4)　条件付期待値 $E(|X = 4)$ と条件付分散 $V(Y|X = 4)$ を求めなさい.

[細い線の括弧] には式や文字を, [太い線の括弧] には数値を入れなさい.

問 1.　同時確率分布に周辺分布を書き込みなさい.

X \ Y	-1	2	3	$g(x)$
3	0.15	0.25	0.2	[　　]
4	0.05	0.2	0.15	[　　]
$h(y)$	[　　]	[　　]	[　　]	

・・・(答)

問 2.　期待値と分散を求めなさい.

$E(X)$ = [　　　　　　　　] = [　　] ・・・(答)

$E(Y)$ = [　　　　　　　　] = [　　] ・・・(答)

$V(X)$ = [　　　　　　　　] = [　　] ・・・(答)

$V(Y)$ = [　　　　　　　　　　　　]

= [　　] ・・・(答)

注意　分散は次のようにも計算できる.

$E(X^2)$ = [　　　　　　　　] = [　　]

$E(Y^2)$ = [　　　　　　　　] = [　　]

公式 11 より

$$V(X) = \boxed{} = \boxed{}$$

$$V(Y) = \boxed{} = \boxed{}$$

問 3.　最初に，X と Y の共分散 σ_{XY} を公式 24 を用いて計算しなさい．

$$E(XY) = \boxed{}$$
$$+ \boxed{}$$
$$= \boxed{}$$

公式 24 より，

$$\sigma_{XY} = \mathrm{Cov}(X, Y) = \boxed{} = \boxed{} \quad \cdots \text{(答)}$$

これを用いて，X と Y の相関係数 ρ を求めなさい．

$$\rho = \frac{\boxed{}}{\boxed{}} = \boxed{} \quad \cdots \text{(答)}$$

問 4.　最初に条件付期待値を求めなさい．

$$h(\boxed{}|4) = \frac{\boxed{}}{\boxed{}} = \boxed{}, \quad h(\boxed{}|4) = \frac{\boxed{}}{\boxed{}} = \boxed{}$$

$$h(\boxed{}|4) = \frac{\boxed{}}{\boxed{}} = \boxed{}$$

であるから

$$E(Y|X = 4) = \boxed{} = \boxed{}$$
$$= \boxed{} \quad \cdots \text{(答)}$$

次に，条件付分散を求めなさい．

$$E(Y^2|X = 4) = \boxed{} = \boxed{}$$
$$= \boxed{}$$

であるから，公式11より

$$V(Y|X=4)=\boxed{}$$
$$=\boxed{}=\boxed{}\quad\cdots(答)$$

■

定義 12 (2次元正規分布)　X と Y が同時確率密度関数

$$f(x,y)=\frac{1}{2\pi\sigma_X\sigma_Y\sqrt{1-\rho^2}}$$
$$\times\exp\left[-\frac{1}{2(1-\rho^2)}\left\{\frac{(x-\mu_X)^2}{\sigma_X^2}-\frac{2\rho(x-\mu_X)(y-\mu_Y)}{\sigma_X\sigma_Y}+\frac{(y-\mu_Y)^2}{\sigma_Y^2}\right\}\right] \tag{6.1}$$

であるとき，2次元確率変数 (X,Y) を，**2次元正規分布**に従うという．ここで，

- 平均（期待値）$E(X)=\mu_X$，$E(Y)=\mu_Y$
- 分散 $V(X)=\sigma_X^2$，$V(Y)=\sigma_Y^2$
- 相関係数 $\rho=\frac{\sigma_{XY}}{\sigma_X\sigma_Y}$

である．

(X,Y) が2次元正規分布に従うとする．このとき

$$X と Y が独立である \Longleftrightarrow \rho=0$$

となる

例題 29　2次元確率変数 (X,Y) の同時確率密度関数が次のように与えられているとする．

$$f(x,y)=\frac{1}{2\pi}\exp\left\{-2(x-2)^2+\sqrt{3}(x-2)y-\frac{y^2}{2}\right\}$$

X と Y の周辺確率密度関数を求めなさい．また，それぞれ，平均 $E(X)$，$E(Y)$ と分散 $V(X)$，$V(Y)$，X と Y の相関係数 $\rho=\rho_{XY}$ を求めなさい．

[解]　例題27をもう一度扱う．これは上の事実を知っていると比較的簡単に解くことができる．(X,Y) が2次元正規分布に従うとすると

$$\mu_X=2,\quad \mu_Y=0$$

であることが分かる．exp の括弧の中の式から，σ_X，σ_Y，ρ は次の方程式を

満たす．

$$\frac{1}{2(1-\rho^2)\sigma_X^2} = 2 \tag{6.2}$$

$$\frac{2\rho}{2(1-\rho^2)\sigma_X\sigma_Y} = \sqrt{3} \tag{6.3}$$

$$\frac{1}{2(1-\rho^2)\sigma_Y^2} = \frac{1}{2} \tag{6.4}$$

(6.2) と (6.4) より

$$\frac{1}{\sqrt{2(1-\rho^2)}\sigma_X} = \sqrt{2}, \quad \frac{1}{\sqrt{2(1-\rho^2)}\sigma_Y} = \frac{1}{\sqrt{2}}$$

であるから，合わせると

$$\frac{1}{2(1-\rho^2)\sigma_X\sigma_Y} = 1$$

これを (6.3) に代入することにより

$$\rho = \frac{\sqrt{3}}{2}$$

となる．(6.2) より，

$$\sigma_X^2 = \frac{1}{4(1-\rho^2)} = 1$$

である．(6.4) より，

$$\sigma_Y^2 = \frac{1}{(1-\rho^2)} = 4$$

である．このとき，

$$\sigma_X\sigma_Y\sqrt{1-\rho^2} = 1$$

が成り立つ．したがって，

$$E(X) = \mu_X = 2 \quad \cdots (答) \qquad E(Y) = \mu_Y = 0 \quad \cdots (答)$$

$$V(X) = \sigma_X^2 = 1 \quad \cdots (答) \qquad V(Y) = \sigma_Y^2 = 4 \quad \cdots (答)$$

$$\rho = \rho_{XY} = \frac{\sqrt{3}}{2} \quad \cdots (答)$$

これから，周辺密度関数は，平均と分散が分かった正規分布に従うので，

$$g(x) = \frac{1}{\sqrt{2\pi}} \exp\left\{-\frac{(x-2)^2}{2}\right\} \quad \cdots (答)$$

$$h(y) = \frac{1}{2\sqrt{2\pi}} \exp\left(-\frac{y^2}{8}\right) \quad \cdots (答)$$

■

6.5　確率変数の再生性

同じ種類の確率変数の和の確率分布を扱うことにする．

まず，確率変数 X と Y の和を考える．

離散型確率変数

$Z = X + Y$ とおく．Z の確率分布を $f(z)$ とし，X，Y の確率分布を，それぞれ $g(x)$，$h(y)$ とする．$Z = z$ となるのは，$X = x$ とすると，$Y = z - x$ であるから，

$$f(z) = \sum_i g(x_i)h(z - x_i)$$

と表せる．このような表し方を**たたみこみ** (convolution) とよび，$f = g * h$ と書く．

同様に，$Y = y$ とすると，$X = z - y$ であるから，

$$f(z) = \sum_j h(y_j)g(z - y_j)$$

とも表せる．したがって，$f = h * g$ とも書くことができる．すなわち，

$$f = g * h = h * g$$

である．

連続型確率変数

$Z = X + Y$ とおく．Z の確率密度関数を $f(z)$ とし，X，Y の確率密度関数を，それぞれ $g(x)$，$h(y)$ とする．$Z = z$ となるのは，$X = x$ とすると，$Y = z - x$ であるから，

$$f(z) = \int_{-\infty}^{\infty} g(x)h(z - x)dx$$

と表せる．このような表し方を**たたみこみ** (convolution) とよび，$f = g * h$ と書く．

同様に，$Y = y$ とすると，$X = z - y$ であるから，

$$f(z) = \int_{-\infty}^{\infty} h(y)g(z-y)dy$$

とも表せる．したがって，$f = h * g$ とも書くことができる．すなわち，

$$f = g * h = h * g$$

である．

確率変数の和の確率分布を考えたが，同じ種類の確率変数の和の確率分布が再び同じ種類の確率変数の確率分布になることがある．例えば，正規分布もその性質を持つ．この性質を持つ確率分布は**再生的** (reproductive) であるという．また，この性質を**再生性** (reproductivity) という．

以下，再生性をもつ確率分布の例を与えよう．

- **二項分布**　$B(n,p)$

確率変数 X, Y は独立で，それぞれ $B(m,p)$, $B(n,p)$ に従うとき，$X+Y$ は $B(m+n,p)$ に従う．

$X_1, X_2, \cdots, X_2$ を独立なベルヌーイ分布 $B(1,p)$ に従う確率変数だとする．このとき，上の事実を繰り返し使うことで，$X = X_1 + X_2 + \cdots + X_n$ は，$B(n,p)$ に従うことが分かる．

例題 30　ある病気に対する新しい薬を開発中であるが，まだ効果が現れる確率は 40%であるという．病室 A は 4 人，病室 B は 6 人である．それぞれの病室で各患者に薬を投与して結果見ることにした．このとき，両方の病室合わせて 2 名以上の患者に効果が現れる確率を求めなさい．

[解]　病室 A において，効果が現れる患者数を X とおくと，X は確率変数で二項分布 $B(4, 0.4)$ に従う．同様に，病室 B において，効果が現れる表れる患者数を Y とおくと，Y も確率変数で二項分布 $B(6, 0.4)$ に従う．二項分布の再生性より，A と B を合わせた効果が現れた患者数 $X + Y$ は，二項分布 $B(10, 0.4)$ に従う．

$C = \{2$ 名以上の患者に効果がある $\}$ という事象の余事象 C^c を考える．
$C^c = \{0$ 名の患者に効果がある $\} \cup \{1$ 名の患者に効果がある $\}$ となる．
この和事象のそれぞれの事象を C_1^c，C_2^c とおく．

$$
\begin{aligned}
P(C_1^c) &= {}_{10}\mathrm{C}_0 0.4^0 0.6^{10} = 0.6^{10} = 0.00604662 \\
P(C_2^c) &= {}_{10}\mathrm{C}_1 0.4^1 0.6^9 = 0.4 \cdot 0.6^9 = 0.00403108
\end{aligned}
$$

したがって，

$$
P(C) = 1 - (0.00604662 + 0.00403108) = 0.989922 \quad \cdots (\text{答})
$$

■

- **ポアソン分布**　$P_o(\lambda)$

確率変数 X，Y は独立で，それぞれ $P_o(\lambda)$，$P_o(\mu)$ に従うとき，$X+Y$ は $P_o(\lambda+\mu)$ に従う．

例題 31　ある製品を 3 つの生産ライン A，B，C で，それぞれ 1 日 1000 個作っている．A，B，C では，不良品の出方はポアソン分布に従うと考えられ，それぞれ平均 0.1%，0.2%，0.3%の不良品がでるという．このとき，1 日での製品の生産で不良品が 3 個以下である確率を求めなさい．

[解]　A ラインの 1 日の不良品の平均値は $\lambda_1 = 1000 \times 0.001 = 1$（個），B ラインの 1 日の不良品の平均値は $\lambda_2 = 1000 \times 0.002 = 2$（個），C ラインの 1 日の不良品の平均値は $\lambda_3 = 1000 \times 0.003 = 3$（個）．
A の不良品数を X とすると，X は確率変数で，ポアソン分布 $P_o(\lambda_1)$ に従う．同様に，B の不良品数を Y とすると，Y は確率変数で，ポアソン分布 $P_o(\lambda_2)$ に従い，C の不良品数を Z とすると，Z は確率変数で，ポアソン分布 $P_o(\lambda_3)$ に従う．X，Y，Z は明らかに独立であるから，$W = X + Y + Z$ はポアソン分布 $P_o(\lambda_1 + \lambda_2 + \lambda_3) = P_o(6)$ に従う．
ポアソン分布表より

$$
\begin{aligned}
P(W \leqq 3) &= P(W=0) + P(W=1) + P(W=2) + P(W=3) \\
&= 0.002 + 0.015 + 0.045 + 0.089 = 0.151 \quad \cdots (\text{答})
\end{aligned}
$$

- **正規分布**　$N(\mu, \sigma^2)$

確率変数 X，Y は独立で，それぞれ $N(\mu_1, \sigma_1^2)$，$N(\mu_2, \sigma_2^2)$ に従うとき，$X+Y$ は $N(\mu_1+\mu_2, \sigma_1^2+\sigma_2^2)$ に従う．

一般的に

確率変数 $X_1, X_2, \cdots, X_n$ は独立で，それぞれ，$N(\mu_1, \sigma_1^2)$，$N(\mu_2, \sigma_2^2)$，$\cdots$，$N(\mu_n, \sigma_n^2)$ に従うとする．このとき，$a_1X_1+a_2X_2+\cdots+a_nX_n$ は，

$$N(a_1\mu_1+a_2\mu_2+\cdots+a_n\mu_n, a_1^2\sigma_1^2+a_2^2\sigma_2^2+\cdots+a_n^2\sigma_n^2)$$

に従う．

平均と分散の性質，それに独立な正規分布の性質より導かれる．後に出てくる状況であるが，n 個の独立な確率変数 $X_1, X_2, \cdots, X_n$ の平均を考える必要がある．そのときには，次が成り立つ（公式 19 の繰り返し）．

公式 27 確率変数 $X_1, X_2, \cdots, X_n$ は独立で，同じ $N(\mu, \sigma^2)$ に従うとする．このとき，平均 $\bar{X} = \frac{1}{n}(X_1+X_2+\cdots+X_n)$ は，$N(\mu, \frac{\sigma^2}{n})$ に従う．

例題 32 100 人のクラスで，数学と国語のテストを行った．数学の点数を X，国語の点数を Y とする．X，Y は独立で，それぞれ，平均値 40 点，標準偏差 15 点の正規分布，平均値 60 点，標準偏差 5 点の正規分布に従うとする．数学と国語の点数の合計で成績をつけるとき，上位 10%に入るためには，何点以上とる必要があるか求めなさい．

[解] $W = X+Y$ は，正規分布の再生性より $N(40+60, 15^2+5^2) = N(100, 5\sqrt{10})$ に従う．標準化変換より

$$Z = \frac{W-100}{5\sqrt{10}} \tag{6.5}$$

Z は標準正規分布に従うから，標準正規分布表より $P(Z \geqq z) = 0.1$ となるのは $z \fallingdotseq 1.28$．したがって，(6.5) より，$w = 100+1.28\cdot5\sqrt{10} \fallingdotseq 120.2$ とおくと

$$P(W \geqq w) = 0.1$$

となる．ゆえに，上位 10%に入るには，121 点以上とる必要がある．

・・・(答)．

■

6章 問題と解説

1. (平成 **27** 年公認会計士試験) 2つの確率変数 X と Y の同時確率 $Pr(X = x, Y = y)$ が下の表のように与えられている。

		x: -1	0	1
y	-1	0.1	0	0.1
	0	0	0.4	0
	1	0.2	0	0.2

以下の各問に答えなさい。ただし， $E(A)$,$V(A)$ は確率変数 A の期待値，分散を，$\mathrm{Cov}(A,B)$，$\mathrm{Corr}(A,B)$ は確率変数 A と B の共分散，相関係数をそれぞれ表すものとする。

(1) $E(X)$ および $E(Y)$ を求めなさい。

(2) $V(X)$ および $V(Y)$ を求めなさい。

(3) $\mathrm{Cov}(X,Y)$ および $\mathrm{Corr}(X,Y)$ を求めなさい。

(4) $E(X+Y)$ および $E(X-Y)$ を求めなさい。

(5) $V(X+Y)$ および $V(X-Y)$ を求めなさい。

(6) $\mathrm{Cov}(X+Y,X-Y)$ および $\mathrm{Corr}(X+Y,X-Y)$ を求めなさい。

[解説と解答]　まず，ここでの相関係数の記号 $\mathrm{Corr}(X,Y)$ は，第6章では ρ_{XY} であったことに注意する．後は定義にしたがって計算すればよい．

(1) 周辺分布を表に付け加えよう．

y \ x	-1	0	1	$g(x)$
-1	0.1	0	0.1	0.2
0	0	0.4	0	0.4
1	0.2	0	0.2	0.4
$h(y)$	0.3	0.4	0.3	

これを用いて

$$E(X) = (-1)\cdot 0.3 + 0\cdot 0.4 + 1\cdot 0.3 = 0 \quad \cdots \text{(答)}$$

$$E(Y) = (-1)\cdot 0.2 + 0\cdot 0.4 + 1\cdot 0.4 = 0.2 \quad \cdots \text{(答)}$$

(2) こちらも公式 11 にしたがって，計算すればよい．

$$E(X^2) = (-1)^2 \cdot 0.3 + 0^2 \cdot 0.4 + 1^2 \cdot 0.3 = 0.6$$

$$E(Y^2) = (-1)^2 \cdot 0.2 + 0^2 \cdot 0.4 + 1^2 \cdot 0.4 = 0.6$$

であるから，

$$V(X) = E(X^2) - E(X)^2 = 0.6 - 0^2 = 0.6 \quad \cdots (\text{答})$$

$$V(Y) = E(Y^2) - E(Y)^2 = 0.6 - 0.2^2 = 0.56 \quad \cdots (\text{答})$$

となる．

(3) 公式 24 を用いて計算する．

$$\begin{aligned} E(XY) &= (-1)\cdot(-1)\cdot 0.1 + (-1)\cdot 0\cdot 0 + (-1)\cdot 1\cdot 0.2 + 0\cdot(-1)\cdot 0 \\ &\quad + 0\cdot 0\cdot 0.4 + 0\cdot 1\cdot 0 + 1\cdot(-1)\cdot 0.1 + 1\cdot 0\cdot 0 + 1\cdot 1\cdot 0.2 = 0 \end{aligned}$$

これより

$$\mathrm{Cov}(X,Y) = E(XY) - E(X)E(Y) = 0 - 0\cdot 0.2 = 0 \quad \cdots (\text{答})$$

よって

$$\mathrm{Corr}(X,Y) = \frac{\mathrm{Cov}(X,Y)}{\sqrt{V(X)}\sqrt{V(Y)}} = 0 \quad \cdots (\text{答})$$

(4) 公式 26 より

$$E(X+Y) = E(X) + E(Y) = 0 + 0.2 = 0.2 \quad \cdots (\text{答})$$

$$E(X-Y) = E(X) - E(Y) = 0 - 0.2 = -0.2 \quad \cdots (\text{答})$$

(5) 公式 26 より

$$V(X+Y) = V(X) + V(Y) + 2\mathrm{Cov}(X,Y) = 0.6 + 0.56 + 2\cdot 0 = 1.16 \quad \cdots (\text{答})$$

$$V(X-Y) = V(X) + V(Y) - 2\mathrm{Cov}(X,Y) = 0.6 + 0.56 - 2\cdot 0 = 1.16 \quad \cdots (\text{答})$$

(6) 公式 24 より

$$\begin{aligned} \mathrm{Cov}(X+Y, X-Y) &= E((X+Y)(X-Y)) - E(X+Y)E(X-Y) \\ &= E(X^2 + YX - XY - Y^2) + E(X) - 0.2\cdot(-0.2) \\ &= E(X^2) + E(YX) - E(XY) - E(Y^2) + 0.04 \\ &\quad (\text{定義より } E(XY) = E(YX)) \\ &= 0.6 - 0.6 + 0.04 = 0.04 \quad \cdots (\text{答}) \end{aligned}$$

これより

$$\mathrm{Corr}(X+Y, X-Y) = \frac{\mathrm{Cov}(X+Y, X-Y)}{\sqrt{V(X+Y)}\sqrt{V(X-Y)}}$$

$$= \frac{0.04}{\sqrt{1.16}\sqrt{1.16}} = \frac{1}{29} \fallingdotseq 0.034 \quad \cdot\cdot\cdot\text{(答)}$$

■

2. (平成 24 年公認会計士試験) 2 つの確率変数 X と Y のとりうる値がそれぞれ 0, 1, 2 であり，同時確率が次のように与えられるものとする。ただし，k は定数である。

$$\Pr(X=x, Y=y) = \begin{cases} k(x-y), & x>y \text{ のとき} \\ k(x+y), & x \leq y \text{ のとき} \end{cases}$$

このとき，以下の各問に答えなさい。

(1) k の値を求めなさい。

(2) X と Y の共分散 $\mathrm{Cov}(X,Y)$ の値を求めなさい。

(3) $X=2$ のときの Y の条件付期待値 $E(Y|X=2)$ の値を求めなさい。

(4) $X=1$ のときの Y の条件付分散 $V(Y|X=1)$ の値を求めなさい。

[解説と解答] 上記の問題のように，同時確率が表ではなく，式で与えられているので，まずは各確率を求める．また，それを表にしておくと便利である．

(1) 式から各値の確率を計算する．

$$\Pr(X=0, Y=0) = 0 \qquad \Pr(X=0, Y=1) = k$$

$$\Pr(X=0, Y=2) = 2k \qquad \Pr(X=1, Y=0) = k$$

$$\Pr(X=1, Y=1) = 2k \qquad \Pr(X=1, Y=2) = 3k$$

$$\Pr(X=2, Y=0) = 2k \qquad \Pr(X=2, Y=1) = k$$

$$\Pr(X=2, Y=2) = 4k$$

これらの確率の合計は $16k$ であるから，

$$k = \frac{1}{16} \quad \cdot\cdot\cdot\text{(答)}$$

これをもとに同時確率分布表を書く．

X＼Y	0	1	2	$g(x)$
0	0	$\frac{1}{16}$	$\frac{1}{8}$	$\frac{3}{16}$
1	$\frac{1}{16}$	$\frac{1}{8}$	$\frac{3}{16}$	$\frac{3}{8}$
2	$\frac{1}{8}$	$\frac{1}{16}$	$\frac{1}{4}$	$\frac{7}{16}$
$h(y)$	$\frac{3}{16}$	$\frac{1}{4}$	$\frac{9}{16}$	

(2) 公式 11 と公式 24 を用いて計算する．

$$E(X) = 0 \cdot \frac{3}{16} + 1 \cdot \frac{3}{8} + 2 \cdot \frac{7}{16} = \frac{5}{4}$$

$$E(X^2) = 0^2 \cdot \frac{3}{16} + 1^2 \cdot \frac{3}{8} + 2^2 \cdot \frac{7}{16} = \frac{17}{8}$$

$$E(Y) = 0 \cdot \frac{3}{16} + 1 \cdot \frac{1}{4} + 2 \cdot \frac{9}{16} = \frac{11}{8}$$

$$E(Y^2) = 0^2 \cdot \frac{3}{16} + 1^2 \cdot \frac{1}{4} + 2^2 \cdot \frac{9}{16} = \frac{5}{2}$$

$$E(XY) = 1 \cdot 1 \cdot \frac{1}{8} + 1 \cdot 2 \cdot \frac{3}{16} + 2 \cdot 1 \cdot \frac{1}{16} + 2 \cdot 2 \cdot \frac{1}{4} = \frac{13}{8}$$

よって

$$V(X) = E(X^2) - E(X)^2 = \frac{17}{8} - \left(\frac{5}{4}\right)^2 = \frac{9}{16}$$

$$V(Y) = E(Y^2) - E(Y)^2 = \frac{5}{2} - \left(\frac{11}{8}\right)^2 = \frac{39}{64}$$

$$\mathrm{Cov}(X, Y) = E(XY) - E(X)E(Y) = \frac{13}{8} - \frac{5}{4} \cdot \frac{11}{8} = -\frac{3}{32} \qquad \cdots (\text{答})$$

あるいは直接計算で

$$V(X) = \left(0 - \frac{5}{4}\right)^2 \cdot \frac{3}{16} + \left(1 - \frac{5}{4}\right)^2 \cdot \frac{3}{8} + \left(2 - \frac{5}{4}\right)^2 \cdot \frac{7}{16} = \frac{9}{16}$$

$$V(Y) = \left(0 - \frac{11}{8}\right)^2 \cdot \frac{3}{16} + \left(1 - \frac{11}{8}\right)^2 \cdot \frac{1}{4} + \left(2 - \frac{11}{8}\right)^2 \cdot \frac{9}{16} = \frac{39}{64}$$

$$\mathrm{Cov}(X, Y) = E(XY) - E(X)E(Y) = \frac{13}{8} - \frac{5}{4} \cdot \frac{11}{8} = -\frac{3}{32} \qquad \cdots (\text{答})$$

(3) 定義より

$$E(Y|X=2) = \frac{0 \cdot \frac{1}{8} + 1 \cdot \frac{1}{16} + 2 \cdot \frac{1}{4}}{P(X=2)} = \frac{0 \cdot \frac{1}{8} + 1 \cdot \frac{1}{16} + 2 \cdot \frac{1}{4}}{\frac{7}{16}} = \frac{9}{7} \qquad \cdots (\text{答})$$

(4) ここでは，分散の定義にしたがって求めることにする．

$$E(Y|X=1) = \frac{0\cdot\frac{1}{16}+1\cdot\frac{1}{8}+2\cdot\frac{3}{16}}{P(X=1)} = \frac{0\cdot\frac{1}{16}+1\cdot\frac{1}{8}+2\cdot\frac{3}{16}}{\frac{3}{8}} = \frac{4}{3}$$

これより

$$V(Y|X=1) = \frac{\left(0-\frac{4}{3}\right)^2\cdot\frac{1}{16}+\left(1-\frac{4}{3}\right)^2\cdot\frac{1}{8}+\left(2-\frac{4}{3}\right)^2\cdot\frac{3}{16}}{P(X=1)}$$

$$= \frac{\frac{16}{9}\cdot\frac{1}{16}+\frac{1}{9}\cdot\frac{1}{8}+\frac{4}{9}\cdot\frac{3}{16}}{\frac{3}{8}} = \frac{5}{9} \quad \cdots \text{(答)}$$

■

3. (**平成19年公認会計士試験**) 株式AとBの収益率 R と S の同時確率密度関数 $f(r,s)$ が以下のように与えられているとする。

$$f(r,s) = \frac{1}{8\sqrt{2}\pi}\exp\left(-\frac{1}{64}[4(r-3)^2+9(s-1)^2+4(r-3)(s-1)]\right)$$

ただし，π は円周率，$\exp(x)$ は e^x を表す。このとき，以下の問に答えなさい。

(1) R の期待値と分散を求めなさい。

(2) R と S の相関係数を求めなさい。

(3) 以下の(ア)-(エ)に適当な言葉または数値を入れなさい。株式AとBに同額投資した場合の収益率 $R_p = \frac{1}{2}(R+S)$ は平均 [(ア)]，分散 [(イ)] の [(ウ)] 分布に従う。したがって，R_p が負になる確率は [(エ)] である。

(4) 株式AとBに2:3の比率で投資した場合の収益率 $R_p = \frac{2}{5}R+\frac{3}{5}S$ の期待値と分散を求めなさい。導出過程も記しなさい。

[解説と解答] これは2次元正規分布の問題である．定義に照らし合わせて，平均，分散を求める．

(1) まず，2次元正規分布の形より，$\mu_R=3$, $\mu_S=1$ である．次に，exp の括弧の中を見て σ_R，σ_S，ρ の満たす式を書き下す．

$$\frac{1}{2(1-\rho^2)\sigma_R^2} = \frac{1}{16} \tag{6.6}$$

$$\frac{2\rho}{2(1-\rho^2)\sigma_R\sigma_S} = -\frac{1}{16} \tag{6.7}$$

$$\frac{1}{2(1-\rho^2)\sigma_S^2} = \frac{9}{64} \tag{6.8}$$

(6.6) と (6.8) より

$$\frac{1}{\sqrt{2(1-\rho^2)}\sigma_R} = \frac{1}{4}, \quad \frac{1}{\sqrt{2(1-\rho^2)}\sigma_S} = \frac{3}{8}$$

であるから，合わせると

$$\frac{1}{2(1-\rho^2)\sigma_R\sigma_S} = -\frac{3}{32}$$

これを (6.7) に代入することにより

$$\rho = -\frac{1}{3}$$

となる．(6.6) より，

$$\sigma_R^2 = \frac{16}{2(1-\rho^2)} = 9$$

である．(6.8) より，

$$\sigma_S^2 = \frac{1}{2(1-\rho^2)}\frac{64}{9} = 4$$

である．このとき，

$$\sigma_R\sigma_S\sqrt{1-\rho^2} = 3\cdot 2\cdot\sqrt{\frac{8}{9}} = 4\sqrt{2}$$

が成り立つ．したがって，

$$E(R) = \mu_R = 3 \quad \cdots(\text{答}) \qquad V(R) = \sigma_R^2 = 9 \quad \cdots(\text{答})$$

(2)　(1) の結果より，

$$\rho = \rho_{RS} = -\frac{1}{3} \quad \cdots(\text{答})$$

(3)　(1) より，R は平均 $\mu_R = 3$，分散 $\sigma_R^2 = 9$ の正規分布に，S は平均 $\mu_S = 1$，分散 $\sigma_S^2 = 4$ の正規分布に従う．また，(2) より $\rho = -\frac{1}{3}$．つまり，

$$\rho = \frac{\mathrm{Cov}(R,S)}{\sqrt{V(R)}\sqrt{V(S)}} = -\frac{1}{3}$$

であるから，$\mathrm{Cov}(R,S) = -2$ となる．公式 26 と公式 12 より

$$E(R_p) = E\left(\frac{1}{2}(R+S)\right) = \frac{1}{2}(E(R)+E(S)) = \frac{1}{2}(3+2) = 2 \quad \cdots(\text{ア})$$

$$V(R_p) = V\left(\frac{1}{2}(R+S)\right) = \left(\frac{1}{2}\right)^2\{V(R)+V(S)+2\mathrm{Cov}(R,S)\}$$

$$= \frac{1}{4}(9+4-2\cdot 2) = \frac{9}{4} \quad \cdots(\text{イ})$$

公式 19 により，R_p も正規分布になる ・・・(ウ)．標準化

$$Z = \frac{R_p - 2}{\sqrt{\frac{9}{4}}}$$

より，$R_p = 0$ は，$Z = -\frac{4}{3} \fallingdotseq -1.33$ となる．公式 20 を用いて，標準正規分布表より

$$P(R_p < 0) = P(Z < -\frac{4}{3}) = P(Z > \frac{4}{3}) = 0.0918 \quad \cdots (\text{エ})$$

(4)　(3) と同様の計算をすればよい．

$$\begin{aligned} E(R_p) &= E\left(\frac{2}{5}R + \frac{3}{5}S)\right) = \frac{2}{5}E(R) + \frac{3}{5}E(S) \ \ (\text{公式 26}) \\ &= \frac{2}{5} \cdot 3 + \frac{3}{5} \cdot 1 = \frac{9}{5} \quad \cdots (\text{答}) \\ V(R_p) &= V\left(\frac{2}{5}R + \frac{3}{5}S)\right) \\ &= \left(\frac{2}{5}\right)^2 V(R) + \left(\frac{3}{5}\right)^2 V(S) + 2 \cdot \frac{2}{5} \cdot \frac{3}{5} \cdot \mathrm{Cov}(R, S) \ \ (\text{公式 26}) \\ &= \frac{4}{25} \cdot 9 + \frac{9}{25} \cdot 4 + 2 \cdot \frac{2}{5} \cdot \frac{3}{5} \cdot (-2) = \frac{9}{4} \quad \cdots (\text{答}) \end{aligned}$$

■

6章　章末問題

1. 2次元確率変数 (X, Y) の同時確率分布が次のように与えられているとする．

X \ Y	−2	−1	1
1	0.08	0.2	0.12
2	0.12	0.3	0.18

(1) X と Y の周辺分布を求めなさい．

(2) 期待値 $E(X)$，$E(Y)$ と分散 $V(X)$，$V(Y)$ を求めなさい．

(3) X と Y の相関係数を求めなさい．

(4) X と Y が独立であるかどうか求めなさい．

2. 2次元確率変数 (X, Y) の同時確率密度関数が次のように与えられているとする．

$$f(x, y) = \frac{1}{2\pi}\exp\left\{-2(x-2)^2 + \sqrt{3}(x-2)y - \frac{y^2}{2}\right\}$$

X と Y の周辺確率密度関数を求めなさい．さらに，それぞれ，平均 $E(X)$，$E(Y)$ と分散 $V(X)$，$V(Y)$，X と Y の相関係数 $\rho = \rho_{XY}$ を求めなさい．

3. 確率変数 X，Y は独立で，それぞれポアソン分布 $P_o(\lambda)$，$P_o(\mu)$ に従うとき，$X + Y$ は $P_o(\lambda + \mu)$ に従うことを示しなさい．

第 7 章

標本分布

国勢調査のように全体のデータを集める場合のデータの整理と処理の方法については，前章まで学んできた．ところが，例えば，蛍光灯を作る企業において，それらの寿命に関する品質管理を行う場合に，全部の製品の寿命を調べることはできないという状況が存在する．その際には，一部の製品を抜き取り（それを**サンプル**，あるいは**標本**という），それらに対する検査結果を基に，全体の製品の品質に関して判断を下さざるを得ない．このような場合のように，一部の製品の情報から全体の製品の情報を推測するには，確率の考え方が必要になってくる．

これをサイコロを例にとって考えてみよう．サイコロを振るとき（それを**試行**という），1から6までのどの目が出るかを言いあてることはできない．このことを，目の出方は**ランダム**であるという．つまり，予想ができない状態を「**ランダムである**」と表現することにする．しかしながら，何度もサイコロを振るときには，全体として目の出方を調べると，各目の出方が，ほぼ同じ数で，各目のでる割合が $\frac{1}{6}$ に近くなることが観察できるであろう．このように，1個1個の試行における目の出方はランダムであっても，試行全体を考えるとそこにはある 法則性 が存在することになる．この法則性を調べるのが**確率論**であり，それを基に推量していくのが**統計学**の理論（小標本理論）であるといえる．

先ほどの蛍光灯を作る工場でこの考え方を適用してみよう．もし，生産ラインが安定していて，蛍光灯を作る際に，ほとんどブレがなく 同一条件 で各蛍光灯管が作られていると仮定する．それでも，誤差というのは必然的に生じるので，不良品をなくすることはできないが，その割合は，一定である と考えても差し支えないであろう．その割合がいくつになるのか知りたい．全部調べれば割合はでる．しかし，全部の蛍光管を調べると売る製品がなくなる．そこで一部を抜き出して（標本をとって）調査するが，たまたま不良品がたくさん含まれていることもあれば，逆に少ないこともあるだろう．そこで抜き出した標本を基に全体の不良品の割合を確率論を駆使して求めようというのである．

7.1 母集団とその標本

7.1.1 母集団

われわれが調べたいと思っている集団全体のことを**母集団** (population) という．国勢調査のような場合には，国全体を対象にしていて，それが母集団になっている．この場合の調査方法を**全数調査**という．

しかし，必ずしも常に全体を調査できる場合ばかりではない．あるいは，上述のように工場や農場においては，製品や農産物の品質を調査するために全部の製品や農産物を犠牲にすることが適切でない場合も多く存在する．

ここでは，母集団の一部を取り出し，それを調べることによって，母集団全体の特性を推測するという状況を考えよう．このような方法を**統計的推論**という．

母集団から一部を選び出すことを**標本抽出**という．標本の分析には確率論の手法が使われるので，**無作為（ランダム）性**が要求されることになる．そこで，母集団からランダムに標本を抽出する方法を**無作為抽出（ランダムサンプリング）**という．

目標は，標本そのものではなくて，母集団の特性を知ることである．そのために，母集団のなす分布がどのようなものであるかを調べればよい．例えば，母集団として，身長とか体重を考えたときには，その分布は経験的に，**正規分布**に従うことが知られている．これらを**母集団分布**と呼ぶ．

したがって，母集団分布がどのような確率分布に従うかが問題になる．例えば，母集団として身長や体重を考えると，正規分布に従うので，平均 μ と分散 σ^2 が分かれば，母集団の特性を決定できることになる．このように母集団を決定する定数（**パラメータ**という）を求めることが，統計的推論の目標となる．これらのパラメータを，母集団の**母数**といい，母集団の平均 μ を**母平均**，分散

σ^2を**母分散**という．

以下，母集団が正規分布に従うとき，その母集団を簡潔に**正規母集団**ということにする．同様に，母集団が，ベルヌーイ分布，二項分布，ポアソン分布などに従うとき，それぞれの母集団を，ベルヌーイ母集団，二項母集団，ポアソン母集団などということにする．

7.1.2　標本分布

母集団から標本 $\{X_1, X_2, \cdots, X_n\}$ を無作為に取り出す．無作為に取り出すというときは，$X_1, X_2, \cdots, X_n$ は，同一の分布に従い，独立であることを意味することにする．

さらに，母集団から標本を取り出すというときは，特に断らない限り無作為に取り出すものとする．

n を**標本の大きさ (サイズ)** という．$\{X_1, X_2, \cdots, X_n\}$ の関数 $T(X_1, X_2, \cdots, X_n)$ を**統計量** (statistic) という．

$X_1, X_2, \cdots, X_n$ は確率変数であるから，$T(X_1, X_2, \cdots, X_n)$ も確率変数になる．この確率分布を統計量 $T(X_1, X_2, \cdots, X_n)$ の**標本分布**という．

重要な統計量としては，標本平均と標本分散などがあげられる．今，母集団の母平均を μ，母分散を σ^2 とする．

- **標本平均**　大きさ n の標本 $X_1, X_2, \cdots, X_n$ に対して，

$$\bar{X} = \frac{1}{n}(X_1 + X_2 + \cdots + X_n) = \frac{X_1 + X_2 + \cdots + X_n}{n}$$

を**標本平均** (sample mean) という．このとき，公式 26 より

$$E(\bar{X}) = E\left(\frac{1}{n}(X_1 + X_2 + \cdots + X_n)\right) = \frac{1}{n}\sum_{i=1}^{n} E(X_i) = \frac{n\mu}{n} = \mu$$

$$V(\bar{X}) = V\left(\frac{1}{n}(X_1 + X_2 + \cdots + X_n)\right) = \frac{1}{n^2}\sum_{i=1}^{n} V(X_i) = \frac{n\sigma^2}{n^2} = \frac{\sigma^2}{n}$$

となる．したがって，$\bar{X}$ は，n が大きくなるにつれて，分散は小さくなり，母平均 μ に収束することになる．

母平均が未知の場合，この標本平均は母平均の**推定量**として機能することが分かる．特に，期待値が対応する母数に一致する性質を**普遍性**（詳

しくは 9.2.1 参照）という．したがって，標本平均は，母平均の**普遍推定量**になっていることが分かる．

- **標本分散** 標本 $X_1, X_2, \cdots, X_n$ に対して，

$$s^2 = \frac{1}{n-1}\sum_{i=1}^{n}(X_i - \bar{X})^2 = \frac{1}{n-1}\{(X_1-\bar{X})^2+(X_2-\bar{X})^2+\cdots+(X_n-\bar{X})^2\}$$

を**標本分散** (sample variance) という．

このとき，

$$E(s^2) \quad = \quad E\left(\frac{1}{n-1}\sum_{i=1}^{n}(X_i - \bar{X})^2\right) = \sigma^2$$

となる．したがって，標本分散は，母分散の**普遍推定量**になっていることが分かる．実際，公式 26 を使って計算すると次のように示せる．

$$E(s^2) = E\left(\frac{1}{n-1}(X_i - \bar{X})^2\right) = \frac{1}{n-1}\sum_{i=1}^{n}E((X_i - \bar{X})^2)$$

$$= \frac{1}{n-1}\sum_{i=1}^{n}E[\{(X_i - \mu) - (\bar{X} - \mu)\}^2]$$

$$= \frac{1}{n-1}\sum_{i=1}^{n}\{E((X_i - \mu)^2 - 2E((X_i - \mu)(\bar{X} - \mu)) + E((\bar{X} - \mu)^2)\}$$

$$\left(\sum_{i=1}^{n}(X_i - \mu) = \sum_{i=1}^{n}X_i - n\mu = n\bar{X} - n\mu = n(\bar{X} - \mu)\right)$$

$$= \frac{1}{n-1}\{n\sigma^2 - 2nE((\bar{X} - \mu)^2) + nE((\bar{X} - \mu)^2)\}$$

$$= \frac{1}{n-1}\left[n\sigma^2 - nV(\bar{X})\right] = \frac{1}{n-1}\left[n\sigma^2 - n \cdot \frac{\sigma^2}{n}\right] = \sigma^2$$

注意

$$V_n = \frac{1}{n}\sum_{i=1}^{n}(X_i - \bar{X})^2$$

を標本分散に採用することもできるが，普遍性がないので，不偏推定量になっている上記の定義の方が都合がよい．

7.2　正規母集団の標本

母集団が正規分布に従うとき正規母集団という．標本を正規母集団からとる場合は応用範囲も広いのでここでまとめて扱う．正規分布であるから，母平均 μ と母分散 σ^2 によってその分布 $N(\mu, \sigma^2)$ は特徴付けられている．ここでは，標本は無作為に選ぶものとする．標本の満たす分布を調べよう．

7.2.1　標本平均と標本分散

標本平均の平均，分散についてはすでに計算した．公式 27(公式 19 の繰り返し）と同じであるが，標本として扱うので再掲する．

公式 28　標本 $X_1, X_2, \cdots, X_n$ に対して，標本平均 $\bar{X}$ も，平均 μ，分散 σ^2/n の正規分布に従う．すなわち $N(\mu, \dfrac{\sigma^2}{n})$ に従う．

まず，χ^2（カイ 2 乗）分布を導入しよう．

χ^2（カイ 2 乗）分布　$Z_1, Z_2, \cdots, Z_n$ を独立な標準正規分布 $N(0, 1^2)$ に従う確率変数とするとき，

$$\chi^2 = Z_1^2 + Z_2^2 + \cdots + Z_n^2$$

の従う確率分布を**自由度** n **の** χ^2 **分布**といい，$\chi^2(n)$ と表す．

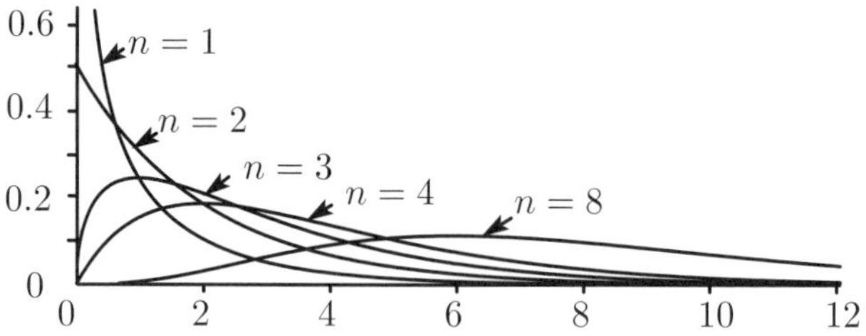

図 **7.1**　χ^2 分布

$\chi^2(n)$ 分布の密度関数は次のように表せる．

$$f(x) = \begin{cases} \dfrac{1}{2^{n/2}\Gamma(n/2)} x^{\frac{n}{2}-1} e^{-\frac{x}{2}} & (x \geqq 0) \\ 0 & (x < 0) \end{cases}$$

注意　ここで，$\Gamma(x)$ はガンマ関数といい，

$$\Gamma(x) = \int_0^\infty t^{x-1} e^{-t} dt$$

で定義される．

公式 29 (χ^2 分布の平均と分散) X を自由度が n の χ^2 分布，すなわち，$\chi^2(n)$ 分布とするとき，

$$\begin{aligned} E(X) &= n \\ V(X) &= 2n \end{aligned}$$

が成り立つ．

標本分散については，カイ 2 乗分布で表現できる

公式 30 標本 $X_1, X_2, \cdots, X_n$ に対して，標本分散

$$s^2 = \frac{1}{n-1}\sum_{i=1}^{n}(X_i - \bar{X})^2$$

を考えるとき，

$$\chi^2 = \frac{(n-1)s^2}{\sigma^2}$$

は自由度 $n-1$ の χ^2 分布に従う．

注意 証明のアイディアは次の通りである．$Z_i = \frac{X_i - \mu}{\sigma}$ とおくと，$Z_i \sim N(0,1)$ となるから，$\sum_{i=1}^{n} Z_i^2 \sim \chi^2(n)$ である．

$$\frac{(n-1)s^2}{\sigma^2} = \frac{\sum_{i=1}^{n}(X_i - \bar{X})^2}{\sigma^2} = \sum_{i=1}^{n}(Z_i - \bar{Z})^2 = \sum_{i=1}^{n} Z_i^2 - (\sqrt{n}\bar{Z})^2$$

となる，一方，

$$\sqrt{n}\bar{Z} = \sqrt{n}\frac{\bar{X} - \mu}{\sigma} = \frac{\bar{X} - \mu}{\sigma/\sqrt{n}} \sim N(0,1)$$

であるから，$(\sqrt{n}\bar{Z})^2 \sim \chi^2(1)$ となる．これらが互いに独立であるから，$\frac{(n-1)s^2}{\sigma^2} \sim \chi^2(n-1)$ となる． ■

χ^2 分布は再生性をもつ．

χ_1^2，χ_2^2 をそれぞれ自由度が n_1，n_2 の χ^2 分布に従うとする．このとき，$\chi^2 = \chi_1^2 + \chi_2^2$ は自由度 $(n_1 + n_2)$ の χ^2 分布に従う．

標準正規分布のときと同様に，自由度 n の χ^2 分布に従う確率変数 χ^2 に対して，その値より上側の確率が α となる χ^2 の値 $\chi_\alpha^2(n)$ を**上側 100α% 点**，あるいは**上側 100α% のパーセント点**ということにする．

χ^2 分布表は，χ^2 分布が自由度 n によって異なる分布になるので，標準正規分布表のように w の値を与えて，上側確率 $P(Z \geqq w)$ を表示することは紙面の関係でできない．縦に自由度をとり，横は代表的な確率 α を並べて，確率 α に対する上側 $100\alpha\%$ のパーセント点 $\chi^2_\alpha(n)$ を配置して2次元の表に表すことになる（巻末の付表参照）．

(a)　標本平均（母分散が未知のとき）

母分散 σ^2 が既知のときは，上述の様に，標本平均 $\bar{X}$ は正規分布になるのであった．しかし，現実のモデルでは，母分散が分かってない場合ことも多い．その場合には，母分散の推定量として，標本分散を用いることになる．まず，t 分布を導入する．

t 分布　X は標準正規分布 $N(0,1)$ に従い，Y は自由度 n の $\chi^2(n)$ 分布に従い，X と Y とが独立であるとき，

$$t = \frac{X}{\sqrt{Y/n}}$$

は自由度 n の t 分布に従うといい，$t(n)$ と表す．

t 分布のことをスチューデントの t 分布とも言う．スチューデントは，t 分布の産みの親であるゴセット（William Gosset）のペンネームである．

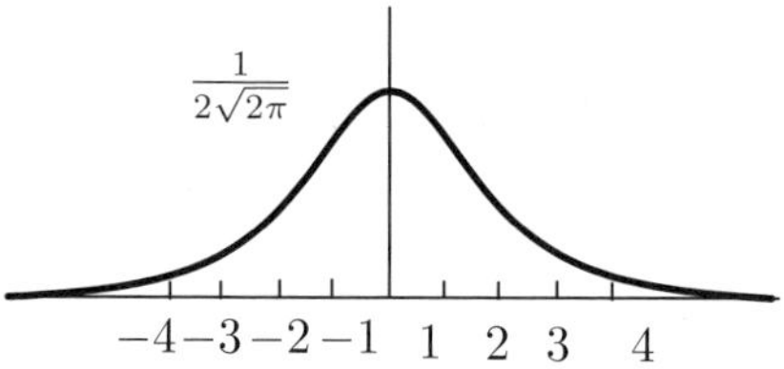

図 7.2　$n=2$ の t 分布

$t(n)$ 分布の密度関数は次のようになっている．

$$f(x) = \frac{\Gamma\left(\frac{n+1}{2}\right)}{\sqrt{n\pi}\,\Gamma\left(\frac{n}{2}\right)}\left(1+\frac{x^2}{n}\right)^{-\frac{n+1}{2}}$$

t 分布の平均と分散は次のように計算される．

公式 31 (t 分布の平均と分散)

$$E(t(n)) = 0 \quad (n > 1)$$
$$V(t(n)) = \frac{n}{n-2} \quad (n > 2)$$

$n = 1$ のとき，$t(1)$ はコーシー分布になる．平均値は定まらない．分散は発散してしてしまう．$n = 2$ のとき，$t(2)$ の平均値は 0 となるが，分散は発散してしまう．

X として，$\frac{\bar{X}-\mu}{\sigma/\sqrt{n}}$ をとり，Y として $\frac{(n-1)s^2}{\sigma^2}$ をとると，X は標準正規分布であり，Y は公式 30 の結果を使うと，自由度 $n-1$ の χ^2 分布になる．X と Y が独立であることは，認めることにすると，t 分布の定義より

$$t = \frac{X}{\sqrt{Y/(n-1)}} = \frac{\frac{\bar{X}-\mu}{\sigma/\sqrt{n}}}{\sqrt{s^2/\sigma^2}} = \frac{\bar{X}-\mu}{\sqrt{s^2/n}}$$

は自由度 $n-1$ の t 分布になる．

公式 32 正規母集団 $N(\mu, \sigma^2)$ から無作為に選んだ標本 $X_1, X_2, \cdots, X_n$ に対して，標本平均を $\bar{X}$ とし，標本分散

$$s^2 = \frac{1}{n-1}\sum_{i=1}^{n}(X_i - \bar{X})^2$$

を考えるとき，

$$t = \frac{\bar{X}-\mu}{\sqrt{s^2/n}} = \frac{\bar{X}-\mu}{s/\sqrt{n}}$$

は自由度 $n-1$ の t 分布，すなわち，$t(n-1)$ 分布に従う．

この公式の意味するところは，次の通りである．分散 σ^2 が分かっているときは，標準化により

$$Z = \frac{\bar{X}-\mu}{\sqrt{\sigma^2/n}}$$

が標準正規分布になるのであった．しかしながら，σ^2 が未知の場合には，不偏分散になっているこの標本分散 s^2 で σ^2 を代用することが考えられる．これが上述の t であり，**スチューデント比**と呼ばれる．このスチューデント比が t 分布に従うということである．

標準正規分布のときと同様に，$t(n)$ 分布に従う確率変数 t に対して，その

値より上側の確率が α となる t の値 $t_\alpha(n)$ を**上側 100α% 点**，あるいは**上側 100α% のパーセント点**ということにする．t 分布に対する上側 100α% のパーセント点の表の一部を掲載する（表 7.1）．標準正規分布表とは構成が異っている点に注意が必要である．

自由度 n によって異なる分布になるので，標準正規分布表のように w の値を与えて，上側確率 $P(Z \geqq w)$ を表示することは紙面の関係でできない．そこで，応用上大事になる 5% などの確率 α の値に対する上側 100α% のパーセント点を選び出して載せてある．

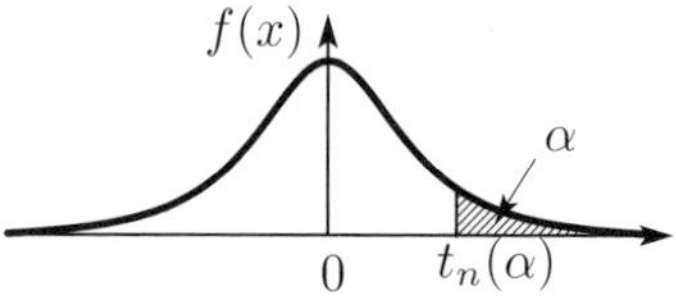

n \ α	.250	.200	.150	.100	.050	.025	.020	.015	.010	.005
1	1.000	1.376	1.963	3.078	6.314	12.706	15.895	21.205	31.821	63.657
2	0.816	1.061	1.386	1.886	2.920	4.303	4.849	5.643	6.965	9.925
3	0.765	0.978	1.250	1.638	2.353	3.182	3.482	3.896	4.541	5.841
4	0.741	0.941	1.190	1.533	2.132	2.776	2.999	3.298	3.747	4.604
5	0.727	0.920	1.156	1.476	2.015	2.571	2.757	3.003	3.365	4.032
...	...	...	...	...	...	...	...	...	...	...

表 7.1　t 分布の上側確率の表

標準正規分布との関係を見ておこう．t 分布は，$x = 0$ の軸に関して対称になっている．標準正規分布と比較すると，t 分布の密度関数のグラフの裾が厚くなっている（図 7.3 参照）．

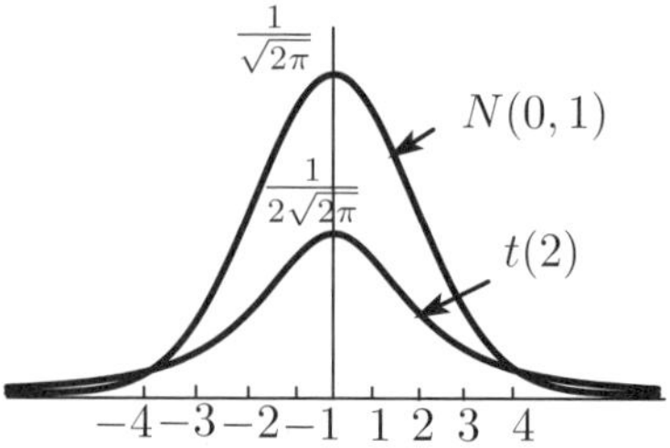

図 7.3　標準正規分布と $n = 2$ の t 分布

自由度 n が大きくなると，標準正規分布に近づいてくる．実用的には，$n \geqq 30$

であれば，標準正規分布とみなして計算してもよいであろう．ちなみに，上側2.5%のパーセント点を比較してみよう．

$$\text{標準正規分布の上側 2.5\%のパーセント点 } z_{0.025} = 1.96$$
$$t(30) \text{ 分布の上側 2.5\%のパーセント点 } t_{0.025}(30) = 2.04$$

である．

(b)　標本分散の比

ここでは，F 分布を導入する．

F 分布　X，Y は独立で，X は自由度が m の χ^2 分布 $\chi(m)$，Y は自由度が n の χ^2 分布 $\chi(n)$ に従う確率変数とするとき，

$$F = \frac{X/m}{Y/n}$$

の従う確率分布を**自由度 (m, n) の F 分布**といい，$F(m, n)$ と表す．指定する必要があるときには，m を第1自由度，n を第2自由度ということにする．それぞれ自由度で割った比を**フィッシャーの分散比**という．

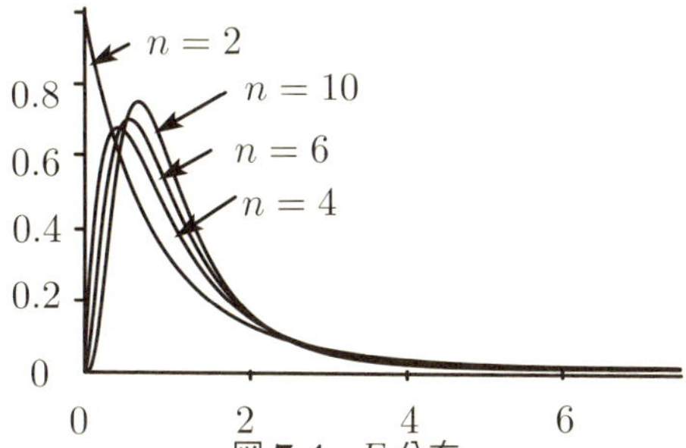

図 **7.4**　F 分布

$F(m, n)$ 分布の密度関数は次のように表せる．

$$f(x) = \begin{cases} \dfrac{\Gamma\left(\frac{m+n}{2}\right) m^{\frac{m}{2}} n^{\frac{n}{2}}}{\Gamma\left(\frac{m}{2}\right)\Gamma\left(\frac{n}{2}\right)} \dfrac{x^{\frac{m}{2}-1}}{(mx+n)^{\frac{m+n}{2}}} & (x \geqq 0) \\ 0 & (x < 0) \end{cases}$$

公式 33 (F 分布の平均と分散)　X を自由度が (m, n) の F 分布，すなわち，$F(m, n)$ 分布とするとき，

$$E(X) = \frac{n}{n-2} \quad (n > 2)$$

$$V(X) = \frac{2n^2(m+n-2)}{m(n-2)^2(n-4)} \quad (n > 4)$$

が成り立つ.

2つの正規母集団 $N(\mu_X, \sigma_X^2), N(\mu_Y, \sigma_Y^2)$ からそれぞれ独立な標本 $X_1, X_2, \cdots, X_n$ と $Y_1, Y_2, \cdots, Y_n$ を無作為に抽出したときの，標本分散の比の分布について，F 分布を応用する．以下の2標本問題の中でそれを扱う.

標準正規分布や t 分布のときと同様に，自由度が (m, n) の F 分布に従う確率変数 F に対して，その値より上側の確率が α となる $F(m, n)$ の値 $F_\alpha(m, n)$ を**上側 100α% 点**，あるいは**上側 100α% のパーセント点**ということにする.

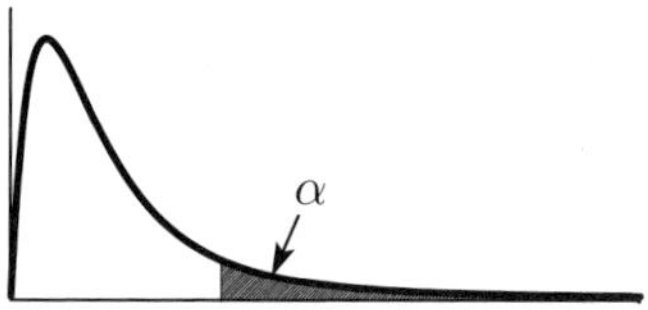

F 分布も自由度によって異なる分布になる．t 分布のときは，自由度は1個だったので，縦に自由度をとり，横は代表的な確率を並べて2次元の表に表した．しかし，F 分布は2個あるので，縦と横に，m と n をとると，確率を変えることができない．そこで，確率毎に表が必要になる．この本では，確率 α として，0.05，0.025，0.01，0.005 に対する上側 100α% のパーセント点を表した表を巻末に載せた.

F 分布の定義より，$F(n, m) = \frac{1}{F(m,n)}$ が成り立つので

公式 34 (F 分布の第1，第2自由度の関係)

$$F_\alpha(m, n) = \frac{1}{F_{1-\alpha}(n, m)}$$

が成り立つ.

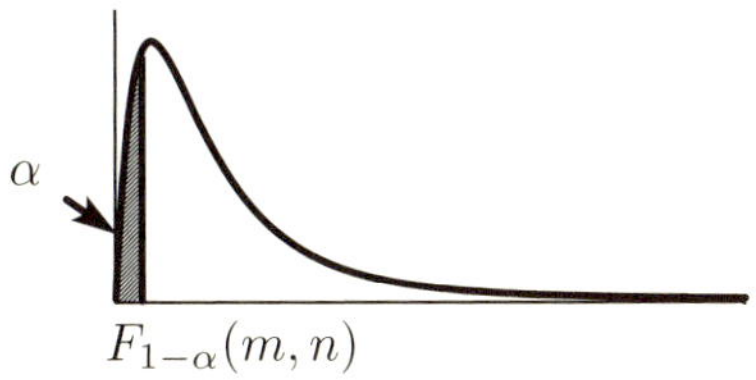

上図の $F_{1-\alpha}(m,n)$ の値は F 分布表にはないが，公式 34 を用いると求めることができる．

7.2.2　2 標本問題

2 つの正規母集団から別々に標本を取り出し，比較を扱う問題を **2 標本問題**という．

2 つの正規母集団をそれぞれ，$N(\mu_X, \sigma_X^2)$，$N(\mu_Y, \sigma_Y^2)$ とする．この 2 つの母集団から標本として，それぞれ，m 個の $X_1, X_2, \cdots, X_m$ と n 個の $Y_1, Y_2, \cdots, Y_n$ を独立に抽出したとする．

(a)　標本平均の差の分布

2 つの正規母集団の母平均の差 $\mu_X - \mu_Y$ を調べることが大事な問題となる．例えば，身近なところでは，身長や体重などで 2 つのグループによる差異があるかどうかを調べる問題や企業の製品管理において，2 つの工場における製品の差異を調べる問題などが考えられる．

そのために，それぞれの母集団から選ばれた標本平均の差 $\bar{X} - \bar{Y}$ を考えることにする．

$$\bar{X} = \frac{1}{m}\sum_{i=1}^{m} X_i = \frac{X_1 + X_2 + \cdots + X_m}{m}$$

$$\bar{Y} = \frac{1}{n}\sum_{i=1}^{n} Y_i = \frac{Y_1 + Y_2 + \cdots + Y_n}{n}$$

各分散が既知か未知によって場合分けをする．

① **σ_X^2，σ_Y^2 が共に既知のとき**

$\bar{X}$ は正規分布 $N\left(\mu_X, \frac{\sigma_X^2}{m}\right)$, $\bar{Y}$ は正規分布 $N\left(\mu_Y, \frac{\sigma_Y^2}{n}\right)$ に従う．$\bar{X}$ と $\bar{Y}$ は独立であるので，公式 19 より $\bar{X} - \bar{Y}$ は正規分布 $N\left(\mu_X - \mu_Y, \frac{\sigma_X^2}{m} + \frac{\sigma_Y^2}{n}\right)$ に従う．まとめると

公式 35 (σ_X^2，σ_Y^2 が共に既知) 2つの正規母集団から選んだ独立な標本 $X_1, X_2, \cdots, X_m$ と $Y_1, Y_2, \cdots, Y_n$ に対して，$\bar{X} - \bar{Y}$ は正規分布 $N\left(\mu_X - \mu_Y, \frac{\sigma_X^2}{m} + \frac{\sigma_Y^2}{n}\right)$ に従う．

次の例を考えよう．

例題 33 ある工場の2つのライン A，B で製品を生産している．A のラインの製品は平均が 10.5 cm で，標準偏差が $\sqrt{1.2}$ cm で，B のラインの製品は平均が 10 cm で，標準偏差が $\sqrt{1.8}$ cm で，それぞれ正規分布に従うという．A から 8 個，B から 6 個の製品を無作為に抜き出したとき，A の 8 個の平均が B の 6 個の平均より短い確率を求めなさい．

[解] A から抜き出した 8 個を標本 $X_1, X_2, \cdots, X_8$ とし，B から抜き出した 6 個を標本 $Y_1, Y_2, \cdots, Y_8$ とするとき，それぞれは独立である．

$\mu_X = 10.5$，$\sigma_X^2 = 1.2$，$\mu_Y = 10$，$\sigma_Y^2 = 1.8$ であるから，公式 35 を適用すると，$L = \bar{X} - \bar{Y}$ は正規分布 $N(0.5, \frac{1.2}{8} + \frac{1.8}{6}) = N(0.5, 0.45)$ に従う．

標準化

$$Z = \frac{L - 0.5}{\sqrt{0.45}}$$

により，$L = 0$ は，$Z = -\frac{\sqrt{5}}{3}$ に移る．公式 20 を利用すると

$$P\left(Z < -\frac{\sqrt{5}}{3}\right) = P\left(Z > \frac{\sqrt{5}}{3}\right) \fallingdotseq P(Z > 0.745)$$

標準正規分布表より，上側確率は $Z = 0.74$ のとき，0.2296，$Z = 0.75$ のとき 0.2266 となる．真ん中をとると 0.2281．よって

$$P(\bar{X} - \bar{Y} < 0) = P\left(Z < -\frac{\sqrt{5}}{3}\right) \fallingdotseq 0.228\ (22.8\%) \quad \cdots (\text{答})$$

■

次の演習を解いてみよう．

演習 13　2つの会社 A と B で同じ部品を作っている．A 社の製品の重さは平均が 110 g で，標準偏差が $2\sqrt{3}$ g で，B 社の製品は平均が 102 g，標準偏差が $2\sqrt{2}$ g であり，それぞれ正規分布に従うという．A 社から 6 個，B 社から 4 個の製品を無作為に抜き出した.重さを計ったとき，A 社の製品の平均が B 社の平均より 10g 重い確率を求めなさい．

以下の $\boxed{\text{太い線の括弧}}$ には数値を入れなさい．

A から抜き出した 4 個を標本 $X_1, X_2, \cdots, X_4$ とし，B から抜き出した 8 個を標本 $Y_1, Y_2, \cdots, Y_8$ とするとき，それぞれは独立である．

$\mu_X = \boxed{}$, $\sigma_X^2 = \boxed{}$, $\mu_Y = \boxed{}$, $\sigma_Y^2 = \boxed{}$ であるから，公式 35 を適用すると，$W = \bar{X} - \bar{Y}$ は正規分布

$$N\left(\boxed{}, \frac{\boxed{}}{\boxed{}} + \frac{\boxed{}}{\boxed{}}\right) = N\left(\boxed{}, \boxed{}\right)$$

に従う．標準化

$$Z = \frac{W - \boxed{}}{\sqrt{\boxed{}}}$$

により，$W = 10$ は，$Z = \boxed{}$ に移る．標準正規分布表より，上側確率は $\boxed{}$ となる．よって

$P(\bar{X} - \bar{Y} > 10) = P(Z > \boxed{}) \fallingdotseq \boxed{}$ $(\boxed{}\%)$　・・・(答)

■

② σ_X^2，σ_Y^2 は未知だが等しいとき

$\sigma^2 = \sigma_X^2 = \sigma_Y^2$ であるから，$\bar{X} - \bar{Y}$ の分散は公式 26 より

$$V(\bar{X} - \bar{Y}) = \frac{\sigma_X^2}{m} + \frac{\sigma_Y^2}{n} = \sigma^2\left(\frac{1}{m} + \frac{1}{n}\right)$$

になる．すなわち，$\bar{X} - \bar{Y} \sim N\left(\mu_X - \mu_Y, \sigma^2\left(\frac{1}{m} + \frac{1}{n}\right)\right)$ である．標準化すると

$$Z = \frac{(\bar{X} - \bar{Y}) - (\mu_X - \mu_Y)}{\sigma\sqrt{\frac{1}{m} + \frac{1}{n}}} \tag{7.1}$$

は標準正規分布に従う．ところが，σ^2 は未知なので，2 つの標本の両方を用いて，分散 σ^2 の推定することにする．それぞれの分散の不偏推定量は

$$s_X^2 = \frac{1}{m-1}\sum_{i=1}^{m}(X_i - \bar{X})^2,\quad s_Y^2 = \frac{1}{n-1}\sum_{i=1}^{n}(Y_i - \bar{Y})^2$$

である．すなわち，$E(s_X^2) = E(s_Y^2) = \sigma^2$ である．これを合併した推定量 s^2(**合併した分散**と呼ぶことにする)

$$s^2 = \frac{(m-1)s_X^2 + (n-1)s_Y^2}{m+n-2} = \frac{\sum_{i=1}^{m}(X_i - \bar{X})^2 + \sum_{i=1}^{n}(Y_i - \bar{Y})^2}{m+n-2}$$

も σ^2 の不偏推定量である．なぜなら

$$E(s^2) = E\left(\frac{(m-1)s_X^2 + (n-1)s_Y^2}{m+n-2}\right) = \frac{(m-1)E(s_X^2) + (n-1)E(s_Y^2)}{m+n-2}$$

$$= \frac{(m-1)\sigma^2 + (n-1)\sigma^2}{m+n-2} = \sigma^2$$

が成り立つ．式 (7.1) の σ の代わりに s で置き換えた式

$$T = \frac{(\bar{X} - \bar{Y}) - (\mu_X - \mu_Y)}{s\sqrt{\frac{1}{m} + \frac{1}{n}}}$$

は t 分布 $t(m+n-2)$ に従う．これをきちんと示すには，t の定義に戻る．まず，公式 30 より，$(m-1)s_X^2/\sigma^2$，$(n-1)s_Y^2/\sigma^2$ は，それぞれ自由度が $m-1$，$n-1$ の χ^2 分布に従う．公式 30 の後に記述した χ^2 分布の再生性により

$$W = \frac{(m-1)s_X^2}{\sigma^2} + \frac{(n-1)s_Y^2}{\sigma^2} = \frac{(m-1)s_X^2 + (n-1)s_Y^2}{\sigma^2} = \frac{(m+n-2)s^2}{\sigma^2}$$

は自由度 $m+n-2$ の χ^2 分布 $\chi^2(m+n-2)$ に従う．$\bar{X} - \bar{Y}$ と s^2 が独立であると認めると，t 分布の定義より，$\frac{Z}{\sqrt{W/(m+n-2)}}$ は $t(m+n-2)$ に従う，これは整理すると T になる．まとめると

公式 36 (σ_X^2, σ_Y^2 **が未知だが等しい**) 2つの正規母集団から選んだ独立な標本 $X_1, X_2, \cdots, X_m$ と $Y_1, Y_2, \cdots, Y_n$ に対して，

$$s^2 = \frac{(m-1)s_X^2 + (n-1)s_Y^2}{m+n-2}$$

とおくとき，

$$T = \frac{(\bar{X} - \bar{Y}) - (\mu_X - \mu_Y)}{s\sqrt{\frac{1}{m} + \frac{1}{n}}}$$

は t 分布 $t(m+n-2)$ に従う．

次の例を考えよう．

例題 34 2つの測定器 A，B がある．A は 30 cc の溶液を計り，B は 20 cc の溶液を計る．A，B の測定値は，それぞれ平均が 30 cc，20 cc の正規分布に従い，分散は同じメーカーのものなので，同じだと考えられている．今，無作為に A からサンプルを 4 個，B から 3 個のサンプルをとった結果が次の表の通りになった．

A	29.8	30.2	30.1	30.3
B	20.1	19.9	19.7	

これから求めた公式 36 の T の値を t^* とするとき，$P(T > t^*)$ を求めなさい．

[解] A の標本を $X_1 = 29.8$，$X_2 = 30.2$，$X_3 = 30.1$，$X_4 = 30.3$，B の標本を $Y_1 = 20.1$，$Y_2 = 19.9$，$Y_3 = 19.7$ とするとき，独立であると考えられる．

$\mu_X = 30$，$\mu_Y = 20$，$\sigma_X^2 = \sigma_Y^2$ である．

$$\bar{X} = \frac{29.8 + 30.2 + 30.1 + 30.3}{4} = \frac{120.4}{4} = 30.1$$

$$\bar{Y} = \frac{20.1 + 19.9 + 19.7}{3} = \frac{59.7.6}{3} = 19.9$$

$$s^2 = \frac{1}{4+3-2}\left[\{(-0.3)^2 + 0.1^2 + 0.2^2\}\right.$$

$$\left. + \{0.2^2 + (-0.2)^2\}\right]$$

$$= \frac{1}{5}(0.14 + 0.08) = 0.044$$

公式36を適用すると,

$$t^* = \frac{10.2-10}{\sqrt{0.044}\sqrt{\frac{1}{4}+\frac{1}{3}}} = \frac{0.2}{\sqrt{0.044}\sqrt{\frac{7}{12}}} \fallingdotseq 1.248$$

自由度5のt分布のパーセント点表を見ると,上側確率15%のパーセント点$t_{0.15}(5)$は1.156で,上側確率10%のパーセント点$t_{0.10}(5)$は1.9476である.補間して,1.248がパーセント点になる上側確率αを求めると

$$\alpha = \frac{0.15\cdot(1.476-1.248)+0.10\cdot(1.248-1.156)}{1.476-1.156} \fallingdotseq 0.136$$

となる.したがって,

$$\alpha = P(T > t^*) = 0.136 \quad (13.6\%) \qquad \cdots (\text{答})$$

t分布表は代表的な確率に対するパーセント点しか表示されてないので,補間して求めることになった. ■

注意　ここで,t分布の場合にもEXCELを利用してみよう.

T.DIST(値, 自由度,TRUE)

は,累積確率$P(t <$ 値$)$を表す.

ちなみに,上述の場合には,T.DIST$(t^*, 5, True) \fallingdotseq 0.866$となるので,上側確率は$P(t > t^*) = 1 - 0.866 = 0.134$となる.実際,補間で求めた値は真の値に近いものになっていることが分かる. ■

次の演習を解いてみよう.

演習 14　ある会社では2つの長さの異なる部品A,Bを作っている.A,Bは,それぞれ長さの平均が20 cm,15 cmで正規分布に従い,分散は同じだと考えられている.今,無作為にAから3個,Bから5個をとった結果が次の表の通りになった.

A	20.3	20.5	20.1		
B	14.3	14.6	14.5	15.2	14.9

A,Bは横に並べて使用するので,差が5 cmに近いほどよい.今回取り出した標本に対して公式36のTの値をt^*とすると,$P(T > |t^*|)$が2.5%以上であれば合格だとする.合格か不合格かを確かめなさい.

以下の $\boxed{\text{細い線の括弧}}$ には式や文字を，$\boxed{\textbf{太い線の括弧}}$ には数値を入れなさい．

A の標本を $X_1 = 20.3$，$X_2 = 20.3$，$X_3 = 20.1$，B の標本を $Y_1 = 14.3$，$Y_2 = 14.6$，$Y_3 = 14.5$，$Y_4 = 15.2$，$Y_5 = 14.9$ とするとき，独立であると考えられる．

$\mu_X = \square$，$\mu_Y = \square$，$\sigma_X^2 = \sigma_Y^2$ である．

$$\bar{X} = \square = \square = \square$$

$$\bar{Y} = \square = \square = \square$$

$$s^2 = \frac{\square}{\square}\left[\{\square\} + \{\square\}\right] = \frac{\square}{\square}(\square + \square) = \square$$

公式 36 を適用すると，

$$t^* = \frac{\square}{\sqrt{\square}\sqrt{\dfrac{\square}{\square} + \dfrac{\square}{\square}}} = \frac{\square}{\sqrt{\square}\sqrt{\square}} \fallingdotseq \square$$

自由度 $\square$ の t 分布のパーセント点表を見ると，上側確率 $\square$% のパーセント点 $t_{\square}(\square)$ は $\square$ で，上側確率 $\square$% のパーセント点 $t_{\square}(\square)$ は $\square$ である．補間して，$\square$ がパーセント点になる上側確率 α を求めると

$$\alpha = \frac{\square \cdot \square + \square \cdot \square}{\square} \fallingdotseq \square$$

となる．したがって，

$$\alpha = P(T > |t^*|) = \square$$

となるので，$\square$（・・・(答)）となる．■

③ σ_X^2，σ_Y^2 は未知で等しくないとき

σ_X^2，σ_Y^2 が未知であるから，各標本分布

$$s_X^2 = \frac{1}{m-1}\sum_{i=1}^{m}(X_i - \bar{X})^2, \quad s_Y^2 = \frac{1}{n-1}\sum_{i=1}^{n}(Y_i - \bar{Y})^2$$

を用いて，近似的に分布を求める方法がある．

$$T = \frac{(\bar{X} - \bar{Y}) - (\mu_X - \mu_Y)}{\sqrt{\frac{s_X^2}{m} + \frac{s_Y^2}{n}}}$$

は自由度 ν の t 分布 $t(\nu)$ に従うことが知られている．ただし，自由度 ν は

$$\frac{\left(\frac{\sigma_X^2}{m} + \frac{\sigma_Y^2}{n}\right)^2}{\frac{\left(\frac{\sigma_X^2}{m}\right)^2}{m-1} + \frac{\left(\frac{\sigma_Y^2}{n}\right)^2}{n-1}}$$

に最も近い整数になる．このような近似的な自由度の計算方法を**ウェルチの近似法**という．まとめると

> **公式 37 (σ_X^2，σ_Y^2 が未知で等しくない)** 2つの正規母集団から選んだ独立な標本 $X_1, X_2, \cdots, X_m$ と $Y_1, Y_2, \cdots, Y_n$ に対して，それぞれの標本分散
>
> $$s_X^2 = \frac{1}{m-1}\sum_{i=1}^{m}(X_i - \bar{X})^2, \quad s_Y^2 = \frac{1}{n-1}\sum_{i=1}^{n}(Y_i - \bar{Y})^2$$
>
> を用いると
>
> $$T = \frac{(\bar{X} - \bar{Y}) - (\mu_X - \mu_Y)}{\sqrt{\frac{s_X^2}{m} + \frac{s_Y^2}{n}}}$$
>
> は t 分布 $t(\nu)$ に従う．ただし，ただし，自由度 ν は
>
> $$\frac{\left(\frac{\sigma_X^2}{m} + \frac{\sigma_Y^2}{n}\right)^2}{\frac{\left(\frac{\sigma_X^2}{m}\right)^2}{m-1} + \frac{\left(\frac{\sigma_Y^2}{n}\right)^2}{n-1}}$$
>
> に最も近い整数である．

(b)　標本分散比の分布

2つの正規母集団 $N(\mu_X, \sigma_X^2)$，$N(\mu_Y, \sigma_Y^2)$ に対して，標本平均の差 $\bar{X} - \bar{Y}$ を調べる際に，2つの母集団の分散が等しいか，そうでないかによって平均の

差の分布が異なるのであった．特に，実際の状況において分散が未知の場合，等しいかどうかを推量することが必要になるが，それには，それぞれの標本分散の比 s_X^2/s_Y^2 が手がかりになる．s_X^2/s_Y^2 が 1 に近ければ，2 つの母集団の分散の比 σ_X^2/σ_Y^2 も 1 に近いことが推量され，$\sigma_X^2 = \sigma_Y^2$ であることが推察できる．分散の比については，次が成り立つ．

公式 38 2 つの正規母集団 $N(\mu_X, \sigma_X^2)$，$N(\mu_Y, \sigma_Y^2)$ からそれぞれ独立な標本 $X_1, X_2, \cdots, X_m$ と $Y_1, Y_2, \cdots, Y_n$ を無作為に抽出する．このとき，

$$F = \frac{\frac{(m-1)s_X^2}{\sigma_X^2}/(m-1)}{\frac{(n-1)s_Y^2}{\sigma_Y^2}/(n-1)} = \frac{s_X^2/\sigma_X^2}{s_Y^2/\sigma_Y^2}$$

自由度 (m, n) の F 分布 $F(m, n)$ に従う．

特に，母分散が等しいとき，$\sigma_X^2 = \sigma_Y^2$ であるから，統計量 F は

$$F = \frac{s_X^2}{s_Y^2}$$

となり，**標本分散の比**になる．

例題 35 2 つの測定器 A，B がある．A は 30 cc の溶液を計り，B は 20 cc の溶液を計る．A，B の測定値は，それぞれ平均が 30 cc，20 cc の正規分布に従い，分散は同じメーカーのものなので，同じだと考えられている．今，無作為に A からサンプルを 4 個，B から 3 個のサンプルをとった結果が次の表の通りになった．

A	29.8	30.2	30.1	30.3
B	20.1	19.9	19.7	

このとき，公式 38 に従って，分散比 F を求めなさい．その値を F^* とするとき，F 分布のパーセント点の表から，$P(F > F^*)$ が 5%以上かどうか確かめなさい．

[解] A の標本を $X_1 = 29.8$，$X_2 = 30.2$，$X_3 = 30.1$，$X_4 = 30.3$，B の標本を $Y_1 = 20.1$，$Y_2 = 19.9$，$Y_3 = 19.7$ とするとき，独立であると考えられる．

$\mu_X = 30$，$\mu_Y = 20$ である．

$$\bar{X} = \frac{29.8 + 30.2 + 30.1 + 30.3}{4} = \frac{120.4}{4} = 30.1$$

$$\bar{Y} = \frac{20.1 + 19.9 + 19.7}{3} = \frac{59.7.6}{3} = 19.9$$

$$s_X^2 = \frac{1}{4-1}\left\{(-0.3)^2 + 0.1^2 + 0.2^2\right\} = \frac{0.14}{2} = 0.04\dot{6}$$

$$s_Y^2 = \frac{1}{3-1}\left\{0.2^2 + (-0.2)^2\right\} = \frac{0.08}{2} = 0.04$$

公式 38 を適用すると，$\sigma_X^2 = \sigma_Y^2$ を仮定しているので

$$F^* = \frac{s_X^2}{s_Y^2} = \frac{0.04\dot{6}}{0.04} = 1.1\dot{6}$$

自由度 $(4, 3)$ の F 分布のパーセント点の表を見ると，上側確率 5% のパーセント点は 9.117 であるので，F^* は上側確率 5% の領域には入っていない．つまり，$P(F > F^*)$ は 5%以上である．・・・**(答)** ■

注意 EXCEL を用いて F 分布の値を計算してみよう．

F.DIST(x, 第 1 自由度, 第 2 自由度,TRUE)

は，正規分布などと同様に累積確率 $P(F < x)$ を表す．今回は次の

F.DIST.RT(x, 第 1 自由度, 第 2 自由度)

の方が便利である．これは，上側確率 $P(F > x)$ を与える．ちなみに，F.DIST.RT$(1.167, 4, 3) = 0.468$ となる．

演習 15　ある会社では 2 つの長さの異なる部品 A，B を作っている．A，B は，それぞれ長さの平均が 20 cm，15 cm で正規分布に従い，分散は同じだと考えられている．今，無作為に A から 3 個，B から 5 個をとった結果が次の表の通りになった．

A	20.3	20.5	20.1		
B	14.3	14.6	14.5	15.2	14.9

このとき，公式 38 に従って，分散比 F を求めなさい．その値を F^* とするとき，F 分布のパーセント点の表から，$P(F > F^*)$ が 5%以上かどうか確かめなさい．

以下の［細い線の括弧］には式や文字を，［太い線の括弧］には数値を入れなさい．

A の標本を $X_1 = 20.3$，$X_2 = 20.3$，$X_3 = 20.1$，B の標本を $Y_1 = 14.3$，$Y_2 = 14.6$，$Y_3 = 14.5$，$Y_4 = 15.2$，$Y_5 = 14.9$ とするとき，独立であると考えられる．

$\mu_X = \boxed{\quad\quad}$, $\mu_Y = \boxed{\quad\quad}$, $\sigma_X^2 = \sigma_Y^2$ である.

$$\bar{X} = \boxed{\quad\quad\quad\quad\quad\quad\quad\quad} = \boxed{\quad\quad\quad\quad} = \boxed{\quad\quad}$$

$$\bar{Y} = \boxed{\quad\quad\quad\quad\quad\quad\quad\quad} = \boxed{\quad\quad\quad\quad} = \boxed{\quad\quad}$$

$$s_X^2 = \frac{\boxed{\quad\quad}}{\boxed{\quad\quad}}\left\{\boxed{\quad\quad\quad\quad\quad\quad}\right\} = \frac{\boxed{\quad\quad}}{\boxed{\quad\quad}} = \boxed{\quad\quad}$$

$$s_Y^2 = \frac{\boxed{\quad\quad}}{\boxed{\quad\quad}}\left\{\boxed{\quad\quad\quad\quad\quad\quad\quad\quad\quad\quad\quad\quad}\right\} = \frac{\boxed{\quad\quad}}{\boxed{\quad\quad}} = \boxed{\quad\quad}$$

公式 38 を適用すると，$\sigma_X^2 = \sigma_Y^2$ を仮定しているので

$$F^* = \frac{\boxed{\quad\quad}}{\boxed{\quad\quad}} = \frac{\boxed{\quad\quad}}{\boxed{\quad\quad}} = \boxed{\quad\quad}$$

自由度 $\boxed{\quad\quad}$ の F 分布のパーセント点の表を見ると，上側確率 5% のパーセント点は $\boxed{\quad\quad}$ であるので，F^* は上側確率 5% の領域に $\boxed{\quad\quad\quad\quad\quad\quad}$.

つまり，$P(F > F^*)$ は $\boxed{\quad\quad\quad\quad\quad\quad}$. ・・・(答) ■

7章 問題と解説

1. (平成 **20** 年公認会計士試験) $X_1, \ldots, X_{15}$ を互いに独立な標準正規分布に従う確率変数とする．また確率変数 Y、U、W を

$$Y = 1 + X_1 + 2X_2 - 2X_3$$
$$U = X_4^2 + X_5^2 + X_6^2 + X_7^2$$
$$W = \frac{X_8^2 + X_9^2 + X_{10}^2}{X_{11}^2 + X_{12}^2 + X_{13}^2 + X_{14}^2 + X_{15}^2}$$

と定義する．このとき、以下の問に答えなさい．

(1) 確率 $\Pr\{-1 \leqq Y \leqq 2\}$ を求めなさい．

(2) $\Pr\{U \leqq u\} = 0.05$ となる u の値を求めなさい．

(3) $\Pr\{W > w\} = 0.05$ となる w の値を求めなさい．

(4) $\Pr\{Y > a\sqrt{U} + 1\} = 0.05$ となる a の値を求めなさい．

[解説と解答]

(1) 公式 19 によると，Y は正規分布になる．各変数は標準正規分布に従うから，$E(X_i) = 0$，$V(X_i) = 1^2$ である．Y の平均は

$$E(Y) = 1 + E(X_1) + 2E(X_2) - 2E(X_3) = 1$$

分散 $V(Y)$ は

$$V(Y) = 0 + V(X_1) + 2^2V(X_2) + (-2)^2V(X_3) = 1 + 4 + 4 = 9$$

標準化変換

$$Z = \frac{Y-1}{\sqrt{9}} = \frac{Y-1}{3}$$

で標準正規分布に変換する．

$$\Pr\{-1 \leqq Y \leqq 2\} = \Pr\{-\frac{2}{3} \leqq Z \leqq \frac{1}{3}\}$$
$$= \Pr\{Z \leqq \frac{1}{3}\} - \Pr\{Z \leqq -\frac{2}{3}\} = 0.378 \quad \cdots \text{(答)}$$

(2) χ^2 分布の復習をしておこう．

> $Z_1, Z_2, \cdots, Z_k$ を独立な，標準正規分布に従うとする．このとき
>
> $$\chi^2 = Z_1^2 + Z_2^2 + \cdots Z_k^2$$
>
> は自由度 k の χ^2 分布に従うという．

4個の標準正規分布の2乗の足し算だから，自由度4の χ^2 分布になる．

$$P(\chi^2 \leqq u) = 1 - P(\chi^2 \geqq u) = 0.05$$

より

$$P(\chi^2 \geqq u) = 0.95$$

となる．χ^2 分布表により，自由度4，確率 $\alpha = 0.95$ の上側パーセント点を求めると，

$$u = \chi^2(0.95, 4) = 0.711 \quad \cdots (\text{答})$$

となる．

(3) 次に，F 分布の復習をしよう．

> X と Y が互いに独立で，自由度が m，n の χ^2 分布に従うとき，確率変数
> $$Z = \frac{X/m}{Y/n}$$
> は，**自由度** (m, n) **の** F **分布**に従うという．

W の分子は，自由度3の χ^2 分布になり，分母は，自由度5の χ^2 分布になる．したがって，次のように書き直すと

$$\frac{5}{3}W = \frac{(X_8^2 + X_9^2 + X_{10}^2)/3}{(X_{11}^2 + X_{12}^2 + X_{13}^2 + X_{14}^2 + X_{15}^2)/5}$$

は自由度 $(3, 5)$ の F 分布に従う．

$$\Pr\{W > w\} = \Pr\{\frac{5}{3}W > \frac{5}{3}w\} = 0.05$$

F 分布に対して，

$$\Pr\{F > z\} = 0.05$$

となる z，すなわち，上側5%のパーセント点を求めよう．$\alpha = 0.05$ の F 分布表より，$z = 5.41$ である．

$$w = \frac{3}{5}z = \frac{3}{5} \cdot 5.41 = 3.25 \quad \cdots (\text{答})$$

(4) 式を変形すると t 分布が現れる．t 分布の復習をしておこう．

> X を標準正規分布 $N(0, 1)$ に従う確率変数，V を自由度 n の χ^2 分布に従う独立な変数とするとき
> $$T = \frac{X}{\sqrt{V/n}}$$
> は自由度 n の t **分布**に従うという．

(1) より，Y は平均 1，分散 9 の正規分布である．したがって，$Z=\frac{Y-1}{3}$ は標準正規分布である．U は自由度 4 の χ^2 分布であるから，

$$T=\frac{\frac{Y-1}{3}}{\sqrt{U/4}}$$

は自由度 4 の t 分布になる．t 分布に対して，$\Pr\{T>t\}=0.05$ となる t，すなわち，上側 5% のパーセント点を求めよう．t 分布表より，$t=2.132$ である..

$$\Pr\{Y>a\sqrt{U}+1\}=\Pr\{\frac{\frac{Y-1}{3}}{\sqrt{U/4}}>\frac{2}{3}a\}=\Pr\{T>\frac{2}{3}a\}$$

よって

$$a=\frac{3}{2}\cdot 2.132=3.198 \quad \cdot\cdot\cdot\text{(答)}$$

■

2. (**平成 27 年公認会計士試験**) 確率変数 $X_1,X_2,\cdots,X_n$ は独立に正規分布 $N(\mu,\sigma^2)$ に従うことを仮定し，$\bar{X}=\sum_{i=1}^n X_n/n$ とする．また，確率変数 $Z_1,Z_2,\cdots,Z_n$ は独立に標準正規分布 $N(0,1^2)$ に従うことを仮定する．さらに，確率変数 Z,Y は互いに独立であり，それぞれ標準正規分布 $N(0,1^2)$ および自由度 n の χ^2 分布に従うことを仮定する．

このとき，以下の各問に答えなさい．

(1) $\bar{X}$ の従う分布を記しなさい．

(2) $\sum_{i=1}^n Z_i^2$ の従う分布を記しなさい．

(3) $\dfrac{Z}{\sqrt{Y/n}}$ の従う分布を記しなさい．

(4) $\dfrac{\sum_{i=1}^n (X_i-\mu)^2}{\sigma^2}$ の従う分布を記しなさい．

(5) $\dfrac{\sum_{i=1}^n (X_i-\bar{X})^2}{\sigma^2}$ の従う分布を記しなさい．

(6) $\dfrac{\sqrt{n}(\bar{X}-\mu)}{\sqrt{\sum_{i=1}^n (X_i-\bar{X})^2/(n-1)}}$ の従う分布を記しなさい．

[解説と解答]

(1) すでに公式 7.2.1 で扱った内容であるので，

$$\bar{X}\sim N(\mu,\frac{\sigma^2}{n}) \quad \cdot\cdot\cdot\text{(答)}$$

(2)　第 7 章 2.(1)(b) で導入した χ^2 分布の定義そのままであるから

$$\sum_{i=1}^{n} Z_i^2 \sim \chi^2(n) \text{ (自由度 } n \text{ の} \chi^2 \text{分布)} \quad \cdots \textbf{(答)}$$

(3)　第 7 章 2.(1)(c) で導入した t 分布の定義そのままであるから

$$\frac{Z}{\sqrt{Y/n}} \sim t(n) \text{ (自由度 } n \text{ の } t \text{ 分布)} \quad \cdots \textbf{(答)}$$

(4)　第 5 章 2.(3) の標準化を行って，標準化変数を $\tilde{Z}_i$ とおくと

$$\tilde{Z}_i = \frac{X_i - \mu}{\sigma}$$

であり，$\tilde{Z}_i \sim N(0, 1^2))$ となる．

$$\frac{\sum_{i=1}^{n}(X_i - \mu)^2}{\sigma^2} = \sum_{i=1}^{n}\left(\frac{X_i - \mu}{\sigma}\right)^2 = \sum_{i=1}^{n}\tilde{Z}^2$$

となるので，(2) と同様に，自由度 n の χ^2 分布になる．すなわち，

$$\frac{\sum_{i=1}^{n}(X_i - \mu)^2}{\sigma^2} \sim \chi^2(n) \text{ (自由度 } n \text{ の} \chi^2 \text{分布)} \quad \cdots \textbf{(答)}$$

(5)　公式 30 により

$$\frac{\sum_{i=1}^{n}(X_i - \bar{X})^2}{\sigma^2} \sim \chi^2(n-1) \text{ (自由度 } n-1 \text{ の} \chi^2 \text{分布)} \quad \cdots \textbf{(答)}$$

(6)　公式 32 の形になっている．

$$s^2 = \frac{1}{n-1}\sum_{i=1}^{n}(X_i - \bar{X})^2$$

とおくと，

$$\frac{\sqrt{n}(\bar{X} - \mu)}{\sqrt{\sum_{i=1}^{n}(X_i - \bar{X})^2/(n-1)}} = \frac{\sqrt{n}(\bar{X} - \mu)}{\sqrt{s^2}} = \frac{\bar{X} - \mu}{\sqrt{s^2/n}}$$

となるので，

$$\frac{\sqrt{n}(\bar{X} - \mu)}{\sqrt{\sum_{i=1}^{n}(X_i - \bar{X})^2/(n-1)}} \sim t_{n-1} \text{ (自由度 } n-1 \text{ の } t \text{ 分布)} \quad \cdots \textbf{(答)}$$

■

7章　章末問題

1. (平成 **22** 年公認会計士試験) 以下の文章の ア から オ に下の選択肢の中から適切なものを選んで解答欄に記入しなさい．ただし，同じものを複数回選んでもよい．

(1) 正規分布の確率密度関数の形状は平均を中心に左右対称であり，その平均周り ア 数次のモーメントはゼロである．

(2) 標準正規分布の累積分布関数を $F(x)$ とすると，$F(-x)$ は イ とあらわすことができる．

(3) 正規分布に従う確率変数を2乗したものは，負の値をとらない確率変数となる．特に，互いに独立に標準正規分布に従う k 個の確率変数をそれぞれ2乗して合計したものの確率分布は自由度 ウ の エ であり，その平均は オ である．

選択肢：k，$k-1$，$2k$，$2(k-1)$，平均，分散，歪度，尖度，変動係数，$F(x)$，$-F(x)$，$1-F(x)$，奇，偶，自然，一様分布，正規分布，t 分布，カイ2乗分布，F 分布

2. 確率変数 X が自由度5の χ^2 分布に従うとする．このとき，次を求めよ．

(1) $P(X > 11.070)$

(2) $P(X < 12.00)$

(3) $P(X > x) = 0.025$ となる x，すなわち上側2.5%のパーセント点

3. 確率変数 X が自由度4の t 分布に従うとする．このとき，次を求めよ．

(1) $P(X > 11.070)$

(2) $P(X < 12.00)$

(3) $P(X > x) = 0.025$ となる x，すなわち上側2.5%のパーセント点

4. 確率変数 X が自由度 $(4,6)$ の F 分布に従うとする．このとき，次を求めよ．

(1) $P(X > 11.070)$

(2) $P(X < 12.00)$

(3) $P(X > x) = 0.025$ となる x，すなわち上側2.5%のパーセント点

5. 公式36の T の式が t 分布 $t(m+n-2)$ に従うことを公式の前の説明を基に式変形で示しなさい．

第 8 章

中心極限定理と応用

この章では，確率変数の理論的な側面としての議論ではなく，統計学への応用を中心に議論を進めることに重きをおくことにする．母集団から標本 X_1, X_2, $\cdots$, X_n を取り出して母数を調べることが大事になる．このときに，選び出す標本の個数を増やして母数を調べる方が，感覚的には母集団の本来の値に近づくと自然に感じるが，実際には果たしてどうなのかについて検討しよう．

8.1 チェビシェフの不等式

ここで少し分布の散らばり具合と形を計る量がいろいろあったので整理しておこう．

散らばり具合に関しては，

- 代表的なものとしては分散と標準偏差がある（1.2.2，4.4.2 参照）
- 四分位範囲 (1.2.1 参照)

分布の形に関しては

- 歪度 (1.2.3，4.5 参照)
- 尖度 (1.2.3，4.5 参照)

5 章で，正規分布を扱ったときに，1 シグマ，2 シグマ，3 シグマをとることで全体の母集団の全体のデータの散らばり具合を知ることができた．正規分布は左右対称で，平均を中心に釣り鐘状の形をしていることからそのようなことが言えたが，分布が対象ではなく，偏って歪んでいる場合などはどうなるのであろうか？

一般的には，チェビシェフの不等式と呼ばれる散らばり具合に関する評価式が得られている．

公式 39 (チェビシェフの不等式)　確率変数 X に対して，期待値 μ と分散 σ^2 が分かっているとする．このとき，

$$P(|X-\mu| \geqq k\sigma) \leqq \frac{1}{k^2} \quad (k>0)$$

が成り立つ．

[証明]

- 離散的なとき：

$$\sigma^2 = \sum_{i=1}^{\infty}(x_i-\mu)^2 p_i$$

であるから，$|x_i - \mu| \geqq k\sigma$ となる i を集めた和を $\sum'$ と表すことにする．

$$\sigma^2 \geqq \sum{}'(x_i-\mu)^2 p_i \geqq k^2\sigma^2 \sum{}' p_i = k^2\sigma^2 P(|X-\mu| \geqq k\sigma)$$

これより，不等式が得られる．

- 連続的な場合：

$$\sigma^2 = \int_{-\infty}^{\infty}(x-\mu)^2 f(x)dx$$

であるから，$|x_i - \mu| \geqq k\sigma$ となる x の集合を I と表すことにする．

$$\begin{aligned}\sigma^2 &\geqq \int_I (x-\mu)^2 f(x)dx \\ &\geqq k^2\sigma^2 \int_I f(x)dx = k^2\sigma^2 P(|X-\mu| \geqq k\sigma)\end{aligned}$$

これより，不等式が得られる．■

チェビシェフの不等式は，分布が特定できなくても，期待値（平均）と分散が分かっていれば，平均からのずれの確率を教えてくれる．

8.2　大数の法則

「コイン投げ」を例にとってみよう．正しく作られたコインは，理論上 1 回投げたとき，表と裏面がでる確率は同じ，したがって $p = 1/2$ であるとされている．理論的な確率ということにしよう．これをモデル化したのがベルヌーイ試行である．

一方，n 回コイン投げを繰り返すことにする．表がでた回数を r 回とすると，

これの相対頻度 r/n が，n を増やしていくときに，$p = 1/2$ に近づくことを経験的に知っている．つまり，(統計的な確率) r/n において，$n \to \infty$ のときに，$p = 1/2$ に収束するということである．

コイン投げを一般化したモデルでも成り立つことを保証するのが，大数の法則である．ある母集団を考え，その中から標本を選んだ場合を考えよう．いま，n 個の観測値を選んだとし，その平均

$$\bar{X}_n = \frac{X_1 + X_2 + \cdots + X_n}{n}$$

を考える．

大数の法則　確率変数 X に関して，無作為に標本 $X_1, X_2, \cdots, X_n$ をとる．母平均を μ，母分散を σ^2 とするとき，任意の $\varepsilon > 0$ に対して，$n \to \infty$ とすると

$$P(|\bar{X} - \mu| \leqq \varepsilon) \to 1, \qquad P(|\bar{X} - \mu| > \varepsilon) \to 0$$

が成り立つ．

注意　確率論では，上記の収束のことを $\bar{X}$ は μ に**確率収束**するという．

表語的にまとめると，「確率分布の形によらず，標本の数を大きくすると，標本の平均はほぼ母集団の平均に等しいとみなしてよい」ということになる．経済や社会生活に関する各種の調査や統計データで平均を求めることの正当性はこれを根拠にしていることになる．

証明にはチェビシェフの不等式を使う．概略を説明する，n 個の標本の平均を，ここでは $\bar{X}_n$ と表すと，公式 26 より，$E(\bar{X}_n) = \mu$，$V(\bar{X}_n) = \frac{\sigma^2}{n}$ となる．ここで，チェビシェフの不等式の X として，$\bar{X}_n$ をとると

$$P(|\bar{X}_n - \mu| \geqq k\frac{\sigma}{\sqrt{n}}) \leqq \frac{1}{k^2}$$

が成り立つ．n を大きくすれば，$k\frac{\sigma}{\sqrt{n}}$ はいくらでも小さくとれるから，ε として $k\frac{\sigma}{\sqrt{n}}$ をとると

$$P(|\bar{X}_n - \mu| \geqq \varepsilon) \leqq \frac{\sigma^2}{n\varepsilon^2}$$

となる．$n \to \infty$ とすれば，右辺は 0 になるので示された．これで，後者の式が示された．前者の式は，その事象が，後者の式で扱われている事象の補事象になっていることから明らかである．

8.3　中心極限定理

大数の法則は，$\bar{X}$ は，$n \to \infty$ のときに，母平均に収束することを保証していた．以下の中心極限定理は，$\bar{X}$ が母平均に収束するということだけでなく，正規分布の形をして，平均に収束することを示している．

中心極限定理　母集団から無作為に標本 $X_1, X_2, \cdots, X_n$ をとる．母平均を μ，母分散を σ^2 とすると，標本平均 $\bar{X}$ を標準化した確率変数

$$Z = \frac{\bar{X} - \mu}{\frac{\sigma}{\sqrt{n}}}$$

の分布は，$n \to \infty$ のときに，標準正規分布に近づく．

8.3.1　標準正規分布による近似

中心極限定理によると標本平均は，標本数を増やしていくと正規分布に近づくことが分かっている．以下はいくつかの分布に対して，中心極限定理を応用することにより，実際の計算を正規分布に帰着させて求めることにする．

二項分布の場合：　X を二項分布 $B(n, p)$ に従う確率変数とする．今，独立なベルヌーイ分布 $B(1, p)$ に従う確率変数 $X_1, X_2, \cdots, X_n$ によって $X = X_1 + X_2 + \cdots + X_n$ と表される．このとき，

$$E(X) = np, \quad V(X) = np(1-p)$$

であるので，標準化された変数は

$$\frac{X - np}{\sqrt{np(1-p)}}$$

となる．一方，中心極限定理により，n が大のとき，ベルヌーイ分布 $B(1, p)$ に従う $X_1, X_2, \cdots, X_n$ に対して，$\bar{X} = \dfrac{X_1 + X_2 + \cdots + X_n}{n}$ の標準化された変数

$$Z = \frac{\bar{X} - \mu}{\sigma/\sqrt{n}}$$

は標準正規分布で近似される．公式 14 より $\mu = p$，$\sigma = \sqrt{p(1-p)}$ であるから，

$$Z = \frac{\bar{X} - p}{\sqrt{p(1-p)}/\sqrt{n}} = \frac{X - np}{\sqrt{np(1-p)}}$$

となる．したがって，

$$P(a \leqq X \leqq b) = P\left(\frac{a - np}{\sqrt{np(1-p)}} \leqq Z \leqq \frac{b - np}{\sqrt{np(1-p)}}\right) \tag{8.1}$$

であるから，標準正規分布を用いて確率が近似計算できる．

注意 (1) n が大の場合に，標準正規分布を用いて近似できるとあるが，実際には

$$np \geqq 5 \text{ かつ } nq \geqq 5$$

が成り立てば，実用上大丈夫であると言われている．

(2) 近似の精度を上げるために，下限と上限をそれぞれ 0.5 ずつ広げて計算することがある．これを**連続性補正**という．すなわち，上述の近似計算で

$$P(a \leqq X \leqq b) = P\left(\frac{a\mathbf{-0.5} - np}{\sqrt{np(1-p)}} \leqq Z \leqq \frac{b\mathbf{+0.5} - np}{\sqrt{np(1-p)}}\right) \tag{8.2}$$

と補正を行うことである．なぜ補正が 0.5 であるかというと，連続性の補正は，二項分布において，$X = x_k$ $(k = 1, 2, \cdots)$ での確率を

$$\begin{aligned} P(X = x_k) &= P\left(\frac{x_{k-1} + x_k}{2} < X < \frac{x_k + x_{k+1}}{2}\right) \\ &\equiv P\left(x_k - 0.5 = \frac{2x_k - 1}{2} < X < \frac{2x_k + 1}{2} = x_k + 0.5\right) \end{aligned}$$

と補正することを意味しているからである．

例題 36 サイコロを 30 回振り，1 から 4 までの目がでる回数が 14 回以上 18 回以下である確率を正規分布による近似で求めなさい．また，連続性補正を用いても計算しなさい．

[解] 1 から 4 までの目が出る確率は $p = \frac{4}{6} = \frac{2}{3}$ で，その回数を X とお

く．X は二項分布に従う．正規分布で近似する式 8.1 により

$$P(14 \leqq X \leqq 18) = P\left(\frac{14 - 30\cdot\frac{2}{3}}{\sqrt{30\cdot\frac{2}{3}\cdot\frac{1}{3}}} \leqq Z \leqq \frac{18 - 30\cdot\frac{2}{3}}{\sqrt{30\cdot\frac{2}{3}\cdot\frac{1}{3}}}\right)$$

$$= P\left(-\frac{3\sqrt{15}}{5} \leqq Z \leqq -\frac{\sqrt{15}}{5}\right) = P\left(Z \geqq \frac{\sqrt{15}}{5}\right) - P\left(Z > \frac{3\sqrt{15}}{5}\right)$$

$$\fallingdotseq P(Z \geqq 0.77) - P(Z > 2.32) = 0.2206 - 0.0102 = 0.2104 \quad \cdots \text{(答)}$$

連続性補正をすると，式 8.3.1 より

$$P(14 \leqq X \leqq 18) = P\left(\frac{14 - 0.5 - 30\cdot\frac{2}{3}}{\sqrt{30\cdot\frac{2}{3}\cdot\frac{1}{3}}} \leqq Z \leqq \frac{18 + 0.5 - 30\cdot\frac{2}{3}}{\sqrt{30\cdot\frac{2}{3}\cdot\frac{1}{3}}}\right)$$

$$= P\left(-\frac{13\sqrt{15}}{20} \leqq Z \leqq -\frac{3\sqrt{15}}{20}\right) = P\left(Z \geqq \frac{3\sqrt{15}}{20}\right) - P\left(Z > \frac{13\sqrt{15}}{20}\right)$$

$$\fallingdotseq P(Z \geqq 0.58) - P(Z > 2.52) = 0.2810 - 0.0059 = 0.2751 \quad \cdots \text{(答)}$$

ちなみに，二項分布のままで，計算すると $P(14 \leqq X \leqq 18) \fallingdotseq 0.2689$ となる．■

ポアソン分布の場合：　今，独立な確率変数 $X_1, X_2, \cdots, X_n$ がポアソン分布 $P(\lambda)$ に従うとする．$X = X_1 + X_2 + \cdots + X_n$ とおく．中心極限定理により，n が大のとき，ポアソン分布 $P(\lambda)$ に従う $X_1, X_2, \cdots, X_n$ に対して，$\bar{X} = \dfrac{X_1 + X_2 + \cdots + X_n}{n}$ の標準化された変数

$$Z = \frac{\bar{X} - \mu}{\sigma/\sqrt{n}}$$

は標準正規分布で近似される．$\mu = \lambda$，$\sigma = \sqrt{\lambda}$ であるから，

$$Z = \frac{\bar{X} - \lambda}{\sqrt{\lambda}/\sqrt{n}} = \frac{X - n\lambda}{\sqrt{n\lambda}}$$

となる．したがって，n が大きいとき

$$P(a \leqq X \leqq b) = P\left(\frac{a - n\lambda}{\sqrt{n\lambda}} \leqq Z \leqq \frac{b - n\lambda}{\sqrt{n\lambda}}\right) \tag{8.3}$$

であるから，標準正規分布を用いて確率が近似計算できる．

注意 二項分布のときと同様に，近似の精度を上げるために連続性補正を行うことがある．

二項分布の場合と同様なので，次の演習を解いてみよう．

> **演習 16** ある会社でお菓子の製造機の不良品の数は $\lambda = 2.5$ のポアソン分布に従うという．この製造機を 80 台そろえて生産を行っている．全体の不良品の数が 180 個から 210 個である確率を計算しなさい．さらに，連続性補正を用いて計算もしなさい．

$\boxed{\text{太い線の括弧}}$ には数値を入れなさい．

問 1. $X_i\ (i = 1, 2, \cdots, 80)$ を各製造器の不良品の数とする．$X = X_1 + X_2 + \cdots + X_{80}$ とおくと，ポアソン分布の性質より

$$E(X) = \boxed{\quad\quad}, \ V(X) = \boxed{\quad\quad}$$

したがって，正規分布による近似を求めると

$$P(180 \leqq X \leqq 210) = P\left(\frac{\boxed{\quad\quad} - \boxed{\quad\quad}}{\boxed{\quad\quad}} \leqq Z \leqq \frac{\boxed{\quad\quad} - \boxed{\quad\quad}}{\boxed{\quad\quad}}\right)$$

$$\fallingdotseq P(\boxed{\quad\quad} \leqq Z \leqq \boxed{\quad\quad}) = 1 - P(Z > \boxed{\quad\quad}) - P(Z > \boxed{\quad\quad})$$

$$= 1 - \boxed{\quad\quad} - \boxed{\quad\quad} = \boxed{\quad\quad} \quad \cdots \text{(答)}$$

問 2. 次に連続性補正を用いると

$$P(180 \leqq X \leqq 210)$$

$$= P\left(\frac{\boxed{\quad\quad} - 0.5 - \boxed{\quad\quad}}{\boxed{\quad\quad}} \leqq Z \leqq \frac{\boxed{\quad\quad} + 0.5 - \boxed{\quad\quad}}{\boxed{\quad\quad}}\right)$$

$$\fallingdotseq P(\boxed{\quad\quad} \leqq Z \leqq \boxed{\quad\quad}) = 1 - P(Z > \boxed{\quad\quad}) - P(Z > \boxed{\quad\quad})$$

$$= 1 - \boxed{\quad\quad} - \boxed{\quad\quad} = \boxed{\quad\quad} \quad \cdots \text{(答)}$$

■

8章 問題と解説

1. (平成18年公認会計士試験) 表の出る確率が p，裏の出る確率が $1-p$ であるコインを n 回投げたとする．

(1)　次の文章の空欄を埋めなさい．表の出る回数 x は，平均 (ア)，分散 (イ) の (ウ) 分布に従う．さらに n が十分大きいとき，x は平均 (ア)，分散 (イ) の (エ) 分布よく近似されることが知られている．これは (オ) 定理の特別な場合である．また $\hat{p} = x/n$ は n が大きくなると p に近づく．この性質を (カ) の法則と呼ぶ．

(2) $p = 0.5$ であるコインを10回投げ，各回ごとに表が出れば1歩前に進み，裏が出れば1歩後ろに進む．10回投げ終わったときに元の位置にいる確率を (ウ) 分布を用いて計算しなさい．

(3) $p = 0.5$ であるコインを10回投げたとき，6歩以上前進している確率を (ウ) 分布を用いて求めなさい．

(4) $p = 0.5$ であるコインを100回投げて60回以上表が出る確率の近似値 P_1 を， (エ) 分布を用いて $P(x > 60)$ として求めなさい．また近似の精度を高めるための連続修正 (半数補正) を用いて確率の近似値 P_2 を $P(x > 59.5)$ から求めなさい．

[解説と解答]

(1) 二項分布の公式15より，期待値は $E(X) = np$，分散は $V(X) = np(1-p)$ である．8.3.1を参照すると，n が十分に大きいとき，二項分布は正規分布で近似される．それは中心極限定理により保証される．大数の法則により $\hat{p}$ は n が大きくなると p に近づくことが分かる．したがって，

(ア)	np	(イ)	$np(1-p)$	(ウ)	二項
(エ)	正規分布	(オ)	中心極限定理	(カ)	大数

(2) 10回投げて元の位置にいるということは，5回表がでたことになる．つまり，確率は

$$
\begin{aligned}
P(x=5) &= {}_{10}\mathrm{C}_5 p^5(1-p)^5 = \frac{10!}{5!5!}\left(\frac{1}{2}\right)^{10} \\
&= \frac{6\cdot 7\cdot 8\cdot 9\cdot 10}{2\cdot 3\cdot 4\cdot 5\cdot 2^{10}} = \frac{7\cdot 4\cdot 9}{2^{10}} = \frac{7\cdot 9}{2^8} = \frac{63}{256} \fallingdotseq 0.246 \quad \cdots (答)
\end{aligned}
$$

(3)　表の方が裏よりも 6 回以上多くないといけないので，（表，裏）＝ $(10,0),(9,1),(8,2)$ の場合が

$$P(x=8) = {}_{10}\mathrm{C}_8 p^8(1-p)^2 = \frac{10!}{8!2!}\left(\frac{1}{2}\right)^{10} = \frac{9\cdot 5}{2^{10}} = \frac{45}{1024}$$

$$P(x=9) = {}_{10}\mathrm{C}_9 p^9(1-p)^1 = \frac{10!}{9!1!}\left(\frac{1}{2}\right)^{10} = \frac{10}{2^{10}} = \frac{5}{2^9} = \frac{5}{512}$$

$$P(x=10) = {}_{10}\mathrm{C}_{10} p^{10}(1-p)^0 = \frac{10!}{10!0!}\left(\frac{1}{2}\right)^{10} = \frac{1}{1024}$$

$$\therefore P(x \geqq 8) = \frac{45}{1024} + \frac{5}{512} + \frac{1}{1024} = \frac{56}{1024} = \frac{7}{128} \fallingdotseq 0.055$$

(4)　$n=100,\ p=0.5$ として，$z = \frac{x-np}{\sqrt{np(1-p)}} = \frac{x-50}{\sqrt{25}} = \frac{x-50}{5}$ とおくと，z は標準正規分布で近似される．$x=60$ のとき，$z = \frac{60-50}{5} = 2$

$$P_1 = P(x>60) = P(z>2) = 0.02275 \quad \cdots (\text{答})$$

$$P_2 = P(x>59.5) = P(z>1.9) = 0.02872 \quad \cdots (\text{答})$$

■

2. (平成 19 年度公認会計士試験)

注意:この問題では，最終的な数値を求める場合を除き，解答は $e^{-\lambda}$ などを含んだ式の段階にとどめてよい．また後に掲げる数表を用いてよい．

ある種類の機械が 1 日に処理する個数 X は確率的に変動し，平均 λ のポアソン分布に従うことが知られている．また，機械によって λ は異なることがあるが，それぞれの機械の処理する個数は確率的に独立とする．

(1)　平均 λ を持つ機械 1 台が 1 日に処理する個数が x 個となる確率 $\Pr(X=x)$ を式で表しなさい (x は非負の整数)．また $\lambda=2$ のとき，$X=2$ となる確率 $\Pr(X=2)$ を数値で求めなさい．

(2)　1 台目が λ_1，2 台目が λ_2 という平均を持つ 2 台の機械が 1 日に処理する個数 X_1 および X_2 の合計が s 個となる確率 $\Pr(X_1+X_2=s)$ およびその場合に 1 台目の機械が x_1 個を処理した条件付確率 $\Pr(X_1=x_1|X_1+X_2=s)$ を式で表しなさい．

(3)　$\lambda_1=1$，$\lambda_2=2$，$x_1=2$，$s=2$ の場合に，前問の確率を数値で求めなさい．

(4) 同じ平均 $\lambda = 1$ をもつ機械 100 台が 1 日に処理する個数の合計 $S = \sum_{i=1}^{100} X_i$ が 110 個以下となる確率 $\Pr(S \leqq 110)$ の数値を近似的に求めなさい．導出過程も示しなさい．

指数の表

x	1	2	3	4	5
e^{-x}	0.3679	0.1353	0.0498	0.0183	0.0067

x	6	7	8	9	10
e^{-x}	0.0026	9.12E − 04	3.35E − 04	1.23E − 04	4.54E − 05

注　9.12E − 04 は 9.12×10^{-4} を表す．

[解説と解答]

(1)

$$\Pr(X = x) = e^{-\lambda}\frac{\lambda^x}{x!} \cdots (\text{答})$$

したがって，

$$\Pr(X = 2) = e^{-2}\frac{2^2}{2!} = 2e^{-2} = 2 \times 0.1353 = 0.2706 \quad \cdots (\text{答})$$

(2) 6.5 で扱ったように，ポアソン分布の再生性により，

$$\Pr(X_1 + X_2 = s) = e^{-(\lambda_1+\lambda_2)}\frac{(\lambda_1 + \lambda_2)^s}{s!} \cdots (\text{答})$$

$$\Pr(X_1 = x_1 | X_1 + X_2 = s) = \frac{\Pr(\{X_1 = x_1\} \cap \{X_1 + X_2 = s\})}{\Pr(X_1 + X_2 = s)}$$

$$= \frac{\Pr(X_1 = x_1)\Pr(X_2 = s - x_1)}{\Pr(X_1 + X_2 = s)}$$

$$= \frac{e^{-\lambda_1}\frac{\lambda_1^{x_1}}{x_1!}e^{-\lambda_2}\frac{\lambda_2^{s-x_1}}{(s-x_1)!}}{e^{-(\lambda_1+\lambda_2)}\frac{(\lambda_1+\lambda_2)^s}{s!}} = \frac{s!\lambda_1^{x_1}\lambda_2^{s-x_1}}{(\lambda_1 + \lambda_2)^s x_1!(s - x_1)!} \cdots (\text{答})$$

注意　X_1, X_2 の同時確率分布関数を考える．X_1, X_2 は独立だから

$$\Pr(X_1 = x_1, X_2 = x_2) = \Pr(X_1 = x_1)\Pr(X_2 = x_2)$$

となる．したがって

$$\Pr(X_1 = x_1 | X_1 + X_2 = s) \quad = \quad \frac{\Pr(X_1 = x_1)\Pr(X_2 = s - x_1)}{\Pr(X_1 + X_2 = s)}$$

(3)　前問の式を用いると

$$\Pr(X_1 + X_2 = 3) = e^{-(1+2)}\frac{(1+2)^3}{3!} = 0.0183 \times \frac{9}{2} = 0.2240 \cdots \text{(答)}$$

$$\Pr(X_1 = 2 | X_1 + X_2 = 3) = \frac{3! 1^2 2^{3-2}}{(1+2)^3 2! 1!} = \frac{2}{9} \fallingdotseq 0.2222 \cdots \text{(答)}$$

(4)　公式 16 より，ポアソン分布 X_i は平均 λ，分散 λ である．8.3.1 で扱ったように，中心極限定理によると，$n = 100$ とするとき，$\bar{X} = \frac{S}{n}$ に対して

$$Z = \frac{\bar{X} - \lambda}{\sqrt{\frac{\lambda}{n}}}$$

が標準正規分布に従うと考えてよい．$\lambda = 1$，$n = 100$ であるから

$$Z = \frac{\bar{X} - \lambda}{\sqrt{\frac{\lambda}{n}}} = \frac{S - n\lambda}{\sqrt{n\lambda}} = \frac{S - 100}{10}$$

したがって，式 (8.3) を用いて標準正規分布表より

$$\Pr(S \leqq 110) = \Pr(Z \leqq 1) = 1 - 0.1587 = 0.8413 \cdots \text{(答)}$$

となる．■

8 章 章末問題

1. 当たりが 0.4 のくじを 40 回引いたとき，当たりの回数が 18 回から 24 回までの確率を正規分布による近似で求めなさい．また，連続性補正を用いても計算しなさい．

2. 確率変数 X に対して，期待値 $\mu = 0$，分散 $\sigma^2 = 1$ であったとする．このとき，チェビシェフの不等式を用いて，$P(X > 2)$ の値は最大でいくらになるかを求めなさい．また，X が正規分布に従うときはいくらかを答えなさい．

3. 確率変数 X_i $(i = 1, 2, \cdots, 60)$ は，$\lambda = 4$ のポアソン分布に従うとする．このとき，$\bar{X}$ に対して，

(1) $P(220 \leqq \bar{X} \leqq 250)$ を正規分布による近似で求めなさない．

(2) $P(220 \leqq \bar{X} \leqq 250)$ を連続性補正を用いて求めなさい．

第 9 章

推定

螢光灯や乾電池の寿命のように全部を検査することができない場合に，一部を抜き出して全体の製品について何か判断を下すことができるのであろうか．この章ではそれを学ぶことにする．母集団の統計量が分かっている場合は，それを使ってそれから選んだ標本に対して色々な性質を利用することが出来る．しかし，母集団の統計量が分かっていない場合を考えよう．我々はその中から標本を選びだし，その平均を求めたり，分散を調べることはできる．その場合，それで得られた平均なり，分散で母集団の平均や分散を知ることが出来るのであろうか．

例えば，母集団がありその平均を知りたいとする．われわれが利用できるのは，標本を選び出し，それらの平均を計算することしかない．このように一部の標本のデータの平均にに対して，母集団の平均を推し量ることを**統計的推定**という．ここでは，全章までに学んできた確率論の考え方を使って，一部の情報から全体の情報を推し量るという方法をとる．

9.1 区間推定

ある母集団の母数 θ を求めるのに，特定の値を推定する**点推定**とある信頼区間を求める**区間推定**がある．ここでは，後者を扱う．

確率 α を設定して，母数 θ が

$$P(L \leqq \theta \leqq U) \geqq 1-\alpha$$

となるような L, U を求めようというものである．

区間 $[L, U]$ を母数 θ の**信頼係数** $100(1-\alpha)\%$ の**信頼区間**という．この区間の両端を**信頼限界**といい，L, U はそれぞれ，**信頼下限**，**信頼上限**という．

9.1.1　母集団が正規分布の場合

母集団が正規分布に従う場合を考えよう．正規母集団 $N(\mu, \sigma^2)$ の2つの母数 μ と σ^2 に対して，信頼区間を求める．

(a)　母平均の信頼区間

ここでは，母平均 μ の信頼区間を求める．母分散が分かっている場合と，分かっていない場合で取り扱いが異なる．

① 母分散 σ^2 が既知の場合：

n 個の標本 $\{X_i\}$ をとる．標本平均 $\bar{X} = \dfrac{1}{n}\displaystyle\sum_{i=1}^{n} X_i$ は，確率変数であり，$\bar{X}$ の分布は $N(\mu, \sigma^2/n)$ になる．したがって標準化すると

$$Z = \frac{\bar{X} - \mu}{\sigma/\sqrt{n}}$$

は標準正規分布に従う．今，$\alpha/2$ に対する上側 $100(\alpha/2)$ % のパーセント点 (5.2.3 参照) である $z_{\alpha/2}$ をとると

$$P(-z_{\alpha/2} \leqq Z \leqq z_{\alpha/2}) = 1 - \alpha$$

が成り立つ．

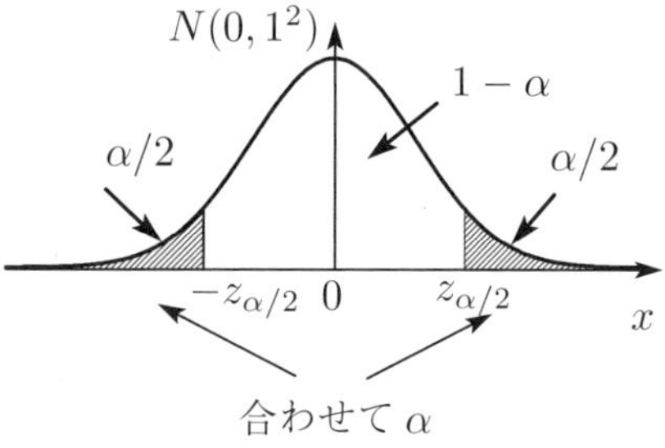

白い部分の面積は $1-\alpha$ であるから

$$\begin{aligned} 1-\alpha &= P(-z_{\alpha/2} \leqq Z \leqq z_{\alpha/2}) = P\left(-z_{\alpha/2} \leqq \frac{\bar{X}-\mu}{\sigma/\sqrt{n}} \leqq z_{\alpha/2}\right) \\ &= P\left(\bar{X} - z_{\alpha/2}\frac{\sigma}{\sqrt{n}} \leqq \mu \leqq \bar{X} + z_{\alpha/2}\frac{\sigma}{\sqrt{n}}\right) \end{aligned}$$

となる．すなわち，μ の区間

$$\left[\bar{X} - z_{\alpha/2}\frac{\sigma}{\sqrt{n}}, \bar{X} + z_{\alpha/2}\frac{\sigma}{\sqrt{n}}\right]$$

の確率は $1-\alpha$ になる．この区間が母平均 μ の**信頼係数** $100(1-\alpha)\%$ の**信頼区間**になる．$\bar{X} - z_{\alpha/2}\frac{\sigma}{\sqrt{n}}$ が**信頼下限**，$\bar{X} + z_{\alpha/2}\frac{\sigma}{\sqrt{n}}$ が**信頼上限**である．

公式 40 (母分散 σ^2 が既知の場合) 母平均 μ の $100(1-\alpha)\%$信頼区間は

$$\bar{X} - z_{\alpha/2}\cdot\frac{\sigma}{\sqrt{n}} \leqq \mu \leqq \bar{X} + z_{\alpha/2}\cdot\frac{\sigma}{\sqrt{n}}$$

② **母分散 σ^2 が未知の場合：**

n 個の標本 $\{X_i\}$ をとる．標本平均 $\bar{X} = \dfrac{1}{n}\displaystyle\sum_{i=1}^{n} X_i$ は，確率変数であり，$\bar{X}$ の分布は $N(\mu, \sigma^2/n)$ になる．ところが，σ^2 の値が未知である．σ^2 の推定量として，**標本分散** $s^2 = \frac{1}{n-1}\sum_{i=1}^{n}(X_i - \bar{X})^2$ を用いて

$$T = \frac{\bar{X} - \mu}{\sqrt{s^2/n}}$$

とおくと，公式 32 より，これは**自由度** $n-1$ **の** t **分布**になる．確率 α をとる．$\alpha/2$ に対する上側 $100(\alpha/2)$ % のパーセント点 (7.2.1 (a) 参照) である $t_{\alpha/2}(n-1)$ を t 分布表から見つける．そうすると，

$$P(t_{\alpha/2}(n-1) \leqq T \leqq t_{\alpha/2}(n-1)) = 1 - \alpha$$

が成り立つ．

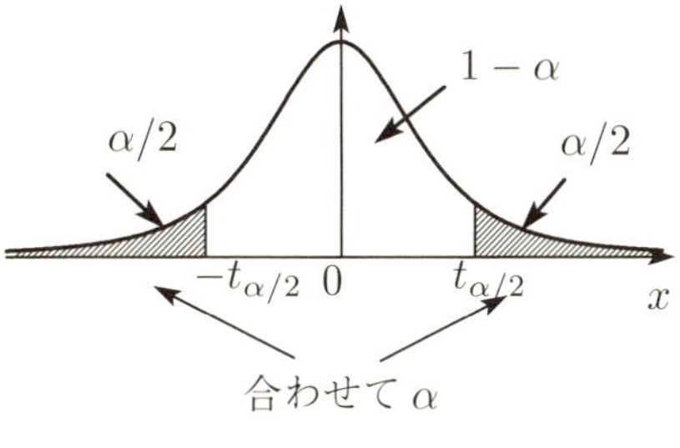

白い部分の面積は $1-\alpha$ であるから

$$\begin{aligned}1-\alpha &= P(-t_{\alpha/2}(n-1) \leqq T \leqq t_{\alpha/2}(n-1)) \\ &= P\left(-t_{\alpha/2}(n-1) \leqq \frac{\bar{X}-\mu}{\sqrt{s^2/n}} \leqq t_{\alpha/2}(n-1)\right) \\ &= P\left(\bar{X}-t_{\alpha/2}(n-1)\sqrt{s^2/n} \leqq \mu \leqq \bar{X}+t_{\alpha/2}(n-1)\sqrt{s^2/n}\right)\end{aligned}$$

となる．すなわち，μ の区間

$$\left[\bar{X}-t_{\alpha/2}(n-1)\sqrt{s^2/n}, \bar{X}+t_{\alpha/2}(n-1)\sqrt{s^2/n}\right]$$

の確率は $1-\alpha$ になる．この区間が母平均 μ の**信頼係数** $100(1-\alpha)\%$ の**信頼区間**である．

公式 41 (母分散 σ^2 が未知の場合)　母平均 μ の $100(1-\alpha)\%$信頼区間は

$$\bar{X}-t_{\alpha/2}(n-1)\cdot\sqrt{s^2/n} \leqq \mu \leqq \bar{X}+t_{\alpha/2}(n-1)\cdot\sqrt{s^2/n}$$

注意　t 分布は，自由度が30以上であれば，標準正規分布とみなして計算してもよかった（7.2.1（a）参照）．その場合には標準正規分布として①の方法で解いてもよい．

(b)　母平均の推定：例題と演習

① 母分散 σ^2 が既知の場合：

例題 37　バッテリーを生産している工場がある．製品の駆動時間は正規分布していることが知られている．過去のデータから，標準偏差は30時間であることが分かっている．今工場で標本として8個選んで駆動時間を調査をした結果は次のようになった．

バッテリー (X_i)	1	2	3	4	5	6	7	8
駆動時間 (時間)	350	320	280	310	300	290	330	300

このデータを用いて，バッテリーの駆動時間の95%の信頼区間を導きなさい．

[解]

1°　次の表を利用して，標本平均を求める．

バッテリー (X_i)	1	2	3	4	5	6	7	8	合計
駆動時間 (時間)	350	320	280	310	300	290	330	300	2480

$$\text{標本平均}\ \bar{X} = \frac{1}{n}\sum_{i=1}^{8} X_i = \frac{2480}{8} = 310$$

2° 母集団における母分散は既知であるから，推定には標準正規分布を利用する．

> **公式 (母分散が既知の場合の母平均の区間推定)**
> σ を標準偏差とし，標準正規分布における上側 $100\left(\frac{\alpha}{2}\right)\%$ のパーセント点を $z_{\alpha/2}$ とすれば，母平均 μ の $100(1-\alpha)\%$ の信頼区間は
> $$\bar{X} - z_{\alpha/2}\frac{\sigma}{\sqrt{n}} \leqq \mu \leqq \bar{X} + z_{\alpha/2}\frac{\sigma}{\sqrt{n}}$$

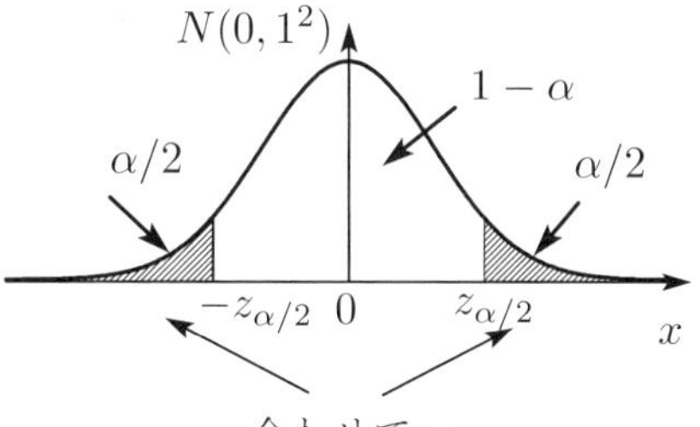

3° 信頼係数は 95% であるから，$100\alpha\% = 5\%$である．したがって，標準正規分布表より，確率が 2.5%となる値を見つけると

$$z_{\alpha/2} = 1.96$$

となる．公式より

$$310 - 1.96 \cdot \frac{30}{\sqrt{8}} \leqq \mu \leqq 310 + 1.96 \cdot \frac{30}{\sqrt{8}}$$

となるので，

$$289.2 \leqq \mu \leqq 330.8$$

となる．ゆえに

> （答） バッテリーの駆動時間の 95%の信頼区間は，289.2 時間から 330.8 時間までとなる．

■

演習 17　金属の部品を作っている工場がある．製品の重量は正規分布していることが知られている．過去のデータから，標準偏差は 4g であることが分かっている．標本として 6 個選んで重量を計測した結果は次のようになった．

部品	1	2	3	4	5	6
重量 (g)	234	240	239	233	236	231

このデータを用いて，部品の重量の 95%の信頼区間を導きなさい．

上の問題を以下の手順で答えよ．細い線の括弧には式, 文字を, 太い線の括弧には数値を入れなさい．

問 1　次の表を利用して，標本平均を求めなさい．

部品	1	2	3	4	5	6	合計
重量	234	240	239	233	236	231	□

$$\text{標本平均 } \bar{X} = \frac{1}{\square}\sum_{i=1}^{n} \square = \frac{\square}{\square} = \square$$

問 2　母集団における母分散は既知であるから，推定には □ 分布を利用する．

公式　(母分散が既知の場合の母平均の区間推定)

σ を標準偏差とし, □ 分布における上側 $100\left(\frac{\square}{\square}\right)\%$ のパーセント点を $z_{\square/\square}$ であるとすれば，母平均 μ の $100(1-\alpha)\%$ の信頼区間は

$$\square - \square\frac{\square}{\square} \leqq \mu \leqq \square + \square\frac{\square}{\square}$$

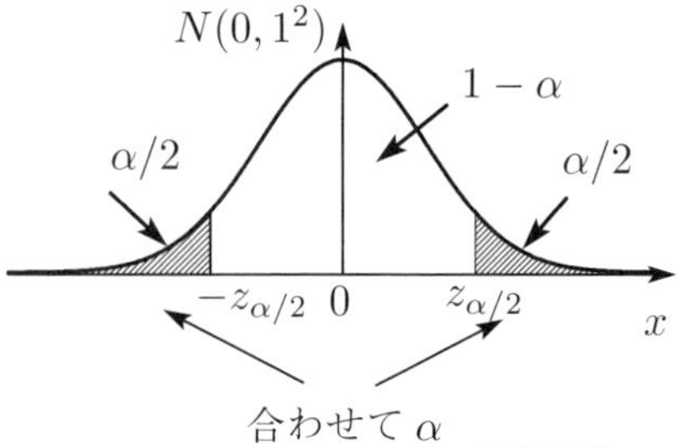

問 3　信頼係数は 95% であるから，$100\alpha\% =$ □% である．したがって，

$\boxed{\qquad}$ 分布表より，確率が $\boxed{\qquad}$ %となる値を見つけると

$$z_{\boxed{\qquad}/\boxed{\qquad}} = \boxed{\qquad}$$

となる．公式より

$$\boxed{\qquad} - \boxed{\qquad}\frac{\boxed{\qquad}}{\boxed{\qquad}} \leqq \mu \leqq \boxed{\qquad} + \boxed{\qquad}\frac{\boxed{\qquad}}{\boxed{\qquad}}$$

となるので，

$$\boxed{\qquad} \leqq \mu \leqq \boxed{\qquad}$$

となる．ゆえに

(答) 部品の重量の 95%の信頼区間は，$\boxed{\qquad}$ g 以上 $\boxed{\qquad}$ g 以下である．

■

② 母分散 σ^2 が未知の場合[2]：

例題 38 2001 年から 2010 年までのイチロー選手が大リーグで打ったヒットの数である．

年	2001	2002	2003	2004	2005	2006	2007	2008	2009	2010
ヒット数	242	208	212	262	206	224	238	213	225	214

このデータを用いて，イチロー選手のヒット数の 95%の信頼区間を導きなさい．イチロー選手の打率は正規分布に従うと仮定する．

[解] **1°** 次の表を利用して，標本平均，標本分散を求める．

年	2001	2002	2003	2004	2005	2006
ヒット数 (X_i)	242	208	212	262	206	224
X_i^2	58564	43264	44944	68644	42436	50176

2007	2008	2009	2010	合計
238	213	225	214	2244
56644	45369	50625	45796	506462

$$\text{標本平均 } \bar{X} = \frac{1}{n}\sum_{i=1}^{n} X_i = \frac{2244}{10} = 224.4$$

$$\text{標本分散 } s^2 = \frac{1}{n-1}\sum_{i=1}^{n}(X_i - \bar{X})^2 = \frac{n}{n-1}(\overline{X^2} - \bar{X}^2)$$

$$= \frac{10}{9}\left(\frac{506462}{10} - 224.4^2\right) \fallingdotseq 323.156$$

[2] この例題と次の演習のデータは日本野球機構の website(http://npb.jp/) より取得．

2°　母集団における母分散は未知であるから，推定には t 分布を利用する．

> **公式　(母分散が未知の場合の母平均の区間推定)**
> s^2 を標本分散とし，t 分布における上側 $100\left(\frac{\alpha}{2}\right)\%$ パーセント点を $t_{\alpha/2}(n-1)$ とすれば，母平均 μ の $100(1-\alpha)\%$ の信頼区間は
> $$\bar{X}-t_{\alpha/2}(n-1)\sqrt{\frac{s^2}{n}} \leqq \mu \leqq \bar{X}+t_{\alpha/2}(n-1)\sqrt{\frac{s^2}{n}}$$

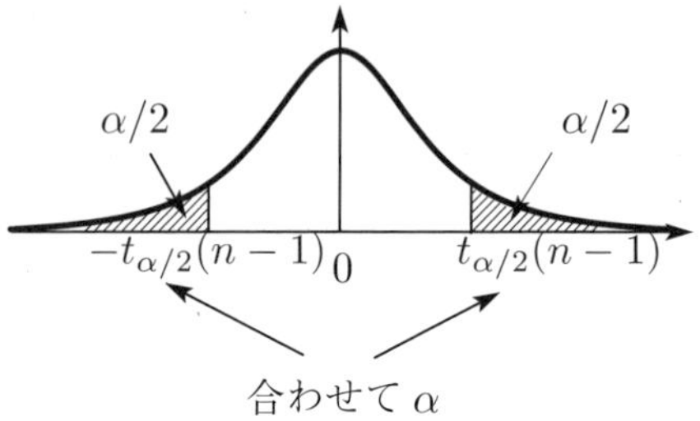

3°　信頼係数は 95% であるから，$100\alpha\% = 5$ %である．したがって，t 分布表より，自由度が 9，確率が 2.5 %となる値を見つけると

$$t_{0.025}(9) = 2.262$$

となる．公式より

$$224.4 - 2.26 \cdot \sqrt{\frac{323.156}{10}} \leqq \mu \leqq 224.4 - 2.26 \cdot \sqrt{\frac{323.156}{10}}$$

となるので，

$$211.5 \leqq \mu \leqq 237.3$$

となる．ゆえに

> （答）　イチローのヒット数の 95%の信頼区間は，211.5 本以上 237.3 本以下である．

演習 18　2001 年から 2010 年までのイチロー選手の大リーグでの打率である．

年	2001	2002	2003	2004	2005	2006	2007	2008	2009	2010
打率	0.350	0.321	0.312	0.372	0.303	0.322	0.351	0.310	0.352	0.315

このデータを用いて，イチロー選手の打率の 95%の信頼区間を導きなさい．ただし，イチロー選手の打率は正規分布に従うと仮定する．

上の問題を以下の手順で答えよ．$\square$（細い線の括弧）には式，文字を，$\boxed{\quad}$（太い線の括弧）には数値を入れなさい．

問 1　次の表を利用して，標本平均，標本分散を求めなさい．

年	2001	2002	2003	2004	2005	2006	2007	2008	2009	2010	合計
打率 (X_i)	0.350	0.321	0.312	0.372	0.303	0.322	0.351	0.310	0.352	0.315	$\boxed{\quad}$
X_i^2	$\boxed{\quad}$	$\boxed{\quad}$	$\boxed{\quad}$	$\boxed{\quad}$	$\boxed{\quad}$	$\boxed{\quad}$	$\boxed{\quad}$	$\boxed{\quad}$	$\boxed{\quad}$	$\boxed{\quad}$	$\boxed{\quad}$

$$\text{標本平均}\ \bar{X} = \frac{1}{\square}\sum_{i=1}^{n}\square = \frac{\boxed{\quad}}{\boxed{\quad}} = \boxed{\quad}$$

$$\text{標本分散}\ s^2 = \frac{\square}{\square}\left(\square - \square^2\right)$$

$$= \frac{\boxed{\quad}}{\boxed{\quad}}\left(\frac{\boxed{\quad}}{\boxed{\quad}} - \boxed{\quad}^2\right) \fallingdotseq \boxed{\quad}$$

問 2　母集団における母分散は未知であるから，推定には $\square$ 分布を利用する．

公式　**(母分散が未知の場合の母平均の区間推定)**

s^2 を標本分散とし，$\square$ 分布における上側 $100\left(\frac{\square}{\boxed{\quad}}\right)\%$ パーセント点を $t_{\square/\boxed{\quad}}(\square)$ とすれば，母平均 μ の $100(1-\alpha)\%$ の信頼区間は

$$\square - \square\sqrt{\frac{\square}{\square}} \leqq \mu \leqq \square - \square\sqrt{\frac{\square}{\square}}$$

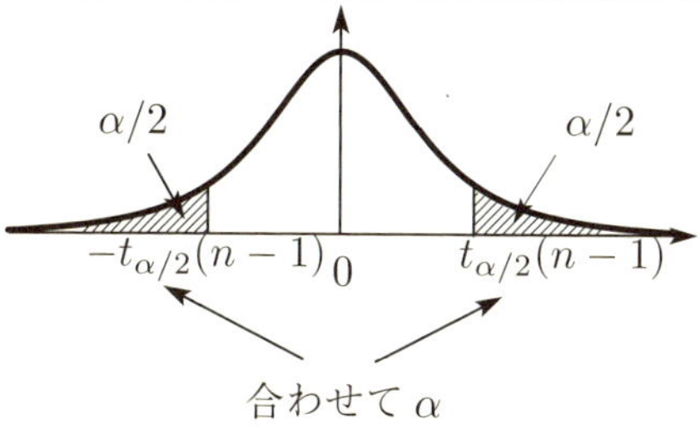

問 3　信頼係数は 95% であるから，$100\alpha\% = \boxed{\quad}\%$ である．したがって，

□分布表より，確率が□%となる値を見つけると

$$t_{\square/\square}(\square) = \square$$

となる．公式より

$$\square - \square\sqrt{\frac{\square}{\square}} \leqq \mu \leqq \square + \square\sqrt{\frac{\square}{\square}}$$

となるので，

$$\square \leqq \mu \leqq \square$$

となる．ゆえに

> **(答)** イチロー選手の打率の95%の信頼区間は，□以上□以下である．

③ 母分散 σ^2 が未知だが，標本数が多い場合：

> **例題 39**　ある魚の養殖をしている．50匹を無作為に抽出して重さを測定した．平均は1050gで，標本分散は6724g^{2}であった．母分散は不明だとして，この養殖魚の重さの母平均の95%の信頼区間を求めなさい．

[解]

1°　標本平均と標本分散は，

$$\text{標本平均}\,\bar{X} = 1050$$

$$\text{標本平均}\,s^2 = 6724$$

である．

2°　母集団における母分散は未知であるから，推定には t 分布を利用する．しかし，標本数が50なので，自由度は49であり，30以上なので，t 分布の代わりに近似的に標準正規分布が利用できる，$\sigma = s$ として，

公式　(母分散が既知の場合の母平均の区間推定)　σ を標準偏差とし，標準正規分布における上側 $100\left(\frac{\alpha}{2}\right)\%$ のパーセント点を $z_{\alpha/2}$ とすれば，母平均 μ の $100(1-\alpha)\%$ の信頼区間は

$$\bar{X} - z_{\alpha/2} \cdot \frac{\sigma}{\sqrt{n}} \leqq \mu \leqq \bar{X} + z_{\alpha/2} \cdot \frac{\sigma}{\sqrt{n}}$$

3°　信頼係数は 95% であるから，$100\alpha\% = 5\%$ である．したがって，標準正規分布表より，確率が 2.5% となる値を見つけると

$$z_{0.025} = 1.96$$

となる．公式より

$$1050 - 1.96 \cdot \frac{\sqrt{6724}}{\sqrt{49}} \leqq \mu \leqq 1050 + 1.96 \cdot \frac{\sqrt{6724}}{\sqrt{49}}$$

となるので，

$$1027 \leqq \mu \leqq 1073$$

となる．ゆえに

（答）　この養殖魚の重さの母平均の 95%の信頼区間は，1027g 以上 1072g 以下である．

■

(c)　母分散の信頼区間

母平均 μ が既知の場合と未知の場合に分けて議論しよう．

① **母平均 μ が既知の場合：**

標本 X_i は同一の正規分布に従う母集団から無作為に選んだものだから，χ^2 分布の定義から

$$\chi^2 = \sum_{i=1}^{n} \left(\frac{X_i - \mu}{\sigma}\right)^2$$

は自由度 n の χ^2 分布に従う．

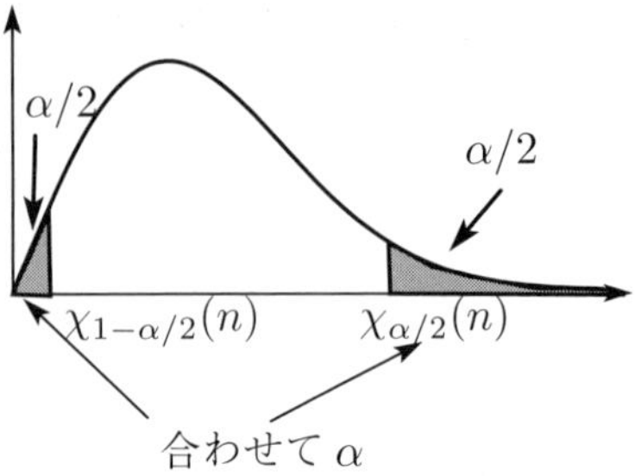

図のように $\chi_{1-\alpha/2}(n)$, $\chi_{\alpha/2}(n)$ の値を χ^2 分布表を用いて求めると（例えば，$\chi_{1-\alpha/2}(n)$ は，χ^2 分布表において，自由度が n で，確率が $1-\alpha/2$ の値を探せばよい）．白い部分の確率は $1-\alpha$ であるから，

$$1-\alpha = P\left(\chi^2_{1-\alpha/2}(n) \leqq \sum_{i=1}^{n}\left(\frac{X_i-\mu}{\sigma}\right)^2 \leqq \chi^2_{\alpha/2}(n)\right)$$

$$= P\left(\frac{1}{\chi_{\alpha/2}(n)}\sum_{i=1}^{n}(X_i-\mu)^2 \leqq \sigma^2 \leqq \frac{1}{\chi_{1-\alpha/2}(n)}\sum_{i=1}^{n}(X_i-\bar{X})^2\right)$$

となる．すなわち，区間

$$\left[\frac{1}{\chi_{\alpha/2}(n)}\sum_{i=1}^{n}(X_i-\mu)^2, \frac{1}{\chi_{1-\alpha/2}(n)}\sum_{i=1}^{n}(X_i-\mu)^2\right]$$

が母分散 σ^2 の**信頼係数** $100(1-\alpha)$ **%の信頼区間**になる．

公式 42 母分散 σ^2 の $100(1-\alpha)$%信頼区間は

$$\frac{1}{\chi_{\alpha/2}(n)}\sum_{i=1}^{n}(X_i-\mu)^2 \leqq \sigma^2 \leqq \frac{1}{\chi_{1-\alpha/2}(n)}\sum_{i=1}^{n}(X_i-\mu)^2$$

② **母平均 μ が未知の場合：**

分散の点推定 $s^2 = \frac{1}{n-1}\sum_{i=1}^{n}(X_i-\bar{X})^2$ が不偏推定量である．このとき

$$\chi^2 = \sum_{i=1}^{n}\left(\frac{X_i-\bar{X}}{\sigma}\right)^2$$

は自由度 $(n-1)$ の χ^2(カイ 2 乗) 分布になる（公式 30 参照）．図のよう

に $\chi_{1-\alpha/2}(n-1)$, $\chi_{\alpha/2}(n-1)$ の値を χ^2 分布表を用いて定めると（例えば，$\chi_{1-\alpha/2}(n-1)$ は，χ^2 分布表において，自由度が $n-1$ で，確率が $1-\alpha/2$ の値を探せばよい），

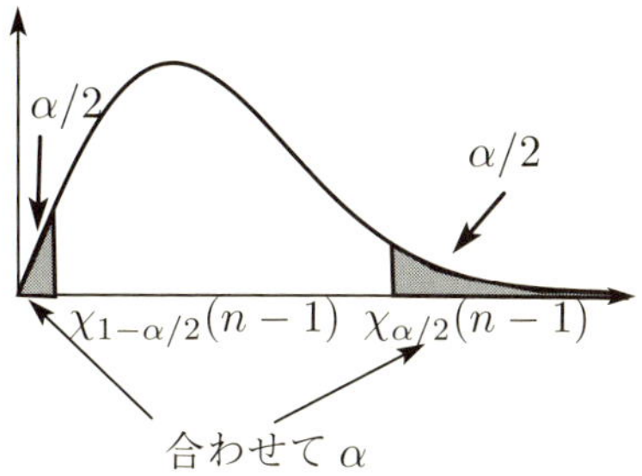

$$1-\alpha = P\left(\chi^2_{1-\alpha/2}(n-1) \leqq \sum_{i=1}^{n}\left(\frac{X_i-\bar{X}}{\sigma}\right)^2 \leqq \chi^2_{\alpha/2}(n-1)\right)$$

$$= P\left(\frac{1}{\chi_{\alpha/2}(n-1)}\sum_{i=1}^{n}(X_i-\bar{X})^2 \leqq \sigma^2 \leqq \frac{1}{\chi_{1-\alpha/2}(n-1)}\sum_{i=1}^{n}(X_i-\bar{X})^2\right)$$

となる．すなわち，区間

$$\left[\frac{1}{\chi_{\alpha/2}(n-1)}\sum_{i=1}^{n}(X_i-\bar{X})^2, \frac{1}{\chi_{1-\alpha/2}(n-1)}\sum_{i=1}^{n}(X_i-\bar{X})^2\right]$$

が母分散 σ^2 の信頼係数 $100(1-\alpha)\%$ の信頼区間になる．

公式 43 母分散 σ^2 の $100(1-\alpha)\%$信頼区間は

$$\frac{1}{\chi_{\alpha/2}(n-1)}\sum_{i=1}^{n}(X_i-\bar{X})^2 \leqq \sigma^2 \leqq \frac{1}{\chi_{1-\alpha/2}(n-1)}\sum_{i=1}^{n}(X_i-\bar{X})^2$$

(d)　母分散の推定：例題と演習

例題 40　ある部品の生産工場の設備を更新した．製品1個の重さの平均は20g になるように設計されている．しかしながら，多少の誤差でることが分かっていて，20g を平均として正規分布になることが確認されている．標本を20個選んで計測したところ次の様になった．

部品	1	2	3	4	5	6	7	8	9	10
重さ	20.45	19.83	19.67	20.55	21.99	18.73	19.88	20.45	22.11	20.12

11	12	13	14	15	16	17	18	19	20
19.23	20.16	20.56	21.43	19.02	19.67	21.60	20.34	20.87	19.65

このデータを用いて，部品の重さの母分散の95%の信頼区間を導きなさい。

1°　$\mu = 20$ として，次の表を利用して，$\sum_{i=1}^{n}(X_i - \mu)^2$ を求める．

部品	1	2	3	4	5	6	7	8	9	10
重さ (X_i)	20.45	19.83	19.67	20.55	21.99	18.73	19.88	20.45	22.11	20.12
$(X_i - \mu)^2$	0.2025	0.0289	0.1089	0.3025	3.9601	1.6129	0.0144	0.2025	4.4521	0.0144

11	12	13	14	15	16	17	18	19	20	合計
19.23	20.16	20.56	21.43	19.02	19.67	21.60	20.34	20.87	19.65	
0.5929	0.0256	0.3136	2.0449	0.9604	1.7689	2.56	0.1156	0.7569	0.1225	18.5005

$$\sum_{i=1}^{20}(X_i - \mu)^2 = 18.5005$$

2°　母集団における母平均 μ は既知であるから，推定には自由度 n の χ^2 分布を利用する．

公式 (母平均が既知の場合の母分散の区間推定)　χ^2 分布における上側 $100\left(\frac{\alpha}{2}\right)\%$ パーセント点を $\chi^2_{\alpha/2}(n)$，上側 $100\left(1-\frac{\alpha}{2}\right)\%$ パーセント点を $\chi^2_{1-\alpha/2}(n)$ とすれば，母分散 σ^2 の $100(1-\alpha)\%$ の信頼区間は

$$\frac{1}{\chi_{\alpha/2}(n)}\sum_{i=1}^{n}(X_i - \mu)^2 \leqq \sigma^2 \leqq \frac{1}{\chi_{1-\alpha/2}(n)}\sum_{i=1}^{n}(X_i - \mu)^2$$

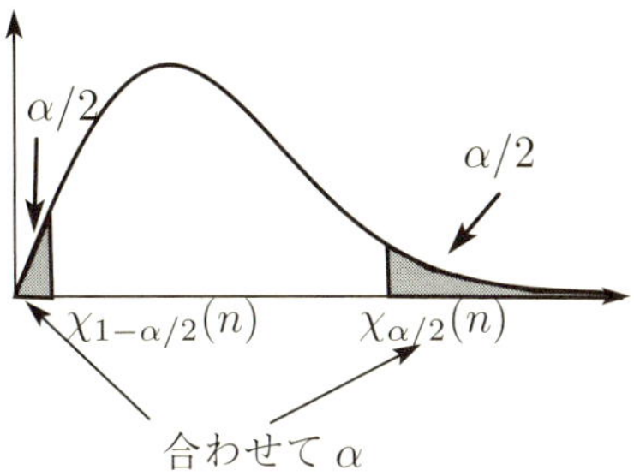

3°　信頼係数は 95% であるから，$100\alpha\% = 5$ %である．したがって，χ^2 分布表より，確率が 2.5 %と 97.5 % となる値を見つけると

$$\chi_{0.025}(20) = 34.170, \qquad \chi_{0.975}(20) = 9.591$$

となる．公式より

$$\frac{1}{34.170} \cdot 18.5005 \leqq \sigma^2 \leqq \frac{1}{9.591} \cdot 18.5005$$

となるので，

$$0.5414 \leqq \sigma^2 \leqq 1.929$$

となる．ゆえに

（答）部品の重さの母分散の 95%の信頼区間は，$0.5414\mathrm{g}^2$ 以上 $1.929\mathrm{g}^2$ 以下である．

演習 19　ある調味料を瓶詰めする工場がある．製品 1 個に 30ml 入れるように調整されている．多少誤差があり 30ml を平均として正規分布するという．今工場で標本として 9 個選んで量を計測した結果は次のようになった．

製品	1	2	3	4	5	6	7	8	9
容量	29.3	30.1	31.0	30.3	29.0	28.8	29.8	30.5	30.2

このデータを用いて，製品の容量の母分散の 90%の信頼区間を導きなさい．

上の問題を以下の手順で答えよ．［細い線の括弧］には式，文字を，［太い線の括弧］には数値を入れなさい．

問 1　$\mu = \square$ として，次の表を利用して，$\sum_{i=1}^{n}(X_i - \square)$ を求めなさい．

製品	1	2	3	4	5	6	7	8	9	合計
容量 (ml)	29.3	30.1	31.0	30.3	29.0	28.8	29.8	30.5	30.2	
$(X_i - \square)^2$	□	□	□	□	□	□	□	□	□	□

$$\sum_{i=1}^{\square} (X_i - \square)^2 = \square$$

問 2　母集団における母平均 μ は既知であるから，推定には自由度 □ の □ 分布を利用する．

> **公式（母平均が既知の場合の母分散の区間推定）** χ^2 分布における上側 $100\left(\frac{\alpha}{2}\right)\%$ パーセント点を □，上側 $100\left(1-\frac{\alpha}{2}\right)\%$ パーセント点を □ とすれば，母分散 σ^2 の $100(1-\alpha)\%$ の信頼区間は
>
> $$\frac{1}{\square}\sum_{i=1}^{n}(X_i - \square)^2 \leqq \sigma^2 \leqq \frac{1}{\square}\sum_{i=1}^{n}(X_i - \square)^2$$

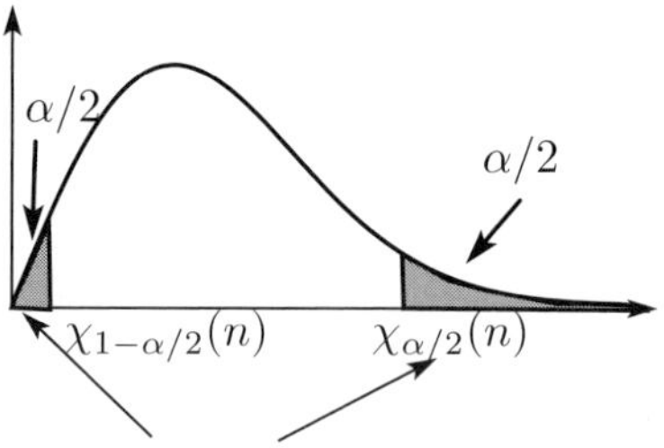

問 3　信頼係数は 90% であるから，$100\alpha\% =$ □ %である．したがって，χ^2 分布表より，確率が □ %と □ % となる値を見つけると

$$\chi_{\square}(\square) = \square, \qquad \chi_{\square}(\square) = \square$$

となる．公式より

$$\frac{1}{\square}\cdot\square \leqq \sigma^2 \leqq \frac{1}{\square}\cdot\square$$

となるので，

$$\square \leqq \sigma^2 \leqq \square$$

となる．ゆえに

> **（答）** 製品の容量の母分散の 90%の信頼区間は，□ ml^2 以上 □ ml^2 以下である．

■

9.1.2 正規分布で近似による母数の推定

(a) ベルヌーイ母集団（二項母集団）

確率変数 $X_1, X_2, \cdots, X_n$ をベルヌーイ分布 $B(1,p)$ に従うベルヌーイ母集団から無作為に抽出したとする．母数 (母比率)p の推定を行う．標本平均 $\bar{X} = \frac{1}{n}\sum_{i=1}^{n} X_i$ に対しては，8.3.1 で説明したように，n が大のとき

$$Z = \frac{\bar{X} - p}{\sqrt{p(1-p)/n}}$$

は標準正規分布に従うから，

$$\begin{aligned} 1-\alpha &= P(-z_{\alpha/2} \leqq Z \leqq z_{\alpha/2}) = P\left(-z_{\alpha/2} \leqq \frac{\bar{X}-p}{\sqrt{p(1-p)/n}} \leqq z_{\alpha/2}\right) \\ &= P\left(\bar{X} - z_{\alpha/2}\sqrt{\frac{p(1-p)}{n}} \leqq p \leqq \bar{X} + z_{\alpha/2}\sqrt{\frac{p(1-p)}{n}}\right) \end{aligned}$$

となる．そこで，p の推定量として，$\bar{p} = \bar{X}$ を用いると，近似的に

$$1-\alpha = P\left(\bar{X} - z_{\alpha/2}\sqrt{\frac{\bar{X}(1-\bar{X})}{n}} \leqq p \leqq \bar{X} + z_{\alpha/2}\sqrt{\frac{\bar{X}(1-\bar{X})}{n}}\right)$$

が成り立つ．

公式 44 (母比率 p)　ベルヌーイ母集団の母比率 p の $100(1-\alpha)$%信頼区間は，n が大のとき

$$\bar{X} - z_{\alpha/2}\sqrt{\frac{\bar{X}(1-\bar{X})}{n}} \leqq p \leqq \bar{X} + z_{\alpha/2}\sqrt{\frac{\bar{X}(1-\bar{X})}{n}}$$

例題 41　ある会社の販売している 2 種類のお菓子 A，B の人気度を調べることになった．店頭でいずれかのお菓子を買った人 400 人にアンケートをしたところ，A を買った人が 321 人であった．A の商品を買う人の割合の 95%信頼区間を求めなさい．

[解]　**1°**　ここでは A の商品を買う確率を p とする．確率変数 X_i は，A を選んだら 1，B を選んだら 0 とする．n は 400 である．

$$\bar{X} = \frac{321}{400} = 0.8025$$

2° 正規分布による近似を利用する.

> **公式 (母比率の区間推定)** 標準正規分布における上側 $100\left(\frac{\alpha}{2}\right)\%$ パーセント点を $z_{\alpha/2}$ とすれば，n が大のとき，母比率 p の $100(1-\alpha)\%$ の信頼区間は
>
> $$\bar{X} - z_{\alpha/2}\sqrt{\frac{\bar{X}(1-\bar{X})}{n}} \leqq p \leqq \bar{X} + z_{\alpha/2}\sqrt{\frac{\bar{X}(1-\bar{X})}{n}}$$

信頼係数は95%であるから，$100\alpha\% = 5\%$ である．したがって，標準正規分布表より，確率が2.5%となる値を見つけると

$$z_{0.025} = 1.96$$

となる．公式より

$$0.8025 - 1.96\sqrt{\frac{0.8025(1-0.8025)}{400}} \leqq p \leqq 0.8025 + 1.96\sqrt{\frac{0.8025(1-0.8025)}{400}}$$

となるので

$$0.764 \leqq p \leqq 0.842$$

となる.

> (答)　Aの商品を買う確率の95%の信頼区間は，0.754以上0.842以下である.

■

> **演習 20**　ある植物の種の発芽率は一定だという．この発芽率を無差別に選んだ900粒の種を植えて発芽するか調べたところ456粒が発芽した．この植物の種の発芽率の90%信頼区間を求めさない.

上の問題を以下の手順で答えよ. [細い線の括弧] には式, 文字を, [太い線の括弧] には数値を入れなさい.

問1　発芽率を p とする．確率変数 X_i は，発芽したら1，発芽しなかったら0とする．n は [　　] である.

$$\bar{X} = \frac{\boxed{}}{\boxed{}} = \boxed{}$$

問2　正規分布による近似を利用する.

> **公式　(母比率の区間推定)**　標準正規分布における上側 $100\left(\frac{\alpha}{2}\right)\%$ パーセント点を □ とすれば，n が大のとき，母比率 p の $100(1-\alpha)\%$ の信頼区間は
>
> $$\Box - \Box\sqrt{\frac{\Box}{\Box}} \leqq p \leqq \Box + \Box\sqrt{\frac{\Box}{\Box}}$$

信頼係数は 90% であるから，$100\alpha\% =$ □% である．したがって，標準正規分布表より，確率が □ %となる値を見つけると

$$z_{\Box} = \Box$$

となる．公式より

$$\Box - \Box\sqrt{\frac{\Box}{\Box}} \leqq p \leqq \Box + \Box\sqrt{\frac{\Box}{\Box}}$$

となるので

$$\Box \leqq p \leqq \Box$$

となる．

> （答）　この種の発芽率の 90%の信頼区間は，□ 以上 □ 以下である．

■

(b)　ポアソン母集団

確率変数 $X_1, X_2, \cdots, X_n$ をポアソン分布 $P_o(\lambda)$ に従うポアソン母集団から無作為に抽出したとする．標本平均 $\bar{X} = \frac{1}{n}\sum_{i=1}^{n} X_i$ に対しては，8.3.1 で説明したように，n が大のとき

$$Z = \frac{\bar{X} - \lambda}{\sqrt{\lambda/n}}$$

は標準正規分布に従うから

$$1 - \alpha = P(-z_{\alpha/2} \leqq Z \leqq z_{\alpha/2}) = P\left(-z_{\alpha/2} \leqq \frac{\bar{X} - \lambda}{\sqrt{\lambda/n}} \leqq z_{\alpha/2}\right)$$
$$= P\left(\bar{X} - z_{\alpha/2}\sqrt{\lambda/n} \leqq \lambda \leqq \bar{X} + z_{\alpha/2}\sqrt{\lambda/n}\right)$$

となる．そこで，λ の推定量として，$\bar{X}$ を用いると，近似的に

$$1-\alpha = P\left(\bar{X} - z_{\alpha/2}\sqrt{\bar{X}/n} \leqq \lambda \leqq \bar{X} + z_{\alpha/2}\sqrt{\bar{X}/n}\right)$$

が成り立つ．

> **公式 45 (母平均 λ)**　ポアソン母集団の母平均 λ の $100(1-\alpha)$%信頼区間は，n が大のとき
>
> $$\bar{X} - z_{\alpha/2}\sqrt{\bar{X}/n} \leqq \lambda \leqq \bar{X} + z_{\alpha/2}\sqrt{\bar{X}/n}$$

9.1.3　標本数の決定

正規母集団において，区間推定の式を見ると，母平均の信頼区間の精度をよくするには n を増やせばよいことが分かる．信頼区間の幅を決めてそれに見合う標本数を決定することを考えよう．

(a)　平均の推定の標本数

正規母集団において母分散 σ^2 は既知とする．信頼係数を $100(1-\alpha)$% とし，信頼区間幅の半分を δ とする．このとき，

$$P(\bar{X} - \delta \leqq \mu \leqq \bar{X} + \delta) = 1 - \alpha$$

が成り立つような n を決定しよう．公式 40 より，

$$P\left(\bar{X} - z_{\alpha/2}\cdot\frac{\sigma}{\sqrt{n}} \leqq \mu \leqq \bar{X} + z_{\alpha/2}\cdot\frac{\sigma}{\sqrt{n}}\right) = 1 - \alpha$$

であるから，$\delta = z_{\alpha/2}\cdot\frac{\sigma}{\sqrt{n}}$．すなわち，

$$n = \left(\frac{z_{\alpha/2}\cdot\sigma}{\delta}\right)^2$$

となる．

> **公式 46 (推定の標本数)**　正規母集団において母分散 σ^2 は既知とする．信頼係数を $100(1-\alpha)$% とし，信頼区間幅を 2δ とする．このとき，標本数 n は
>
> $$n = \left(\frac{z_{\alpha/2}\cdot\sigma}{\delta}\right)^2$$
>
> 以上にとる必要がある．

> **例題 42**　一人暮らしの大学生の生活費の平均を調査することになった．過去の調査から標準偏差は 2 万 5 千円としてよい．信頼係数を 99% とし，信頼区間幅を 5 千円にしたい．このとき，調査する学生の必要人数を求めなさい．

[解] 母標準偏差は $\sigma = 25$(千円) としてよい．δ は 2.5(千円) になる．このとき，標本数を決定する公式を適用する．

> **公式 (推定の標本数)** 正規母集団において母分散 σ^2 は既知とする．信頼係数を $100(1-\alpha)\%$ とし，信頼区間幅を 2δ とする．このとき，標本数 n は
> $$n = \left(\frac{z_{\alpha/2} \cdot \sigma}{\delta}\right)^2$$
> 以上とる必要がある．

信頼係数は 99% であるから，$100\alpha\% = 1\%$ である．したがって，標準正規分布表より，確率が 0.5% となる値を探し，補間すると

$$z_{0.005} = 2.575$$

となる．公式より

$$n = \left(\frac{2.575 \cdot 25}{2.5}\right)^2 \fallingdotseq 663.1$$

となる．

> （答） 調査する学生の人数は 664 人以上必要である．

■

> **演習 21** 自宅通学者の大学生の 1 年間の通学定期代の平均を調査することになった．過去の調査から標準偏差は 1 万 5 千円としてよい．信頼係数を 95% とし，信頼区間幅を 5 千円にしたい．このとき，調査する学生の必要人数を求めなさい．

[細い線の括弧] には式，文字を，[太い線の括弧] には数値を入れなさい．

母標準偏差は $\sigma =$ [　　] (千円) としてよい．δ は [　　] (千円) になる．このとき，標本数を決定する公式を適用する．

> **公式 (推定の標本数)** 正規母集団において母分散 σ^2 は既知とする．信頼係数を $100(1-\alpha)\%$ とし，信頼区間幅を [　　] とする．このとき，標本数 n は
> $$n = \left(\frac{\boxed{}}{\boxed{}}\right)^2$$
> 以上とる必要がある．

信頼係数は 95% であるから，$100\alpha\% =$ [　　]% である．したがって，標

準正規分布表より，確率が［　　］% となる値を見つけると

$$z_{\boxed{}} = \boxed{}$$

となる．公式より

$$n = \left(\frac{\boxed{} \cdot \boxed{}}{\boxed{}} \right)^2 = \boxed{}$$

となる．

（答）　調査する学生の人数は［　　］人以上必要である．

■

（b）　2 標本の平均の差

7.2.2 で扱った 2 標本問題の平均の差の区間推定を考えよう．2 つの正規母集団をそれぞれ，$N(\mu_X, \sigma_X^2)$，$N(\mu_Y, \sigma_Y^2)$ とする．この 2 つの母集団から標本として，それぞれ，m 個の $X_1, X_2, \cdots, X_m$ と n 個の $Y_1, Y_2, \cdots, Y_n$ を独立に抽出したとする．

① **σ_X^2，σ_Y^2 が共に既知のとき**

$\bar{X} - \bar{Y}$ は正規分布 $N\left(\mu_X - \mu_Y, \frac{\sigma_X^2}{m} + \frac{\sigma_Y^2}{n}\right)$ に従うから，9.1.1（a）と同様に考えると

公式 47 (σ_X^2，σ_Y^2 が共に既知の場合)　母平均 $\mu_X - \mu_Y$ の $100(1-\alpha)$ % 信頼区間は

$$(\bar{X} - \bar{Y}) - z_{\alpha/2}\sqrt{\frac{\sigma_X^2}{m} + \frac{\sigma_Y^2}{n}} \leqq \mu_X - \mu_Y \leqq (\bar{X} - \bar{Y}) + z_{\alpha/2}\sqrt{\frac{\sigma_X^2}{m} + \frac{\sigma_Y^2}{n}}$$

次の例を考えよう．

例題 43 ある工場の 2 つのライン A，B で製品を生産している．A のラインの製品は平均が μ_X cm で，標準偏差が 1.2 cm で，B のラインの製品は平均が μ_Y cm で，標準偏差が 1.8 cm で，それぞれ正規分布に従うという．A から 8 個，B から 6 個の製品を無作為に抜き出したとき，A の 8 個の平均が $\bar{X} = 10.2$ で，B の 6 個の平均が $\bar{Y} = 9.9$ のとき，平均の差 $\mu_X - \mu_Y$ の 90 % 信頼区間を求めなさい．

[解]

1° A から抜き出した 8 個を標本 X_i $(i = 1, \cdots, 8)$ とし，B から抜き出した

6 個を標本 Y_1 $(i=1,\cdots,6)$ とするとき，$\bar{X}=10.2$，$\sigma_X^2=1.2^2=1.44$，$\mu_Y=9.9$，$\sigma_Y^2=1.8^2=3.24$ であるから，

公式 （σ_X^2，σ_Y^2 **が共に既知の場合**） 母平均 $\mu_X-\mu_Y$ の $100(1-\alpha)$ % 信頼区間は

$$(\bar{X}-\bar{Y})-z_{\alpha/2}\sqrt{\frac{\sigma_X^2}{m}+\frac{\sigma_Y^2}{n}} \leqq \mu_X-\mu_Y \leqq (\bar{X}-\bar{Y})+z_{\alpha/2}\sqrt{\frac{\sigma_X^2}{m}+\frac{\sigma_Y^2}{n}}$$

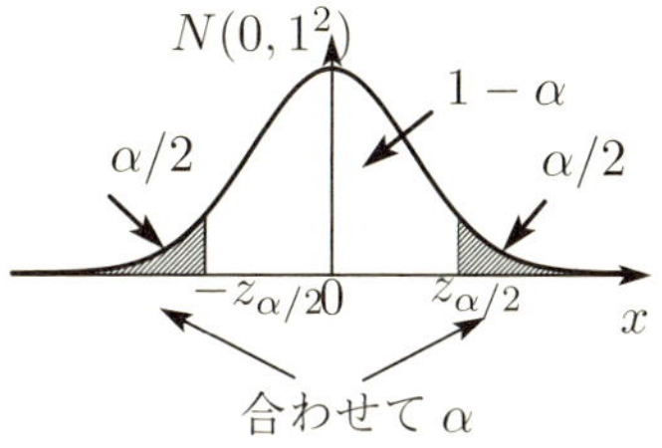

2° 信頼係数は 90% であるから，$100\alpha\%=10\%$である．したがって，標準正規分布表より，確率が 5%となる値を見つけると

$$z_{\alpha/2}=1.645$$

となる．公式より

$$(10.2-9.9)-1.645\cdot\sqrt{\frac{1.44}{8}+\frac{3.24}{6}} \leqq \mu_X-\mu_Y \leqq (10.2-9.9)+1.645\cdot\sqrt{\frac{1.44}{8}+\frac{3.24}{6}}$$

となるので，

$$-1.096 \leqq \mu_X-\mu_Y \leqq 1.696$$

となる．ゆえに

（答） A と B の母平均の差の 90%の信頼区間は，−10.96 mm から 16.96 mm までとなる．

■

次の演習を解いてみよう．

演習 22 2 つの会社 A と B で同じ部品を作っている．A 社の製品の重さは平均が μ_X g で，標準偏差が $2\sqrt{3}$ g で，B 社の製品は平均が μ_Y g，標準偏差が $2\sqrt{2}$ g であり，それぞれ正規分布に従うという．A 社から 6 個，B 社から 4 個の製品を無作為に抜き出し重さを計ると，A 社の製品の平均が 109 g，B 社の平均が 100 g であった．このとき，平均の差 $\mu_X-\mu_Y$ の 95 % 信頼区間を求めなさい．

以下の［細い線の括弧］には式や文字を，［太い線の括弧］には数値を入れなさい．

問1　A から抜き出した4個を標本 $X_i\ (i=1,\cdots,4)$ とし，B から抜き出した8個を標本 $Y_1\ (i=1,\cdots,8)$ とするとき，$\bar{X}=\square$，$\sigma_X^2=\square$，$\mu_Y=\square$，$\sigma_Y^2=\square$ であるから，

公式（σ_X^2，σ_Y^2 **が共に既知の場合**）母平均 $\mu_X-\mu_Y$ の $100(1-\alpha)$ % 信頼区間は

$$(\square-\square)-\square\sqrt{\frac{\square}{\square}+\frac{\square}{\square}}\leqq\mu_X-\mu_Y\leqq(\square-\square)+\square\sqrt{\frac{\square}{\square}+\frac{\square}{\square}}$$

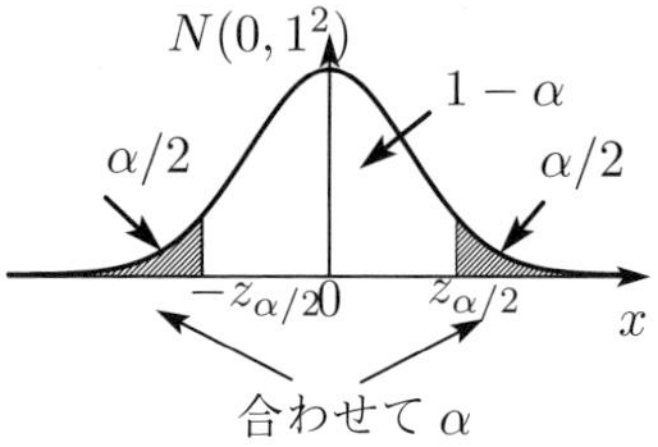

問2　信頼係数は 95% であるから，$100\alpha\%=\square$%である．したがって，標準正規分布表より，確率が $\square$%となる値を見つけると

$$z_{\square}=\square$$

となる．公式より

$$(\square-\square)-\square\sqrt{\frac{\square}{\square}+\frac{\square}{\square}}\leqq\mu_X-\mu_Y\leqq(\square-\square)+\square\sqrt{\frac{\square}{\square}+\frac{\square}{\square}}$$

となるので，

$$\square\leqq\mu_X-\mu_Y\leqq\square$$

となる．ゆえに

（答）　A と B の母平均の差の 95%の信頼区間は，$\square$ g から $\square$ g までとなる．

■

② σ_X^2，σ_Y^2 **は未知だが等しいとき**

$$s_X^2=\frac{1}{m-1}\sum_{i=1}^{m}(X_i-\bar{X})^2,\quad s_Y^2=\frac{1}{n-1}\sum_{i=1}^{n}(Y_i-\bar{Y})^2,$$

とし，

$$s^2 = \frac{(m-1)s_X^2 + (n-1)s_Y^2}{m+n-2}$$

とおく．公式 36 を用いて，9.1.1（a）と同様に考えると

公式 48 (σ_X^2，σ_Y^2 が未知だが等しい場合) 母平均 $\mu_X - \mu_Y$ の $100(1-\alpha)$ % 信頼区間は

$$(\bar{X}-\bar{Y})-t_{\alpha/2}(m+n-2)s\sqrt{\frac{1}{m}+\frac{1}{n}} \leqq \mu_X-\mu_Y \leqq (\bar{X}-\bar{Y})+t_{\alpha/2}(m+n-2)s\sqrt{\frac{1}{m}+\frac{1}{n}}$$

9.2 点推定

母集団があるときに，母数に対して，1 つの値を推定する**点推定**をここでは扱う．

母集団の母数を推定するために標本から求められる統計量を**推定量**という．母数 θ に対して標本 $X_1, X_2, \cdots, X_n$ による推定量を $\hat{\theta} = \hat{\theta}(X_1, X_2, \cdots, X_n)$ と表すことにする．標本の実現値を $x_1, x_2. \cdots, x_n$ とするとき，$\hat{\theta}(x_1, x_2, \cdots, x_n)$ を推定値ということにする．まず，どういう推定量が望ましいのかを考えよう．

9.2.1 推定量の望ましい性質

① **不偏性** 母数 θ の推定量 $\hat{\theta}(X_1, X_2, \cdots, X_n)$ に対して

$$E(\hat{\theta}(X_1, X_2, \cdots, X_n)) = \theta$$

が成り立つとき，$\hat{\theta}$ は θ の**不偏推定量**であるという．例えば，

- **二項分布の母数** p 二項分布の 2 つの値 A, B を持つ試行で，A が起こる確率を p とし，今，母数 θ として p をとる．p をベルヌーイ試行の成功率とみる．ベルヌーイ母集団から標本 $X_1, X_2, \cdots, X_n$ を任意に抽出する．この n 回の試行で成功回数を X とすると，$X = \sum_{i=1}^{n} X_i$ と表せる．成功比率 p は，$\hat{p} = \frac{X}{n}$，すなわち，$\bar{X}$ で近似できる．公式 14 より

$$E(\bar{X}) = E\left(\frac{X_1 + X_2 + \cdots + X_n}{n}\right) = \frac{1}{n}\sum_{i=1}^{n} E(X_i) = p$$

  となる．したがって，$\bar{X}$ は，p の不偏推定量であることが分かる．

- **ポアソン分布の母数** λ

例題 44　$X_1, \cdots, X_n$ が互いに独立に母数 λ のポアソン分布に従うとする．このとき，

$$\bar{X} = \frac{1}{n}\sum_{i=1}^{n} X_i,\ s^2 = \frac{1}{n-1}\sum_{i=1}^{n}(X_i - \bar{X})^2$$

は母数 λ の不偏推定量であることを示しなさい．

[解]　標本平均に対して，公式 16 を用いると，

$$E(\bar{X}) = E\left(\frac{1}{n}\sum_{i=1}^{n} X_i\right) = \frac{1}{n}\sum_{i=1}^{n} E(X_i) = \frac{1}{n}\cdot n\lambda = \lambda$$

標本分散に対しても，公式 16 を用いると，

$$E(s^2) = E\left(\frac{1}{n-1}\sum_{i=1}^{n}(X_i - \bar{X})^2\right) = \frac{1}{n-1}\sum_{i=1}^{n} E[\{(X_i - \lambda) - (\bar{X} - \lambda)\}^2]$$

$$= \frac{1}{n-1}\sum_{i=1}^{n}\{E((X_i - \lambda)^2) - 2E((\bar{X} - \lambda)(X_i - \lambda)) + E((\bar{X} - \lambda)^2)\}$$

$$= \frac{1}{n-1}\left\{\sum_{i=1}^{n} V(X_i) - nV(\bar{X})\right\} = \frac{1}{n-1}\left(n\lambda - n\cdot\frac{\lambda}{n}\right) = \lambda$$

ここで，公式 26 より

$$V(\bar{X}) = V\left(\frac{1}{n}\sum_{i=1}^{n} X_i\right) = \frac{1}{n^2}n\lambda = \frac{\lambda}{n}$$

である．よって，$\bar{X}$ と s^2 は λ の普遍推定量であることが示された．■

- **正規分布の母平均 μ，母分散 σ^2**　母平均が μ，母分散が σ^2 の母集団から無作為に標本 $X_1, X_2, \cdots, X_n$ を抽出したとする．このとき，7.1.2 で示したように，標本平均 $\bar{X}$ に対しては，$E(\bar{X}) = \mu$ が成り立つので，標本平均 $\bar{X}$ は，母平均 μ の不偏推定量になっている．また，不偏分散 $s^2 = \frac{1}{n-1}\sum_{i=1}^{n}(X_i - \bar{X})^2$ に対しては，$E(s^2) = \sigma^2$ が成り立つので，不偏分散 s^2 は，母分散 σ^2 の不偏推定量になっている．ちなみに，$S^2 = \frac{1}{n}\sum_{i=1}^{n}(X_i - \bar{X})^2$ は不偏推定量ではない．

② **有効性**　母数 θ の 2 つの不偏推定量があるときに，分散が小さい方が母数のより近くに標本の値が集まっていると考えられるので，こちらの方が有効だ

ということができる．分散が最小になるような推定量 $\hat{\theta}$ があるならば，$\hat{\theta}$ を**一様最小分散不偏推定量**という．

一方，不偏推定量の分散に関しては，次の**クラメール・ラオの不等式**と呼ばれる不等式が成り立ち，分散を小さくするとき取り得る値には限界があることが分かる．

クラメール・ラオの不等式　母集団の母数を θ とし，$\hat{\theta}$ を θ の不偏推定量とする．標本 $\boldsymbol{X}=(X_1,X_2,\cdots,X_n)$ の同時確率密度関数を $f(\boldsymbol{x},\theta)=f(x_1,x_2,\cdots,x_n,\theta)$ と表すとき，

$$V(\hat{\theta}) \geqq \frac{1}{E\left[\left(\frac{\partial \log f(\boldsymbol{x},\theta)}{\partial\theta}\right)^2\right]}$$

ここで，

$$I(\theta)=E\left[\left(\frac{\partial \log f(\boldsymbol{x},\theta)}{\partial\theta}\right)^2\right]=-E\left[\frac{\partial^2 \log f(\boldsymbol{x},\theta)}{\partial\theta^2}\right]$$

を**フィッシャー情報量**という．各 X_i が独立の場合には，$f(\boldsymbol{x},\boldsymbol{\theta})=\prod_{i=1}^{n} f(x_i,\theta)$ と表せるので，1 個のフィッシャー情報量

$$I_1(\theta)=-E\left[\frac{\partial^2 \log f(x_1,\theta)}{\partial\theta^2}\right]$$

を使って，全体のフィッシャー情報量は

$$I(\boldsymbol{\theta})=nI_1(\boldsymbol{\theta})$$

と計算することができる．

分散がクラメール・ラオの下限の値になるような不偏推定量を**有効推定量**という．有効推定量であれば，一様最小分散不偏推定量であるが，逆は必ずしもいえない．

クラメール・ラオの下限の例を見てみよう．

- **二項分布の母数** p　二項分布の 2 つの値 A,B を持つ試行で，A が起こる確率を p とし，今，母数 θ として p をとる．p をベルヌーイ試行の成功率とみる．ベルヌーイ母集団から標本 $X_1,X_2,\cdots,X_n$ を任意に抽出する．この n 回の試行で成功回数を X とすると，$X=\sum_{i=1}^{n} X_i$ と表せる．ベルヌーイ試行の確率関数は

$$f(x,p)=p^x(1-p)^{1-x}, \quad x=0,1$$

となるので，

$$I_1(\theta)=I_1(p)=-E\left[\frac{\partial^2}{\partial p^2}\log p^x(1-p)^{1-x}\right]$$
$$=-E\left[\frac{\partial^2}{\partial p^2}\{x\log p+(1-x)\log(1-p)\}\right]=-E\left[-\frac{x}{p^2}-\frac{1-x}{(1-p)^2}\right]$$
$$=\frac{1}{p^2}E[x]+\frac{1}{(1-p)^2}(E[1]-E[x])=\frac{p}{p^2}+\frac{1}{(1-p)^2}(1-p)$$
$$=\frac{1}{p(1-p)}$$

よって

$$\frac{1}{I(\theta)}=\frac{1}{nI_1(\theta)}=\frac{p(1-p)}{n}$$

一方，p の不偏推定量 $\bar{X}$ に対して，公式 26 と公式 14 より

$$V(\bar{X})=V\left(\frac{1}{n}\sum_{i=1}^{n}X_i\right)=\frac{1}{n^2}\sum_{i=1}^{n}V(X_i)=\frac{1}{n^2}\sum_{i=1}^{n}p(1-p)=\frac{p(1-p)}{n}$$

となるので，$\bar{X}$ は p の有効推定量である．一様最小分散不偏推定量でもある．

- ポアソン分布の母数 λ

例題 45　標本 $X_1,\cdots,X_n$ が互いに独立に母数 λ のポアソン分布に従うとする．母数 θ として，λ をとる．このとき，標本平均 $\bar{X}$ は λ の有効推定量であることを示しなさい．

[解]　前の例題により，$\bar{X}$ は λ の普遍推定量である．ポアソン分布の確率関数は

$$f(x)=\frac{e^{-\lambda}\lambda^x}{x!},\quad x=0,1,\cdots$$

に従うので，このとき，クラメール・ラオの下限は，

$$I_1(\theta)=I_1(\lambda)=-E\left[\frac{\partial^2}{\partial\lambda^2}\left(\log\frac{e^{-\lambda}\lambda^x}{x!}\right)\right]$$
$$=-E\left[\frac{\partial^2}{\partial\lambda^2}(-\lambda+x\log\lambda-\log x!)\right]=\frac{1}{\lambda}$$

よって

$$\frac{1}{I(\theta)}=\frac{1}{nI_1(\theta)}=\frac{\lambda}{n}$$

一方，前の例題と同様に公式 16 より，$V(X_i) = \lambda$ であるから，

$$V(\bar{X}) = V\left(\frac{1}{n}\sum_{i=1}^{n} X_i\right) = \frac{1}{n^2}\sum_{i=1}^{n} V(X_i) = \frac{\lambda}{n}$$

となる．したがって，$\bar{X}$ は λ の有効推定量であることが示された．■

- **正規分布**　母平均 μ に対して $\hat{\mu} = \bar{X}$ は不偏推定量である．クラメール・ラオの下限は

$$I_1(\mu) = -E\left[\frac{\partial^2}{\partial \mu^2}\log\left\{\frac{1}{\sqrt{2\pi}\sigma}e^{-\frac{(x-\mu)^2}{2\sigma^2}}\right\}\right]$$

$$= -E\left[\frac{\partial^2}{\partial \mu^2}\left\{-\frac{1}{2}\log(2\pi\sigma^2) - \frac{(x-\mu)^2}{2\sigma^2}\right\}\right] = E\left[\frac{\partial^2}{\partial \mu^2}\left\{\frac{(x-\mu)^2}{2\sigma^2}\right\}\right] = \frac{1}{\sigma^2}$$

よって

$$\frac{1}{I(\mu)} = \frac{1}{nI_1(\mu)} = \frac{\sigma^2}{n}$$

一方，$\bar{X}$ の分散の計算は何度も登場しているが

$$V(\bar{X}) = V\left(\frac{1}{n}\sum_{i=1}^{n} X_i\right) = \frac{1}{n^2}\sum_{i=1}^{n} V(X_i) = \frac{\sigma^2}{n}$$

となるので，$\bar{X}$ は μ の有効推定量である．

次に，母分散 σ^2 の不偏推定量は $\hat{\sigma}^2 = s^2 = \frac{1}{n-1}\sum_{i=1}^{n}(X_i - \bar{X})^2$ である．σ^2 を変数だと考えて微分をすると

$$I_1(\sigma^2) = -E\left[\frac{\partial^2}{\partial (\sigma^2)^2}\log\left\{\frac{1}{\sqrt{2\pi}\sigma}e^{-\frac{(x-\mu)^2}{2\sigma^2}}\right\}\right]$$

$$= -E\left[\frac{\partial^2}{\partial (\sigma^2)^2}\left\{-\frac{1}{2}\log(2\pi\sigma^2) - \frac{(x-\mu)^2}{2\sigma^2}\right\}\right]$$

$$= -E\left[\frac{1}{2(\sigma^2)^2} - \frac{(x-\mu)^2}{(\sigma^2)^3}\right] = \frac{1}{2(\sigma^2)^2} = \frac{1}{2\sigma^4}$$

よって

$$\frac{1}{I(\sigma^2)} = \frac{1}{nI_1(\sigma^2)} = \frac{2\sigma^4}{n}$$

一方，公式 30 より，$(n-1)s^2/\sigma^2$ は自由度 $n-1$ の χ^2 分布に従うので，

$$V\left(\frac{(n-1)s^2}{\sigma^2}\right) = 2(n-1)$$

また,

$$V\left(\frac{(n-1)s^2}{\sigma^2}\right)=\frac{(n-1)^2}{\sigma^4}V(s^2)$$

となるので,

$$V(s^2)=\frac{2\sigma^4}{n-1}$$

となるので，有効推定量ではない．しかし，これも結果だけ述べるが s^2 は σ^2 の一様最小分散不偏推定量にはなっている．

③ **一致性**　母数 θ の推定量 $\hat{\theta}_n$ が標本の大きさ n を大きくしたときに，母数 θ に近づくとき，この推定量を**一致推定量**であるという．すなわち，すべての $\varepsilon>0$ に対して

$$\lim_{n\to\infty}P(|\hat{\theta}_n(X_1,X_2,\cdots,X_n)-\theta|\geqq\varepsilon)=0$$

が成り立つことを意味する（$\hat{\theta}_n$ は θ に確率収束するともいう）．

$\hat{\theta}_n$ が θ の一致推定量である十分条件は，次の2条件をみたすことである． (1) $\lim_{n\to\infty}E(\hat{\theta}_n)=\theta$,　　(2) $\lim_{n\to\infty}V(\hat{\theta}_n)=0$

- **二項分布の母数** p　母数 θ として p をとる．p をベルヌーイ試行の成功率とみる．ベルヌーイ母集団から標本 $X_1,X_2,\cdots,X_n$ を任意に抽出する．このとき，大数の法則 (8.2 参照) によりすべての $\varepsilon>0$ に対して

$$\lim_{n\to\infty}P(|\bar{X}-p|\geqq\varepsilon)=0$$

　が成り立つ．したがって，$\bar{X}$ は p の一致推定量である．

- **ポアソン分布の母数** λ　$X_1,\cdots,X_n$ が互いに独立に 母数 λ のポアソン分布に従うとする．母数 θ として，λ をとる．このとき，大数の法則 (8.2 参照) によりすべての $\varepsilon>0$ に対して

$$\lim_{n\to\infty}P(|\bar{X}-\lambda|\geqq\varepsilon)=0$$

　が成り立つ．したがって，$\bar{X}$ は λ の一致推定量である．

- **正規分布の母平均** μ**, 母分散** σ^2　母平均が μ, 母分散が σ^2 の母集団から無作為に標本 $X_1,X_2,\cdots,X_n$ を抽出したとする．このとき, 標本平均 $\bar{X}$ に対しては, 大数の法則より, $\lim_{n\to\infty}P(|\hat{\theta}_n(X_1,X_2,\cdots,X_n)-\theta|\geqq\varepsilon)=0$ が成り立つので，標本平均 $\bar{X}$ は，母平均 μ の一致推定量になっている．

例題 46　母平均が μ，母分散が σ^2 の正規母集団から無作為に選んだ標本 $X_1, X_2, \cdots, X_n$ に対して，標本分散 $s^2 = \frac{1}{n-1}\sum_{i=1}^{n}(X_i - \bar{X})^2$ は母分散 σ^2 の一致推定量になっていることを示しなさい．

[解]　7.1.2 で示したように，s^2 は普遍推定量になっていることから，$E(s^2) = \sigma^2$ なので，上述の一致推定量の十分条件の (1) は成り立っている．

また，$V(s^2)$ については，正規分布についてクラメール・ラオの下限を求めたところで，

$$V(s^2) = \frac{2\sigma^4}{n-1}$$

であることを示した．したがって，

$$\lim_{n\to\infty} V(s^2) = \lim_{n\to\infty} \frac{2\sigma^4}{n-1} = 0$$

となり，上述の一致推定量の十分条件の (2) も成り立っている．よって，標本分散 s^2 は母分散 σ^2 の一致推定量になっていることが示された．■

9.2.2　点推定の方法

ここでは，母集団から無作為にとりだした標本 $X_1, X_2, \cdots, X_n$ から母数 θ を推定する方法について考える．

(a)　モーメント法

モーメント（積率）は，4.5 で解説した．ここで扱うのは，母集団の確率変数 X に対する k 次モーメントを，標本 $X_1, X_2, \cdots, X_n$ から求められる $X_1^k, X_2^k, \cdots, X_n^k$ の平均

$$\frac{1}{n}\sum_{i=1}^{n} X_i^k$$

で推定し，それを用いて母数の推定量を求めようという方法である．その説明をしよう．

一般的に，ある母集団があり，この母集団分布に従う確率変数 X に対するモーメント (積率) を

$$\mu_1 = E(X), \mu_2 = E(X^2), \cdots, \mu_k = E(X^k)$$

とする．母集団の k 個の母数 $\theta_1, \theta_2, \cdots, \theta_k$ に対して，$\mu_1, \mu_2, \cdots, \mu_k$ は，

$\theta_1, \theta_2, \cdots, \theta_k$ の関数として表すことができる．

一方で，母集団から無作為に抽出した標本 $X_1, X_2, \cdots, X_n$ から求められる標本モーメント（積率）$X_i^k, X_i^k, \cdots, X_i^k \ (i = 1, 2, \cdots, n)$ を

$$\hat{\mu}_1 = \frac{1}{n}\sum_{i=1}^{n} X_i, \ \ \hat{\mu}_2 = \frac{1}{n}\sum_{i=1}^{n} X_i^2, \ \cdots \ , \ \hat{\mu}_k = \frac{1}{n}\sum_{i=1}^{n} X_i^k$$

とするとき，

$$\text{母モーメント} = \text{標本モーメント}$$

であるとして母数の推定量を求める方法が**モーメント（積率）法**である．

具体的に求めてみよう．

例題 47　母集団が正規分布 $N(\mu, \sigma^2)$ に従うとし，無作為に抽出した標本を $X_1, \cdots, X_n$ とする．このとき，母数 μ と σ^2 の推定量 $\hat{\mu}$ と $\hat{\sigma}^2$ をモーメント法により求めなさい．

[解]　**1°**　X を $N(\mu, \sigma^2)$ に従う確率変数とする．$k = 2$ として，1次，2次モーメントを母数で表す．

$$\begin{aligned}
\mu_1 &= E(X) = \mu \\
\mu_2 &= E(X^2) = E((X-\mu)^2) + E(X)^2 \quad (\because \text{公式 } 11) \\
&= \sigma^2 + \mu^2
\end{aligned}$$

となる．

2°　標本モーメントを記述する．

$$\hat{\mu}_1 = \frac{1}{n}\sum_{i=1}^{n} X_i, \quad \hat{\mu}_2 = \frac{1}{n}\sum_{i=1}^{n} X_i^2$$

となる．それぞれ，m_1, m_2 とおく．

3°　母集団モーメント = 標本モーメント，すなわち，$\mu_1 = \hat{\mu}_1$，$\mu_2 = \hat{\mu}_2$ を用いて，母数 μ と σ^2 の推定量 $\hat{\mu}$ と $\hat{\sigma}^2$ を標本モーメントで表す．まず，

$$\hat{\mu} = m_1, \quad \hat{\sigma}^2 + \hat{\mu}^2 = m_2$$

となる．これより，

$$\hat{\sigma}^2 = m_2 - \hat{\mu}^2 = m_2 - m_1^2$$

したがって，公式 11 を使って整理すると

$$\hat{\mu} = \frac{1}{n}\sum_{i=1}^{n} X_i \quad \cdots (\text{答})$$

$$\hat{\sigma}^2 = \frac{1}{n}\sum_{i=1}^{n} X_i^2 - \left(\frac{1}{n}\sum_{i=1}^{n} X_i\right) = \frac{1}{n}\sum_{i=1}^{n}(X_i - \bar{X})^2 \quad \cdots (\text{答})$$

となる． ■

以下例を挙げてみよう．

- **二項分布の母数** p　二項分布の 2 つの値 A, B を持つ試行で，A が起こる確率を p とし，今，母数 θ として母比率 p をとる．ベルヌーイ母集団から標本 $X_1, X_2, \cdots, X_n$ を任意に抽出する．p の推定量 $\hat{p}$ は 1 次モーメント（積率）により

$$\hat{p} = \bar{X} = \frac{1}{n}\sum_{i=1}^{n} X_i$$

　と求められる．

- **ポアソン分布の母数** λ　$X_1, \cdots, X_n$ が互いに独立にパラメータが λ のポアソン分布に従うとする．母数 θ として，λ をとる．公式 16 により $E(X_i) = \lambda$ であるから，1 次モーメントを使って

$$\hat{\lambda} = \frac{1}{n}\sum_{i=1}^{n} X_i$$

　と推定できる．

(b)　最尤法

母集団の k 個の母数 $\boldsymbol{\theta} = (\theta_1, \theta_2, \cdots, \theta_k)$($k = 1$ のときは，太字の $\boldsymbol{\theta}$ は単に θ と表すことにする) に対して，標本 $\boldsymbol{X} = (X_1, X_2, \cdots, X_n)$ の同時確率関数（同時密度関数）を $f(x_1, x_2, \cdots, x_n, \boldsymbol{\theta})$ と表すことにする．このとき，

$$L(\boldsymbol{\theta}) = f(x_1, x_2, \cdots, x_n, \boldsymbol{\theta})$$

と $\boldsymbol{\theta}$ の関数とみたものを**尤度関数**という．また，$\ell(\boldsymbol{\theta}) = \log L(\boldsymbol{\theta})$ を**対数尤度関数**という．尤度関数を最大にする $\boldsymbol{\theta}$ の値を**最尤推定量**といい，$\hat{\boldsymbol{\theta}}$ と表す．このように尤度関数の最大にする推定量を求めて，それを母数 $\boldsymbol{\theta}$ の推定値とする方法を**最尤法**という．

尤度関数で最大を求めることと対数尤度関数で最大を求めることは同値ある．対数尤度関数を利用して，最尤推定量を求める方が容易な場合がある．

各 X_i が独立の時には，それぞれの確率関数（確率密度関数）$f(x_i,\boldsymbol{\theta})$ を用いて

$$L(\boldsymbol{\theta}) = f(x_1, x_2, \cdots, x_n, \boldsymbol{\theta}) = \prod_{i=1}^{n} f(x_i, \boldsymbol{\theta})$$

と表すことができる．

例題 48　ポアソン分布 $Po(\lambda)$ に従う母集団の母数 λ に対して最尤法で最尤推定量 $\hat{\lambda}$ を求めなさい．

[解]　$k=1$ であり，θ として λ をとる．この尤度関数 $L(\lambda)$ は

$$L(\lambda) = \prod_{i=1}^{n} \frac{e^{-\lambda}\lambda^{x_i}}{x_i!} = \frac{e^{n\lambda}\lambda^{\sum_{i=1}^{n} x_i}}{x_1!x_2!\cdots x_n!}$$

対数尤度関数 $\ell(\lambda)$ は

$$\begin{aligned}\ell(\lambda) &= \log L(\lambda) = \log e^{-n\lambda} + \log \lambda^{\sum_{i=1}^{n} x_i} - \log(x_1!x_2!\cdots x_n!) \\ &= -n\lambda + \sum_{i=1}^{n} x_i \log\lambda - \sum_{i=1}^{n} \log(x_i!)\end{aligned}$$

λ の最尤推定量 $\hat{\lambda}$ は

$$\frac{d\ell(\lambda)}{d\lambda} = -n + \frac{\sum_{i=1}^{n} x_i}{\lambda}$$

で決まる．よって

$$\hat{\lambda} = \frac{\sum_{i=1}^{n} x_i}{n} = \bar{X} \quad \cdots \text{(答)}$$

となる．■

演習 23　二項分布の場合の母数 p の最尤推定量を最尤法で計算しなさい．

［細い線の括弧］には式，文字を，［太い線の括弧］には数値を入れなさい．

$k=$ ［　］ であり，θ として p をとる．この尤度関数 $L(p)$ は

$L(p) =$ ［　　　　］

と表される．p の最尤推定量 $\hat{p}$ を求めよう．$L(p)$ の最大値を求めるのに，p で微分して，極値を求めることを考える．このとき，対数尤度関数 $\ell(p)$ を使った

方が計算が簡単になる.

$$\ell(p) = \boxed{}$$

微分することによって

$$\frac{d}{dp}\ell(p) = \boxed{}$$

となる. これを 0 とおいて解くと

$$\hat{p} = \boxed{} \cdots \text{(答)}$$

が p の最尤推定量となる. ■

以下例を見てみる.

- **正規分布** $k = 2$ であり, $\theta_1 = \mu$, $\theta_2 = \sigma^2$(2 乗した σ^2 を変数と考える) をとる. $L(\mu, \sigma^2)$ は μ と σ^2 の 2 変数関数として

$$L(\mu, \sigma^2) = \prod_{i=1}^{n} \frac{1}{\sqrt{2\pi\sigma^2}} e^{-\frac{(x_i-\mu)^2}{2\sigma^2}} = \frac{1}{\left(\sqrt{2\pi\sigma^2}\right)^n} \exp\left\{-\frac{1}{2\sigma^2}\sum_{i=1}^{n}(x_i - \mu)^2\right\}$$

となる. したがって, 対数尤度関数は

$$\ell(\mu, \sigma^2) = -\frac{n}{2}\log(2\pi\sigma^2) - \frac{1}{2\sigma^2}\sum_{i=1}^{n}(x_i - \mu)^2$$

2 変数関数なので, 最大値を求めるには, 偏微分して 0 になる極値の候補を求める.

$$\frac{\partial}{\partial\mu}\ell(\mu, \sigma^2) = \frac{1}{\sigma^2}\sum_{i=1}^{n}(x_i - \mu) = 0 \tag{9.1}$$

$$\frac{\partial}{\partial\sigma^2}\ell(\mu, \sigma^2) = -\frac{n}{2\sigma^2} + \frac{1}{2(\sigma^2)^2}\sum_{i=1}^{n}(x_i - \mu)^2 = 0 \tag{9.2}$$

(9.1) より,

$$\hat{\mu} = \frac{\sum_{i=1}^{n} X_i}{n} = \bar{X}$$

となり, これが μ の最尤推定量になる. (9.2) より, (9.1) を用いると

$$\hat{\sigma}^2 = \frac{1}{n}\sum_{i=1}^{n}(X_i - \hat{\mu})^2 = \frac{1}{n}\sum_{i=1}^{n}(X_i - \bar{X})^2$$

が, σ^2 の最尤推定量になる.

9章 問題と解説

1. **(平成 24 年公認会計士試験)** ある地域における観光客1人あたりの平均消費額がどれくらいかを調べるために，25人を無作為に選んでアンケートを行った．観光客1人の消費額 (単位:万円) が平均 μ，分散 σ^2 の正規分布に従っているとし，以下の各問に答えなさい．

(1) 標本平均が7であり，また $\sigma^2 = 16$ であるとするとき，平均消費額 μ の95%信頼区間を求めなさい．

(2) (1) において平均消費額 μ の $100(1-\alpha)$%信頼区間を求めたところ，信頼区間に5が含まれなかった．このとき α の上限と下限を求めなさい．

(3) (1) において，もし σ^2 が未知であり，標本分散 (不偏分散) が16であるとするとき，平均消費額 μ の95%信頼区間を求めなさい．

[解説と解答]

(1) 母分散 $\sigma^2 = 16$ と既知であるから，公式40を適用する．$\bar{X} = 7$ である，95%信頼区間であるから，$\alpha = 0.05$．標準正規分布表で上側2.5%のパーセント点 $z_{0.025}$ を求めると

$$z_{0.025} = 1.96$$

$n = 25$ であるから，公式40より

$$7 - 1.96 \cdot \frac{\sqrt{16}}{\sqrt{25}} \leqq \mu \leqq 7 + 1.96 \cdot \frac{\sqrt{16}}{\sqrt{25}}$$

$$\therefore 5.432 \leqq 8.568$$

となる．したがって，平均消費額 μ の95%信頼区間は，5.432（万円）以上8.568（万円）以下になる．・・・(答)

(2) (1) において，$100(1-\alpha)$%信頼区間を考える．標準正規分布表の上側 $\alpha/2$%のパーセント点 $z_{\alpha/2}$ を用いると，$n = 25$ であるから，公式40より

$$7 - z_{\alpha/2} \cdot \frac{\sqrt{16}}{\sqrt{25}} \leqq \mu \leqq 7 + z_{\alpha/2} \cdot \frac{\sqrt{16}}{\sqrt{25}}$$

$$7 - 0.8z_{\alpha/2} \leqq \mu \leqq 7 + 0.8z_{\alpha/2}$$

となる．$z_{\alpha/2} \geqq 0$ であるから，右辺は $7 + 0.8z_{\alpha/2} \geqq 7$ となる，したがって，

μ の信頼区間に 5 が含まれない場合は，$5 < 7 - 0.8z_{\alpha/2}$ である．すなわち，

$$z_{\alpha/2} < \frac{2}{0.8} = 2.5$$

となる．標準正規分布表より，$\alpha/2 > 0.0062$．すなわち，$\alpha > 0.0124$ となる．α は確率であるから，1 を超えることはできない．したがって，α の上限は 1 で，下限は 0.0124 となる．・・・**(答)**

(3) 母分散 σ^2 が未知であるから，公式 41 を適用する．$\bar{X} = 7$ であり，$s^2 = 16$ である．95%信頼区間であるから，$\alpha = 0.05$．$n = 25$ であるから，t 分布表で自由度が $n - 1 = 24$，上側 2.5%のパーセント点 $t_{0.025}(24)$ を求めると

$$t_{0.025}(24) = 2.064$$

公式 41 より

$$7 - 2.064 \cdot \frac{\sqrt{16}}{\sqrt{25}} \leqq \mu \leqq 7 + 2.064 \cdot \frac{\sqrt{16}}{\sqrt{25}}$$

$$\therefore 5.349 \leqq \mu \leqq 8.651$$

となる．したがって，平均消費額 μ の 95%信頼区間は，5.349（万円）以上 8.651（万円）以下になる．・・・**(答)** ■

2. **(平成 24 年公認会計士試験)** 下の文章の [ア] から [オ] に適切な数値または語句，[1] から [8] に適切な記号または式を，それぞれ解答欄に記入しなさい（(1) は略).

(2) 確率変数 X の確率密度関数が

$$f(x) = \begin{cases} \lambda e^{-\lambda x}, & x > 0 \text{ のとき} \\ 0, & x \leq 0 \text{ のとき} \end{cases}$$

で与えられている．ただし，$\lambda > 0$ とする．いま大きさ n の無作為標本 $\boldsymbol{x} = \{x_1, x_2, \cdots, x_n\}$ が得られた．このとき，パラメータ λ の尤度関数 $L(\lambda; \boldsymbol{x})$ は [6] と書かれる．この尤度関数を最大にするようにパラメータを決める推定法は [エ] 法と呼ばれる．尤度関数の自然対数を取った対数尤度関数は [7] と書かれ，これを最大化する必要条件 $\dfrac{d \ln L(\lambda; \boldsymbol{x})}{d\lambda} =$ [オ] から λ の [エ] 推定値 $\hat{\lambda}$ が [8] と導出される．ここで一般に自然対数 $\ln z$ の z に関する微分は $\dfrac{d \ln z}{dz} = 1/z$ である．

[解説と解答]　(2)　9.2.2(b) を参照.

$\ln = \log_e = \log$ であるから，ここでは ln を使う．尤度関数は

$$L(\lambda; \boldsymbol{x}) = \prod_{i=1}^{n} \lambda e^{-\lambda x_i} = \lambda^n e^{-\lambda \sum_{i=1}^{n} x_i}$$

で，対数尤度関数は

$$\ln L(\lambda; \boldsymbol{x}) = \ln \lambda^n e^{-\lambda \sum_{i=1}^{n} x_i}$$

$$= \ln \lambda^n + \ln e^{-\lambda \sum_{i=1}^{n} x_i} = n \ln \lambda - \lambda \sum_{i=1}^{n} x_i$$

微分すると，

$$\frac{d \ln L(\lambda; \boldsymbol{x})}{d\lambda} = \frac{n}{\lambda} - \sum_{i=1}^{n} x_i$$

となる，最大化の必要条件は $\dfrac{d \ln L(\lambda; \boldsymbol{x})}{d\lambda} = 0$ であるから，λ の最尤推定値 $\hat{\lambda}$ が

$$\hat{\lambda} = \frac{n}{\sum_{i=1}^{n} x_i}$$

と求められる.

(6)	$\lambda^n e^{-\lambda \sum_{i=1}^{n} x_i}$	(7)	$n \ln \lambda - \lambda \sum_{i=1}^{n} x_i$	(8)	$\frac{n}{\sum_{i=1}^{n} x_i}$
(エ)	最尤	(オ)	0		

■

9章　章末問題

1.　2 つの測定器 A，B がある．A は 40 cc の溶液を計り，B は 30 cc の溶液を計る．A，B の測定値は，それぞれ平均が μ_X cc，μ_Y cc の正規分布に従い，分散は同じメーカーのものなので，同じだと考えられている．今，無作為に A からサンプルを 5 個，B から 4 個のサンプルをとった結果が次の表の通りになった．

A	39.6	39.3	40.1	40.2	40.1
B	30.2	29.9	29.5	30.1	

これから，平均の差 $\mu_X - \mu_Y$ の 90 % 信頼区間を求めなさい．

2.　確率変数 $X_1, X_2, \cdots, X_n$ を指数分布 $Ex(\lambda)$ に従う指数母集団から無作為に抽出したとする．このとき，中心極限定理を用いると，母平均 $1/\lambda$(公式 21 参照) の $100(1-\alpha)$ %信頼区間は，n が大のとき

$$\bar{X} - z_{\alpha/2}\frac{\bar{X}}{\sqrt{n}} \leqq \frac{1}{\lambda} \leqq \bar{X} + z_{\alpha/2}\frac{\bar{X}}{\sqrt{n}}$$

となることを導きなさい．

3.　正規母集団 $N(0,1)$ から標本 $X_1, X_2, \cdots, X_n$ を任意抽出する．$n=3$ のときに，$N(0,1)$ に従う n 個の独立な確率変数 Y_i で

$$Y_1 = \frac{1}{\sqrt{n}}\sum_{i=1}^{n} X_i, \quad \sum_{i=2}^{n} Y_i^2 = \sum_{i=1}^{n}(X_i - \overline{X})^2$$

を満たすようなものを具体的に 1 つ見つけて，各 Y_i を X_i で表示しなさい．

4.　指数分布の場合の λ の不偏推定量を求めなさい．それは，有効推定量であるか，さらに，一致推定量であるか確かめなさい．

5.　モーメント法で，指数分布の場合の λ の推定量を求めなさい．

6.　指数分布に対して，最尤法で λ の推定量を求めなさい．

7.　正規分布において，$V(s^2) = \frac{2\sigma^2}{n-1}$ となることを示しなさい．

第 10 章

検定

ここでは，仮説検定について説明する．

10.1 仮説検定

仮説検定は，母集団に関する**仮説**を，標本のデータを基にして，検証する方法を意味する．

母集団の全データを調べるのではなく，標本を基にしているので，仮説の成立が許容範囲であるのか，ないのかを判断することになる．つまり，標本を基にして，仮説が確率論的なずれの範囲内で**意味がある**のかどうかの判断になる．意味があると考える場合**有意**であると表現する．

標本から仮説の成立の可否を判断するので，多くの場合には，統計的なばらつきがあり，100%の確実さで可否を判断することはできない．仮説を仮定したときに，仮説が成り立つかどうかは，標本から得られた統計量が十分に起こりうることかどうかによって判断する．

仮説が成り立つと判断することを，仮説を**採択する** (accept) という．仮説が成り立たないと判断することを，仮説を**棄却する** (reject) という．

10.1.1 帰無仮説・対立仮説

この有意性を問う検定では，取り出したデータが矛盾する場合には，仮説を正しくないと棄却することができるが，矛盾しない場合でも，仮説が正しいとまではいえない．

したがって，論証としては，仮説をたて，それを否定することにより，それと対立する仮説が採用されるという道筋をとる．否定されるべき元の仮説を**帰無仮説** (null hypothesis) といい H_0 と表し，対立する仮説を**対立仮説**といい H_1 と表す．この際，当然ながら帰無仮説と対立仮説に表された母数の範囲は共通部分を持たないようにとらないといけない．

例えば，ある工場で製造する商品の平均の重さ μ について，仮説検定を行うことにしたとする．その平均値を μ_0 と仮定すると，

$$\text{帰無仮説 } H_0 : \mu = \mu_0$$

となり，対立仮説としては μ_0 ではないとすると

$$\text{対立仮説 } H_1 : \mu \neq \mu_0$$

となる．あるいは，対立仮説として，商品の平均の重さ μ が μ_0 より重いという仮説をとることもあり得る．そのときは

$$\text{対立仮説 } H_1 : \mu > \mu_0$$

となる．

一般に，母数 θ に関する帰無仮説が $H_0 : \theta = \theta_0$ のように，θ の値が 1 点の場合に，**単純帰無仮説**であるという．同様に，対立仮説が $H_1 : \theta = \theta_1$ のように 1 点の場合に，**単純対立仮説**であるという．単純でない場合には，**複合仮説**という．帰無仮説 $H : \theta = \theta_0$，対立仮説 $H_1 : \theta \neq \theta_0$ という検定はよく登場するが，この場合には形より**両側検定**ともいう．また，帰無仮説 $H : \theta = \theta_0$，対立仮説 $H_1 : \theta > \theta_0$，あるいは，帰無仮説 $H : \theta = \theta_0$，対立仮説 $H_1 : \theta < \theta_0$ という検定の場合には**片側検定**ともいう．特に前者を右片側検定，後者を左片側検定という．

10.1.2 検定統計量

帰無仮説を採択するのか，棄却するのかを判断するために用いられるのが検定統計量である．1 つとは限らないが，後で述べる第 1 種・第 2 種の誤りが小さくなることが望ましい．

$H_0 : \mu = \mu_0$ の帰無仮説の下で，母集団が正規分布 $N(\mu, \sigma^2)$ に従うとき，σ^2 が既知の場合，母平均 μ に対する仮説に関しては，n 個の標本に対する標本平均 $\bar{X}$ が検定統計量として用いられる．標本平均も正規分布に従うことを利用

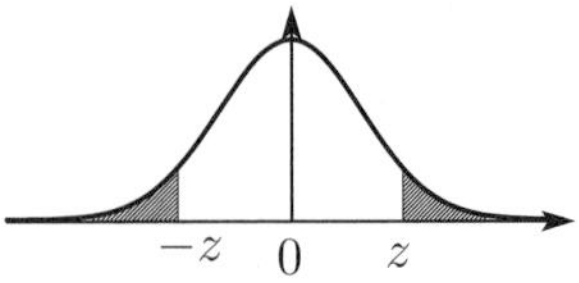

図 10.1　臨界値と棄却域

して，実際には標準化した

$$T = \frac{\bar{X} - \mu_0}{\sigma/\sqrt{n}}$$

が検定統計量として用いられる．抽出した標本に対して T はいろいろな値を取り得るが，$|T|$ がある値よりも大きい場合，平均から大きく外れ，確率的にあまり起こりえない状況になっているので，仮説が間違っていたと棄却するという判定になる．このある値 (図 10.1 の z の値) を**臨界値**という．図 10.1 の両裾の斜線部を**棄却域**という．この斜線部の面積が確率を与えるので，この確率を**有意水準**という．有意水準を与えることにより臨界値が定まるともいえる．

10.1.3　第 1 種・第 2 種の誤り

上記に述べたように，有意水準に基づいて帰無仮説が正しいかどうかを判断するので，H_0 が正しいのに，棄却してしまうことがある．それを**第 1 種の誤り**という．今，$\mu_0 < \mu_1$ として，

$$帰無仮説\ H_0 : \mu = \mu_0$$

$$対立仮説\ H_1 : \mu = \mu_1$$

の仮説検定を考える．第 1 種の誤りの確率 $P(H_0を棄却\,|H_0が正しい)$ は下図のように有意水準 α に他ならない．棄却域を小さくすることで第 1 種の誤りの確率を下げることができる．

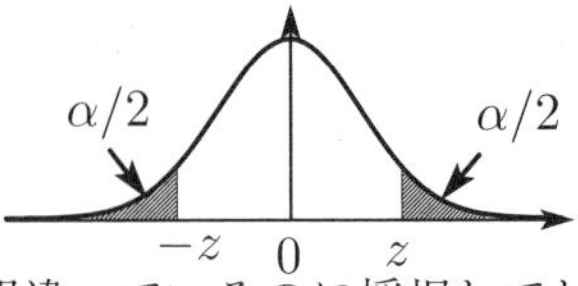

一方，帰無仮説 H_0 が間違っているのに採択してしまう（言い換えると対立仮説 H_1 が正しいのに棄却する）ことも起こりうる．これを**第 2 種の誤り**という．説明のために，標準化の手続きのときに，それぞれ，μ_0，μ_1 で移動しな

いままの図を用いる.

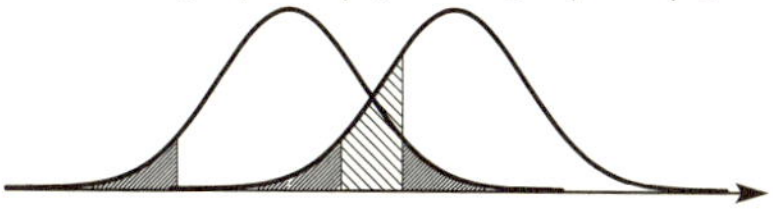

第 2 種の誤りを犯す確率 $P(H_1$を棄却$|H_1$が正しい$)$ は，右下下がりの斜線部 β の確率だけある．図を見ると，第 1 種の誤りを減らそうと α を小さくすると，β の 斜線部が大きくなってしまうことが分かる．

そこで有意水準 α を固定したとき，第 2 種の誤りの確率 β を小さくする検定方法がよりよい検定となる．しかし，例えば，$H_0 : \mu = \mu_0$ の場合には第 1 種の誤りは有意水準 α でコントロールできるが，$H_1 : \mu \neq \mu_0$ の場合などは，第 2 種の誤りをコントロールすることはできない．$1 - \beta$ を**検出力**といい，検出力が大きいと第 2 種の誤りが小さくなるので，この値が大きい方が望ましいといえる．第 1 種の誤りと第 2 種の誤りを表にまとめておく．

	H_0 が正しい	H_1 が正しい (H_0 が誤り)
H_0 を採択		第 2 種の誤り
H_0 を棄却 (H_1 を採択)	第 1 種の誤り	

表 10.1 第 1 種・第 2 種の誤り

10.2 正規母集団の検定

正規母集団 (正規分布をなす母集団) における母平均に関する検定を扱う．

10.2.1 平均の検定

母分散が既知と未知の場合で分けて考える．

(a) 平均の検定 (σ^2 が既知の場合)

正規母集団の母分散 σ^2 が既知の場合に，母平均 μ が $\mu = \mu_0$ であるという仮説に対する検定を考える．

単純帰無仮説 $H_0 : \mu = \mu_0$ の有意水準 α での検定.

- **対立仮説** $H_1 : \mu \neq \mu_0$ **(両側検定)**

検定統計量　$T = \dfrac{\bar{X} - \mu_0}{\frac{\sigma}{\sqrt{n}}}$

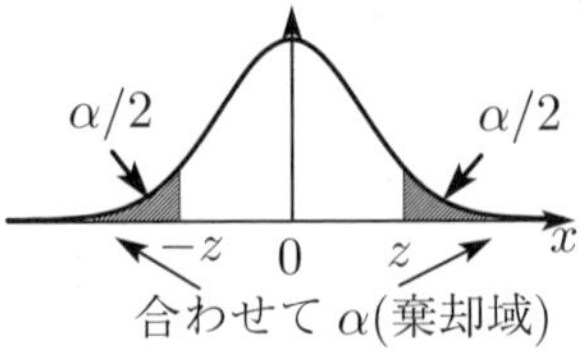

標準正規分布の上側 $100(\alpha/2)$%のパーセント点 $z_{\alpha/2}$ に対して,

$$\begin{cases} |T| > z_{\alpha/2} & \Rightarrow \text{仮説 } H_0 \text{ は棄却される} \\ |T| \leqq z_{\alpha/2} & \Rightarrow \text{仮説 } H_0 \text{ は採択される} \end{cases}$$

- **対立仮説 $H_1 : \mu > \mu_0$　　(右片側検定)**

検定統計量　$T = \dfrac{\bar{X} - \mu_0}{\frac{\sigma}{\sqrt{n}}}$

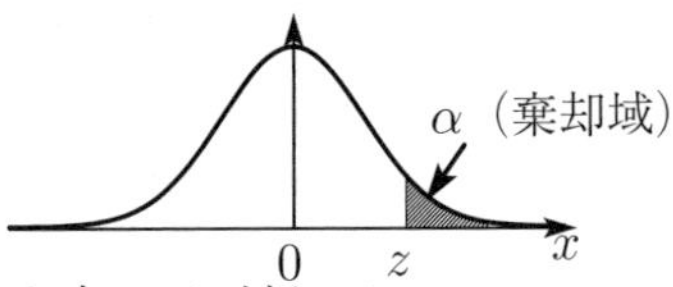

標準正規分布の上側 100α%のパーセント点 z_α に対して,

$$\begin{cases} T > z_\alpha & \Rightarrow \text{仮説 } H_0 \text{ は棄却される} \\ T \leqq z_\alpha & \Rightarrow \text{仮説 } H_0 \text{ は採択される} \end{cases}$$

- **対立仮説 $H_1 : \mu < \mu_0$　　(左片側検定)**

検定統計量　$T = \dfrac{\bar{X} - \mu_0}{\frac{\sigma}{\sqrt{n}}}$

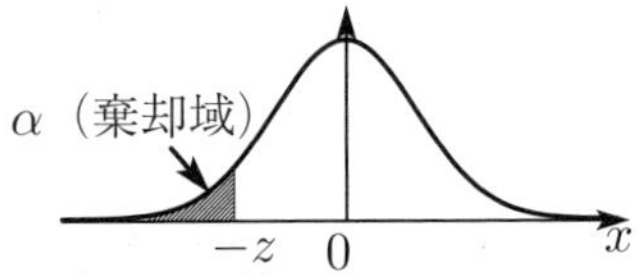

標準正規分布の上側 100α%のパーセント点 z_α に対して,

$$\begin{cases} T < -z_\alpha & \Rightarrow \text{仮説 } H_0 \text{ は棄却される} \\ T \geqq -z_\alpha & \Rightarrow \text{仮説 } H_0 \text{ は採択される} \end{cases}$$

例題 49 ある部品を作る工場では生産が増えたので，同じ機種の工作機械をもう1台導入した．新しい機械で作成した製品を無作為に30個抽出してところ平均重量121.4gであった．従来の製品の平均は120.2gで，標準偏差は2.5gであることが分かっている．機械自体は同じで，製品の重量は正規分布に従い，標準偏差も変わらないものとする．有意水準を1%として，新しい機械の設定は従来の機械で作った製品の平均と同等の設定になっているかどうか検定しなさい．

[解] **1°** 標本平均を求める．

$$\text{標本平均}\bar{X} = 121.4$$

2° 母分散は既知であるから，標準正規分布を利用し，両側検定を行う．

公式 (母分散が既知の場合の母平均の検定)

両側検定 有意水準 $100\alpha\%$の検定を考える．

$$\begin{cases} \text{単純帰無仮説} & H_0 : \mu = \mu_0 \\ \text{対立仮説} & H_1 : \mu \neq \mu_0 \end{cases}$$

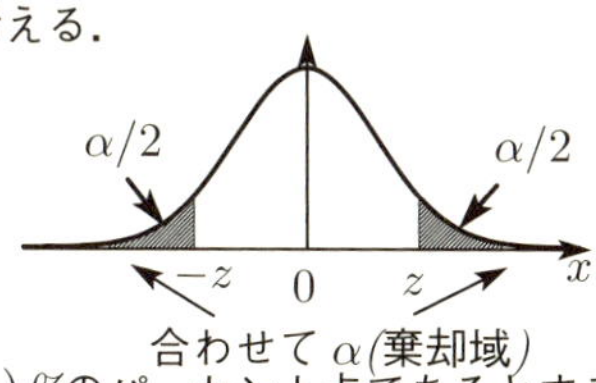

z を標準正規分布における上側 $100\left(\frac{\alpha}{2}\right)\%$のパーセント点であるとする．

検定統計量

$$T = \frac{\bar{X} - \mu_0}{\frac{\sigma}{\sqrt{n}}}$$

に対して，

$$\begin{cases} T \text{ は棄却域に入る} & \iff |T| > z \quad \Rightarrow \text{仮説 } H_0 \text{ は棄却される} \\ T \text{ は棄却域に入らない} & \iff |T| \leqq z \quad \Rightarrow \text{仮説 } H_0 \text{ は採択される} \end{cases}$$

2° そこで，次のように仮説をたてて検定をおこなう．

$$\begin{cases} \text{単純帰無仮説} & H_0 : \mu = 120.2 \\ \text{対立仮説} & H_1 : \mu \neq 120.2 \end{cases}$$

有意水準は1%であるから，$\alpha = 0.01$ である．したがって，標準正規分布表より，確率が $\alpha/2 = 0.005$ となる値を見つける．補間すると

$$z = z_{0.005} = 2.575$$

となる．検定統計量は

$$T = \frac{121.4 - 120.2}{\frac{2.5}{\sqrt{30}}} \fallingdotseq 2.629$$

となる．

$$T = 2.629 > z = 2.575$$

であるから，仮説 H_0 は棄却される．ゆえに

（答）　有意水準の1%で，仮説 H_0 は棄却される．つまり，新しい機械の設定は従来の機械で作った製品の平均と同等の設定になっていない．

■

演習 24　ある工場では長さが20cmの部品を生産していた．先月だけ異なる長さの部品を作ったが今月はまた元の長さの部品の生産に戻した．同じ工作機械使っているので製品の長さは正規分布に従い，標準偏差0.8cmも変わらないものとする．ところが長さを20cmに戻した後，製品を25個無作為抽出してところ長さの平均を調べると19.8cmであった．従来の製品の平均は20.1cmであったことが分かっているとする．工作機械の設定が以前の設定より短めになっているか有意水準1%で検定しなさい．

上の問題を以下の手順で答えよ．［細い線の括弧］には式，文字，記号を，記号を，［太い線の括弧］には数値を入れなさい．

問1　標本平均を求めなさい．

$$\text{標本平均}\bar{X} = \boxed{}$$

問2　母集団における母分散は既知であるから，検定には［　　　］分布を利用し，［　　　］検定を行う．

公式　(母分散が既知の場合の母平均の検定)

［　　］検定　有意水準 100α%の検定を考える．

$$
\begin{cases}
\text{単純帰無仮説} & H_0 : ［\quad］\\
\text{対立仮説} & H_1 : ［\quad］
\end{cases}
$$

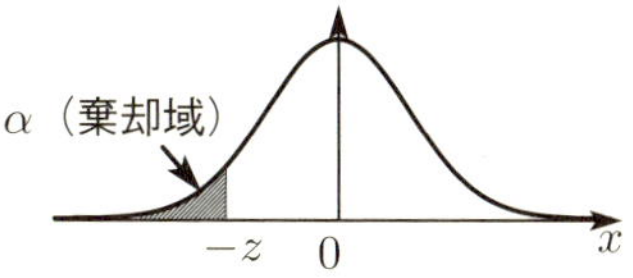

z を［　　］分布における上側 100［　　］% のパーセント点とする．

検定統計量

$$T = \frac{［\quad］}{［\quad］}$$

に対して，

$$
\begin{cases}
T \text{ は棄却域に入る} & \Longleftrightarrow ［\quad］ & \Rightarrow \text{仮説 } H_0 \text{ は}［\quad］\\
T \text{ は棄却域に入らない} & \Longleftrightarrow ［\quad］ & \Rightarrow \text{仮説 } H_0 \text{ は}［\quad］
\end{cases}
$$

問 3　そこで，次のように仮説をたてて検定をおこなう．

$$
\begin{cases}
\text{単純帰無仮説} & H_0 : \mu ［\quad］［\quad］\\
\text{対立仮説} & H_1 : \mu ［\quad］［\quad］
\end{cases}
$$

有意水準は 1% であるから，$\alpha =$［　　］である．したがって，標準正規分布表より，確率が［　　］となる値を見つけると $z =$［　　］となる．検定統計量は

$$T = \frac{［\quad］}{［\quad］} = ［\quad］$$

となる．

$$［\quad］ = T ［\quad］ -z = ［\quad］$$

であるから，仮説 H_0 は［　　］．ゆえに

（答）　有意水準の 1%で，仮説 H_0 は［　　］．つまり，工作機械の設定が以前より短めになっている［　　］．

■

(b)　平均の検定 (σ^2 が未知の場合)

正規母集団において母分散が未知であるとする．このとき，母分散の代用として標本分散を利用する．検定には，自由度 $n-1$ の t 分布を利用する．

単純帰無仮説 $H_0 : \mu = \mu_0$ の有意水準 α での検定．

- **対立仮説 $H_1 : \mu \neq \mu_0$　（両側検定）**

検定統計量　$T = \dfrac{\bar{X} - \mu_0}{s/\sqrt{n}}$

ただし，$s^2 = \frac{1}{n-1}\sum_{i=1}^{n}(X_i - \bar{X})^2$

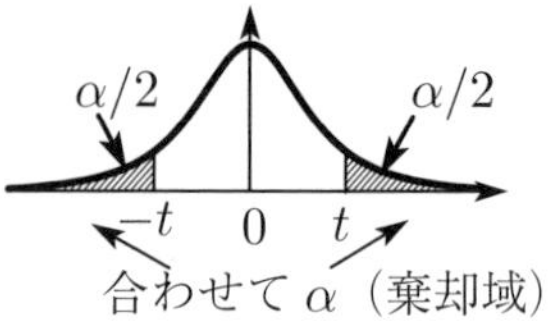

$t(n-1)$ 分布の上側 $100(\alpha/2)\%$のパーセント点 $t_{\alpha/2}(n-1)$ に対して，

$$\begin{cases} |T| > t_{\alpha/2}(n-1) & \Rightarrow \text{仮説 } H_0 \text{ は棄却される} \\ |T| \leqq t_{\alpha/2}(n-1) & \Rightarrow \text{仮説 } H_0 \text{ は採択される} \end{cases}$$

- **対立仮説 $H_1 : \mu > \mu_0$　（右片側検定）**

検定統計量　$T = \dfrac{\bar{X} - \mu_0}{s/\sqrt{n}}$

ただし，$s^2 = \frac{1}{n-1}\sum_{i=1}^{n}(X_i - \bar{X})^2$

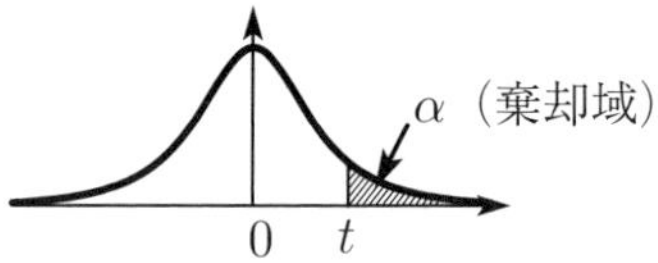

$t(n-1)$ 分布の上側 $100\alpha\%$のパーセント点 $t_{\alpha}(n-1)$ に対して，

$$\begin{cases} T > t_{\alpha}(n-1) & \Rightarrow \text{仮説 } H_0 \text{ は棄却される} \\ T \leqq t_{\alpha}(n-1) & \Rightarrow \text{仮説 } H_0 \text{ は採択される} \end{cases}$$

- **対立仮説 $H_1 : \mu < \mu_0$　（左片側検定）**

検定統計量　$T = \dfrac{\bar{X} - \mu_0}{s/\sqrt{n}}$

ただし，$s^2 = \frac{1}{n-1}\sum_{i=1}^{n}(X_i - \bar{X})^2$

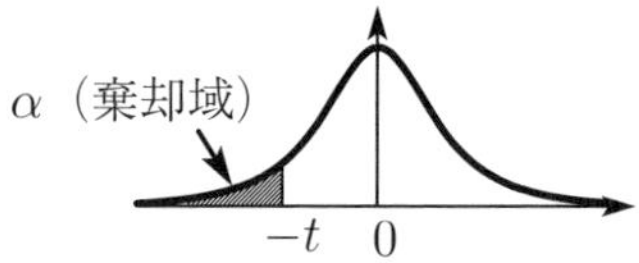

$t(n-1)$ 分布の上側 $100\alpha\%$のパーセント点 $t_{\alpha}(n-1)$ に対して，

$$\begin{cases} T < -t_{\alpha}(n-1) & \Rightarrow \text{仮説 } H_0 \text{ は棄却される} \\ T \geqq -t_{\alpha}(n-1) & \Rightarrow \text{仮説 } H_0 \text{ は採択される} \end{cases}$$

例題 50　A メーカーの機械は 100%充電での連続使用は 110 時間を超えると宣伝している．これに対して，8 個の新製品を無作為に選び出し，調査をしたところ

112, 114, 109, 110, 108, 107, 113, 111　(時間)

であった．このとき，製品の連続使用時間は 110 時間を超えているかを有意水準を 5%として検定しなさい．この母集団分布は正規分布に従うと仮定する．ただし，製品の標準偏差は分かっていないとする．

[解]　**1°**　標本平均と標本分散を求める．

製品	1	2	3	4	5	6	7	8	合計
使用時間 (X_i)	112	114	109	110	108	107	113	111	884
X_i^2	12544	12996	11881	12100	11664	11449	12769	12321	97724

$$\text{標本平均}\bar{X} = \frac{1}{n}\sum_{i=1}^{n} X_i = \frac{1}{8}(112 + 114 + 109 + 108 + 107 + 113 + 111)$$

$$= \frac{884}{8} = 110.5$$

$$\text{標本分散}\ s^2 = \frac{n}{n-1}(\overline{X^2} - \bar{X}^2) = \frac{8}{7}\left(\frac{97724}{8} - 110.5^2\right) = 6$$

2°　母分散は未知であるから，検定には t 分布を利用し，右片側検定を行う．

公式　(母分散が未知の場合の母平均の検定)

右片側検定　有意水準 100α%の検定を考える．

$$\begin{cases} \text{単純帰無仮説} & H_0 : \mu = \mu_0 \\ \text{対立仮説} & H_1 : \mu > \mu_0 \end{cases}$$

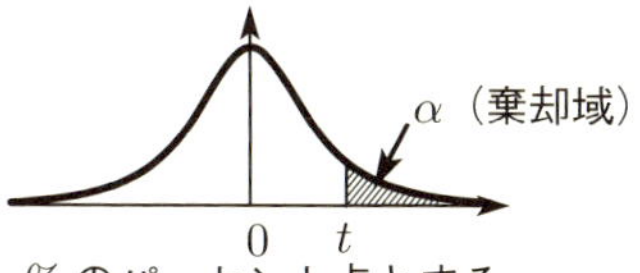

t を自由度 $n-1$ の t 分布における上側 100α% のパーセント点とする．

検定統計量

$$T = \frac{\bar{X} - \mu_0}{\frac{s}{\sqrt{n}}}$$

に対して，

$$\begin{cases} T\ \text{は棄却域に入る} & \Longleftrightarrow\ T > t & \Rightarrow \text{仮説}\ H_0\ \text{は棄却される} \\ T\ \text{は棄却域に入らない} & \Longleftrightarrow\ T \leqq t & \Rightarrow \text{仮説}\ H_0\ \text{は採択される} \end{cases}$$

3° そこで，次のように仮説をたてて検定をおこなう．

$$\begin{cases} \text{単純帰無仮説} & H_0 : \mu = 110 \\ \text{対立仮説} & H_1 : \mu > 110 \end{cases}$$

有意水準は 5% であるから，$\alpha = 0.05$ である．したがって，t 分布表より，自由度 7 で，確率が 0.05 となる値を見つけると

$$t = t_{0.05}(7) = 1.895$$

となる．検定統計量は

$$T = \frac{110.5 - 110}{\sqrt{\frac{6}{8}}} \fallingdotseq 0.58$$

となる．

$$0.58 = T < t = 1.895$$

であるから，仮説 H_0 は採択される．ゆえに

（答）　有意水準の 5%で，仮説 H_0 は採択される．つまり，製品の連続使用時間は 110 時間を超えるとはいえない．

■

演習 25　B メーカーの従来の計測器は使用準備に 40 分を要していたという．このメーカーが新製品をだし，使用準備にかかる時間が短くなったと宣伝している．7 個の新製品を無作為に選び出し，調査をしたところ

38, 40, 39, 35, 36, 36, 37　(分)

であった．このとき，新製品の使用準備に要する時間は 40 分より短縮されているかを有意水準を 1%として検定しなさい．この母集団分布は正規分布に従うと仮定する．ただし，使用準備にかかる時間の標準偏差は分かっていない．

上の問題を以下の手順で答えよ．［細い線の括弧］には式，文字，記号を，［太い線の括弧］には数値を入れなさい．

問 1　標本平均と標本分散を求めなさい．

新製品	1	2	3	4	5	6	7	合計
準備時間 (X_i)	［　］	［　］	［　］	［　］	［　］	［　］	［　］	［　］
X_i^2	［　］	［　］	［　］	［　］	［　］	［　］	［　］	［　］

$$標本平均\ \bar{X} = \frac{\boxed{\quad}}{\boxed{\quad}}\boxed{\quad} = \frac{1}{\boxed{\quad}}(\boxed{\quad})$$

$$= \frac{\boxed{\quad}}{\boxed{\quad}} \fallingdotseq \boxed{\quad}$$

$$標本分散\ s^2 = \frac{\boxed{\quad}}{\boxed{\quad}}(\boxed{\quad} - \boxed{\quad}) = \frac{\boxed{\quad}}{\boxed{\quad}}\left(\frac{\boxed{\quad}}{\boxed{\quad}} - \boxed{\quad}\right)$$

$$\fallingdotseq \boxed{\quad}$$

問 2　母分散は未知であるから，検定には$\boxed{\quad}$分布を利用し，$\boxed{\quad}$検定を行う．

公式　(母分散が未知の場合の母平均の検定)

$\boxed{\quad}$検定　有意水準 100α%の検定を考える．

$$\begin{cases} 単純帰無仮説 & H_0 : \boxed{\quad} \\ 対立仮説 & H_1 : \boxed{\quad} \end{cases}$$

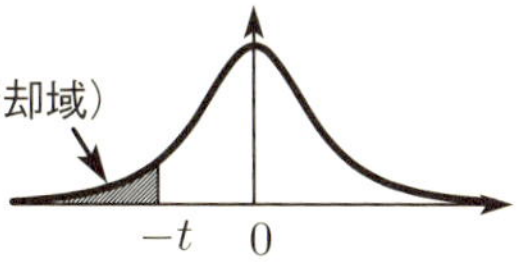

t を自由度$\boxed{\quad}$の$\boxed{\quad}$分布における上側 $100\boxed{\quad}$% のパーセント点とする．

検定統計量

$$T = \frac{\boxed{\quad}}{\boxed{\quad}}$$

に対して，

$$\begin{cases} T\ は棄却域に入る & \Longleftrightarrow \boxed{\quad} & \Rightarrow 仮説\ H_0\ は\boxed{\quad} \\ T\ は棄却域に入らない & \Longleftrightarrow \boxed{\quad} & \Rightarrow 仮説\ H_0\ は\boxed{\quad} \end{cases}$$

問 3　そこで，次のように仮説をたてて検定をおこなう．

$$\begin{cases} 単純帰無仮説 & H_0 : \mu \boxed{\quad} \boxed{\quad} \\ 対立仮説 & H_1 : \mu \boxed{\quad} \boxed{\quad} \end{cases}$$

有意水準は 1% であるから，$\alpha = \boxed{\quad}$ である．したがって，$\boxed{\quad}$分布表より，自由度$\boxed{\quad}$で，確率が$\boxed{\quad}$となる値を見つけると

$$t = t_{\boxed{\quad}}(\boxed{\quad}) = \boxed{\quad}$$

となる．検定統計量は

$$T = \frac{\boxed{\qquad}}{\boxed{\qquad}} \fallingdotseq \boxed{\qquad}$$

となる．

$$\boxed{\qquad} = T \ \boxed{\qquad} \ -t = \boxed{\qquad}$$

であるから，仮説 H_0 は $\boxed{\qquad}$．ゆえに

> （答）　有意水準の 1%で，仮説 H_0 は $\boxed{\qquad}$．つまり，新製品の使用準備にかかる時間は短くなっている $\boxed{\qquad}$．

10.2.2　分散の検定

正規母集団の母分散 σ^2 が $\sigma^2 = \sigma_0^2$ であるという仮説に対する検定を考える．

母集団から無作為に標本 $X_1, X_2, \cdots, X_n$ を抽出したとする．標本分散 $s^2 = \frac{1}{n-1}\sum_{i=1}^{n}(X_i - \bar{X})^2$ に対して，公式 30 より

$$\chi^2 = \frac{(n-1)s^2}{\sigma_0^2}$$

は $\chi^2(n-1)$ に従う．これを用いると検定を行うことができる．χ^2 **検定**という．

単純帰無仮説 $H_0 : \sigma^2 = \sigma_0^2$ の有意水準 α での検定．

- **対立仮説 $H_1 : \sigma^2 \neq \sigma_0^2$　　（両側検定）**

検定統計量　$T = \dfrac{(n-1)s^2}{\sigma_0^2}$

ただし，$s^2 = \frac{1}{n-1}\sum_{i=1}^{n}(X_i - \bar{X})^2$

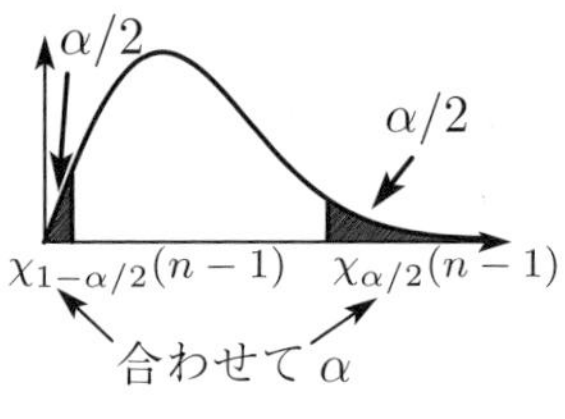

$\chi^2(n-1)$ 分布の上側 $100(\alpha/2)$%のパーセント点 $\chi^2_{\alpha/2}(n-1)$ と上側 $100(1-\alpha/2)$%のパーセント点 $\chi^2_{1-\alpha/2}(n-1)$ に対して，

$$\begin{cases} T > \chi^2_{\alpha/2}(n-1) \text{ または}, T < \chi^2_{1-\alpha/2}(n-1) \Rightarrow \text{仮説 } H_0 \text{ は棄却される} \\ \chi^2_{1-\alpha/2}(n-1) \leqq T \leqq \chi^2_{\alpha/2}(n-1) \qquad \Rightarrow \text{仮説 } H_0 \text{ は採択される} \end{cases}$$

- **対立仮説 $H_1 : \sigma^2 > \sigma_0^2$　　（右片側検定）**

検定統計量　$T = \dfrac{(n-1)s^2}{\sigma_0^2}$

ただし，$s^2 = \frac{1}{n-1}\sum_{i=1}^{n}(X_i - \bar{X})^2$

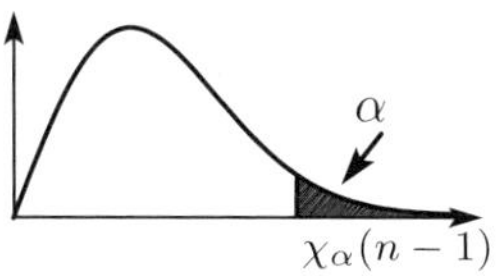

$\chi^2(n-1)$ 分布の上側 100α%のパーセント点 $\chi^2_\alpha(n-1)$ に対して，

$$\begin{cases} T > \chi^2_\alpha(n-1) & \Rightarrow \text{仮説 } H_0 \text{ は棄却される} \\ T \leqq \chi^2_\alpha(n-1) & \Rightarrow \text{仮説 } H_0 \text{ は採択される} \end{cases}$$

- **対立仮説 $H_1 : \sigma^2 < \sigma_0^2$　　（左片側検定）**

検定統計量　$T = \dfrac{(n-1)s^2}{\sigma_0^2}$

ただし，$s^2 = \frac{1}{n-1}\sum_{i=1}^{n}(X_i - \bar{X})^2$

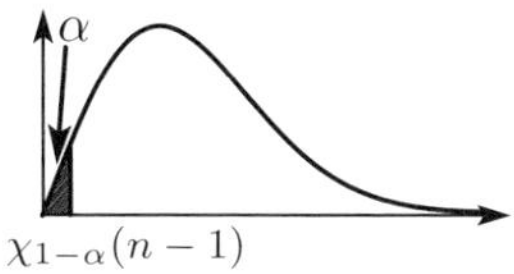

$\chi^2(n-1)$ 分布の上側 $100(1-\alpha)$%のパーセント点 $\chi^2_{1-\alpha}(n-1)$ に対して，

$$\begin{cases} T < \chi^2_{1-\alpha}(n-1) & \Rightarrow \text{仮説 } H_0 \text{ は棄却される} \\ T \geqq \chi^2_{1-\alpha}(n-1) & \Rightarrow \text{仮説 } H_0 \text{ は採択される} \end{cases}$$

例題 51　ある高校では優秀な学生のコースがあり，同じくらいの学力を備えた学生が選ばれているという．5 教科で 500 点満点の試験を行った．このコースでは得点の標準偏差は 20 点より小さいだろうと予想している．無作為に 10 人選び得点を調べたところ，

$$440, 455, 430, 450, 460, 445, 420, 435, 425, 440 \quad (\text{点})$$

であった．このとき，この予想が正しいかどうか有意水準を 5%として母分散の検定をしなさい．この母集団の成績分布は正規分布に従うと仮定する．

[解]　**1°**　標準偏差を 20 として，母分散に対する単純帰無仮説 H_0 を $\sigma^2 = 20^2$ とする．対立仮説 H_1 として $\sigma^2 < 20^2$ として，χ^2 検定を行う．

学生	1	2	3	4	5	6
得点 (X_i)	440	455	430	450	460	445
X_i^2	193600	207025	184900	202500	211600	198025

7	8	9	10	合計
420	435	425	440	4400
176400	189225	180625	193600	1937500

$$\text{標本平均}\bar{X} = \frac{1}{n}\sum_{i=1}^{n} X_i = \frac{4400}{10} = 440$$

$$\text{標本分散}\ s^2 = \frac{n}{n-1}(\overline{X^2} - \bar{X}^2) = \frac{10}{9}\left(\frac{1937500}{10} - 440^2\right) \fallingdotseq 166.67$$

2° 検定には χ^2 分布を利用し，左片側検定を行う．

公式 (母分散の検定)

左片側検定　有意水準 $100\alpha\%$の検定を考える．

$$\begin{cases} \text{単純帰無仮説} & H_0 : \sigma^2 = \sigma_0^2 \\ \text{対立仮説} & H_1 : \sigma^2 < \sigma_0^2 \end{cases}$$

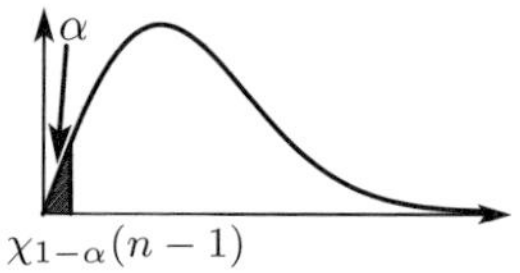

$\chi^2_{1-\alpha}(n-1)$ を自由度 $n-1$ の χ^2 分布における上側 $100(1-\alpha)\%$ のパーセント点とする．

検定統計量

$$T = \frac{(n-1)s^2}{\sigma_0^2}$$

に対して，

$$\begin{cases} T\ \text{は棄却域に入る} & \Longleftrightarrow\ T < \chi^2_{1-\alpha}(n-1) & \Rightarrow \text{仮説}\ H_0\ \text{は棄却される} \\ T\ \text{は棄却域に入らない} & \Longleftrightarrow\ T \geqq \chi^2_{1-\alpha}(n-1) & \Rightarrow \text{仮説}\ H_0\ \text{は採択される} \end{cases}$$

3° そこで，次のように仮説をたてて検定をおこなう．

$$\begin{cases} \text{単純帰無仮説} & H_0 : \sigma^2 = 400 \\ \text{対立仮説} & H_1 : \sigma^2 < 400 \end{cases}$$

有意水準は 5% であるから，$1-\alpha = 0.95$ である．したがって，χ^2 分布表より，自由度 9 で，確率が 0.95 となる値を見つけると

$$\chi^2_{0.95}(9) = 3.325$$

となる．検定統計量は

$$T = \frac{9 \cdot 166.667}{400} \fallingdotseq 3.75$$

となる．

$$\chi^2_{0.95}(9) = 3.325 < T = 3.75$$

であるから，仮説 H_0 は採択される．ゆえに

（答）　有意水準の 5%で，仮説 H_0 は採択される．つまり，このコースの学生の 5 教科の得点が標準偏差 20 点より小さいとはいえない．

■

10.2.3　2 標本検定

2 つの正規母集団における平均の差の検定を考える．ここでも，それぞれの母分散 σ_X^2，σ_Y^2 が既知と未知の場合に分けて考えることにする．

2 つの正規母集団を $N(\mu_X, \sigma_X^2)$，$N(\mu_Y, \sigma_Y^2)$ とする．このとき，μ_X と μ_Y が等しいかどうか検定することを考えよう．この 2 つの母集団から標本として，それぞれ，m 個の $X_1, X_2, \cdots, X_m$ と n 個の $Y_1, Y_2, \cdots, Y_n$ を独立に抽出したとする．それぞれの標本に対する標本平均を $\bar{X}$, $\bar{Y}$ とし，その差を $\bar{X}-\bar{Y}$ を考える．

(a)　平均の差の検定 (σ_X^2，σ_Y^2 が既知の場合)

σ_X^2，σ_Y^2 は既知であるので，分散は公式 26 より

$$V(\bar{X}-\bar{Y}) = V(\bar{X}) + V(\bar{Y}) = \frac{\sigma_X^2}{m} + \frac{\sigma_Y^2}{n}$$

となる．これより，$\bar{X}-\bar{Y} \sim N\left(\mu_X - \mu_Y, \frac{\sigma_X^2}{m} + \frac{\sigma_Y^2}{n}\right)$ となる．標準化すると

$$Z = \frac{(\bar{X}-\bar{Y}) - (\mu_X - \mu_Y)}{\sqrt{\frac{\sigma_X^2}{m} + \frac{\sigma_Y^2}{n}}} \sim N(0.1^2)$$

となる．検定には，標準正規分布を利用する．このとき，以下の検定のパターンがある．

単純帰無仮説 $H_0 : \mu_X = \mu_Y$ の有意水準 α での検定．

- 対立仮説 $H_1 : \mu_X \neq \mu_Y$　　(両側検定)

検定統計量　$T = \dfrac{\bar{X}-\bar{Y}}{\sqrt{\frac{\sigma_X^2}{m} + \frac{\sigma_Y^2}{n}}}$

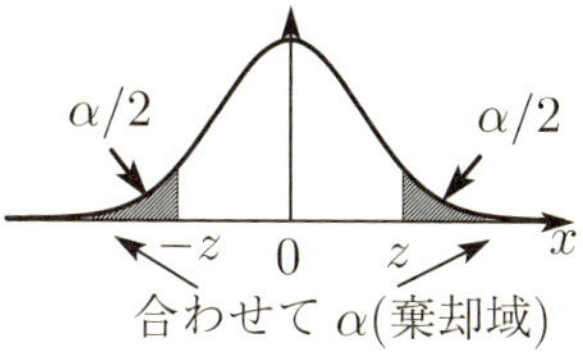

標準正規分布の上側 $100(\alpha/2)\%$ のパーセント点 $z_{\alpha/2}$ に対して，

$$\begin{cases} |T| > z_{\alpha/2} & \Rightarrow \text{仮説 } H_0 \text{ は棄却される} \\ |T| \leqq z_{\alpha/2} & \Rightarrow \text{仮説 } H_0 \text{ は採択される} \end{cases}$$

- **対立仮説 $H_1 : \mu_X > \mu_Y$　　(右片側検定)**

検定統計量　$T = \dfrac{\bar{X} - \bar{Y}}{\sqrt{\frac{\sigma_X^2}{m} + \frac{\sigma_Y^2}{n}}}$

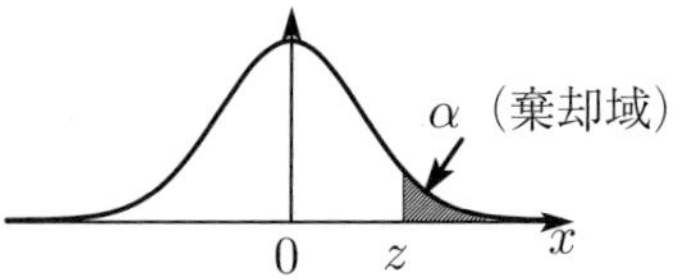

標準正規分布の上側 $100\alpha\%$ のパーセント点 z_α に対して，

$$\begin{cases} T > z_\alpha & \Rightarrow \text{仮説 } H_0 \text{ は棄却される} \\ T \leqq z_\alpha & \Rightarrow \text{仮説 } H_0 \text{ は採択される} \end{cases}$$

- **対立仮説 $H_1 : \mu_X < \mu_Y$　　(左片側検定)**

検定統計量　$T = \dfrac{\bar{X} - \bar{Y}}{\sqrt{\frac{\sigma_X^2}{m} + \frac{\sigma_Y^2}{n}}}$

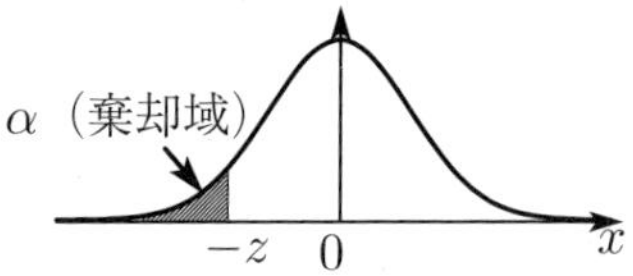

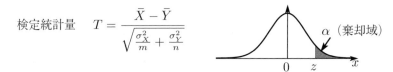

標準正規分布の上側 $100\alpha\%$ のパーセント点 z_α に対して，

$$\begin{cases} T < -z_\alpha & \Rightarrow \text{仮説 } H_0 \text{ は棄却される} \\ T \geqq -z_\alpha & \Rightarrow \text{仮説 } H_0 \text{ は採択される} \end{cases}$$

例題 52　ある製薬会社の薬の効力の持続時間を調べている．男女，それぞれ30人と20人に対して検査したところ，平均は90分と85分という結果が得られた．標準偏差は男女それぞれ，10分と12分だという．このとき男女で効力の持続時間は同等であるといえるか有意水準を5%として検定を行いなさい．それぞれの母集団分布は正規分布をなすと仮定する．

[解]　**1°**　男性の標本を $X_1, X_2, \cdots, X_m$，女性の標本を $Y_1, Y_2, \cdots, Y_n$ とする．

標本平均 $\bar{X}$ と $\bar{Y}$ は

$$\bar{X} = 90, \quad \bar{Y} = 85$$

2°　母分散 σ_X^2，σ_Y^2 は既知である．検定には標準正規分布を利用し，両側検定を行う．

> 公式　(母分散が既知の場合の母平均の差の検定)
>
> 両側検定　有意水準 $100\alpha\%$の検定を考える．
>
> $$\begin{cases} \text{単純帰無仮説} & H_0 : \mu_X = \mu_Y \\ \text{対立仮説} & H_1 : \mu_X \neq \mu_Y \end{cases}$$
>
> 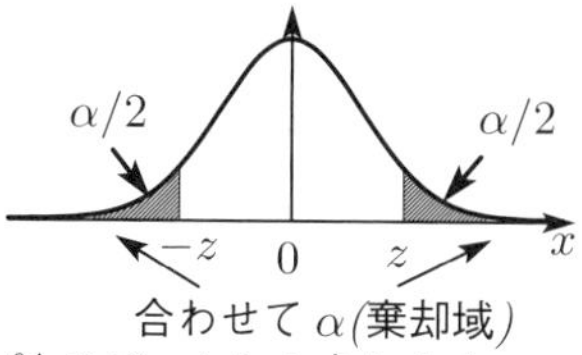
>
>
> z を標準正規分布における上側 $100(\alpha/2)\%$ のパーセント点とする．
>
> 検定統計量
>
> $$T = \frac{\bar{X} - \bar{Y}}{\sqrt{\frac{\sigma_X^2}{m} + \frac{\sigma_Y^2}{n}}}$$
>
> に対して，
>
> $$\begin{cases} T \text{ は棄却域に入る} & \iff |T| > z & \Rightarrow \text{仮説 } H_0 \text{ は棄却される} \\ T \text{ は棄却域に入らない} & \iff |T| \leqq z & \Rightarrow \text{仮説 } H_0 \text{ は採択される} \end{cases}$$

2°　有意水準は 5% であるから，$\alpha = 0.05$ である．したがって，標準正規分布表より，確率が $\alpha/2 = 0.025$ となる値を見つけると

$$z = z_{0.025} = 1.96$$

となる．検定統計量は

$$T = \frac{90 - 85}{\sqrt{\frac{10^2}{30} + \frac{12^2}{20}}} = \frac{5}{\sqrt{158/15}} \fallingdotseq 1.54$$

となる．

$$1.54 = T < z = 1.96$$

であるから，仮説 H_0 は採択される．ゆえに

> （答）　有意水準の 5%で，仮説 H_0 は採択される．つまり，男女で薬の効力の持続時間に違いがあるとはいえない．

■

(b)　平均の差の検定 ($\sigma_X^2 = \sigma_Y^2 = \sigma^2$, σ^2 が未知の場合)

σ_X^2, σ_Y^2 は未知であるから,

$$s_X^2 = \frac{1}{m-1}\sum_{i=1}^{m}(X_i - \bar{X})^2,\quad s_Y^2 = \frac{1}{n-1}\sum_{i=1}^{n}(Y_i - \bar{Y})^2,$$

とし,

$$s^2 = \frac{(m-1)s_X^2 + (n-1)s_Y^2}{m+n-2}$$

とおく．このとき，公式36より

$$t = \frac{(\bar{X}-\bar{Y}) - (\mu_X - \mu_Y)}{s\sqrt{\frac{1}{m}+\frac{1}{n}}}$$

は自由度 $m+n-2$ の t 分布に従う．これを利用して，次のような検定が考えられる．

単純帰無仮説 $H_0 : \mu_X = \mu_Y$ の有意水準 α での検定.

対立仮説 $H_1 : \mu_X \neq \mu_Y$　　　(両側検定)

検定統計量　　$T = \dfrac{\bar{X}-\bar{Y}}{s\sqrt{\frac{1}{m}+\frac{1}{n}}}$

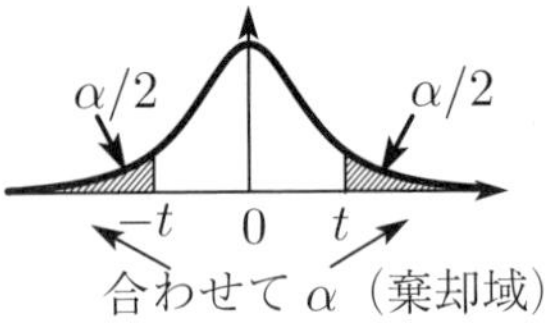

t 分布の上側 $100(\alpha/2)$%のパーセント点 $t_{\alpha/2}(m+n-2)$ に対して,

$$\begin{cases} |T| > t_{\alpha/2}(m+n-2) & \Rightarrow \text{仮説 } H_0 \text{ は棄却される} \\ |T| \leqq t_{\alpha/2}(m+n-2) & \Rightarrow \text{仮説 } H_0 \text{ は採択される} \end{cases}$$

対立仮説 $H_1 : \mu_X > \mu_Y$　　　(右片側検定)

検定統計量　　$T = \dfrac{\bar{X}-\bar{Y}}{s\sqrt{\frac{1}{m}+\frac{1}{n}}}$

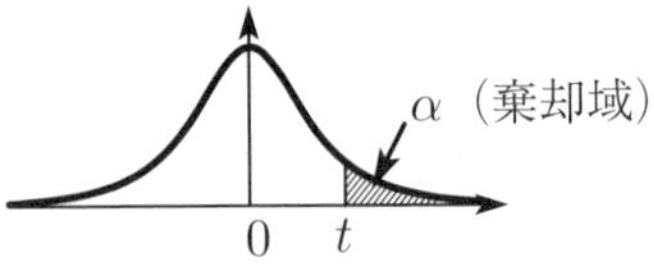

t 分布の上側 100α%のパーセント点 $t_{\alpha}(m+n-2)$ に対して,

$$\begin{cases} T > t_{\alpha}(m+n-2) & \Rightarrow \text{仮説 } H_0 \text{ は棄却される} \\ T \leqq t_{\alpha}(m+n-2) & \Rightarrow \text{仮説 } H_0 \text{ は採択される} \end{cases}$$

- **対立仮説 $H_1 : \mu_X < \mu_Y$ （左片側検定）**

検定統計量 $T = \dfrac{\bar{X} - \bar{Y}}{s\sqrt{\frac{1}{m} + \frac{1}{n}}}$

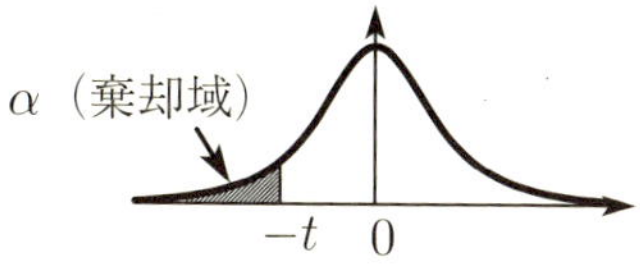

t 分布の上側 $100\alpha\%$のパーセント点 $t_\alpha(m+n-2)$ に対して，

$$\begin{cases} T < -t_\alpha(m+n-2) & \Rightarrow \text{仮説 } H_0 \text{ は棄却される} \\ T \geqq -t_\alpha(m+n-2) & \Rightarrow \text{仮説 } H_0 \text{ は採択される} \end{cases}$$

例題 53　イチロー選手の 1995 年から 2000 年までのオリックスでの打率と 2001 年から 2010 年までの大リーグでの打率は次の通りである．

年	1995	1996	1997	1998	1999	2000
打率	0.342	0.356	0.345	0.358	0.343	0.387

年	2001	2002	2003	2004	2005	2006	2007	2008	2009	2010
打率	0.350	0.321	0.312	0.372	0.303	0.322	0.351	0.310	0.352	0.315

このとき，オリックスと大リーグにおける打率の平均に差があるかどうかを有意水準を 5%として検定しなさい．それぞれの母集団分布は正規分布に従うとし，標準偏差は未知だが，オリックスでも大リーグでも同じだと仮定する．

[解]　**1°**　オリックスのときのデータを $X_1, X_2, \cdots, X_m$，大リーグのときのデータを $Y_1, Y_2, \cdots, Y_n$ とする．それぞれの標本平均と標本分散を求める．

年	1995	1996	1997	1998	1999	2000	合計
打率 (X_i)	0.342	0.356	0.345	0.358	0.343	0.387	2.131
X_i^2	0.116964	0.126736	0.119025	0.128164	0.117649	0.149769	0.758307

標本平均 $\bar{X} = \dfrac{1}{m}\displaystyle\sum_{i=1}^{m} X_i = \dfrac{1}{6} \cdot 2.131 \fallingdotseq 0.35517$

標本分散 $s_X^2 = \dfrac{m}{m-1}(\overline{X^2} - \bar{X}^2) = \dfrac{6}{5}\left(\dfrac{0.758307}{6} - 0.35517^2\right) \fallingdotseq 0.00029$

年	2001	2002	2003	2004	2005	2006
打率 (Y_i)	0.350	0.321	0.312	0.372	0.303	0.322
Y_i^2	0.1225	0.103041	0.097344	0.138384	0.091809	0.103684

2007	2008	2009	2010	合計
0.351	0.310	0.352	0.315	3.308
0.123201	0.0961	0.123904	0.099225	1.099192

$$\text{標本平均 } \bar{Y} = \frac{1}{n}\sum_{i=1}^{n} Y_i = \frac{1}{10}\cdot 3.308 = 0.3308$$

$$\text{標本分散 } s_Y^2 = \frac{n}{n-1}(\overline{Y^2} - \bar{Y}^2) = \frac{10}{9}\left(\frac{1.099192}{10} - 0.3308^2\right) \fallingdotseq 0.00055$$

これより

$$s^2 = \frac{(m-1)s_X^2 + (n-1)s_Y^2}{m+n-2} = \frac{5\cdot 0.00029 + 9\cdot 0.00055}{14} \fallingdotseq 0.00046$$

2°　2つの母集団における母分散は等しいが未知であるから，検定には t 分布を利用し，両側検定を行う．

公式　(2つの母分散は等しいが未知の場合の母平均の差の検定)

両側検定　有意水準 $100\alpha\%$の検定を考える．

$$\begin{cases} \text{単純帰無仮説} & H_0 : \mu_X = \mu_Y \\ \text{対立仮説} & H_1 : \mu_X \neq \mu_Y \end{cases}$$

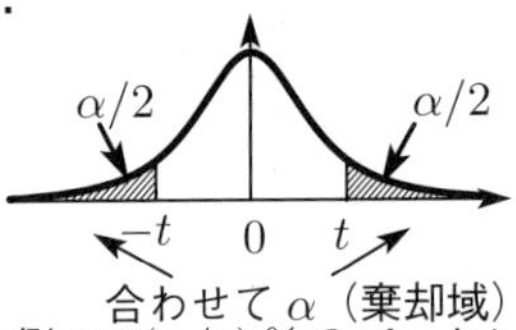

t を自由度 $m+n-2$ の t 分布における上側 $100(\alpha/2)\%$ のパーセント点とする．

検定統計量

$$T = \frac{\bar{X} - \bar{Y}}{s\sqrt{\frac{1}{m} + \frac{1}{n}}}$$

に対して，

$$\begin{cases} T \text{ は棄却域に入る} & \iff |T| > t & \Rightarrow \text{仮説 } H_0 \text{ は棄却される} \\ T \text{ は棄却域に入らない} & \iff |T| \leqq t & \Rightarrow \text{仮説 } H_0 \text{ は採択される} \end{cases}$$

3°　有意水準は5% であるから，$\alpha = 0.05$ である．したがって，t 分布表より，自由度 $m+n-2 = 14$ で，確率が $\alpha/2 = 0.025$ となる値を見つけると

$$t = t_{0.025}(14) = 2.145$$

となる．検定統計量は

$$T = \frac{0.35517 - 0.3308}{\sqrt{0.00046\left(\frac{1}{6} + \frac{1}{10}\right)}} \fallingdotseq 2.21$$

となる．

$$2.21 = T > t = 2.145$$

であるから，仮説 H_0 は棄却される．ゆえに

（答）　有意水準の 5%で，仮説 H_0 は棄却される．つまり，イチローのオリックスでの平均打率と大リーグの平均打率は同じであるとはいえない．

■

演習 26　国土交通省気象庁のサイトには，東京の過去の気温のデータがある．1900 年からの 10 年間と 2000 年からの 10 年間の平均気温は次の表のようになっている．

年	1900	1901	1902	1903	1904	1905	1906	1907	1908	1909
気温	13.6	13.9	13.7	13.7	13.7	13.5	13.1	13.5	13.2	13.6

年	2000	2001	2002	2003	2004	2005	2006	2007	2008	2009
気温	16.9	16.5	16.7	16.0	17.3	16.2	16.4	17.0	16.4	16.7

このとき，100 年の間に東京の気温は高くなっているかを有意水準を 1%として検定しなさい．この母集団分布は正規分布に従うとし，標準偏差は未知だが，100 年前も今も同じだと仮定する．

上の問題を以下の手順で答えよ． 細い線の括弧 には式, 文字を, 太い線の括弧 には数値を入れなさい．

問 1　1900 年代のデータを $X_1, X_2, \cdots, X_m$, 2000 年代のデータを $Y_1, Y_2, \cdots, Y_n$ とする．それぞれの標本平均と標本分散を求めなさい．

年	1900	1901	1902	1903	1904	1905
気温 (X_i)						
X_i^2						

1906	1907	1908	1909	合計

標本平均 $\bar{X} = \dfrac{\square}{\square}\square = \dfrac{1}{\square}\square) = \square$

標本分散 $s_X^2 = \dfrac{\square}{\square}(\square - \square) = \dfrac{\square}{\square}\left(\dfrac{\square}{\square} - \square^2\right)$

$\fallingdotseq \square$

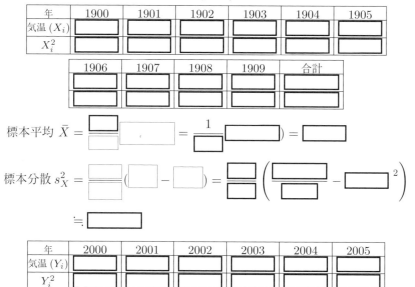

年	2000	2001	2002	2003	2004	2005
気温 (Y_i)						
Y_i^2						

2006	2007	2008	2009	合計
□	□	□	□	□
□	□	□	□	□

$$\text{標本平均 } \bar{Y} = \frac{\square}{\square}\square = \frac{1}{\square}\square) = \square$$

$$\text{標本分散 } s_Y^2 = \frac{\square}{\square}(\square - \square) = \frac{\square}{\square}\left(\frac{\square}{\square} - \square^2\right)$$

$$\fallingdotseq \square$$

よって

$$s^2 = \frac{\square \cdot \square + \square \cdot \square}{\square}$$

$$= \frac{\square \cdot \square + \square \cdot \square}{\square} \fallingdotseq \square$$

問 2　2 つの母集団における母分散は等しいが未知であるから，検定には□分布を利用し，□検定を行う．

公式（2 つの母分散は等しいが未知の場合の母平均の差の検定）

□検定　有意水準 $100\alpha\%$の検定を考える．

- 単純帰無仮説　H_0 : □
- 対立仮説　H_1 : □

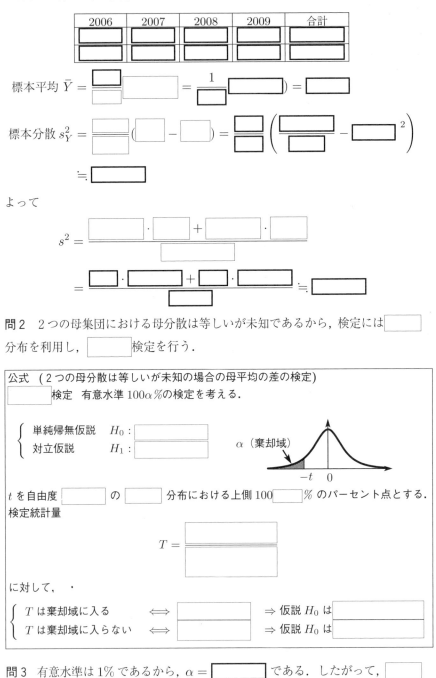

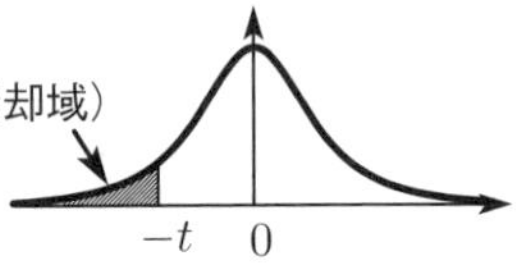

t を自由度□の□分布における上側 100□% のパーセント点とする．

検定統計量

$$T = \frac{\square}{\square}$$

に対して，・

- T は棄却域に入る　⟺　□　⇒ 仮説 H_0 は□
- T は棄却域に入らない　⟺　□　⇒ 仮説 H_0 は□

問 3　有意水準は 1% であるから，$\alpha = \square$ である．したがって，□

分布表より，自由度 $\boxed{\quad\quad}$ で，確率が $\boxed{\quad\quad\quad}$ となる値を見つけると

$$t = t_{\boxed{\quad}}(\boxed{\quad}) = \boxed{\quad\quad\quad\quad}$$

となる．検定統計量は

$$T = \frac{\boxed{\quad\quad\quad\quad\quad\quad\quad\quad}}{\boxed{\quad\quad\quad\quad\quad\quad\quad\quad}} \fallingdotseq \boxed{\quad\quad\quad}$$

となる．

$$\boxed{\quad\quad\quad} = T \ \boxed{\quad\quad} \ -t = \boxed{\quad\quad\quad}$$

であるから，仮説 H_0 は $\boxed{\quad\quad\quad\quad\quad}$ ．ゆえに

> （答）　有意水準の 1%で，仮説 H_0 は $\boxed{\quad\quad\quad\quad\quad}$ ．つまり，東京の平均気温は，1900 年頃より 2000 年頃の方が $\boxed{\quad\quad\quad\quad\quad\quad}$ といえる．

■

(c)　平均の差の検定 (σ_X^2, σ_Y^2 が共に未知の場合；ウェルチの検定)

σ_X^2，σ_Y^2 が未知であるから，各標本分布

$$s_X^2 = \frac{1}{m-1}\sum_{i=1}^{m}(X_i - \bar{X})^2, \quad s_Y^2 = \frac{1}{n-1}\sum_{i=1}^{n}(Y_i - \bar{Y})^2$$

を用いて，近似的に分布を求める．

$$T = \frac{(\bar{X} - \bar{Y}) - (\mu_X - \mu_Y)}{\sqrt{\frac{s_X^2}{m} + \frac{s_Y^2}{n}}}$$

は自由度 ν の t 分布 $t(\nu)$ に従うことが知られている．ただし，自由度 ν は

$$\frac{\left(\frac{\sigma_X^2}{m} + \frac{\sigma_Y^2}{n}\right)^2}{\frac{\left(\frac{\sigma_X^2}{m}\right)^2}{m-1} + \frac{\left(\frac{\sigma_Y^2}{n}\right)^2}{n-1}}$$

に最も近い整数になる．

これを用いて，平均の差に関する検定を行う．

単純帰無仮説 $H_0 : \mu_X = \mu_Y$ の有意水準 α での検定．

- **対立仮説 $H_1 : \mu_X \neq \mu_Y$　　（両側検定）**

検定統計量　　$T = \dfrac{\bar{X} - \bar{Y}}{\sqrt{\frac{s_X^2}{m} + \frac{s_Y^2}{n}}}$

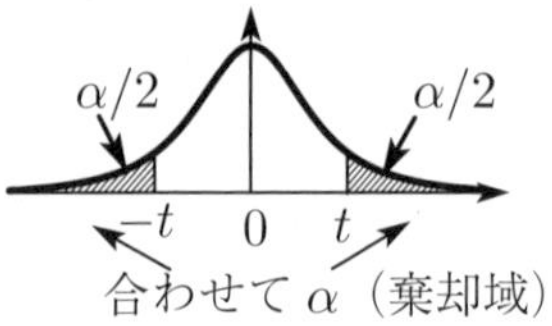

t 分布の上側 $100(\alpha/2)\%$のパーセント点 $t_{\alpha/2}(\nu)$ に対して,

$$\begin{cases} |T| > t_{\alpha/2}(\nu) & \Rightarrow \text{仮説 } H_0 \text{ は棄却される} \\ |T| \leqq t_{\alpha/2}(\nu) & \Rightarrow \text{仮説 } H_0 \text{ は採択される} \end{cases}$$

- **対立仮説 $H_1 : \mu_X > \mu_Y$　　（右片側検定）**

検定統計量　　$T = \dfrac{\bar{X} - \bar{Y}}{\sqrt{\frac{s_X^2}{m} + \frac{s_Y^2}{n}}}$

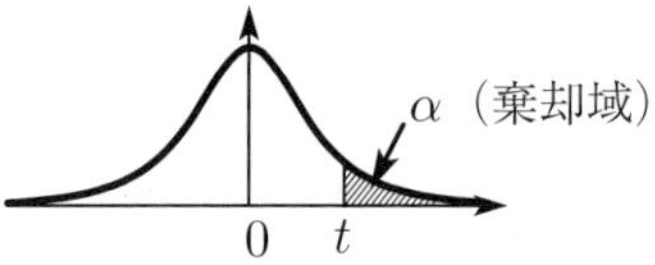

t 分布の上側 $100\alpha\%$のパーセント点 $t_{\alpha}(\nu)$ に対して,

$$\begin{cases} T > t_{\alpha}(\nu) & \Rightarrow \text{仮説 } H_0 \text{ は棄却される} \\ T \leqq t_{\alpha}(\nu) & \Rightarrow \text{仮説 } H_0 \text{ は採択される} \end{cases}$$

- **対立仮説 $H_1 : \mu_X < \mu_Y$　　（左片側検定）**

検定統計量　　$T = \dfrac{\bar{X} - \bar{Y}}{\sqrt{\frac{s_X^2}{m} + \frac{s_Y^2}{n}}}$

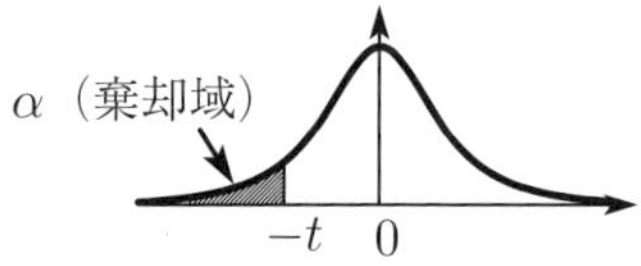

t 分布の上側 $100\alpha\%$のパーセント点 $t_{\alpha}(\nu)$ に対して,

$$\begin{cases} T < -t_{\alpha}(\nu) & \Rightarrow \text{仮説 } H_0 \text{ は棄却される} \\ T \geqq -t_{\alpha}(\nu) & \Rightarrow \text{仮説 } H_0 \text{ は採択される} \end{cases}$$

(d)　2 標本の分散の検定

2 つの母集団の平均の差の検定では，2 つの母集団の分散が同じであるかどうかで検定の方法が違ってきた．ここでは，等分散かどうかを検定することを考える．2 つの正規母集団 $N(\mu_X, \sigma_X^2), N(\mu_Y, \sigma_Y^2)$ から，それぞれ無作為に m, n 個の標本 $X_1, X_2, \cdots, X_m, Y_1, Y_2, \cdots, Y_n$ を選ぶ．

$$s_X^2 = \frac{1}{m-1}\sum_{i=1}^{m}(X_i - \bar{X})^2, \quad s_Y^2 = \frac{1}{n-1}\sum_{i=1}^{n}(Y_i - \bar{Y})^2,$$

とおくと，公式 30 より

$$\frac{(m-1)s_X^2}{\sigma_X^2}, \quad \frac{(n-1)s_Y^2}{\sigma_Y^2}$$

は，自由度が m，n の χ^2 分布になる．

2 つの正規母分散が $\sigma_X^2 = \sigma_Y^2$ であるならば，

$$F = \frac{\frac{(m-1)s_X^2}{\sigma_X^2}/(m-1)}{\frac{(n-1)s_Y^2}{\sigma_Y^2}/(n-1)} = \frac{s_X^2}{s_Y^2}$$

は，第 1，第 2 自由度がそれぞれ $(m-1, n-1)$ の F 分布に従う．

有意水準を α とする．公式 34 を用いる．以下の検定を F **検定**という．

単純帰無仮説 $H_0 : \sigma_X^2 = \sigma_Y^2$ の有意水準 α での検定．

- **対立仮説** $H_1 : \sigma_X^2 \neq \sigma_Y^2$　　**(両側検定)**

検定統計量　$T = \dfrac{s_X^2}{s_Y^2}$

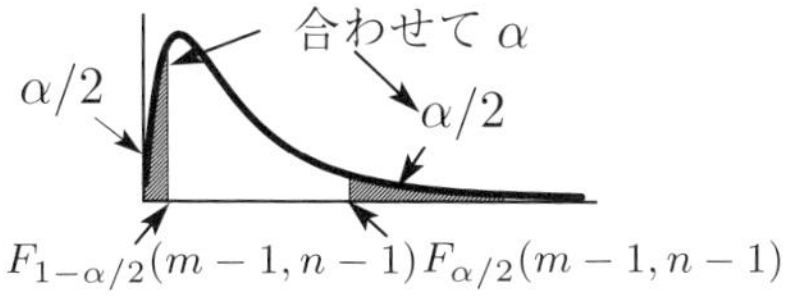

F 分布の上側 $100(\alpha/2)$%のパーセント点 $F_{\alpha/2}(m-1, n-1)$ に対して，

$$\begin{cases} T > F_{\alpha/2}(m-1, n-1), & \Rightarrow \text{仮説 } H_0 \text{ は棄却される} \\ \text{または } T < \frac{1}{F_{\alpha/2}(n-1, m-1)} & \\ \frac{1}{F_{\alpha/2}(n-1, m-1)} \leqq T \leqq F_{\alpha/2}(m-1, n-1) & \Rightarrow \text{仮説 } H_0 \text{ は採択される} \end{cases}$$

- **対立仮説** $H_1 : \sigma_X^2 > \sigma_Y^2$　　**(右片側検定)**

検定統計量　$T = \dfrac{s_X^2}{s_Y^2}$

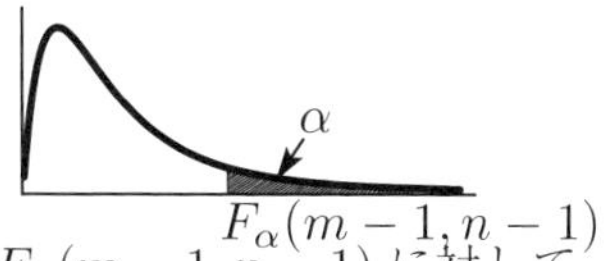

F 分布の上側 100α%のパーセント点 $F_\alpha(m-1, n-1)$ に対して，

$$\begin{cases} T > F_\alpha(m-1, n-1) & \Rightarrow \text{仮説 } H_0 \text{ は棄却される} \\ T \leqq F_\alpha(m-1, n-1) & \Rightarrow \text{仮説 } H_0 \text{ は採択される} \end{cases}$$

- **対立仮説 $H_1 : \sigma_X^2 < \sigma_Y^2$　　（左片側検定）**

検定統計量　$T = \dfrac{s_X^2}{s_Y^2}$

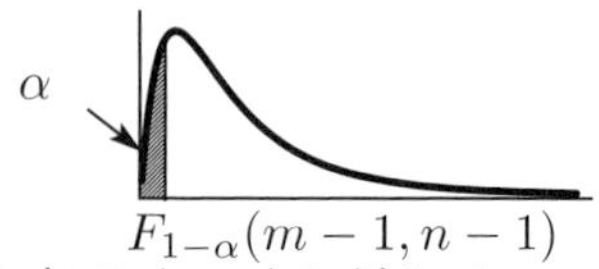

F 分布分布の上側 100α%のパーセント点 $F_\alpha(m,n)$ に対して，

$$\begin{cases} T < \frac{1}{F_\alpha(n-1,m-1)} & \Rightarrow \text{仮説 } H_0 \text{ は棄却される} \\ T \geqq \frac{1}{F_\alpha(n-1,m-1)} & \Rightarrow \text{仮説 } H_0 \text{ は採択される} \end{cases}$$

例題 54　例題53において，イチロー選手の1995年から2000年までのオリックスでの打率と2001年から2010年までの大リーグでの打率に関して，標準偏差は未知だが，オリックスでも大リーグでも同じだと仮定した．等分散が成り立つかどうか F 検定を行いなさい．データは以下の通りである．

年	1995	1996	1997	1998	1999	2000
打率	0.342	0.356	0.345	0.358	0.343	0.387

年	2001	2002	2003	2004	2005	2006	2007	2008	2009	2010
打率	0.350	0.321	0.312	0.372	0.303	0.322	0.351	0.310	0.352	0.315

[解]　**1°**　例題53の結果を用いるとそれぞれの標本分散は次の通りである．

$$\text{標本分散 } s_X^2 = \frac{m}{m-1}(\overline{X^2} - \bar{X}^2) = \frac{6}{5}\left(\frac{0.758307}{6} - 0.35517^2\right) \fallingdotseq 0.00029$$

$$\text{標本分散 } s_Y^2 = \frac{n}{n-1}(\overline{Y^2} - \bar{Y}^2) = \frac{10}{9}\left(\frac{1.099192}{10} - 0.3308^2\right) \fallingdotseq 0.00055$$

2°　2つの母集団における等分散の検定には F 分布を利用し，両側検定を行う．

公式　(２つの母分散の等分散の検定)

両側検定　有意水準 $100\alpha\%$の検定を考える.

$$\begin{cases} \text{単純帰無仮説} & H_0 : \sigma_X^2 = \sigma_Y^2 \\ \text{対立仮説} & H_1 : \sigma_X^2 \neq \sigma_Y^2 \end{cases}$$

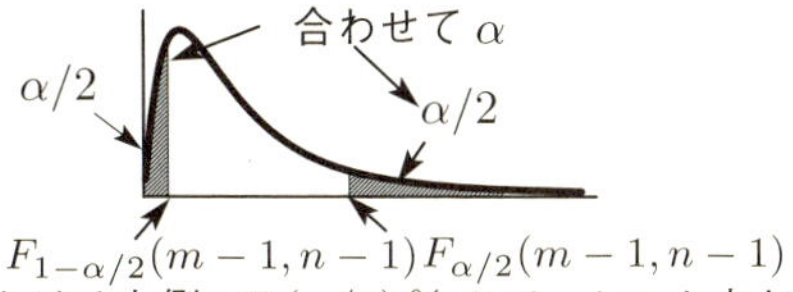

F を自由度 $(m-1, n-1)$ の F 分布における上側 $100(\alpha/2)\%$ のパーセント点とする.

検定統計量

$$T = \frac{s_X^2}{s_Y^2}$$

に対して,

$$\begin{cases} T \text{ は棄却域に入る} \iff T > F_{\alpha/2}(m-1, n-1), \text{ または } T < \frac{1}{F_{\alpha/2}(n-1, m-1)} \\ \qquad \Rightarrow \text{仮説 } H_0 \text{ は棄却される} \\ T \text{ は棄却域に入らない} \iff \frac{1}{F_{\alpha/2}(n-1, m-1)} \leqq T \leqq F_{\alpha/2}(m-1, n-1) \\ \qquad \Rightarrow \text{仮説は採択される} \end{cases}$$

3°　有意水準は 5% であるから，$\alpha = 0.05$ である．したがって，F 分布表より，確率が $\alpha/2 = 0.025$ で，自由度 $(m-1, n-1) = (5, 9)$ となる値を見つけると

$$F = F_{0.025}(5, 9) = 4.48$$

となる．また，自由度 $(n-1, m-1) = (9, 5)$ となる値を見つけると

$$F = F_{0.025}(9, 5) = 6.68 \qquad \therefore \frac{1}{F} = \frac{1}{6.68} \fallingdotseq 0.150$$

となる．検定統計量は

$$T = \frac{s_X^2}{s_Y^2} = \frac{0.00029}{0.00055} \fallingdotseq 0.527$$

となる.

$$\frac{1}{F_{0.025}(9, 5)} \fallingdotseq 0.150 < T < F_{0.025}(5, 9) = 4.48$$

であるから，仮説 H_0 は採択される．ゆえに

（答）　有意水準の 5%で，仮説 H_0 は採択される．つまり，イチローのオリックスでの打率と大リーグの打率について等分散であるとしてもよい.

■

演習 27　演習26において，以下の東京の1900年からの10年間と2000年からの10年間の平均気温について，2つの分散が等分散であるかどうか有意水準は5%として検定を行いなさい．

年	1900	1901	1902	1903	1904	1905	1906	1907	1908	1909
気温	13.6	13.9	13.7	13.7	13.7	13.5	13.1	13.5	13.2	13.6

年	2000	2001	2002	2003	2004	2005	2006	2007	2008	2009
気温	16.9	16.5	16.7	16	17.3	16.2	16.4	17	16.4	16.7

上の問題を以下の手順で答えよ．［細い線の括弧］には式，文字を，［太い線の括弧］には数値を入れなさい．

問1　1900年代のデータを $X_1, X_2, \cdots, X_m$, 2000年代のデータを $Y_1, Y_2, \cdots, Y_n$ とする．それぞれの標本分散を求めなさい．

年	1900	1901	1902	1903	1904	1905	1906	1907	1908	1909	合計
気温 (X_i)											
X_i^2											

標本分散 $s_X^2 = \dfrac{\square}{\square}(\square - \square) = \dfrac{\square}{\square}\left(\dfrac{\square}{\square} - \square^2\right)$

$\fallingdotseq \square$

年	2000	2001	2002	2003	2004	2005	2006	2007	2008	2009	合計
気温 (Y_i)											
Y_i^2											

標本分散 $s_Y^2 = \dfrac{\square}{\square}(\square - \square) = \dfrac{\square}{\square}\left(\dfrac{\square}{\square} - \square^2\right)$

$\fallingdotseq \square$

問2　2つの母集団における等分散の検定には［　　］分布を利用し，［　　］検定を行う．

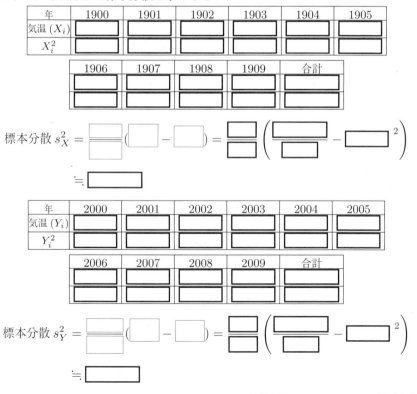

公式 （2 つの母分散の等分散の検定）

□ 検定　有意水準 100α%の検定を考える．

$$\begin{cases} \text{単純帰無仮説} H_0: & \square \\ \text{対立仮説} \quad H_1: & \square \end{cases}$$

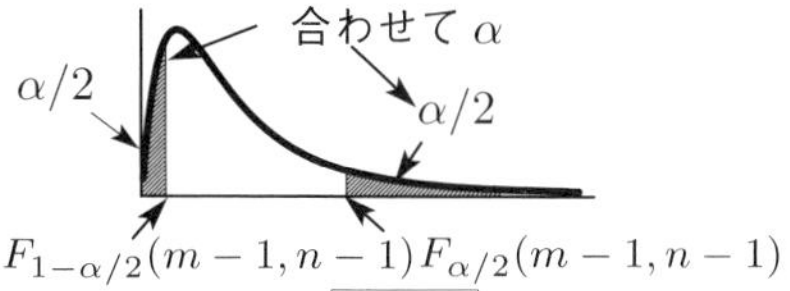

F を自由度 □ の □ 分布における上側 100 □ % のパーセント点とする．

検定統計量

$$T = \frac{\square}{\square}$$

に対して，

T は棄却域に入る　$\Longleftrightarrow$ □，または □

　　$\Rightarrow$ 仮説 H_0 は棄却される

T は棄却域に入らない $\Longleftrightarrow$ □

　　$\Rightarrow$ 仮説 H_0 は採択される

問 3　有意水準は 5% であるから，$\alpha =$ □ である．したがって，□ 分布表より，確率が □ で，自由度 □ となる値を見つけると

$$F = F_{\square}\square = \square$$

となる．標本数が同じなので，第 1 自由度と第 2 自由度を入れ替えても同じである．検定統計量は

$$T = \frac{\square}{\square} = \frac{\square}{\square} \fallingdotseq \square$$

となる．

$$\frac{1}{\square} \fallingdotseq \square < T < \square = \square$$

であるから，仮説 H_0 は □．ゆえに

（答）　有意水準の 5%で，仮説 H_0 は □．つまり，1900 年代の気温のデータと 2000 年代の気温のデータついて等分散 □．

■

10.3　正規母集団でない場合

母集団が正規分布に従わない場合には，難しい状況が生まれてくるが，標本数が多い場合には，推定の章でも扱ったように，中心極限定理により，正規分布で近似できる場合がある．大標本の検定を扱うことになる．

10.3.1　二項母集団

(a)　母比率の検定

標本 $X_1, X_2, \cdots, X_n$ をベルヌーイ分布 $B(1,p)$ に従うベルヌーイ母集団から無作為に抽出したとする．標本平均 $\bar{X} = \frac{1}{n}\sum_{i=1}^{n} X_i$ に対しては，8.3.1 で説明したように，n が大のとき

$$Z = \frac{\bar{X} - p}{\sqrt{p(1-p)/n}}$$

は標準正規分布に従う．母数 p が $p = p_0$ であるという仮説に対する検定を考える．

単純帰無仮説 $H_0 : p = p_0$ の有意水準 α での検定.

- 対立仮説 $H_1 : p \neq p_0$　　（両側検定）

検定統計量　$T = \dfrac{\bar{X} - p_0}{\sqrt{\frac{p_0(1-p_0)}{n}}}$

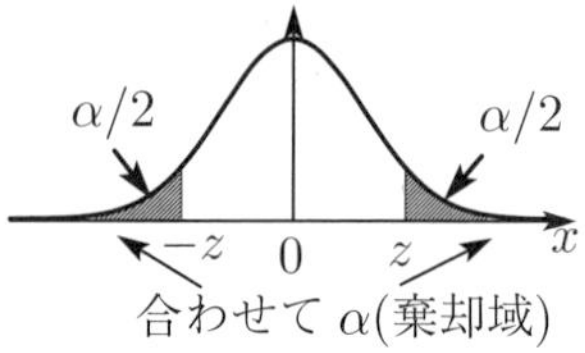

標準正規分布の上側 $100(\alpha/2)$%のパーセント点 $z_{\alpha/2}$ に対して，

$$\begin{cases} |T| > z_{\alpha/2} & \Rightarrow \text{仮説 } H_0 \text{ は棄却される} \\ |T| \leqq z_{\alpha/2} & \Rightarrow \text{仮説 } H_0 \text{ は採択される} \end{cases}$$

- 対立仮説 $H_1 : p > p_0$　　（右片側検定）

検定統計量　$T = \dfrac{\bar{X} - p_0}{\sqrt{\frac{p_0(1-p_0)}{n}}}$

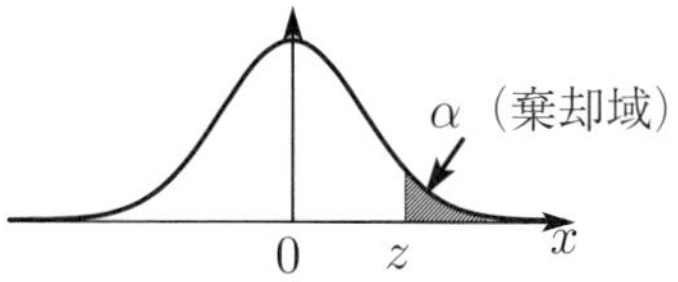

標準正規分布の上側 $100\alpha\%$のパーセント点 z_α に対して,

$$\begin{cases} T > z_\alpha & \Rightarrow \text{仮説 } H_0 \text{ は棄却される} \\ T \leqq z_\alpha & \Rightarrow \text{仮説 } H_0 \text{ は採択される} \end{cases}$$

- **対立仮説 $H_1 : p < p_0$　　（左片側検定)**

検定統計量　$T = \dfrac{\bar{X} - p_0}{\sqrt{\frac{p_0(1-p_0)}{n}}}$

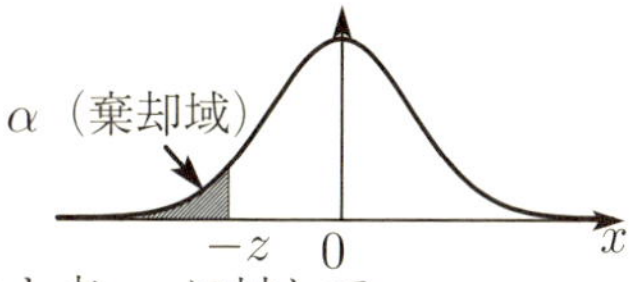

標準正規分布の上側 $100\alpha\%$のパーセント点 z_α に対して,

$$\begin{cases} T < -z_\alpha & \Rightarrow \text{仮説 } H_0 \text{ は棄却される} \\ T \geqq -z_\alpha & \Rightarrow \text{仮説 } H_0 \text{ は採択される} \end{cases}$$

(b)　2 標本の検定

2つのベルヌーイ母集団 $B(1, p_X)$ と $B(1, p_Y)$ から, それぞれ標本 $X_1, X_2, \cdots, X_m$ と $Y_1, Y_2, \cdots, Y_n$ を無作為に抽出したとする. 標本平均 $\bar{X}$, $\bar{Y}$ の差 $\bar{X} - \bar{Y}$ を考える. 期待値と分散は公式 26 と公式 15 より

$$E(\bar{X} - \bar{Y}) = \frac{1}{m}E(\bar{X}) - \frac{1}{n}E(\bar{Y}) = p_X - p_Y$$

$$V(\bar{X} - \bar{Y}) = V(\bar{X}) + V(\bar{Y}) = \frac{p_X(1 - p_X)}{m} + \frac{p_Y(1 - p_Y)}{n}$$

中心極限定理により, m, n が大きいときには,

$$Z = \frac{(\bar{X} - \bar{Y}) - (p_X - p_Y)}{\sqrt{\frac{p_X(1-p_X)}{m} + \frac{p_Y(1-p_Y)}{n}}}$$

は標準正規分布に従う. 母数 $p_X = p_Y = p$ であるという仮説に対する検定を考える. このとき,

$$V(\bar{X} - \bar{Y}) = \frac{p(1 - p)}{m} + \frac{p(1 - p)}{n} = p(1 - p)\left(\frac{1}{m} + \frac{1}{n}\right)$$

となる. p の推定値として

$$\hat{p} = \frac{m\bar{X} + n\bar{Y}}{m + n}$$

をとる．$m, n \to \infty$ とすると，大数の法則により $\hat{p} \to p$ となる．したがって，m, n が大きいときには

$$\hat{Z} = \frac{\bar{X} - \bar{Y}}{\sqrt{\hat{p}(1-\hat{p})\left(\frac{1}{m} + \frac{1}{n}\right)}}$$

も，標準正規分布に従うと考えてよい．

単純帰無仮説 $H_0 : p_X = p_Y$ の有意水準 α での検定．

- **対立仮説 $H_1 : p_X \neq p_Y$　　(両側検定)**

検定統計量　$T = \frac{\bar{X}-\bar{Y}}{\sqrt{\hat{p}(1-\hat{p})\left(\frac{1}{m}+\frac{1}{n}\right)}}$

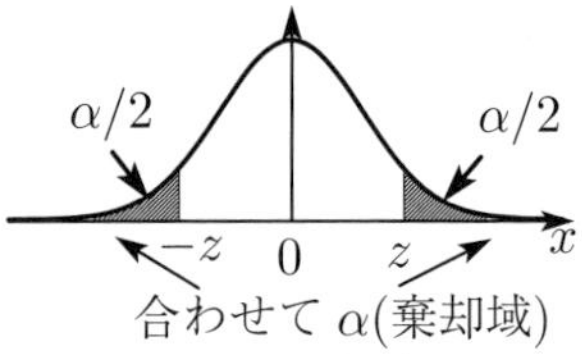

標準正規分布の上側 $100(\alpha/2)$%のパーセント点 $z_{\alpha/2}$ に対して，

$$\begin{cases} |T| > z_{\alpha/2} & \Rightarrow \text{仮説 } H_0 \text{ は棄却される} \\ |T| \leqq z_{\alpha/2} & \Rightarrow \text{仮説 } H_0 \text{ は採択される} \end{cases}$$

- **対立仮説 $H_1 : p_X > p_Y$　　(右片側検定)**

検定統計量　$T = \frac{\bar{X}-\bar{Y}}{\sqrt{\hat{p}(1-\hat{p})\left(\frac{1}{m}+\frac{1}{n}\right)}}$

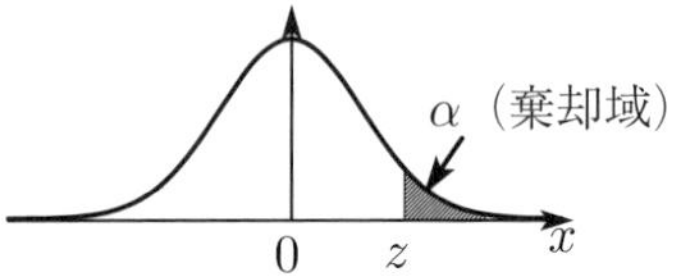

標準正規分布の上側 100α%のパーセント点 z_α に対して，

$$\begin{cases} T > z_{\alpha} & \Rightarrow \text{仮説 } H_0 \text{ は棄却される} \\ T \leqq z_{\alpha} & \Rightarrow \text{仮説 } H_0 \text{ は採択される} \end{cases}$$

- **対立仮説 $H_1 : p_X < p_Y$　　(左片側検定)**

検定統計量　$T = \frac{\bar{X}-\bar{Y}}{\sqrt{\hat{p}(1-\hat{p})\left(\frac{1}{m}+\frac{1}{n}\right)}}$

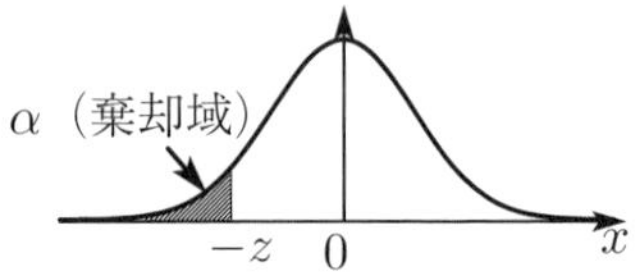

標準正規分布の上側 100α%のパーセント点 z_α に対して,

$$\begin{cases} T < -z_\alpha & \Rightarrow \text{仮説 } H_0 \text{ は棄却される} \\ T \geqq -z_\alpha & \Rightarrow \text{仮説 } H_0 \text{ は採択される} \end{cases}$$

例題 55　ある市には，住民の構成が似た A 地区と B 地区がある．A，B それぞれの地区の有権者の数は 2 万 5 千人と 3 万人である．最近行われた選挙の投票率はそれぞれ 57%と 56%であった．このとき，2 つの地区の投票率に有意な差はあるかどうか有意水準を 5%として検定を行いなさい．

[解]　**1°**　A 地区の標本を $X_1, X_2, \cdots, X_m$，B 地区の標本を $Y_1, Y_2, \cdots, Y_n$ とする．

標本平均 $\bar{X}$ と $\bar{Y}$ は

$$\bar{X} = 0.57, \quad \bar{Y} = 0.56$$

母比率 $p_X = p_Y = p$ の推定値 $\hat{p}$ は

$$\hat{p} = \frac{m\bar{X} + n\bar{Y}}{m+n} = \frac{25000 \cdot 0.57 + 30000 \cdot 0.56}{55000} \fallingdotseq 0.565$$

2°　検定には標準正規分布を利用し，両側検定を行う．

公式　(母比率の差の検定)

両側検定　有意水準 100α%の検定を考える．

$$\begin{cases} \text{単純帰無仮説} & H_0 : p_X = p_Y \\ \text{対立仮説} & H_1 : p_X \neq p_Y \end{cases}$$

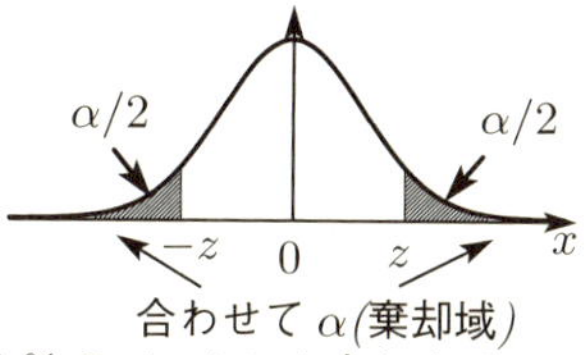

z を標準正規分布における上側 $100(\alpha/2)$% のパーセント点とする．

検定統計量

$$T = \frac{\bar{X} - \bar{Y}}{\sqrt{\hat{p}(1-\hat{p})\left(\frac{1}{m} + \frac{1}{n}\right)}}$$

に対して,

$$\begin{cases} T \text{ は棄却域に入る} & \Longleftrightarrow |T| > z & \Rightarrow \text{仮説 } H_0 \text{ は棄却される} \\ T \text{ は棄却域に入らない} & \Longleftrightarrow |T| \leqq z & \Rightarrow \text{仮説 } H_0 \text{ は採択される} \end{cases}$$

3°　有意水準は 5% であるから，$\alpha = 0.05$ である．したがって，標準正規分布

表より，確率が $\alpha/2 = 0.025$ となる値を見つけると

$$z = z_{0.025} = 1.96$$

となる．検定統計量は

$$T = \frac{0.57 - 0.56}{\sqrt{0.565(1-0.565)\left(\frac{1}{25000} + \frac{1}{30000}\right)}} \fallingdotseq \frac{0.01}{0.00425} \fallingdotseq 2.36$$

となる．

$$2.36 = T > z = 1.96$$

であるから，仮説 H_0 は棄却される．ゆえに

（答）　有意水準の5%で，仮説 H_0 は棄却される．つまり，2つの地区の投票率は同じであるとはいえない．

注意　この問題は，各地区における普遍的な1人の「投票確率」p に違いがあるのかを問題にしていると考えられる．■

演習 28　ある検定試験がA会場とB会場で行われている．A，Bそれぞれの会場での受験者は2千人である．今回行われた検定試験では，欠席者がA会場では7%，B会場では6%であった．このとき，2つの会場での欠席率に有意な差があるかどうか有意水準を5%として検定を行いなさい．

上の問題を以下の手順で答えよ．［細い線の括弧］には式，文字を，［太い線の括弧］には数値を入れなさい．

問1　A会場の標本を $X_1, X_2, \cdots, X_m$，B会場の標本を $Y_1, Y_2, \cdots, Y_n$ とする．

標本平均 $\bar{X}$ と $\bar{Y}$ は

$$\bar{X} = \boxed{}, \quad \bar{Y} = \boxed{}$$

母比率 $p_X = p_Y = p$ の推定値 $\hat{p}$ は

$$\hat{p} = \frac{\boxed{}}{\boxed{}} = \frac{\boxed{}}{\boxed{}} = \boxed{}$$

問2　検定には［　　　］分布を利用し，［　　］検定を行う．

公式　(母比率の差の検定)

□検定　有意水準 $100\alpha\%$の検定を考える．

$$\begin{cases} \text{単純帰無仮説} & H_0 : \square \\ \text{対立仮説} & H_1 : \square \end{cases}$$

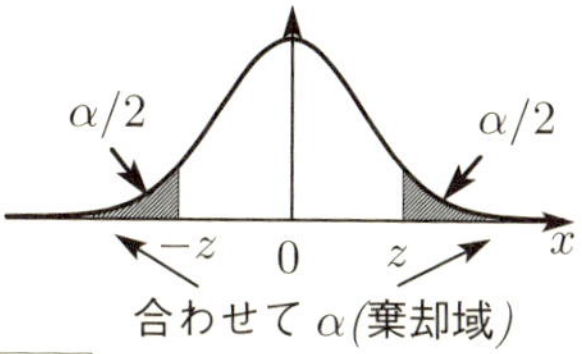

z を標準正規分布における上側 100 □ % のパーセント点とする．
検定統計量

$$T = \frac{\square}{\square}$$

に対して，

$$\begin{cases} T \text{ は棄却域に入る} & \Longleftrightarrow \square & \Rightarrow \text{仮説 } H_0 \text{ は棄却される} \\ T \text{ は棄却域に入らない} & \Longleftrightarrow \square & \Rightarrow \text{仮説 } H_0 \text{ は採択される} \end{cases}$$

問 3　有意水準は 5% であるから，$\alpha =$ □ である．したがって，□ 分布表より，確率が $\alpha/2 =$ □ となる値を見つけると

$$z = z_{\square} = \square$$

となる．検定統計量は

$$T = \frac{\square}{\square} \fallingdotseq \frac{\square}{\square} \fallingdotseq \square$$

となる．

$$\square = T \ \square \ z = \square$$

であるから，仮説 H_0 は □．ゆえに

（答）　有意水準の 5%で，仮説 H_0 は □．つまり，2 つの会場の欠席率は □．

■

10.3.2　ポアソン母集団

ポアソン母集団から標本 $X_1, X_2, \cdots, X_n$ を無作為に抽出したとする．

標本平均 $\bar{X} = \frac{1}{n}\sum_{i=1}^{n} X_i$ に対しては，8.3.1 で説明したように，n が大のとき

$$Z = \frac{\bar{X} - \lambda}{\sqrt{\lambda/n}}$$

は標準正規分布に従うと考えてよい．母数 λ が $\lambda = \lambda_0$ であるという仮説に対する検定を考える．

単純帰無仮説 $H_0 : \lambda = \lambda_0$ の有意水準 α での検定.

- **対立仮説 $H_1 : \lambda \neq \lambda_0$　　(両側検定)**

検定統計量　$T = \dfrac{\bar{X} - \lambda_0}{\sqrt{\lambda_0/n}}$

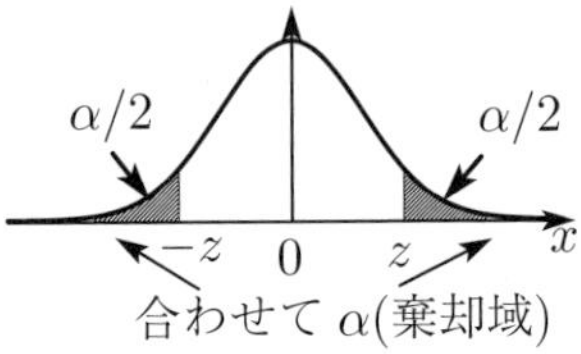

標準正規分布の上側 $100(\alpha/2)$%のパーセント点 $z_{\alpha/2}$ に対して，

$$\begin{cases} |T| > z_{\alpha/2} & \Rightarrow \text{仮説 } H_0 \text{ は棄却される} \\ |T| \leqq z_{\alpha/2} & \Rightarrow \text{仮説 } H_0 \text{ は採択される} \end{cases}$$

- **対立仮説 $H_1 : \lambda > \lambda_0$　　(右片側検定)**

検定統計量　$T = \dfrac{\bar{X} - \lambda_0}{\sqrt{\lambda_0/n}}$

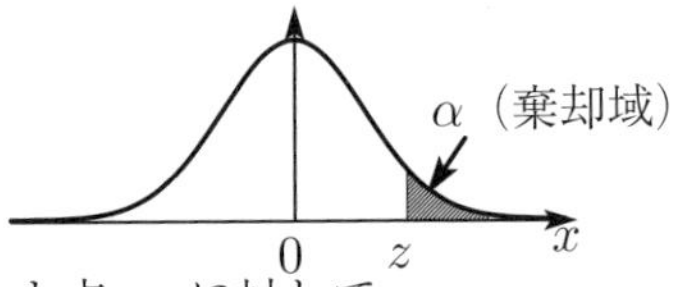

標準正規分布の上側 100α%のパーセント点 z_α に対して，

$$\begin{cases} T > z_{\alpha} & \Rightarrow \text{仮説 } H_0 \text{ は棄却される} \\ T \leqq z_{\alpha} & \Rightarrow \text{仮説 } H_0 \text{ は採択される} \end{cases}$$

- **対立仮説 $H_1 : \lambda < \lambda_0$　　(左片側検定)**

検定統計量　$T = \dfrac{\bar{X} - \lambda_0}{\sqrt{\lambda_0/n}}$

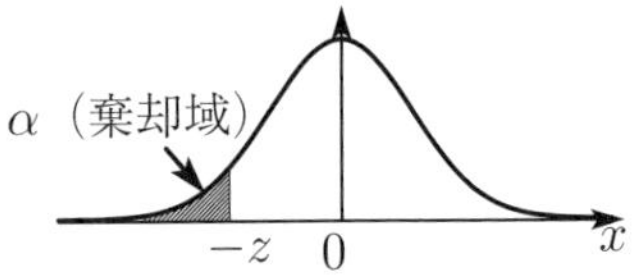

標準正規分布の上側 100α%のパーセント点 z_α に対して,

$$\begin{cases} T < -z_\alpha & \Rightarrow \text{仮説 } H_0 \text{ は棄却される} \\ T \geqq -z_\alpha & \Rightarrow \text{仮説 } H_0 \text{ は採択される} \end{cases}$$

10.3.3 χ^2 検定

(a) 適合度の検定

エンドウ豆の形質の遺伝についてのメンデルの法則のように，理論上の計算と実際の観測がほぼ合致している例がある．ある理論で導かれた性質を観測で裏付けできるかどうかを判定するのが，ピアソンによる**適合度の検定**である．

ある性質 A が k 個のカテゴリーに分類されているとする．それを $A_1, A_2, \cdots, A_k$ とする．各カテゴリーが起こる理論上の確率を $p_1, p_2, \cdots, p_k$ とする．観測する総数を N とすると，理論上起こる度数は，$Np_1, Np_2, \cdots, Np_k$ となる．これを理論度数，あるいは期待度数ということにする．一方，実際の観測で得られた各カテゴリーの度数を観測度数 $f_1, f_2, \cdots, f_k$ という．

カテゴリー	A_1	A_2	$\cdots$	A_k	合計
観測度数 (O)	f_1	f_2	$\cdots$	f_k	N
理論確率	p_1	p_2	$\cdots$	p_k	
理論度数 (E)	Np_1	Np_2	$\cdots$	Np_k	N

このとき，理論と実際の観測が適合しているかどうかを判断するのに，次の検定統計量を用いて判断する．

$$\chi^2 = \sum_{i=1}^{k} \frac{(f_i - Np_i)^2}{Np_i}$$

χ^2 は N が大きいときに，自由度 $k-1$ の χ^2 分布に従う．この χ^2 を検定統計量として，理論上の確率と観測上の確率が等しいとして，仮説検定をおこなえばよい．

観測値を O(Observed)，理論上の期待度数を E(Expected) と表すと，適合度基準は

$$\chi^2 = \sum \frac{(O-E)^2}{E}$$

と記号化して覚えることができる．

χ^2 の値が小さい場合には，理論値と観測値が近いので問題がないので，χ^2 の値が大きい場合だけ問題にすればよい．したがって，検定は右片側検定を適用すればよい．

単純帰無仮説 H_0：各観測値は理論値に等しいの有意水準 α での検定.
対立仮説 H_1：各観測値は理論値とは異なる　　　（右片側検定）

検定統計量　$T = \sum \dfrac{(O-E)^2}{E}$

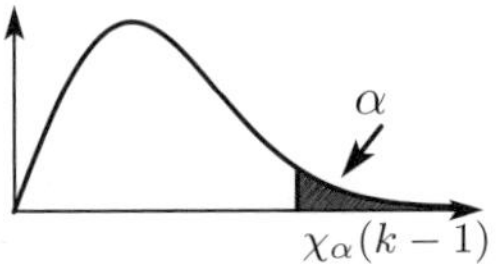

$\chi^2(k-1)$ 分布の上側 100α%のパーセント点 $\chi^2_\alpha(k-1)$ に対して，

$$\begin{cases} T > \chi^2_\alpha(k-1) & \Rightarrow \text{仮説 } H_0 \text{ は棄却される} \\ T \leqq \chi^2_\alpha(k-1) & \Rightarrow \text{仮説 } H_0 \text{ は採択される} \end{cases}$$

例題 56　サイコロを製造している会社で，サイコロが均一にできているか検定を行うことにした．600回の試行で，各目がでる回数を数えたのが次の表である．

目	1	2	3	4	5	6
回数	98	110	101	90	102	99

各目がでる確率が等しいことを帰無仮説として，有意水準5%としてピアソンの適合度の検定を行いなさい．

[解]　**1°**　観測値と理論度数を求める．

目	1	2	3	4	5	6	合計
O	98	110	101	90	102	99	600
理論確率	$\frac{1}{6}$	$\frac{1}{6}$	$\frac{1}{6}$	$\frac{1}{6}$	$\frac{1}{6}$	$\frac{1}{6}$	
E	100	100	100	100	100	100	600
$(O-E)^2$	4	100	1	100	4	1	
$(O-E)^2/E$	0.04	1	0.01	1	0.04	0.01	2.1

$$\chi^2 = \sum \frac{(O-E)^2}{E} = 2.1$$

2°　検定には χ^2 分布を利用し，適合度の右片側検定を行う．

公式 (適合度の検定) 右片側検定 有意水準 $100\alpha\%$の検定を考える.

$$\begin{cases} \text{単純帰無仮説} & H_0 : \text{各観測値は理論値に等しい} \\ \text{対立仮説} & H_1 : \text{各観測値は理論値とは異なる} \end{cases}$$

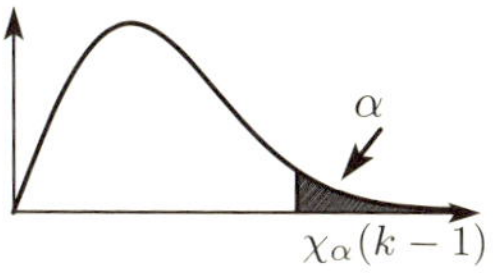

検定統計量

$$T = \sum \frac{(O-E)^2}{E}$$

$\chi^2(k-1)$ 分布の上側 $100\alpha\%$のパーセント点 $\chi^2_\alpha(k-1)$ に対して,

$$\begin{cases} T > \chi^2_\alpha(k-1) & \Rightarrow \text{仮説 } H_0 \text{ は棄却される} \\ T \leqq \chi^2_\alpha(k-1) & \Rightarrow \text{仮説 } H_0 \text{ は採択される} \end{cases}$$

2° 有意水準は 5% であるから, $\alpha = 0.05$ である. したがって, χ^2 分布表より, 自由度 5 で, 確率が 0.05 となる値を見つけると

$$\chi^2_{0.05}(5) = 11.07$$

となる. 検定統計量は

$$T = \sum \frac{(O-E)^2}{E} = 2.1$$

となる.

$$2.1 = T < \chi^2_{0.05}(5) = 11.07$$

であるから, 仮説 H_0 は採択される. ゆえに

(答) 有意水準の 5%で, 仮説 H_0 は採択される. つまり, サイコロの目は均一にでるといえる.

■

(b) 独立性の検定

2 つの異なる属性 A, B に対して, 実験を行うと結果がそれぞれ m, n 個のカテゴリーに分かれたとする. それぞれの度数を f_{ij} を記述した**分割表**を得たとする.

B / A	B_1	B_2	$\cdots$	B_n	計
A_1	f_{11}	f_{12}	$\cdots$	f_{1n}	f_1^A
A_2	f_{21}	f_{22}	$\cdots$	f_{2n}	f_2^A
$\cdots$	$\cdots$	$\cdots$	$\ddots$	$\cdots$	$\cdots$
A_m	f_{m1}	f_{m2}	$\cdots$	f_{mn}	f_m^A
計	f_1^B	f_2^B	$\cdots$	f_n^B	N

この表を基に，2つの属性AとBがお互いに関連がないことを示すことを考える．すなわち，お互いに独立であることを示すことになる．確率のところで独立性の概念が登場した(3.6参照)が，それによると，すべてのi, jに対して

$$P(A_i \cap B_j) = P(A_i)P(B_j)$$

が成り立つことが独立であることの条件である．第6章の離散の同時確率分布を思い出すと，

$$p_i^A = \frac{f_i^A}{N}, \quad p_j^B = \frac{f_j^B}{N}$$

がAとBの周辺分布になる．独立であることは，各成分の確率を$p_{ij} = \frac{f_{ij}}{N}$とおくとき，各成分の確率が，AとBの周辺確率の積で書けることと同じである．すなわち

$$p_{ij} = p_i^A p_j^B$$

である．各カテゴリーを表の成分の数mn個だと考え，この確率p_{ij}を理論確率として，各カテゴリーの理論度数(E)は$Np_{ij} = f_i^A f_j^B/N$となるので，適合度の検定の場合と同様にして，**独立性のχ^2検定量**として

$$\chi^2 = \sum \frac{(O-E)^2}{E} = \sum_{i=1}^{m}\sum_{j=1}^{n} \frac{(f_{ij} - f_i^A f_j^B/N)^2}{f_i^A f_j^B/N}$$

を用いる．χ^2は自由度$(m-1)(n-1)$のχ^2分布に従う．χ^2の値が小さいならば，独立の場合に近くなり，値が大きくなれば，独立からは遠ざかることになる．したがって，右片側検定を行えばよい．

自由度が$(m-1)(n-1)$となるのは，各行において，

$$f_{i1} + f_{i2} + \cdots + f_{in} = f_i^A$$

となるので，右辺が定数なので自由度が 1 減り $n-1$ になる．同様に，各列でも

$$f_{1j} + f_{2j} + \cdots + f_{mj} = f_j^B$$

となるので，同様に自由度が 1 減り $m-1$ になるからである．

例題 57　ある大学で数学の試験を行った．男性 200 名と女性 200 名の成績は次のようになった．

成績	S	A	B	C	F
男性	10	40	80	30	40
女性	20	30	100	35	15

男性と女性の数学の成績は無関係であるかを有意水準 5%として独立性の検定を行いなさい．

[解]　**1°**　観測値と理論度数を求める．

成績	S	A	B	C	F	計
男性	10	40	80	30	40	200
女性	20	30	100	35	15	200
計	30	70	180	65	55	400

理論度数の表は

成績	S	A	B	C	F	計
男性	15	35	90	32.5	27.5	200
女性	15	35	90	32.5	27.5	200
計	30	70	180	65	55	400

カテゴリーをまとめて表す．

成績	男 S	男 A	男 B	男 C	男 F	女 S	女 A	女 B	女 C	女 F	合計
O	10	40	80	30	40	20	30	100	35	15	
E	15	35	90	32.5	27.5	15	35	90	32.5	27.5	
$(O-E)^2$	25	25	100	6.25	156.25	25	25	100	6.25	156.25	
$(O-E)^2/E$	1.67	0.71	1.11	0.19	5.68	1.67	0.71	1.11	0.19	5.68	18.72

$$\chi^2 = \sum \frac{(O-E)^2}{E} = 18.72$$

2°　検定には χ^2 分布を利用し，適合度の右片側検定を行う．

公式　(独立性の検定)　　右片側検定　有意水準 100α%の検定を考える.

$$\begin{cases} \text{単純帰無仮説} & H_0 : \text{各観測値は独立である} \\ \text{対立仮説} & H_1 : \text{各観測値は独立ではない} \end{cases}$$

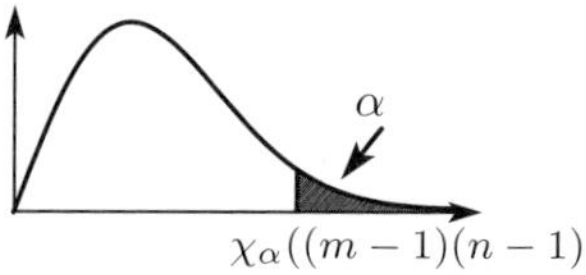

検定統計量

$$T = \sum \frac{(O-E)^2}{E}$$

$\chi^2((m-1)(n-1))$ 分布の上側 100α%のパーセント点 $\chi^2_\alpha((m-1)(n-1))$ に対して,

$$\begin{cases} T > \chi^2_\alpha((m-1)(n-1)) & \Rightarrow \text{仮説 } H_0 \text{ は棄却される} \\ T \leqq \chi^2_\alpha((m-1)(n-1)) & \Rightarrow \text{仮説 } H_0 \text{ は採択される} \end{cases}$$

2°　有意水準は 5% であるから, $\alpha = 0.05$ である. したがって, χ^2 分布表より, 自由度 $(2-1)\times(5-1)=4$ で, 確率が 0.05 となる値を見つけると $\chi^2_{0.05}(4) = 9.488$ となる. 検定統計量は

$$T = \sum \frac{(O-E)^2}{E} \fallingdotseq 18.72$$

となる.

$$18.72 = T > \chi^2_{0.05}(4) = 9.488$$

であるから, 仮説 H_0 は棄却される. ゆえに

（答）　有意水準の 5%で, 仮説 H_0 は棄却される. つまり, 数学の成績は男女で独立であるとはいえない.

■

10 章 問題と解説

1. (平成 **25** 年公認会計士試験) メーカー A，B の電球の耐用時間はそれぞれ独立に正規分布 $N(\mu, \sigma_A^2)$，$N(\mu, \sigma_B^2)$ に従っている．メーカー A の電球 31 個を無作為に選んで耐用時間を観測したところ，標本分散 $s_A^2 = 17.64$ であった．同様に，メーカー B の電球 16 個を無作為に選んで耐用時間を観測したところ，標本分散 $s_B^2 = 33.64$ であった．このとき，以下の各問に答えなさい．

ここで，観測値 $x_i (i = 1, 2, \cdots, n)$ が与えられたときの標本分散 s^2 は，$s^2 = \sum_{i=1}^{n}(x_i - \bar{x})^2/(n-1)$ で定義されるものとする．ただし，$\bar{x} = \sum_{i=1}^{n} x_i/n$ である．

(1) メーカー A は，自社製電球の耐用時間の分散について，$\sigma_A^2 < 25$ であると主張している．この主張を有意水準 5% で片側検定しなさい．その際，帰無仮説，対立仮説を示して説明しなさい．

(2) メーカー A は，自社製電球の耐用時間の分散 σ_A^2 がメーカー B の電球の耐用時間の分散 σ_B^2 より小さいと主張している．この主張を有意水準 5% で片側検定しなさい．その際，その際，帰無仮説，対立仮説を示して説明しなさい．

[解説と解答]

(1) 10.2.2 のところを参照.

帰無仮説 H_0「$\sigma_A^2 = 25$」

対立仮説 H_1「$\sigma_A^2 < 25$」

とする.

帰無仮説 H_0 の下で，検定統計量 $T = \frac{(n-1)s_A^2}{25}$，自由度 $n-1$ として，χ^2 検定の左片側検定を行う.

有意水準は 5%，$n = 31$ であるから，$\chi^2(30)$ 分布の上側 95%のパーセント点は，χ^2 分布表より

$$\chi^2_{0.95}(30) = 18.493$$

である.

$$T = \frac{30 \cdot 17.64}{25} = 21.168$$

でるから，$\chi^2_{0.95}(30) < T$ となる.

したがって，帰無仮説 H_0 は採択される．よって，「$\sigma_A^2 < 25$ であるとはいえない」．・・・**(答)**

(2) 10.2.3（d）のところを参照.

帰無仮説 H_0「$\sigma_A^2 = \sigma_B^2$」

対立仮説 H_1「$\sigma_A^2 < \sigma_B^2$」

とする，

帰無仮説 H_0 の下で，検定統計量 $T = \frac{s_A^2}{s_B^2}$，自由度 $(30, 15)$ として，F 検定の左片側検定を行う（ここでは，A を X，B を Y としている）.

有意水準は 5%，自由度 $(30, 15)$ であるから，F 分布の上側 95%のパーセント点を求める．公式 30 より，$F_{0.05}(15, 30)$ を求める．F 分布表より

$$F_{0.05}(15, 30) = 2.015$$

となる．したがって，

$$F_{0.95}(30, 15) = 1/F_{0.05}(15, 30) = 0.496$$

である.

$$T = \frac{17.64}{33.64} = 0.524$$

であるから，$F_{0.95}(30, 15) < T$ となる．したがって，帰無仮説 H_0 は採択される．よって，「$\sigma_A^2 < \sigma_B^2$ であるとはいえない」．・・・**(答)**

(別解) A を Y，B をと X として解くこともできる.

帰無仮説 H_0「$\sigma_A^2 = \sigma_B^2$」

対立仮説 H_1「$\sigma_A^2 < \sigma_B^2$」

とする.

帰無仮説 H_0 の下で，検定統計量 $T = \frac{s_B^2}{s_A^2}$，自由度 $(15, 30)$ として，F 検定の右片側検定を行う.

有意水準は 5%，自由度 $(15, 30)$ であるから，F 分布の上側 5%のパーセント点を求める．F 分布表より

$$F_{0.05}(15, 30) = 2.015$$

となる.

$$T = \frac{33.64}{17.64} = 1.907$$

であるから，$F_{0.95}(30,15) > T$ となる．したがって，帰無仮説 H_0 は採択される．よって，「$\sigma_A^2 < \sigma_B^2$ であるとはいえない」．・・・**(答)**

2. (平成 18 年公認会計士試験) 表の出る確率が p，裏の出る確率が $1-p$ であるコインを n 回投げたとする．

(5) コイン A の表の出る確率を p_A，コイン B の表の出る確率を p_B とする．A，B 2 枚のコインをそれぞれ 100 回投げたとき，コイン A は表が 36 回，コイン B は表が 44 回出た．このとき以下の問いに答えなさい．

(b) 次の仮説検定を有意水準 5%で行いなさい．$H_0 : p_B = 0.5,\ H_1 : p_B < 0.5$

(c) 次の仮説検定を有意水準 5%で行いなさい．なお，分散に現れる未知の p は，2 枚のコインを合わせた結果から得られる推定値 $\hat{p}$ で置換えること．

$$H_0 : p_A = p_B = p,\ H_1 : p_A < p_B$$

[解説と解答]

(5) (b) 10.3.1 を参照．

有意水準 5%で左片側検定を行う．仮定 H_0 が正しいとする．$p_0 = 0.5$ として，検定統計量は

$$T = \frac{\bar{y} - p_0}{\sqrt{\frac{p_0(1-p_0)}{n}}}$$

の標準正規分布に従う．$n = 100$，$\bar{y} = 44/100 = 0.44$ であるから，

$$T = \frac{0.44 - 0.5}{\sqrt{\frac{0.5\cdot(1-0.5)}{100}}} = \frac{-0.06}{0.05} = -1.2$$

となる．$\alpha = 0.05$ であるから，標準正規分布の上側 5%のパーセント点 $z_{0.05}$ は標準正規分布表より

$$z_{0.05} = 1.645$$

となる．$T = -1.2 > -1.645 = -z_{0.05}$ であるから，帰無仮説 H_0 は採択される．・・・**(答)**

(c) 2 標本の母比率の差の検定を用いる．有意水準 5%で左片側検定を行う．仮定 H_0 が正しいとする．すなわち，$p_X = p_Y = p$ とする．$\bar{x} = 36/100 = 0.36$，$\bar{y} = 44/100 = 0.44$ であるから，p の推定値 $\hat{p}$ は

$$\hat{p} = \frac{100\bar{x} + 100\bar{y}}{200} = 0.4$$

となる．このとき検定統計量は

$$T=\frac{\bar{x}-\bar{y}}{\sqrt{\hat{p}(1-\hat{p})\left(\frac{1}{100}+\frac{1}{100}\right)}}$$

の標準正規分布に従う．よって，

$$T=\frac{0.36-0.44}{\sqrt{0.4\cdot(1-0.4)\frac{1}{50}}}=-\frac{2}{\sqrt{3}}=-1.1547$$

となる．$\alpha=0.05$ であるから，標準正規分布の上側 5%のパーセント点 $z_{0.05}$ は標準正規分布表より

$$z_{0.05}=1.645$$

となる．$T=-1.1547>-1.645=-z_{0.05}$ であるから，帰無仮説 H_0 は採択される．・・・(答)　■

10章　章末問題

1. あるネジを作っている工場がある．そこから，8 個無作為に取り出し重さを計ったところ

$$23,\ 26,\ 22,\ 25,\ 27,\ 28,\ 24,\ 23 \quad (\mathrm{g})$$

であった．この工場で作るネジの重さは標準正規分布に従うとする．

(1) 標準偏差 $\sigma = 3(\mathrm{g})$ とする．このとき，この工場で作っているネジの重さの母平均が $\mu = 25(\mathrm{g})$ であるかどうかを有意水準 5%で検定しなさい．

(2) 標準偏差 $\sigma = 3(\mathrm{g})$ とする．このとき，この工場で作っているネジの重さの母平均が $\mu < 25(\mathrm{g})$ であるかどうかを有意水準 5%で検定しなさい．

(3) 標準偏差は未知であるとする． このとき，この工場で作っているネジの重さの母平均が $\mu = 25(\mathrm{g})$ であるかどうかを有意水準 5%で検定しなさい．

2. 2 つの高校 A，B から 5 人と 6 人の学生を無作為に選び出して A チーム，B チームと名前をつけた．A チーム，B チームの 100 メートル走の時間を計測した．標本平均は，A チームの方が B チームより 1.9 秒遅かった．ただし，2 つの高校の学生の 100 メートルを走る時間の分布はそれぞれ正規分布に従うものとする．高校 A，B の 100 メートル走の時間の母平均をそれぞれ μ_A，μ_B とし，母分散を σ_A^2，σ_B^2 とする．

(1) $\sigma_A^2 = 4$，$\sigma_B^2 = 2$ とするとき，帰無仮説 $H_0 : \mu_A = \mu_B$，対立仮説 $H_1 : \mu_A \neq \mu_B$ として，有意水準 5%で検定を行いなさい．

(2) $\sigma_A^2 = \sigma_B^2 = \sigma^2$ であるが，σ^2 が未知とする．$s^2 = 1.47$ であった．帰無仮説 $H_0 : \mu_A = \mu_B$，対立仮説 $H_1 : \mu_A \neq \mu_B$ として，有意水準 5%で検定を行いなさい．

3. ある菓子メーカーでは，現在の商品 A について，認知度が 3 割を切っているのであれば発売を中止しようと考えている．そこで街頭でアンケート調査した．2000 名にアンケートを行い，450 名が商品 A を知っていると答えた．このとき，有意水準 5%で商品 A の認知度が 3 割に達しているかどうか検定を行いなさい．

第 11 章

回帰分析

11.1　相関分析

2つの正規母集団に対して，確率変数 X と Y を考える．第6章「多次元確率分布」で，確率変数の組 (X, Y) に対して，2次元正規分布を導入し，その相関係数を

$$\rho = \frac{\rho_{XY}}{\rho_X \rho_Y}$$

で与えた．ここでは，X, Y を，2次元確率変数 (X, Y) と考え，上記の相関係数を，2つの正規母集団の**母相関係数**ということにする（混乱のない場合には，単に相関係数ともいう）．

この節では，2つの正規母集団から選んだ標本間の相関係数 r（母相関係数に対して，区別する場合には，**標本相関係数**ということにする）を使って，母相関係数の推定や検定を行うことを考えることにする．母相関係数に対してこのような統計的推測をおこなうことを**相関分析**という．

それぞれの正規母集団から選んだ N 組の標本 (x_i, y_i)，$(i = 1, 2, \cdots, N)$ を考える．標本相関係数 r は，(和の範囲は省略して)

$$\begin{aligned} r &= \frac{\sum(x_i - \bar{x})(y_i - \bar{y})/N}{\sqrt{\sum(x_i - \bar{x})^2/N}\sqrt{\sum(y_i - \bar{y})^2/N}} \quad (\text{母集団全数の分散の場合}) \\ &= \frac{\sum(x_i - \bar{x})(y_i - \bar{y})/(N-1)}{\sqrt{\sum(x_i - \bar{x})^2/(N-1)}\sqrt{\sum(y_i - \bar{y})^2/(N-1)}} \quad (\text{標本分散の場合}) \\ &= \frac{\sum(x_i - \bar{x})(y_i - \bar{y})}{\sqrt{\sum(x_i - \bar{x})^2}\sqrt{\sum(y_i - \bar{y})^2}} \end{aligned}$$

となり，全数の分散，あるいは，標本分散を用いて計算しても，相関係数の値は同じになる．変動だけに関係していることが分かる．

標本相関係数 r は確率変数であるが，その分布に関しては，次のことが知られている．

- z 変換（フィッシャーの z 変換）

$$z = \frac{1}{2}\log\frac{1+r}{1-r} \quad (= \tanh^{-1} r)$$

は，N が大きくなると，正規分布に近づく．具体的には，$N > 10$ であれば実用上十分なほどの精度であるといわれる．これを z **変換**という．このとき，近似的に

$$E(z) \fallingdotseq \frac{1}{2}\log\frac{1+\rho}{1-\rho} + \frac{\rho}{2(N-1)}$$

$$V(z) \fallingdotseq \frac{1}{N-3}$$

となる．

- **無相関**の場合，つまり母相関係数 $\rho = 0$ のときは

$$t = \frac{r\sqrt{N-2}}{\sqrt{1-r^2}}$$

は，自由度 $(N-2)$ の t 分布に従う．

11.1.1 母相関係数の推定

2 つの正規母集団の間の母相関係数を標本相関係数を用いて推定することを考える．

(a) 母相関係数の区間推定

z 変換を用いて，N が大きくなると正規分布 $N\left(\frac{1}{2}\log\frac{1+\rho}{1-\rho}, \frac{1}{N-3}\right)$ に近づくことを利用する．ここで，N が大きいとき

$$E(z) \fallingdotseq \frac{1}{2}\log\frac{1+\rho}{1-\rho} + \frac{\rho}{2(N-1)} \fallingdotseq \frac{1}{2}\log\frac{1+\rho}{1-\rho}$$

となることを使っている．

$$\mu = \frac{1}{2}\log\frac{1+\rho}{1-\rho}, \quad \sigma^2 = \frac{1}{N-3} \tag{11.1}$$

とおき，標準化

$$Z = \frac{z-\mu}{\sigma}$$

すると，Z は標準正規分布に従う．確率 α に対して，標準正規分布表から $\alpha/2$ に対する上側 $100(\alpha/2)\%$のパーセント点である $z_{\alpha/2}$ をとると，

$$P(-z_{\alpha/2} \leqq Z \leqq z_{\alpha/2}) = 1 - \alpha$$

が成り立つので，平均値 μ の区間推定を行うと

$$-z_{\alpha/2} \leqq \frac{z-\mu}{\sigma} \leqq z_{\alpha/2}$$

$$\therefore \quad z - \sigma z_{\alpha/2} \leqq \mu \leqq z + \sigma z_{\alpha/2}$$

(11.1) より

$$\rho = \frac{e^{2\mu} - 1}{e^{2\mu} + 1}$$

となる．この関係を使って，μ の区間から ρ の区間に書き換えると（ρ は μ に関して単調増加であるから），

$$\frac{e^{2(z-\sigma z_{\alpha/2})} - 1}{e^{2(z-\sigma z_{\alpha/2})} + 1} \leqq \rho \leqq \frac{e^{2(z+\sigma z_{\alpha/2})} - 1}{e^{2(z+\sigma z_{\alpha/2})} + 1}$$

z の値を標本相関係数に置き換えて，まとめると，

公式 49 （（母相関係数の区間推定）） 母相関係数 ρ の $100(1-\alpha)\%$ 信頼区間は，$\sigma^2 = \frac{1}{N-3}$ として

$$\frac{\exp\left[\log \frac{1+r}{1-r} - 2\sigma z_{\alpha/2}\right] - 1}{\exp\left[\log \frac{1+r}{1-r} - 2\sigma z_{\alpha/2}\right] + 1} \leqq \rho \leqq \frac{\exp\left[\log \frac{1+r}{1-r} + 2\sigma z_{\alpha/2}\right] - 1}{\exp\left[\log \frac{1+r}{1-r} + 2\sigma z_{\alpha/2}\right] + 1}$$

例題 58　土に含まれるある成分の含有量とある果物の果実の量の間には相関関係があるという．その成分の含有量が異なる 200 種類の土に対して，果実の収穫量の相関関係を調査したところ，相関係数（標本相関係数）が 0.65 となった．このとき，この相関関係の母相関係数の 95%信頼区間を求めよ．

[解]　200 種類の土壌に対する標本相関係数は $r = 0.65$ である．この標本を基に，本来の母相関係数 ρ を公式 49 を用いて計算する．信頼係数が 95%であるから，$\alpha = 0.05$．標準正規分布表から確率 $\alpha/2 = 0.025$ に対する上側 2.5%のパーセント点 $z_{0.025}$ を求めると

$$z_{0.025} = 1.96$$

である．標本数は $N = 200$ であるから，$\sigma^2 = 1/197$.

$$\frac{\exp\left[\log\frac{1+0.65}{1-0.65} - 2\sqrt{\frac{1}{197}}\cdot 1.96\right] - 1}{\exp\left[\log\frac{1+0.65}{1-0.65} - 2\sqrt{\frac{1}{197}}\cdot 1.96\right] + 1} \leqq \rho \leqq \frac{\exp\left[\log\frac{1+0.65}{1-0.65} + 2\sqrt{\frac{1}{197}}\cdot 1.96\right] - 1}{\exp\left[\log\frac{1+0.65}{1-0.65} + 2\sqrt{\frac{1}{197}}\cdot z_1.96\right] + 1}$$

$$\frac{\exp[1.550 - 2\cdot 0.071\cdot 1.96] - 1}{\exp[1.550 - 2\cdot 0.071\cdot 1.96] + 1} \leqq \rho \leqq \frac{\exp[1.550 + 2\cdot 0.071\cdot 1.96] - 1}{\exp[1.550 + 2\cdot 0.071\cdot 1.96] + 1}$$

$$\therefore 0.562 \leqq \rho \leqq 0.723 \quad \cdots (\text{答})$$

■

(b)　点推定

ρ の点推定としては，標本相関係数 r が使われる．すなわち，

$$\hat{\rho} = r$$

となる．

11.1.2　母相関係数の検定

2 つの正規母集団の間の母相関係数を標本相関係数を用いて検定することを考える．

(a)　無相関の検定

母相関係数 ρ がゼロであるかどうかを検定することを**無相関の検定**という．

次のような仮説に対して検定を行う．

$$\begin{cases} \text{単純帰無仮説} & H_0 : \rho = 0 \\ \text{対立仮説} & H_1 : \rho \neq 0 \end{cases}$$

検定統計量

$$T = \frac{r\sqrt{N-2}}{\sqrt{1-r^2}}$$

が自由度 $(N-2)$ の t 分布に従う．

単純帰無仮説 $H_0 : \rho = 0$ の有意水準 α での検定.

- **対立仮説** $H_1 : \rho \neq 0$　　　**(両側検定)**

検定統計量　$T = \dfrac{r\sqrt{N-2}}{\sqrt{1-r^2}}$

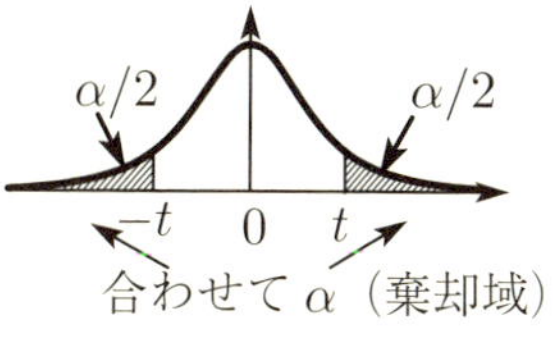

$t(N-2)$ 分布の上側 $100(\alpha/2)$%のパーセント点 $t_{\alpha/2}(N-2)$ に対して，

$$\begin{cases} |T| > t_{\alpha/2}(N-2) & \Rightarrow \text{仮説 } H_0 \text{ は棄却される} \\ |T| \leqq t_{\alpha/2}(N-2) & \Rightarrow \text{仮説 } H_0 \text{ は採択される} \end{cases}$$

- 対立仮説 $H_1 : \rho > 0$　　　(右片側検定)

検定統計量　$T = \dfrac{r\sqrt{N-2}}{\sqrt{1-r^2}}$

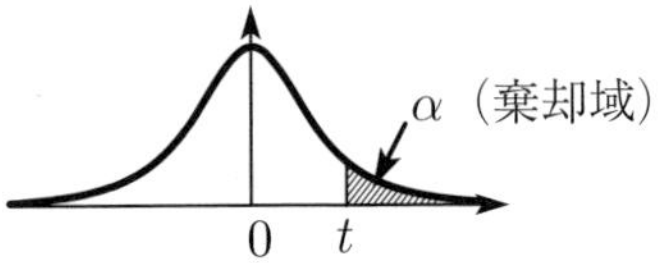

$t(N-2)$ 分布の上側 100α%のパーセント点 $t_{\alpha}(N-2)$ に対して，

$$\begin{cases} T > t_{\alpha}(N-2) & \Rightarrow \text{仮説 } H_0 \text{ は棄却される} \\ T \leqq t_{\alpha}(N-2) & \Rightarrow \text{仮説 } H_0 \text{ は採択される} \end{cases}$$

- 対立仮説 $H_1 : \rho < 0$　　　(左片側検定)

検定統計量　$T = \dfrac{r\sqrt{N-2}}{\sqrt{1-r^2}}$

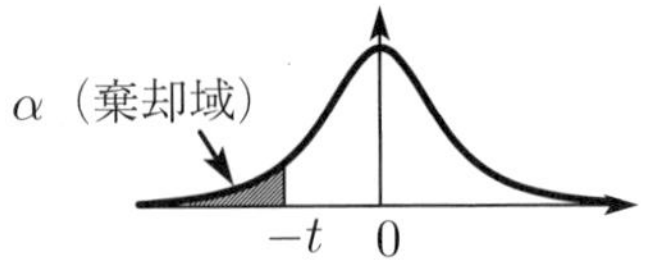

$t(N-2)$ 分布の上側 100α%のパーセント点 $t_{\alpha}(N-2)$ に対して，

$$\begin{cases} T < -t_{\alpha}(N-2) & \Rightarrow \text{仮説 } H_0 \text{ は棄却される} \\ T \geqq -t_{\alpha}(N-2) & \Rightarrow \text{仮説 } H_0 \text{ は採択される} \end{cases}$$

例題 59　A科目とB科目の試験の点数には相関がないと思った教師がクラス35名に対してA，Bの科目の試験を行った．その点数を基に相関係数（標本相関係数）を計算したところ，$r = 0.21$ という結果がでた．この結果を基に，2科目の試験点数の間には相関がない，すなわち，母相関係数 $\rho = 0$ がいえるかどうか，有意水準5%で検定を行いなさい．ただし，この2科目の試験の点数の母集団分布はそれぞれ正規分布に従うと仮定する．

[解]　単純帰無仮説 $H_0 : \rho = 0$，対立仮説 $H_1 : \rho \neq 0$ として，両側検定を行う．有意水準が5%であるから，$\alpha = 0.05$ である．t 分布表から，自由度33で，

$\alpha/2 = 0.025$ に対して，上側 2.5%のパーセント点を $t_{0.025}(33)$ を求めると

$$t_{0.025}(33) = 2.035$$

である．検定統計量 T は

$$T = \frac{0.21\sqrt{33}}{\sqrt{1-0.21^2}} = 1.23$$

となる．

$$-t_{0.025}(33) = -2.035 < T = 1.23 < t_{0.025}(33) = 2.035$$

であるから，帰無仮説 H_0 は採択される．したがって，$\rho = 0$ であるといえる．
・・・(答) ■

11.2　単回帰分析

第 2 章で回帰分析（単回帰分析）を扱ったが，ここでもう一度取り上げることにする．2 つのデータの組 $\{(x_i, y_i), i = 1, \cdots, N\}$ が与えられたとする．これが

$$y_i = \alpha + \beta x_i + \varepsilon_i, \quad (i = 1, 2, \cdots, N) \tag{11.2}$$

という 1 次関数の関係で表されているとしよう．たとえ x_i の値が同じにとったとしても，y_i が実験や観測で得られた値の場合には偶然の変動による誤差が生じる．それを ε_i で表し，**誤差項**という．誤差項は次の条件を満たすものとする．

- $E(\varepsilon_i) = 0$ $(i = 1, 2, \cdots, N)$ (期待値は 0)
- $V(\varepsilon_i) = \sigma^2$ $(i = 1, 2, \cdots, N)$ (分散一定)
- $\mathrm{Cov}(\varepsilon_i, \varepsilon_j) = 0$ $(i \neq j,\ i, j = 1, 2, \cdots, N)$ (互いに無相関)
- $\varepsilon_i \sim N(0, \sigma^2)$ $(i = 1, 2, \cdots, N)$ (ε_i は正規分布に従う)

このモデルを**線形回帰モデル**とか**単純回帰モデル**（あるいは，**単回帰モデル**）という．このモデルを用いて，2 変数 x と y の関係を分析することを**回帰分析**を行うという．母集団において

$$y_i = \alpha + \beta x_i + \varepsilon_i, \quad (i = 1, 2, \cdots, N)$$

の関係があるとき，この方程式を**母回帰方程式**，あるいは**母回帰直線**，α，β を**母回帰係数**などという．それぞれ，単に，**回帰方程式**，**回帰直線**，**回帰係数**と

もいう．

このモデルでは x_i の方の値は，確率変数ではなく，確定した値として考え，y_i の方は誤差 ε_i を含む確率変数と考えることにする．確率変数を大文字を使って表す記号法に従うと，Y_i と表記すべきところであるが，見やすさのために，以後小文字のまま表すことにする．y_i は確率変数であるから，期待値を求めると，$E(\varepsilon_i) = 0$ の仮定より

$$E(y_i) = \alpha + \beta x_i \tag{11.3}$$

となる．

11.2.1　最小 2 乗法

2 章と同様に，直線を決めるのに**最小 2 乗法**を用いる．最小 2 乗法で求められる α，β の推定値 $\hat{\alpha}$，$\hat{\beta}$ を**最小 2 乗推定量**という．

推定値 $\hat{\alpha}, \hat{\beta}$ が求められると，それから，y_i の予測値

$$\hat{y}_i = \hat{\alpha} + \hat{\beta} x$$

が計算できる．実際の値 y_i との差

$$e_i = y_i - \hat{y}_i$$

を**残差**という．最小 2 乗法は，この残差の 2 乗の合計（**残差平方和**）

$$S_e = \sum_{i=1}^{N} e_i^2 = \sum_{i=1}^{N} (y_i - \hat{\alpha} - \hat{\beta} x)^2$$

が最小になるように，$\hat{\alpha}, \hat{\beta}$ を決める方法のことである．以下，推定値 $\hat{\alpha}$，$\hat{\beta}$ を簡単のために a，b と書くことにする．これ以降，その方が便利なときには，分散の代わりに変動を使って表すことにする．分散と混同するといけないが，この章では変動しか使わない．

$$S_x = \sum_{i=1}^{N} (x_i - \bar{x})^2 \quad S_y = \sum_{i=1}^{N} (y_i - \bar{y})^2 \quad S_{xy} = \sum_{i=1}^{N} (x_i - \bar{x})(y_i - \bar{y})$$

などと変動を表示することにする．さらに，簡便のために，2 乗を省略して S_x と表す．実際に，a，b を求めるには次のようにすればよい．

$$\frac{\partial S_e}{\partial a} = -\sum_{i=1}^{N} 2(y_i - a - bx) = 0 \tag{11.4}$$

$$\frac{\partial S_e}{\partial b} = -\sum_{i=1}^{N} 2(y_i - a - bx)x_i = 0 \tag{11.5}$$

a，b の連立方程式を解けばよい（**正規方程式**という）

$\bar{y} = \frac{1}{N}\sum_{i=1}^{N} y_i$，$\bar{x} = \frac{1}{N}\sum_{i=1}^{N} x_i$ とする．(11.4) の両辺に $\bar{x}$ をかけて，(11.5) から引くと

$$-\sum_{i=1}^{N} 2(y_i - a - bx)(x_i - \bar{x}) = 0 \tag{11.6}$$

(11.4) の両辺を N で割ると

$$\bar{y} - a - b\bar{x} = 0 \tag{11.7}$$

$$\therefore a = \bar{y} - b\bar{x} \tag{11.8}$$

(11.8) を (11.5) に代入する．-2 の部分を省略すると

$$\sum_{i=1}^{N} \{(y_i - \bar{y}) - b(x_i - \bar{x})\}(x_i - \bar{x}) = 0 \tag{11.9}$$

(11.9) は

$$S_{xy} - bS_x = 0$$

となる．よって，

公式 50 (標本回帰係数)

$$b = \hat{\beta} = \frac{S_{xy}}{S_x}$$

$$a = \hat{\alpha} = \bar{y} - b\bar{x}$$

となる．$a = \hat{\alpha}$，$b = \hat{\beta}$ を**標本回帰係数**，また

$$y = a + bx$$

を**標本回帰方程式**，あるいは**標本回帰直線**という．単に，**回帰推定方程式**とか**回帰直線**などと呼ばれることもある．

$$\hat{y}_i = a + bx_i \tag{11.10}$$

を**予測値**という．

11.2.2　残差の性質

残差に対して次のことが成り立つ．

残差の性質

$$\sum_{i=1}^{N} e_i = 0 \tag{11.11}$$

$$\sum_{i=1}^{N} (x_i - \bar{x})e_i = 0 \tag{11.12}$$

$$\sum_{i=1}^{N} (\hat{y}_i - \bar{y})e_i = 0 \tag{11.13}$$

① (11.11) より残差の合計が 0 になる．また，(11.11) より，$\sum_{i=1}^{N}(y_i - \hat{y}_i) = 0$ であるから，$\bar{y} = \bar{\hat{y}}$ となる．

② (11.12) より残差と説明変数（独立変数）は直交していて無相関である．また，式 (11.12) を残差 $e_1, e_2, \cdots, e_N$ に関する 2 本の方程式による制約だと考えると，自由度は $N-2$ ということになる．

③ (11.13) より残差と予測値は直交していて無相関である．

[説明]　残差 e_i は

$$e_i = y_i - \hat{y}_i = y_i - (a + bx_i) = (y_i - \bar{y}) - b(x_i - \bar{x}) \tag{11.14}$$

と表されるから

$$\sum_{i=1}^{N} e_i = \sum_{i=1}^{N} (y_i - \bar{y}) - b \sum_{i=1}^{N} (x_i - \bar{x}) = 0 \tag{11.15}$$

となり，(11.11) が成り立つ．

(11.9) の式において，式 (11.14) を用いて，e_i に置き換えると

$$\sum_{i=1}^{N} \{(y_i - \bar{y}) - b(x_i - \bar{x})\}(x_i - \bar{x}) = \sum_{i=1}^{N} e_i(x_i - \bar{x}) = 0$$

となるので，(11.12) が成り立つ．次に，(11.7) より

$$\bar{y} = a + b\bar{x}$$

である．(11.10) と合わせると

$$\hat{y}_i - \bar{y} = a(x_i - \bar{x})$$

となる，したがって，(11.12) より

$$\sum_{i=1}^{N}(\hat{y}_i - \bar{y})e_i = \sum_{i=1}^{N} a(x_i - \bar{x})e_i = a\sum_{i=1}^{N}(x_i - \bar{x})e_i = 0$$

となり，(11.13) が成り立つ． ■

11.2.3　全変動の分解

さて，ここでは，

定理 2 (全変動の分解)

$$\sum_{i=1}^{N}(y_i - \bar{y})^2 = \sum_{i=1}^{N}(\hat{y}_i - \bar{y})^2 + \sum_{i=1}^{N} e_i^2 \tag{11.16}$$

が成り立つことを示そう．左辺は**全変動**，あるいは**全変動平方和**（全平方和）(TSS: Total sum of squares)，右辺の第 1 項は**回帰変動**，あるいは**回帰平方和** (ESS: the explained sum of squares)，第 2 項は**残差変動**，あるいは**残差平方和**（RSS: residual sum of squares) という．それぞれ，S_y，$S_{\hat{y}}$，S_e と表すことにする．(11.14) より，$\bar{\hat{y}} = \bar{y}$ であるから，回帰変動は確かに変動になっている．また，(11.15) より，$\bar{e} = 0$ であるから，残差変動も，変動になっている．S_y，$S_{\hat{y}}$，S_e を用いると

$$S_y = S_{\hat{y}} + S_e \tag{11.17}$$

と表せる．全変動の分解が成り立つことを説明をする．

$$\begin{aligned}
S_y &= \sum_{i=1}^{N}(y_i - \bar{y})^2 = \sum_{i=1}^{N}(y_i - \hat{y}_i + \hat{y}_i - \bar{y})^2 \\
&= \sum_{i=1}^{N}\{(y_i - \hat{y}_i)^2 + 2(y_i - \hat{y}_i)(\hat{y}_i - \bar{y}) + (\hat{y}_i - \bar{y})^2\} \\
&= S_e + 2\sum_{i=1}^{N}(\hat{y}_i - \bar{y})e_i + S_{\hat{y}} = S_{\hat{y}} + S_e \quad (\because (11.13))
\end{aligned}$$

となる． ■

11.2.4　相関係数と決定係数

回帰方程式による予測値 $\hat{y}_i$ が y_i をよく近似している度合いを測る量として y_i と $\hat{y}_i$ の相関係数 R を考える．すなわち，

$$R = \frac{\sum_{i=1}^{N}(y_i - \bar{y})(\hat{y}_i - \bar{y})}{\sqrt{\sum_{i=1}^{N}(y_i - \bar{y})^2 \sum_{i=1}^{N}(\hat{y}_i - \bar{y})^2}}$$

である．このとき, R^2 を**決定係数**, あるいは**寄与率**という．定義から $0 \leqq R^2 \leqq 1$ となる．R^2 は以下のように表現できる．

$$\begin{aligned} S_{y\hat{y}} &= \sum_{i=1}^{N}(y_i - \bar{y})(\hat{y}_i - \bar{y}) = \sum_{i=1}^{N}(y_i - \hat{y}_i + \hat{y}_i - \bar{y})(\hat{y}_i - \bar{y}) \\ &= \sum_{i=1}^{N}(e_i + \hat{y}_i - \bar{y}) = \sum_{i=1}^{N} e_i(\hat{y}_i - \bar{y}) + \sum_{i=1}^{N}(\hat{y}_i - \bar{y})^2 = S_{\hat{y}} \quad (\because (11.34)) \end{aligned}$$

であるから，これを用いると，

$$R^2 = \frac{\left(\sum_{i=1}^{N}(y_i - \bar{y})(\hat{y}_i - \bar{y})\right)^2}{\sum_{i=1}^{N}(y_i - \bar{y})^2 \sum_{i=1}^{N}(\hat{y}_i - \bar{y})^2} = \frac{S_{\hat{y}}^2}{S_y S_{\hat{y}}} = \frac{S_{\hat{y}}}{S_y} = 1 - \frac{S_e}{S_y}$$

と表せる．

11.2.5　回帰分析における推定

回帰直線の係数の推定値の分布について見てみよう．

(a)　b の分布

$$b \sim N\left(\beta, \frac{\sigma^2}{S_x}\right) \tag{11.18}$$

となる．なぜならば,

$$\begin{aligned} b &= \frac{S_{xy}}{S_x} = \frac{\sum_{i=1}^{N}(x_i - \bar{x})(y_i - \bar{y})}{S_x} = \frac{\sum_{i=1}^{N}(x_i - \bar{x})}{S_x}\{\alpha + \beta x_i + \varepsilon_i - (\alpha + \beta\bar{x} + \bar{\varepsilon})\} \\ &= \frac{\sum_{i=1}^{N}(x_i - \bar{x})}{S_x}\{\beta(x_i - \bar{x}) + \varepsilon_i\} + \frac{\sum_{i=1}^{N}(x_i - \bar{x})}{S_x}\bar{\varepsilon} = \beta + \frac{\sum_{i=1}^{N}(x_i - \bar{x})}{S_x}\varepsilon_i \\ &= \beta + \sum_{i=1}^{N} c_i\varepsilon_i \end{aligned} \tag{11.19}$$

ただし，ここで，$c_i = \frac{x_i - \bar{x}}{S_x}$ とおく．ε_i は仮定より，それぞれ独立な正規分

布をなすから，

$$\sum_{i=1}^{N} c_i\varepsilon_i \sim N\left(0, \sum_{i=1}^{N} c_i^2\sigma^2\right) = N\left(0, \sum_{i=1}^{N} \frac{(x_i-\bar{x})^2}{S_x^2}\sigma^2\right) = N\left(0, \frac{\sigma^2}{S_x}\right)$$

よって，(11.18) が得られる．

（**b**）　a **の分布**

$$a \sim N\left(\alpha, \left(\frac{1}{N}+\frac{\bar{x}^2}{S_x}\right)\sigma^2\right) \qquad (11.20)$$

となる．なぜならば，

$$a = \bar{y} - b\bar{x} = (\alpha+\beta\bar{x}+\bar{\varepsilon}) - \left(\beta + \sum_{i=1}^{N} c_i\varepsilon_i\right)\bar{x}$$

$$= \alpha + \sum_{i=1}^{N}\left(\frac{1}{N} - c_i\bar{x}\right)\varepsilon_i$$

したがって，

$$a \sim N\left(\alpha, \sum_{i=1}^{N}\left(\frac{1}{N}-c_i\bar{x}\right)^2\sigma^2\right)$$

となる．

$$\sum_{i=1}^{N}\left(\frac{1}{N}-c_i\bar{x}\right)^2 = \sum_{i=1}^{N}\left(\frac{1}{N^2} - \frac{2c_i\bar{x}}{N} + c_i^2\bar{x}^2\right) = \frac{1}{N}+\frac{\bar{x}^2}{S_x}$$

であるから，(11.20) が得られる．

（**c**）　S_e **の分布**

証明は省くが

公式 51

$$\chi^2 = \frac{S_e}{\sigma^2} \sim \chi^2(N-2)$$

となる．したがって，公式 29 より

$$E(S_e) = (N-2)\sigma^2$$

となる．よって $V_e = \frac{S_e}{N-2}$ とおくと

$$E(V_e) = \sigma^2$$

となるので，V_e は誤差分散 σ^2 の不偏分散 になる．

公式 52

$$V_e = \frac{S_e}{N-2} = \frac{\sum_{i=1}^{N}(y_i - \hat{y}_i)^2}{N-2}$$

は誤差分散 σ^2 の不偏分散である．

11.2.6　回帰分析における検定

ここでは，単回帰モデルの母回帰係数 β に関する単純帰無仮説 $H_0 : \beta = 0$ の検定を行う．

(a)　t 分布を利用

上述のように回帰直線に対する基本的な検定は，母回帰係数 β に対する零仮説の検定である．

$$\begin{cases} \text{単純帰無仮説} & H_0 : \beta = 0 \\ \text{対立仮説} & H_1 : \beta \neq 0 \end{cases}$$

$\beta = 0$ となると，回帰直線の傾きが 0 になるので，x の影響を受けないことになり．y を x で説明することができない．

$\beta = 0$ の仮定のもとでは，

$$t = \frac{b}{\sqrt{\frac{V_e}{S_x}}}$$

が自由度 $N-2$ の t 分布に従う．

なぜなら，(11.18) より

$$\frac{b-\beta}{\sqrt{\frac{\sigma^2}{S_x}}} \sim N(0, 1^2)$$

σ^2 は未知だから，V_e で置き換えると (公式 32 と同様の議論)

$$\frac{b-\beta}{\sqrt{\frac{V_e}{S_x}}} \sim t(N-2)$$

となるからである．

単純帰無仮説 $H_0 : \beta = 0$ の有意水準 α での検定．

対立仮説 $H_1 : \beta \neq 0$　　　(両側検定)

検定統計量　$T = \dfrac{b}{\sqrt{\frac{V_e}{S_x}}}$

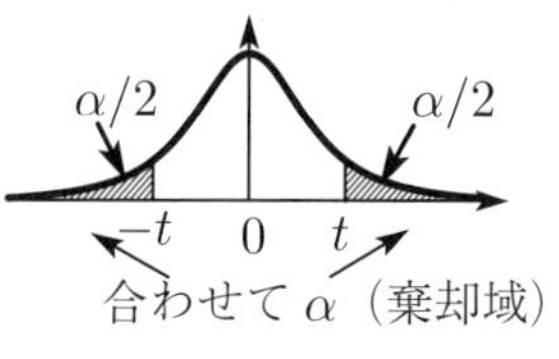

$t(N-2)$ 分布の上側 $100(\alpha/2)$%のパーセント点 $t_{\alpha/2}(N-2)$ に対して，

$$\begin{cases} |T| > t_{\alpha/2}(N-2) & \Rightarrow \text{仮説 } H_0 \text{ は棄却される} \\ |T| \leqq t_{\alpha/2}(N-2) & \Rightarrow \text{仮説 } H_0 \text{ は採択される} \end{cases}$$

(b)　分散分析表を利用

$\hat{y}_i = a + bx_i$，$\bar{y} = a + b\bar{x}$ であるから，

$$S_{\hat{y}} = \sum_{i=1}^{N}(\hat{y}_i - \bar{y})^2 = \sum_{i=1}^{N} b^2(x_i - \bar{x})^2 = b^2 S_x \qquad (11.21)$$

となる．$\beta = 0$ とすると，$b \sim N\left(0, \frac{\sigma^2}{S_x}\right)$．よって，標準化により $\frac{b}{\sqrt{\sigma^2/S_s}} \sim N(0,1)$．$\chi^2$ 分布の定義より $\left(\frac{b}{\sqrt{\sigma^2/S_s}}\right)^2 \sim \chi^2(1)$ となる．すなわち，

$$\frac{S_{\hat{y}}}{\sigma^2} \sim \chi^2(1)$$

となる．一方，公式 51 より

$$\frac{S_e}{\sigma^2} \sim \chi^2(N-2)$$

である．

S_y の自由度は，$\sum_{i=1}^{N}(y_i - \bar{y}) = 0$ の制約条件により自由度は 1 減り，$N-1$ となる．S_e の自由度は (11.12) のところで確認したように，$N-2$ となる．$S_{\hat{y}}$ の自由度は 1 である．これを表にしたものを**分散分析表**という．

要因	平方和	自由度	平均平方和	F_0
回帰	$S_{\hat{y}}$	$\phi_{\hat{y}} = 1$	$V_{\hat{y}} = S_{\hat{y}}$	$\frac{V_{\hat{y}}}{V_e}$
残差	S_e	$\phi_e = N-2$	$V_e = \frac{S_e}{N-2}$	
計	S_y	$\phi_y = N-1$		

表 11.1　分散分析表

母回帰係数 β に関して

$$\begin{cases} \text{単純帰無仮説} & H_0 : \beta = 0 \\ \text{対立仮説} & H_1 : \beta \neq 0 \end{cases}$$

とする．

仮説 $\beta=0$ の下で

$$F=\frac{V_{\hat{y}}}{V_e}=\frac{S_{\hat{y}}}{S_e/(N-2)}=\frac{\frac{S_{\hat{y}}}{\sigma^2}}{\frac{S_e}{\sigma^2}/(N-2)}\sim F(1,N-2)$$

となる．

仮説 $H_0:\beta=0$ が正しいならば，b も 0 に近い値になり，式 (11.21) より，$S_{\hat{y}}$ も 0 に近い値になる．したがって，F の値も 0 に近くなる．もし，仮説 $H_1:\beta\neq 0$ が正しいならば，$S_{\hat{y}}$ は，0 から離れて大きな値になる．したがって，F の値が大きくなるであろう．そこで，この F は検定統計量として使えるであろう．

単純帰無仮説 $H_0:\beta=0$ の有意水準 α での検定.

対立仮説 $H_1:\beta\neq 0$　　　**(右片側検定)**

検定統計量

$$T=\frac{S_{\hat{y}}}{S_e/(N-2)}$$

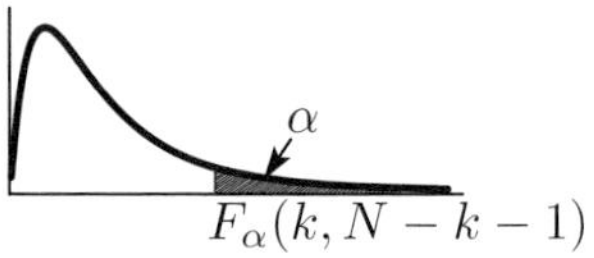

F 分布の上側 $100\alpha\%$のパーセント点 $F_\alpha(1,N-2)$ に対して，

$$\begin{cases} T>F_\alpha(1,N-2), & \Rightarrow \text{仮説 } H_0 \text{ は棄却される} \\ T\leqq F_\alpha(1,N-2) & \Rightarrow \text{仮説 } H_0 \text{ は採択される} \end{cases}$$

11.3　重回帰分析

ここでは，k 個の説明変数で，目的変数 y が

$$y=\beta_0+\beta_1x_1+\beta_2x_2+\cdots+\beta_kx_k+\varepsilon \tag{11.22}$$

と表されるモデルを考える．単回帰モデルが説明変数 x が 1 個であったのに対して，このモデルでは複数に増えている．記号も，分かりやすくするために，単回帰モデルの α を β_0 とし，β_i $(i=1,2,\cdots,k)$ を，それぞれ x_i の係数を表すことにする．ε は誤差項とする．このモデルを**重回帰モデル**ということにする．

すなわち，N 個のデータ $\{(x_{1i},x_{2i},\cdots,x_{ki},y_i),i=1.\cdots,N\}$ が与えられたとき，

$$y_i=\beta_0+\beta_1x_{1i}+\beta_{2i}x_2+\cdots+\beta_{ki}x_k+\varepsilon_i,\quad (i=1,2,\cdots,N) \tag{11.23}$$

という1次式の関係で表されているとする．単回帰の場合と同様に，たとえ $x_{1i}, \cdots, x_{ki}$ の値を同じにとったとしても，y_i が実験や観測で得られた値の場合に偶然の変動による誤差生じる．それを ε_i で表し，**誤差**，または**誤差項**という．誤差項は，単回帰モデルの場合と同様に次の条件を満たすものとする．

- $E(\varepsilon_i) = 0$ $(i = 1, 2, \cdots, N)$ (期待値は 0)
- $V(\varepsilon_i) = \sigma^2$ $(i = 1, 2, \cdots, N)$ (分散一定)
- $\mathrm{Cov}(\varepsilon_i, \varepsilon_j) = 0$ $(i \neq j,\ i, j = 1, 2, \cdots, N)$ (互いに無相関)
- $\varepsilon_i \sim N(0, \sigma^2)$ $(i = 1, 2, \cdots, N)$ (ε_i は正規分布に従う)

このモデルを用いて，変数 x_j $(j = 1, \cdots, k)$ と y の関係を分析することを**重回帰分析**を行うという．

(11.22)，あるいは (11.23) の式を，**母重回帰方程式**，あるいは単に，**重回帰方程式**，**重回帰式**という．$\beta_0, \beta_1, \cdots, \beta_k$ を**母偏回帰係数**，あるいは，単に**偏回帰係数**という．ε_i は**誤差項**，**残差項**あるいは，**誤差**という．x_j の方の値は，確率変数ではなく，確定した値として考え，y_i の方は誤差 ε_i を含む確率変数と考えている．

11.3.1 最小 2 乗法

母回帰方程式の係数 $\beta_0, \beta_1, \cdots, \beta_k$ の推定値 $\hat{\beta}_0, \hat{\beta}_1, \cdots, \hat{\beta}_k$ を求めるのに，単回帰モデルの場合と同様に，最小 2 乗法を用いる．

推定値 $\hat{\beta}_0, \hat{\beta}_1, \cdots, \hat{\beta}_k$ が求められると，それから，y_i の予測値

$$\hat{y}_i = \hat{\beta}_0 + \hat{\beta}_1 x_{1i} + \cdots + \hat{\beta}_k x_{ki} \tag{11.24}$$

が計算できる．実際の値 y_i との差

$$e_i = y_i - \hat{y}_i$$

を**残差**という．最小 2 乗法は，この残差の 2 乗の合計（**残差平方和**）

$$S_e = \sum_{i=1}^{N} e_i^2 = \sum_{i=1}^{N} (y_i - \hat{\beta}_0 - \hat{\beta}_1 x_{1i} - \cdots - \hat{\beta}_k x_{ki})^2$$

が最小になるように，$\hat{\beta}_0, \hat{\beta}_1, \cdots, \hat{\beta}_k$ を決める方法のことである．以下，推定値 $\hat{\beta}_0, \hat{\beta}_1, \cdots, \hat{\beta}_k$ を簡単のために $b_0, b_1, \cdots, b_k$ と書くことにする．すなわち，

$$S_e = \sum_{i=1}^{N} e_i^2 = \sum_{i=1}^{N} (y_i - b_0 - b_1 x_{1i} - \cdots - b_k x_{ki})^2$$

実際に，$b_0, b_i, \cdots, b_k$ を求めるには次のようにすればよい．

$$\frac{\partial S_e}{\partial b_0} = -\sum_{i=1}^{N} 2(y_i - b_0 - b_1 x_{1i} - \cdots - b_k x_{ki}) = 0, \tag{11.25}$$

$$\frac{\partial S_e}{\partial b_m} = -\sum_{i=1}^{N} 2(y_i - b_0 - b_1 x_{1i} - \cdots - b_k x_{ki}) x_{mi} = 0, \tag{11.26}$$

$$(m = 1, \cdots, k)$$

b_m $(m = 0, 1, \cdots, k)$ の連立方程式を解けばよい（**正規方程式**という）

$\bar{y} = \frac{1}{N} \sum_{i=1}^{N} y_i$，$\bar{x}_j = \frac{1}{N} \sum_{i=1}^{N} x_{ji}$，$(j = 1, \cdots, k)$ とする．(11.25) の両辺に $\bar{x}_j$ をかけて，(11.26) から引くと

$$-\sum_{i=1}^{N} 2(y_i - b_0 - b_1 x_{1i} - \cdots - b_k x_{ki})(x_{mi} - \bar{x}_m) = 0,\ (m = 1, \cdots, k) \tag{11.27}$$

(11.25) の両辺を N で割ると

$$\bar{y} - b_0 - b_1 \bar{x}_1 - b_2 \bar{x}_2 - \cdots - b_k \bar{x}_k = 0 \tag{11.28}$$

$$\therefore b_0 = \bar{y} - b_1 \bar{x}_1 - b_2 \bar{x}_2 - \cdots - b_k \bar{x}_k \tag{11.29}$$

(11.29) を (11.26) に代入する．-2 の部分を省略すると

$$\sum_{i=1}^{N} \{(y_i - \bar{y}) - b_1 (x_{1i} - \bar{x}_1) - \cdots - b_k (x_{ki} - \bar{x}_k)\}(x_{mi} - \bar{x}_m) = 0,$$

$$(m = 1, \cdots, k) \tag{11.30}$$

ここで，

$$S_{mn} = \sum_{i=1}^{N} (x_{mi} - \bar{x}_m)(x_{ni} - \bar{x}_n), (m, n = 1, \cdots, k)$$

$$S_{my} = \sum_{i=1}^{N} (x_{mi} - \bar{x}_m)(y_i - \bar{y}),\ (m = 1, \cdots, k)$$

とおくと，(11.30) は

$$
\begin{aligned}
b_1S_{11}+b_2S_{12}+\cdots+b_kS_{1k}&=S_{1y}\\
b_1S_{21}+b_2S_{22}+\cdots+b_kS_{2k}&=S_{2y}\\
\cdots\cdots\cdots\cdots\cdots&\cdots\cdots\\
b_1S_{k1}+b_2S_{k2}+\cdots+b_kS_{kk}&=S_{ky}
\end{aligned}
$$

となる．行列の形で表すと

$$
\begin{bmatrix} S_{11} & S_{12} & \cdots & S_{1k}\\ S_{21} & S_{22} & \cdots & S_{2k}\\ \vdots & \vdots & & \vdots\\ S_{k1} & S_{k2} & \cdots & S_{kk} \end{bmatrix}
\begin{bmatrix} b_1\\ b_2\\ \vdots\\ b_k \end{bmatrix}
=
\begin{bmatrix} S_{1y}\\ S_{2y}\\ \vdots\\ S_{ky} \end{bmatrix}
\tag{11.31}
$$

となる．

$$
S=\begin{bmatrix} S_{11} & S_{12} & \cdots & S_{1k}\\ S_{21} & S_{22} & \cdots & S_{2k}\\ \vdots & \vdots & & \vdots\\ S_{k1} & S_{k2} & \cdots & S_{kk} \end{bmatrix}
$$

とおく．$D=|S|$ を S の行列式とする．D_{mn} を成分 S_{mn} の余因子とすると，$|S|\neq 0$ のときには，S の逆行列 S^{-1} が存在する．$S^{-1}=\{S^{ij}\}$ と表す．

$$
S^{-1}=\begin{bmatrix} S^{11} & S^{12} & \cdots & S^{1k}\\ S^{21} & S^{22} & \cdots & S^{2k}\\ \vdots & \vdots & & \vdots\\ S^{k1} & S^{k2} & \cdots & S^{kk} \end{bmatrix}
=\frac{1}{D}\begin{bmatrix} D_{11} & D_{21} & \cdots & D_{k1}\\ D_{12} & D_{22} & \cdots & D_{k2}\\ \vdots & \vdots & & \vdots\\ D_{1k} & D_{2k} & \cdots & D_{kk} \end{bmatrix}
$$

となるので，

公式 53 (標本偏回帰係数の解)

$$
\begin{bmatrix} b_1\\ b_2\\ \vdots\\ b_k \end{bmatrix}
=\frac{1}{D}\begin{bmatrix} D_{11} & D_{21} & \cdots & D_{k1}\\ D_{12} & D_{22} & \cdots & D_{k2}\\ \vdots & \vdots & & \vdots\\ D_{1k} & D_{2k} & \cdots & D_{kk} \end{bmatrix}
\begin{bmatrix} S_{1y}\\ S_{2y}\\ \vdots\\ S_{ky} \end{bmatrix}
$$

で求められる．あるいは，クラメールの公式より，b_m, $(m = 1, \cdots, k)$ は

公式 53-*bis*（標本偏回帰係数の解） 分子において，S の行列式の m 列だけを式 (11.31) の右辺のベクトルで置き換えることにより

$$b_m = \frac{\begin{vmatrix} S_{11} & S_{12} & \cdots & S_{1y} & \cdots & S_{1k} \\ S_{21} & S_{22} & \cdots & S_{2y} & \cdots & S_{2k} \\ \vdots & \vdots & & \vdots & & \vdots \\ S_{k1} & S_{k2} & \cdots & S_{ky} & \cdots & S_{kk} \end{vmatrix}}{D} \quad (m \text{ 列} \Downarrow \text{：} S_{1y}, S_{2y}, \ldots, S_{ky} \text{ の列})$$

で求めることができる．$b_i = \hat{\beta}_i$ $(i = 0, 1, \cdots, k)$ を**標本偏回帰係数**，また

$$y = b_0 + b_1 x_1 + b_2 x_2 + \cdots + b_k x_k$$

を**標本重回帰方程式**，あるいは，**重回帰推定方程式**という．

例題 60　ある植物について気温 (度) と降水量 (mm/1 週間) によって成長の度合い (cm) を調べている．条件を変えて 1 週間育てた結果が次のようになっている．

気温 (x_1)	降水量 (x_2)	伸びた長さ (y)
10	5	12
15	2	25
25	4	70
18	10	48
20	7	30

これに対して重回帰モデル

$$y = \beta_0 + \beta_1 x_1 + \beta_2 x_2 + \varepsilon$$

を適用する．このとき，$\beta_0, \beta_1, \beta_2$ の推定値である標本偏回帰係数を求めなさい．そして，標本重回帰方程式を書きなさい．

[解] $\beta_0, \beta_1, \beta_2$ の推定値を b_0, b_1, b_2 とする．

$$\bar{x}_1 = 17.6,\ \bar{x}_2 = 5.6,\ \bar{y} = 37$$

$$\begin{array}{lll} S_{11} = 125.2 & S_{12} = 7.2 & S_{1y} = 453 \\ S_{21} = 7.2 & S_{22} = 37.2 & S_{2y} = 44 \end{array}$$

$$S = \begin{bmatrix} 125.2 & 7.2 \\ 7.2 & 37.2 \end{bmatrix}$$

であるので，逆行列は

$$S^{-1} = \frac{1}{4605.6}\begin{bmatrix} 37.2 & -7.2 \\ -7.2 & 125.2 \end{bmatrix} = \begin{bmatrix} 0.008077124 & -0.001563314 \\ -0.001563314 & 0.027184297 \end{bmatrix}$$

したがって，公式 53 より

$$\begin{bmatrix} b_1 \\ b_2 \end{bmatrix} = S^{-1}\begin{bmatrix} S_{1y} \\ S_{2y} \end{bmatrix}$$

$$= \begin{bmatrix} 0.008077124 & -0.001563314 \\ -0.001563314 & 0.027184297 \end{bmatrix}\begin{bmatrix} 453 \\ 44 \end{bmatrix} = \begin{bmatrix} 3.59015112 \\ 0.48792774 \end{bmatrix} \begin{matrix} \cdots (\text{答}) \\ \cdots (\text{答}) \end{matrix}$$

$$\begin{aligned} b_0 &= \bar{y} - b_1\bar{x}_1 - b_2\bar{x}_2 \\ &= 37 - 3.59015112 \cdot 17.6 - 0.48792774 \cdot 5,6 \\ &= -28.91905506 \cdots (\text{答}) \end{aligned}$$

したがって，標本重回帰方程式は

$$y = -28.91905506 + 3.59015112x_1 + 0.48792774x_2 \cdots (\text{答})$$

となる．■

例題 61　ある植物について気温 (度) と降水量 (m/1 週間) によって成長の度合い (cm) を調べている．条件を変えて 1 週間育てた結果が次のようになっている．

気温 (x_1)	降水量 (x_2)	伸びた長さ (y)
10	0.005	12
15	0.002	25
25	0.004	70
18	0.01	48
20	0.007	30

これに対して重回帰モデル

$$y = \beta_0 + \beta_1 x_1 + \beta_2 x_2 + \varepsilon$$

を適用する．このとき，$\beta_0, \beta_1, \beta_2$ の推定値推定値である標本偏回帰係数を求めなさい．そして，標本重回帰方程式を書きなさい．

[解] $\beta_0, \beta_1, \beta_2$ の推定値を b_0, b_1, b_2 とする．

$$\bar{x}_1 = 17.6,\ \bar{x}_2 = 0.0056,\ \bar{y} = 37$$

$$\begin{array}{lll} S_{11} = 125.2 & S_{12} = 0.0072 & S_{1y} = 453 \\ S_{21} = 0.0072 & S_{22} = 0.0000372 & S_{2y} = 0.044 \end{array}$$

$$S = \begin{bmatrix} 125.2 & 0.0072 \\ 0.0072 & 0.0000372 \end{bmatrix}$$

であるので，逆行列は

$$S^{-1} = \frac{1}{0.0046056}\begin{bmatrix} 0.0000372 & -0.0072 \\ -0.0072 & 125.2 \end{bmatrix} = \begin{bmatrix} 0.008077124 & -1.563314 \\ -0.001563314 & 27184.29738 \end{bmatrix}$$

したがって，公式 53 より

$$\begin{bmatrix} b_1 \\ b_2 \end{bmatrix} = S^{-1}\begin{bmatrix} S_{1y} \\ S_{2y} \end{bmatrix}$$

$$= \begin{bmatrix} 0.008077124 & -1.563314 \\ -0.001563314 & 27184.29738 \end{bmatrix}\begin{bmatrix} 453 \\ 44 \end{bmatrix} = \begin{bmatrix} 3.59015112 \\ 487.9277401 \end{bmatrix} \begin{array}{l} \cdots(\text{答}) \\ \cdots(\text{答}) \end{array}$$

$$\begin{aligned} b_0 &= \bar{y} - b_1\bar{x}_1 - b_2\bar{x}_2 \\ &= 37 - 3.59015112 \cdot 17.6 - 487.92774 \cdot 0.0056 \\ &= -28.91905506 \cdots(\text{答}) \end{aligned}$$

したがって，標本重回帰方程式は

$$y = -28.91905506 + 3.59015112x_1 + 487.92774x_2 \cdots(\text{答})$$

となる．■

このように係数の大きさに関しては，単位の取り方で替わることが分かる．$b_2 = 0.48793$ から $b_2 = 487.93$ まで変化した．b_1 に比べて，b_2 は，前者の例では 1 桁小さかったのが，後者では 2 桁大きくなっている．単純に係数の大きさで影響の大きさを測ってはいけないことが分かる．

このように測る単位によって影響を受けないようにするには，変数を平均 0，分散 1 と基準を決めておけばよい．すなわち，x_m，y を

$$x'_m = \frac{x_m - \bar{x}_m}{\sqrt{\frac{S_{mm}}{n-1}}}\ (m = 1, \cdots, k),\ y' = \frac{y - \bar{y}}{\sqrt{\frac{S_{yy}}{n-1}}}$$

と標準化すればよい．ただし，$S_{yy} = \sum_{i=1}^{N}(y_i - \bar{y})^2$ である．新たにとった，x'_m，y' に対して，重回帰方程式を考える．

$$y' = \beta'_0 + \beta'_1 x_1 + \beta'_2 x_2 + \cdots + \beta'_k x_k + \varepsilon$$

この係数を**標準偏回帰係数**という．これは，単位の変換で影響を受けず係数は変化しない．

11.3.2　残差の性質

標本重回帰方程式

$$y = b_0 + b_1 x_1 + b_2 x_2 + \cdots + b_k x_k$$

を用いて，各 $x_{1i}, \cdots, x_{ki}$ に対して，

$$\hat{y}_i = b_0 + b_1 x_{1i} + b_2 x_{2i} + \cdots + b_k x_{ki}$$

を**予測値**という．残差 $e_i = y_i - \hat{y}_i$ に対して次のことが成り立つ．

残差の性質

$$\sum_{i=1}^{N} e_i = 0 \qquad (11.32)$$

$$\sum_{i=1}^{N}(x_{mi} - \bar{x}_m)e_i = 0 \quad (m = 1, \cdots, k) \qquad (11.33)$$

$$\sum_{i=1}^{N}(\hat{y}_i - \bar{y})e_i = 0 \qquad (11.34)$$

① (11.32) より残差の合計が 0 になる．また，(11.32) より，$\sum_{i=1}^{N}(y_i - \hat{y}_i) = 0$ であるから，$\bar{y} = \bar{\hat{y}}$ となる．

② (11.33) より残差と説明変数（独立変数）は直交していて無相関である．また，式 (11.33) を残差 $e_1, e_2, \cdots, e_N$ に関する $k+1$ 本の方程式による制約だと考えると，自由度は $N-k-1$ ということになる．

③ (11.34) より残差と予測値は直交していて無相関である．

[説明]　残差 e_i は

$$\begin{aligned} e_i &= y_i - \hat{y}_i = y_i - (b_0 + b_1 x_{1i} + \cdots + b_k x_{ki}) \\ &= (y_i - \bar{y}) - b_1(x_{1i} - \bar{x}_1) - b_2(x_{2i} - \bar{x}_2) - \cdots - b_k(x_{ki} - \bar{x}_k) \end{aligned} \tag{11.35}$$

であるから，(11.30) より，(11.33) が成り立つ．(11.28) より

$$\bar{y} = b_0 + b_1\bar{x}_1 + b_2\bar{x}_2 + \cdots + b_k\bar{x}_k$$

である．また，(11.24) より

$$\hat{y}_i - \bar{y} = b_1(x_{1i} - \bar{x}_1) + b_2(x_{2i} - \bar{x}_2) + \cdots + b_k(x_{ki} - \bar{x}_k)$$

となる，したがって，

$$\begin{aligned} \sum_{i=1}^{N}(\hat{y}_i - \bar{y})e_i &= \sum_{i=1}^{N}\{b_1(x_{1i} - \bar{x}_1) + b_2(x_{2i} - \bar{x}_2) + \cdots + b_k(x_{ki} - \bar{x}_k)\}e_i \\ &= \sum_{m=1}^{k} b_m \sum_{i=1}^{N}(x_{mi} - \bar{x}_m)e_i = 0 \quad (\because (11.33)) \end{aligned}$$

■

11.3.3　全変動の分解

さて，ここでは，

定理 3 (全変動の分解)

$$\sum_{i=1}^{N}(y_i - \bar{y})^2 = \sum_{i=1}^{N}(\hat{y}_i - \bar{y})^2 + \sum_{i=1}^{N} e_i^2 \tag{11.36}$$

が成り立つことを示そう．左辺は**全変動**，あるいは**全変動平方和**（全平方和）(TSS: Total sum of squares)，右辺の第 1 項は**回帰変動**，あるいは**回帰平方和**（ESS: the explained sum of squares)，第 2 項は**残差変動**，あるいは**残差平方和**（RSS: residual sum of squares) という．それぞれ，S_y，$S_{\hat{y}}$，S_e と表すことにする．$\bar{\hat{y}} = \bar{y}$ であるから，回帰変動は確かに変動になっている．また，$\bar{e} = 0$ であるから，残差変動も，変動になっている．S_y，$S_{\hat{y}}$，S_e を用いると

$$S_y = S_{\hat{y}} + S_e \tag{11.37}$$

と表せる．

[全変動の分解の説明]

$$S_y = \sum_{i=1}^{N}(y_i - \bar{y})^2 = \sum_{i=1}^{N}(y_i - \hat{y}_i + \hat{y}_i - \bar{y})^2$$
$$= \sum_{i=1}^{N}\{(y_i - \hat{y}_i)^2 + 2(y_i - \hat{y}_i)(\hat{y}_i - \bar{y}) + (\hat{y}_i - \bar{y})^2\}$$
$$= S_e + 2\sum_{i=1}^{N}(\hat{y}_i - \bar{y})e_i + S_{\hat{y}} = S_{\hat{y}} + S_e \quad (\because (11.34))$$

となる．■

11.3.4　重相関係数と決定係数

回帰方程式による予測値 $\hat{y}_i$ が y_i をよく近似している度合いを測る量として y_i と $\hat{y}_i$ の相関係数を考える．これを**重相関係数**といい，R と表す．すなわち，

$$R = \frac{\sum_{i=1}^{N}(y_i - \bar{y})(\hat{y}_i - \bar{y})}{\sqrt{\sum_{i=1}^{N}(y_i - \bar{y})^2 \sum_{i=1}^{N}(\hat{y}_i - \bar{y})^2}}$$

である．このとき, R^2 を**決定係数**, あるいは**寄与率**という．定義から $0 \leqq R^2 \leqq 1$ となる．R^2 は以下のように表現できる．

$$S_{y\hat{y}} = \sum_{i=1}^{N}(y_i - \bar{y})(\hat{y}_i - \bar{y}) = \sum_{i=1}^{N}(y_i - \hat{y}_i + \hat{y}_i - \bar{y})(\hat{y}_i - \bar{y})$$
$$= \sum_{i=1}^{N}(e_i + \hat{y}_i - \bar{y}) = \sum_{i=1}^{N} e_i(\hat{y}_i - \bar{y}) + \sum_{i=1}^{N}(\hat{y}_i - \bar{y})^2 = S_{\hat{y}} \quad (\because (11.34))$$

であるから，これを用いると，

$$R^2 = \frac{\left(\sum_{i=1}^{N}(y_i - \bar{y})(\hat{y}_i - \bar{y})\right)^2}{\sum_{i=1}^{N}(y_i - \bar{y})^2 \sum_{i=1}^{N}(\hat{y}_i - \bar{y})^2} = \frac{S_{\hat{y}}^2}{S_y S_{\hat{y}}} = \frac{S_{\hat{y}}}{S_y} = 1 - \frac{S_e}{S_y}$$

と表せる．

決定係数は，説明変数による予測値がどの位有効に働いているかを測る統計量になっているが，注意しないといけないのは，y の説明に無関係であっても，説明変数を増やすと，R^2 の値が大きくなるということである．

(11.33) のところで見たように，S_e の自由度は $N-k-1$ となる．一方，S_y

は $\sum_{i=1}^{N}(y_i - \bar{y}) = 0$ の制約条件によって自由度が 1 減るので，自由度は $N-1$ となる，**自由度調整済み決定係数**，あるいは**自由度調整済み寄与率** $\bar{R}^2$ は

公式 54 (自由度調整済み決定係数)

$$\bar{R}^2 = 1 - \frac{S_e/(N-k-1)}{S_y/(N-1)}$$

で定義される．この定義の式を変形すると

$$\begin{aligned}\bar{R}^2 &= 1 - \frac{N-1}{N-k-1}\frac{S_e}{S_y} = 1 - \frac{N-1}{N-k-1}(1-R^2)\\ &= R^2 - \frac{k}{N-k-1}(1-R^2)\end{aligned}$$

となる．最後の式より，$\bar{R}^2 < R^2$ となる．すなわち，自由度調整済み決定係数は決定係数より小さいことが分かる．さらに，2 番目の式より，決定係数が $R^2 < \frac{k}{N-1}$ ならば，$\bar{R}^2$ は負になる．このように自由度調整済み決定係数は負の値をとる可能性がある．

$\bar{R}^2$ は次のように説明できる．以下の回帰平方和の分布の平均 (11.45) を見ると，誤差による変動 $k\sigma^2$ が含まれている．式 (11.47) で表される σ^2 の不偏推定量 V_e を用いて，これを取り除くと

$$\begin{aligned}\frac{S_{\hat{y}} - kV_e}{S_y} &= \frac{S_{\hat{y}} - k\frac{S_e}{N-k-1}}{S_y} = \frac{(S_y - S_e) - k\frac{S_e}{N-k-1}}{S_y}\\ &= \frac{S_y - \left(1 + \frac{k}{N-k-1}\right)S_e}{S_y} = \frac{S_y - \frac{N-1}{N-k-1}S_e}{S_y}\\ &= 1 - \frac{S_e/(N-k-1)}{S_y/(N-1)} = \bar{R}^2\end{aligned}$$

となる．

11.3.5　回帰分析における推定

ここでは，標本偏回帰係数の分布を基に母偏回帰係数の信頼区間を求めよう．

(a)　母偏回帰係数 β_i $(i = 1, 2, \cdots, k)$ の区間推定

標本偏回帰係数 b_i $(1 \leqq i \leqq k)$ の分布は

$$b_i \sim N\left(\beta_i, \frac{D_{ii}}{D}\sigma^2\right) \tag{11.38}$$

$$\mathrm{Cov}(b_i, b_j) = \frac{D_{ij}}{D}\sigma^2 \tag{11.39}$$

となる．さて，(11.38) より，標準化すると

$$\frac{b_i - \beta_i}{\sqrt{\frac{D_{ii}}{D}\sigma^2}} \sim N(0, 1^2)$$

となる．σ^2 は未知で，推定値として不偏分散 V_e を使うことにより

$$\frac{b_i - \beta_i}{\sqrt{\frac{D_{ii}}{D}V_e}} \sim t(N-k-1) \tag{11.40}$$

である．したがって，

公式 55 母偏回帰係数 β_i $(i = 1, 2, \cdots, k)$ の $100(1-\alpha)$%信頼区間は

$$b_i - t_\alpha(N-k-1)\sqrt{\frac{D_{ii}}{D}V_e} \leqq \beta_i \leqq b_i + t_\alpha(N-k-1)\sqrt{\frac{D_{ii}}{D}V_e}$$

となる．

(b) 母偏回帰係数 β_0 の区間推定

標本偏回帰係数 b_0 の分布は

$$b_0 \sim N\left(\beta_0, \left\{\frac{1}{N} + \sum_{i=1}^{k}\sum_{j=1}^{k}\bar{x}_i\bar{x}_j\frac{D_{ij}}{D}\right\}\sigma^2\right) \tag{11.41}$$

$$\mathrm{Cov}(b_0, b_i) = -\sigma^2\sum_{j=1}^{k}\bar{x}_j\frac{D_{ij}}{D} \quad (i = 1, 2, \cdots, k) \tag{11.42}$$

となる．さて，(11.41) より，標準化すると

$$\frac{b_0 - \beta_0}{\sqrt{\left\{\frac{1}{N} + \sum_{i=1}^{k}\sum_{j=1}^{k}\bar{x}_i\bar{x}_j\frac{D_{ij}}{D}\right\}\sigma^2}} \sim N(0, 1^2)$$

σ^2 は未知で，推定値として V_e を使うことにより

$$\frac{b_0 - \beta_0}{\sqrt{\left\{\frac{1}{N} + \sum_{i=1}^{k}\sum_{j=1}^{k}\bar{x}_i\bar{x}_j\frac{D_{ij}}{D}\right\}V_e}} \sim t(N-k-1) \tag{11.43}$$

である．したがって，

公式 56　母偏回帰係数 β_0 の $100(1-\alpha)\%$信頼区間は

$$b_0 - t_\alpha(N-k-1)\sqrt{\left\{\frac{1}{N}+\sum_{i=1}^{k}\sum_{j=1}^{k}\bar{x}_i\bar{x}_j\frac{D_{ij}}{D}\right\}V_e} \leqq \beta_0$$

$$\leqq b_0 + t_\alpha(N-k-1)\sqrt{\left\{\frac{1}{N}+\sum_{i=1}^{k}\sum_{j=1}^{k}\bar{x}_i\bar{x}_j\frac{D_{ij}}{D}\right\}V_e}$$

となる．

(c)　平方和の分布

回帰平方和 $S_{\hat{y}}$，残差平方和 S_e の従う分布について，ここでは，期待値を求めてみよう．そのために，S_y の期待値を求めよう．

$$y_i - \bar{y} = \beta_1(x_{i1}-\bar{x}_1)+\cdots+\beta_k(x_{ik}-\bar{x}_k)+(\varepsilon_i-\bar{\varepsilon})$$

であるから，

$$E(S_y) = E\left[\sum_{i=1}^{N}\{\beta_1(x_{i1}-\bar{x}_1)+\cdots+\beta_k(x_{ik}-\bar{x}_k)+(\varepsilon_i-\bar{\varepsilon}\}^2\right]$$

となるので，展開して，誤差項の仮定を使うと

$$E(S_y) = \sum_{i=1}^{k}\sum_{j=1}^{k}\beta_i\beta_j S_{ij} + (N-1)\sigma^2 \qquad (11.44)$$

となる．次に，$S_{\hat{y}}$ の期待値を求める．

$$\hat{y}_i - \bar{y} = b_1(x_{i1}-\bar{x}_1)+\cdots+b_k(x_{ik}-\bar{x}_k)$$

であるから

$$E(S_{\hat{y}}) = E\left[\sum_{i=1}^{N}\{b_1(x_{i1}-\bar{x}_1)+\cdots+b_k(x_{ik}-\bar{x}_k)\}^2\right]$$

$$= E\left[\sum_{i=1}^{N}b_ib_jS_{ij}\right] = \sum_{i=1}^{N}S_{ij}E(b_ib_j)$$

公式 24，(11.38) より

$$E(b_ib_j) = E(b_i)E(b_j) + \mathrm{Cov}(b_i,b_j) = \beta_i\beta_j + \frac{D_{ii}}{D}\sigma^2$$

であるので，整理すると

$$E(S_{\hat{y}}) = \sum_{i=1}^{k}\sum_{j=1}^{k}\beta_i\beta_j S_{ij} + k\sigma^2 \tag{11.45}$$

となる．したがって，S_e の期待値は

$$E(S_e) = E(S_y) - E(S_{\hat{y}}) = E(N-k-1)\sigma^2 \tag{11.46}$$

となる．これより σ^2 の不偏推定量 V_e は

$$V_e = \frac{S_e}{N-k-1} \tag{11.47}$$

となる．ここでは示さないが，

$$\frac{S_e}{\sigma^2} \sim \chi^2(N-k-1) \tag{11.48}$$

が成り立つ．

もし，$\beta_1 = \beta_2 = \cdots = \beta_k = 0$ であれば，(11.45) より，

$$\frac{S_{\hat{y}}}{\sigma^2} \sim \chi^2(k)$$

となる．したがって，

$$F = \frac{S_{\hat{y}}/k}{S_e/(N-k-1)} \sim F(k, N-k-1) \tag{11.49}$$

となる．

11.3.6 回帰分析の検定

ここでは，重回帰モデルの母偏回帰係数 β_i に関する検定を行う．

(a) 零仮説の検定

母重回帰方程式に対する基本的な検定は，母偏回帰係数 $\beta_1, \beta_2, \cdots, \beta_k$ に対する零仮説の検定である．

$$\begin{cases} \text{単純帰無仮説} & H_0 : \beta_1 = \beta_2 = \cdots = \beta_k = 0 \\ \text{対立仮説} & H_1 : H_0\text{が成り立たない} \end{cases}$$

H_0 の下で，(11.49) が成り立つ．すなわち，

> 仮説 $\beta_1 = \beta_2 = \cdots = \beta_k = 0$ の下で
>
> $$F = \frac{V_{\hat{y}}}{V_e} = \frac{S_{\hat{y}}/k}{S_e/(N-k-1)} \sim F(k, N-k-1)$$
>
> となる．

仮説 H_1 が正しいとすると，(11.45) の式より，いずれかの β_i が 0 から差が大きくなれば，第 1 項からの寄与が大きくなり，F の値が大きくなると考えられる．したがって，検定としては，F の値が一定以上の大きな値になるときは棄却されるというのが妥当だと思われる．したがって，右片側検定を行うことが自然であろう．

これにより F 検定を行う．次の分散分析表を用いる．

要因	平方和	自由度	平均平方和	F_0
回帰	$S_{\hat{y}}$	$\phi_{\hat{y}} = k$	$V_{\hat{y}} = \frac{S_{\hat{y}}}{k}$	$\frac{V_{\hat{y}}}{V_e}$
残差	S_e	$\phi_e = N - k - 1$	$V_e = \frac{S_e}{N-k-1}$	
計	S_y	$\phi_y = N - 1$		

表 11.2　分散分析表

単純帰無仮説 $H_0 : \beta_1 = \beta_2 = \cdots = \beta_k = 0$ **の有意水準** α **での検定.**

対立仮説 $H_1 : H_0$ **が成り立たない　　　(右片側検定)**

検定統計量

$$T = \frac{S_{\hat{y}}/k}{S_e/(N-k-1)}$$

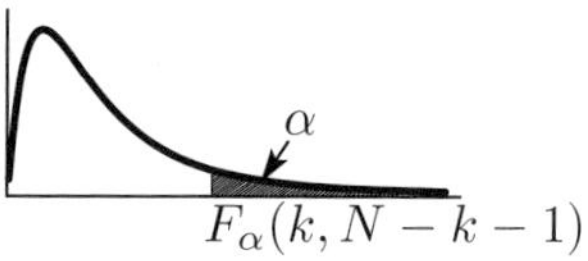

F 分布の上側 $100\alpha\%$のパーセント点 $F_\alpha(k, N-k-1)$ に対して，

$$\begin{cases} T > F_\alpha(k, N-k-1), & \Rightarrow \text{仮説 } H_0 \text{ は棄却される} \\ T \leqq F_\alpha(k, N-k-1) & \Rightarrow \text{仮説 } H_0 \text{ は採択される} \end{cases}$$

(b)　母偏回帰係数 β_i $(i = 1, 2, \cdots, k)$ に対する検定

$i = 1, 2, \cdots, k$ とする．b_i の分布は (11.38) であるので，

$$\frac{b_i - \beta_i}{\sqrt{\frac{D_{ii}}{D}\sigma^2}} \sim N(0, 1^2)$$

σ^2 は未知で，推定値として V_e を使うことにより

$$\frac{b_i - \beta_i}{\sqrt{\frac{D_{ii}}{D}V_e}} \sim t(N - k - 1) \tag{11.50}$$

である．特定の値 β_i^* に対して

$$\begin{cases} \text{単純帰無仮説} & H_0 : \beta_i = \beta_i^* \\ \text{対立仮説} & H_1 : \beta_i \neq \beta_i^* \end{cases}$$

を検定する．有意水準を 100α%とする．検定統計量としては

$$T = \frac{b_i - \beta_i^*}{\sqrt{\frac{D_{ii}}{D} V_e}}$$

をとる．

単純帰無仮説 $H_0 : \beta_i = \beta_i^*$ の有意水準 α での検定.

対立仮説 $H_1 : \beta_i \neq \beta_i^*$ （両側検定）

検定統計量 $T = \dfrac{b_i - \beta_i^*}{\sqrt{\frac{D_{ii}}{D} V_e}}$

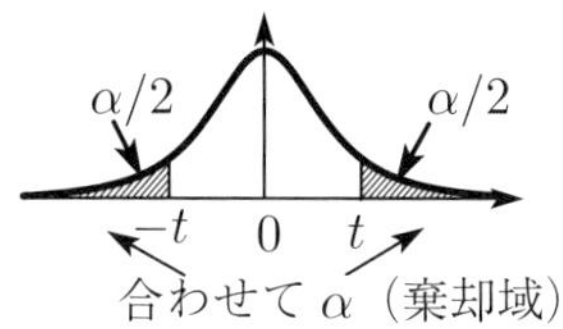

$t(N-k-1)$ 分布の上側 $100(\alpha/2)$%のパーセント点 $t_{\alpha/2}(N-k-1)$ に対して，

$$\begin{cases} |T| > t_{\alpha/2}(N-k-1) & \Rightarrow \text{仮説 } H_0 \text{ は棄却される} \\ |T| \leqq t_{\alpha/2}(N-k-1) & \Rightarrow \text{仮説 } H_0 \text{ は採択される} \end{cases}$$

(c) 母偏回帰係数 β_0 に対する検定

. b_0 の分布は (11.41) であるので，

$$\frac{b_0 - \beta_0}{\sqrt{\left\{\frac{1}{N} + \sum_{i=1}^{k}\sum_{j=1}^{k} \bar{x}_i \bar{x}_j \frac{D_{ij}}{D}\right\}\sigma^2}} \sim N(0, 1^2)$$

σ^2 は未知で，推定値として V_e を使うことにより

$$\frac{b_0 - \beta_0}{\sqrt{\left\{\frac{1}{N} + \sum_{i=1}^{k}\sum_{j=1}^{k} \bar{x}_i \bar{x}_j \frac{D_{ij}}{D}\right\} V_e}} \sim t(N-k-1) \qquad (11.51)$$

である．特定の値 β_0^* に対して

$$\begin{cases} \text{単純帰無仮説} & H_0 : \beta_0 = \beta_0^* \\ \text{対立仮説} & H_1 : \beta_0 \neq \beta_0^* \end{cases}$$

を検定する．有意水準を 100α%とする．検定統計量としては

$$T=\frac{b_0-\beta_0^*}{\sqrt{\left\{\frac{1}{N}+\sum_{i=1}^{k}\sum_{j=1}^{k}\bar{x}_i\bar{x}_j\frac{D_{ij}}{D}\right\}V_e}}$$

をとる．

単純帰無仮説 $H_0:\beta_0=\beta_0^*$ の有意水準 α での検定.

対立仮説 $H_1:\beta_0\neq\beta_0^*$　　　(両側検定)

検定統計量

$$T=\frac{b_0-\beta_0^*}{\sqrt{\left\{\frac{1}{N}+\sum_{i=1}^{k}\sum_{j=1}^{k}\bar{x}_i\bar{x}_j\frac{D_{ij}}{D}\right\}V_e}}$$

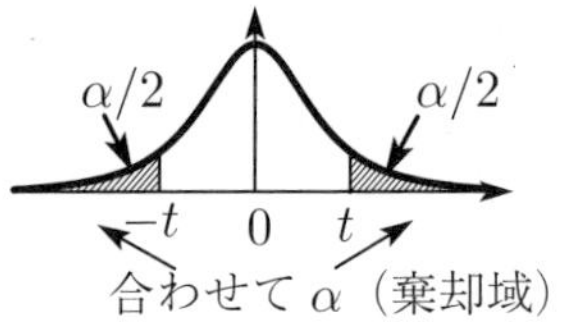

$t(N-k-1)$ 分布の上側 100$(\alpha/2)$%のパーセント点 $t_{\alpha/2}(N-k-1)$ に対して，

$$\begin{cases} |T|>t_{\alpha/2}(N-k-1) & \Rightarrow \text{仮説 } H_0 \text{ は棄却される} \\ |T|\leqq t_{\alpha/2}(N-k-1) & \Rightarrow \text{仮説 } H_0 \text{ は採択される} \end{cases}$$

11.3.7　多重共線性

重回帰分析には悩ましい状況が生じる場合がある．その状況とは，説明変数の中に，変数同士が強い相関関係を持つ場合である．この状況を**多重共線性**という．これにより様々な問題点が引き起こされることがある．例えば，1）標本偏回帰係数の標準誤差が大きくなり有意にならない 2）回帰方程式は全体としては有意であっても，各説明変数毎では検定統計量の t 値が小さい．3）決定係数が大きな値になる 4）回帰係数の符号が本体の符号とは逆になるなど分析自体の信頼性が損なわれる事態が生じるので注意する必要がある．

非常に相関関係の強い変数を除くなどの対処が必要になる．

11章 問題と解説

1. (**平成 24 年公認会計士試験**) 相関係数について, 以下の各問に答えなさい.

(1) 下の文章の [ア] には適切な数式, [イ] と [ウ] には適切な語句または記号を，それぞれ解答欄に記入しなさい．2 つの確率変数 X，Y は母集団相関係数 ρ をもつ 2 変量正規分布に従うものとする．いまこれらについて n 組の標本を用いた標本相関係数を r とするとき，統計量

$$\sqrt{n-2} \times \frac{r}{\sqrt{1-r^2}}$$

は，X，Y の間に相関が無いという帰無仮説 H_0 : [ア] のもとで自由度 [イ] の [ウ] 分布に従う性質がある.

(2) ある商品の販売量と最高気温の日次データがあり，無作為に選んだ 25 日分について販売量と最高気温の標本相関係数を求めたところ，$r = 0.43$ となった．販売量と最高気温が 2 変量正規分布に従うとし，(1) の性質を用いて，販売量と最高気温について相関があるといえるかどうかを有意水準 5%で仮説検定しなさい.

(3) 無作為に選んだ 30 日分について (2) の販売量と最高気温の標本相関係数を求めた場合，相関がないという帰無仮説を有意水準 5%で棄却できる標本相関係数の絶対値の下限を (1) の性質を用いて求めなさい.

[解説と解答]

(1) 11.1.2 参照.　(ア) [$\rho = 0$]　(イ) [$n-2$]　(ウ) [t]

(2) 例題 59 参照．検定統計量を T とおくと，T は自由度 23 の t 分布に従う．その検定統計量 T の値は

$$T = \frac{0.43\sqrt{23}}{\sqrt{1-0.43^2}} = 2.284$$

となる.

一方，有意水準が 5%であるから，$\alpha = 0.05$ である．t 分布表から，自由度 23 で，$\alpha/2 = 0.025$ に対して，上側 2.5%のパーセント点を $t_{0.025}(23)$ を求めると

$$t_{0.025}(23) = 2.069$$

である.

$$T = 2.284 > t_{0.025}(23) = 2.069$$

であるから，帰無仮説は棄却される．したがって，$\rho = 0$ とはいえない．つまり，相関がある．・・・(答)

(2)　検定統計量を T とおくと，T は自由度 28 の t 分布に従う．有意水準が 5%であるから，$\alpha = 0.05$ である．t 分布表から，自由度 28 で，$\alpha/2 = 0.025$ に対して，上側 2.5%のパーセント点を $t_{0.025}(28)$ を求めると

$$t_{0.025}(28) = 2.048$$

である．そこで，帰無仮説を棄却するためには検定統計量 T が

$$T = \frac{r\sqrt{28}}{\sqrt{1-r^2}} \geqq 2.048$$

を満たすことが必要十分である．この不等式を r について解く．まず，両辺を二乗すると

$$\frac{28r^2}{1-r^2} \geqq 2.048^2$$

両辺に $1 - r^2$ をかけると

$$28r^2 \geqq 2.048^2(1-r^2)$$

整理すると

$$r^2 \geqq \frac{2.048^2}{28 + 2.048^2} \qquad \therefore |r| \geqq \sqrt{\frac{2.048^2}{28 + 2.048^2}} = 0.361$$

となる．

したがって，帰無仮説が棄却されるための $|r|$ の下限は 0.361 である．・・・(答)

2. (平成 20 年公認会計士試験)

2. 大きさ 23 の標本 $(Y_1, \ldots, Y_{23})$ があり，その偏差平方和を

$$\sum_{i=1}^{23}(Y_i - \bar{Y})^2 = 180.0$$

とする．ここで，$\bar{Y}$ は $(Y_1, \ldots, Y_{23})$ の標本平均を表す．この標本を使って，回帰式

$$Y_i = \alpha + \beta X_i + \gamma Z_i + e_i$$

の係数 α, β, γ を最小 2 乗法を用いて推定した結果は次のようになった．

係数	α	β	γ
推定値	10.18	1.20	−0.88
標準誤差	3.29	0.60	0.50

残差平方和 = 130.0

このとき，以下の問に答えなさい．

(1) 次の仮説 H_0 を仮説 H_1 に対して有意水準 5%で検定しなさい．

$$H_0 : \beta = 0, \quad H_1 : \beta \neq 0$$

(2) 次の仮説 H_0 を仮説 H_1 に対して有意水準 5%で検定しなさい．

$$H_0 : \beta = \gamma = 0, \quad H_1 = \beta, \gamma \text{の少なくともどちらか一方は 0 でない}$$

[解説] 11.3.6 参照．$N = 23$，変数は X_i と Y_i の 2 個なので，$k = 2$ である．

(1) 11.3.6(b) を参照．H_0 の仮説の下で，検定統計量

$$T = \frac{b_1}{\sqrt{\frac{D_{11}}{D}V_e}}$$

が自由度 $N - k - 1$ の t 分布に従うことを用いる．ここで，$b_1 = \hat{\beta}$ で，V_e は σ^2 の不偏推定量 $V_e = S_e/(N - k - 1)$ とする．

係数 α, β, γ の推定結果により，$b_1 = \hat{\beta} = 1.20$ であり，

$$\sqrt{\frac{D_{11}}{D}V_e} = 0.60$$

である．したがって，検定統計量 T の値は

$$T = \frac{1.20}{0.60} = 2$$

となる．一方，有意水準は 5%であるから，$\alpha = 0.05$．両側検定であるから

$\alpha/2 = 0.025$，自由度 $N-k-1=20$ に対して，t 分布表から上側 2.5%のパーセント点を求めると

$$t_{0.025}(20) = 2.086$$

である．よって

$$T = 2 < t_{0.025}(20) = 2.086$$

が成り立つので，仮説 H_0 は採択される．・・・(答)

(2) 11.3.6(a) を参照．この問題は，23 個のデータから D, D_{ii}, S_y, S_e, V_e などを計算するわけではないので計算自体の量は多くない．検定を行うための結果が与えられているので，検定の方法を間違えずに適用できれば解ける．

H_0 の仮説の下で，検定統計量 T

$$T = \frac{S_{\hat{y}}/k}{S_e/(N-k-1)}$$

が自由度 $(k, N-k-1)$ の F 分布に従うことを用いる．偏差平方和 S_y と残差平方和 S_e は

$$S_y = 180.0, \quad S_e = 130.0$$

と与えられている．定理 3 より，回帰変動 $S_{\hat{y}}$ は

$$S_{\hat{y}} = S_y - S_e = 180.0 - 130.0 = 50.0$$

となる．したがって，T の値は

$$T = \frac{50.0/2}{130.0/20} = \frac{50}{13} = 3.846$$

となる．一方，有意水準は 5%であるから，$\alpha = 0.05$．片側検定を行う．自由度 $(2, 20)$ に対して，F 分布表から上側 5%のパーセント点を求めると

$$F_{0.05}(2, 20) = 3.49$$

である．よって

$$T = 3.846 > F_{0.05}(2, 20) = 3.49$$

となるので，仮説 H_0 は棄却される．H_1 が採択される．・・・(答)

11章　章末問題

1. A 科目と B 科目の試験の点数には相関がないと思った教師がクラス 30 名に対して A，B の科目の試験を行った．その点数を基に相関係数（標本相関係数）を計算したところ，$r = 0.33$ という結果がでた．この結果を基に，2 科目の試験点数の間には相関がない，すなわち，母相関係数 $\rho = 0$ がいえるかどうか，有意水準 5%で検定を行いなさい．ただし，この 2 科目の試験の点数の母集団分布はそれぞれ正規分布に従うと仮定する．

2. ある植物について肥料 A（g），肥料 B (g) によって成長の度合い（cm）を調べている．条件を変えて 1 週間育てた結果が次のようになっている．

肥料 A(x_1)	肥料 B(x_2)	伸びた長さ (y)
5	5	12
10	10	25
15	30	70
20	15	30
25	15	48

これに対して重回帰モデル

$$y = \beta_0 + \beta_1 x_1 + \beta_2 x_2 + \varepsilon$$

を適用する．このとき，$\beta_0, \beta_1, \beta_2$ の推定値である標本偏回帰係数を求めなさい．そして，標本重回帰方程式を書きなさい．

3. 2. の問題の下で，

(1) 母重回帰方程式に対して，母偏回帰係数 β_1, β_2 に対する零仮説の検定を有意水準 5%で行いなさい．

(2) 次に対して仮説検定を有意水準 5%で行いなさい．帰無仮説 $H_0 : \beta_1 = 0$，対立仮説 $H_1 : \beta_1 \neq 0$.

付表 1 標準正規分布表

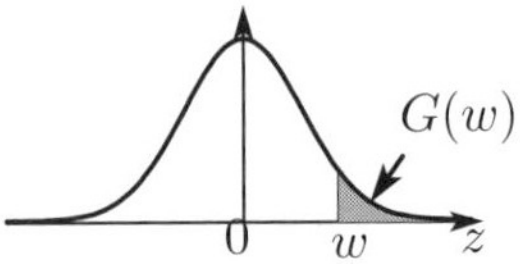

w	0.00	0.01	0.02	0.03	0.04	0.05	0.06	0.07	0.08	0.09
0.0	0.5000	0.4960	0.4920	0.4880	0.4840	0.4801	0.4761	0.4721	0.4681	0.4641
0.1	0.4602	0.4562	0.4522	0.4483	0.4443	0.4404	0.4364	0.4325	0.4286	0.4247
0.2	0.4207	0.4168	0.4129	0.4090	0.4052	0.4013	0.3974	0.3936	0.3897	0.3859
0.3	0.3821	0.3783	0.3745	0.3707	0.3669	0.3632	0.3594	0.3557	0.3520	0.3483
0.4	0.3446	0.3409	0.3372	0.3336	0.3300	0.3264	0.3228	0.3192	0.3156	0.3121
0.5	0.3085	0.3050	0.3015	0.2981	0.2946	0.2912	0.2877	0.2843	0.2810	0.2776
0.6	0.2743	0.2709	0.2676	0.2643	0.2611	0.2578	0.2546	0.2514	0.2483	0.2451
0.7	0.2420	0.2389	0.2358	0.2327	0.2296	0.2266	0.2236	0.2206	0.2177	0.2148
0.8	0.2119	0.2090	0.2061	0.2033	0.2005	0.1977	0.1949	0.1922	0.1894	0.1867
0.9	0.1841	0.1814	0.1788	0.1762	0.1736	0.1711	0.1685	0.1660	0.1635	0.1611
1.0	0.1587	0.1562	0.1539	0.1515	0.1492	0.1469	0.1446	0.1423	0.1401	0.1379
1.1	0.1357	0.1335	0.1314	0.1292	0.1271	0.1251	0.1230	0.1210	0.1190	0.1170
1.2	0.1151	0.1131	0.1112	0.1093	0.1075	0.1056	0.1038	0.1020	0.1003	0.0985
1.3	0.0968	0.0951	0.0934	0.0918	0.0901	0.0885	0.0869	0.0853	0.0838	0.0823
1.4	0.0808	0.0793	0.0778	0.0764	0.0749	0.0735	0.0721	0.0708	0.0694	0.0681
1.5	0.0668	0.0655	0.0643	0.0630	0.0618	0.0606	0.0594	0.0582	0.0571	0.0559
1.6	0.0548	0.0537	0.0526	0.0516	0.0505	0.0495	0.0485	0.0475	0.0465	0.0455
1.7	0.0446	0.0436	0.0427	0.0418	0.0409	0.0401	0.0392	0.0384	0.0375	0.0367
1.8	0.0359	0.0351	0.0344	0.0336	0.0329	0.0322	0.0314	0.0307	0.0301	0.0294
1.9	0.0287	0.0281	0.0274	0.0268	0.0262	0.0256	0.0250	0.0244	0.0239	0.0233
2.0	0.0228	0.0222	0.0217	0.0212	0.0207	0.0202	0.0197	0.0192	0.0188	0.0183
2.1	0.0179	0.0174	0.0170	0.0166	0.0162	0.0158	0.0154	0.0150	0.0146	0.0143
2.2	0.0139	0.0136	0.0132	0.0129	0.0125	0.0122	0.0119	0.0116	0.0113	0.0110
2.3	0.0107	0.0104	0.0102	0.0099	0.0096	0.0094	0.0091	0.0089	0.0087	0.0084
2.4	0.0082	0.0080	0.0078	0.0075	0.0073	0.0071	0.0069	0.0068	0.0066	0.0064
2.5	0.0062	0.0060	0.0059	0.0057	0.0055	0.0054	0.0052	0.0051	0.0049	0.0048
2.6	0.0047	0.0045	0.0044	0.0043	0.0041	0.0040	0.0039	0.0038	0.0037	0.0036
2.7	0.0035	0.0034	0.0033	0.0032	0.0031	0.0030	0.0029	0.0028	0.0027	0.0026
2.8	0.0026	0.0025	0.0024	0.0023	0.0023	0.0022	0.0021	0.0021	0.0020	0.0019
2.9	0.0019	0.0018	0.0018	0.0017	0.0016	0.0016	0.0015	0.0015	0.0014	0.0014
3.0	0.0013	0.0013	0.0013	0.0012	0.0012	0.0011	0.0011	0.0011	0.0010	0.0010

付表 2　t 分布表　自由度 n，確率 α に対するパーセント点 $t_\alpha(n)$ の表

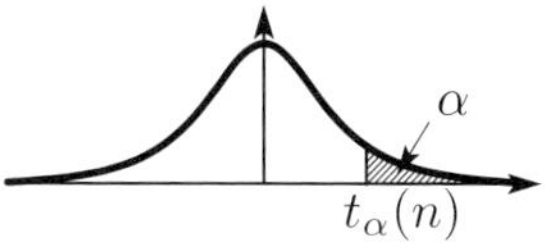

n \ α	.250	.200	.150	.100	.050	.025	.020	.015	.010	.005
1	1.000	1.376	1.963	3.078	6.314	12.706	15.895	21.205	31.821	63.657
2	0.816	1.061	1.386	1.886	2.920	4.303	4.849	5.643	6.965	9.925
3	0.765	0.978	1.250	1.638	2.353	3.182	3.482	3.896	4.541	5.841
4	0.741	0.941	1.190	1.533	2.132	2.776	2.999	3.298	3.747	4.604
5	0.727	0.920	1.156	1.476	2.015	2.571	2.757	3.003	3.365	4.032
6	0.718	0.906	1.134	1.440	1.943	2.447	2.612	2.829	3.143	3.707
7	0.711	0.896	1.119	1.415	1.895	2.365	2.517	2.715	2.998	3.499
8	0.706	0.889	1.108	1.397	1.860	2.306	2.449	2.634	2.896	3.355
9	0.703	0.883	1.100	1.383	1.833	2.262	2.398	2.574	2.821	3.250
10	0.700	0.879	1.093	1.372	1.812	2.228	2.359	2.527	2.764	3.169
11	0.697	0.876	1.088	1.363	1.796	2.201	2.328	2.491	2.718	3.106
12	0.695	0.873	1.083	1.356	1.782	2.179	2.303	2.461	2.681	3.055
13	0.694	0.870	1.079	1.350	1.771	2.160	2.282	2.436	2.650	3.012
14	0.692	0.868	1.076	1.345	1.761	2.145	2.264	2.415	2.624	2.977
15	0.691	0.866	1.074	1.341	1.753	2.131	2.249	2.397	2.602	2.947
16	0.690	0.865	1.071	1.337	1.746	2.120	2.235	2.382	2.583	2.921
17	0.689	0.863	1.069	1.333	1.740	2.110	2.224	2.368	2.567	2.898
18	0.688	0.862	1.067	1.330	1.734	2.101	2.214	2.356	2.552	2.878
19	0.688	0.861	1.066	1.328	1.729	2.093	2.205	2.346	2.539	2.861
20	0.687	0.860	1.064	1.325	1.725	2.086	2.197	2.336	2.528	2.845
21	0.686	0.859	1.063	1.323	1.721	2.080	2.189	2.328	2.518	2.831
22	0.686	0.858	1.061	1.321	1.717	2.074	2.183	2.320	2.508	2.819
23	0.685	0.858	1.060	1.319	1.714	2.069	2.177	2.313	2.500	2.807
24	0.685	0.857	1.059	1.318	1.711	2.064	2.172	2.307	2.492	2.797
25	0.684	0.856	1.058	1.316	1.708	2.060	2.167	2.301	2.485	2.787
26	0.684	0.856	1.058	1.315	1.706	2.056	2.162	2.296	2.479	2.779
27	0.684	0.855	1.057	1.314	1.703	2.052	2.158	2.291	2.473	2.771
28	0.683	0.855	1.056	1.313	1.701	2.048	2.154	2.286	2.467	2.763
29	0.683	0.854	1.055	1.311	1.699	2.045	2.150	2.282	2.462	2.756
30	0.683	0.854	1.055	1.310	1.697	2.042	2.147	2.278	2.457	2.750
31	0.682	0.853	1.054	1.309	1.696	2.040	2.144	2.275	2.453	2.744
32	0.682	0.853	1.054	1.309	1.694	2.037	2.141	2.271	2.449	2.738
33	0.682	0.853	1.053	1.308	1.692	2.035	2.138	2.268	2.445	2.733
34	0.682	0.852	1.052	1.307	1.691	2.032	2.136	2.265	2.441	2.728
35	0.682	0.852	1.052	1.306	1.690	2.030	2.133	2.262	2.438	2.724

付表 3　χ^2 **分布表**　自由度 n，確率 α に対するパーセント点 $\chi_\alpha(n)$ の表

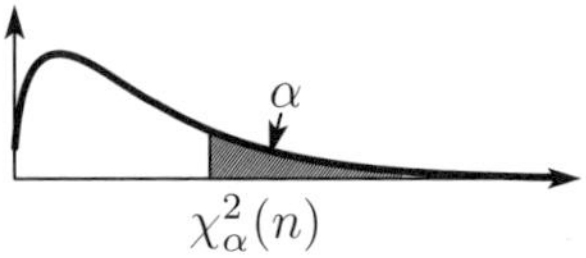

n \ α	0.995	0.990	0.975	0.950	0.900	0.100	0.050	0.025	0.010	0.005
1	0.000	0.000	0.001	0.004	0.016	2.706	3.841	5.024	6.635	7.879
2	0.010	0.020	0.051	0.103	0.211	4.605	5.991	7.378	9.210	10.597
3	0.072	0.115	0.216	0.352	0.584	6.251	7.815	9.348	11.345	12.838
4	0.207	0.297	0.484	0.711	1.064	7.779	9.488	11.143	13.277	14.860
5	0.412	0.554	0.831	1.145	1.610	9.236	11.070	12.833	15.086	16.750
6	0.676	0.872	1.237	1.635	2.204	10.645	12.592	14.449	16.812	18.548
7	0.989	1.239	1.690	2.167	2.833	12.017	14.067	16.013	18.475	20.278
8	1.344	1.646	2.180	2.733	3.490	13.362	15.507	17.535	20.090	21.955
9	1.735	2.088	2.700	3.325	4.168	14.684	16.919	19.023	21.666	23.589
10	2.156	2.558	3.247	3.940	4.865	15.987	18.307	20.483	23.209	25.188
11	2.603	3.053	3.816	4.575	5.578	17.275	19.675	21.920	24.725	26.757
12	3.074	3.571	4.404	5.226	6.304	18.549	21.026	23.337	26.217	28.300
13	3.565	4.107	5.009	5.892	7.042	19.812	22.362	24.736	27.688	29.819
14	4.075	4.660	5.629	6.571	7.790	21.064	23.685	26.119	29.141	31.319
15	4.601	5.229	6.262	7.261	8.547	22.307	24.996	27.488	30.578	32.801
16	5.142	5.812	6.908	7.962	9.312	23.542	26.296	28.845	32.000	34.267
17	5.697	6.408	7.564	8.672	10.085	24.769	27.587	30.191	33.409	35.718
18	6.265	7.015	8.231	9.390	10.865	25.989	28.869	31.526	34.805	37.156
19	6.844	7.633	8.907	10.117	11.651	27.204	30.144	32.852	36.191	38.582
20	7.434	8.260	9.591	10.851	12.443	28.412	31.410	34.170	37.566	39.997
21	8.034	8.897	10.283	11.591	13.240	29.615	32.671	35.479	38.932	41.401
22	8.643	9.542	10.982	12.338	14.041	30.813	33.924	36.781	40.289	42.796
23	9.260	10.196	11.689	13.091	14.848	32.007	35.172	38.076	41.638	44.181
24	9.886	10.856	12.401	13.848	15.659	33.196	36.415	39.364	42.980	45.559
25	10.520	11.524	13.120	14.611	16.473	34.382	37.652	40.646	44.314	46.928
26	11.160	12.198	13.844	15.379	17.292	35.563	38.885	41.923	45.642	48.290
27	11.808	12.879	14.573	16.151	18.114	36.741	40.113	43.195	46.963	49.645
28	12.461	13.565	15.308	16.928	18.939	37.916	41.337	44.461	48.278	50.993
29	13.121	14.256	16.047	17.708	19.768	39.087	42.557	45.722	49.588	52.336
30	13.787	14.953	16.791	18.493	20.599	40.256	43.773	46.979	50.892	53.672
40	20.707	22.164	24.433	26.509	29.051	51.805	55.758	59.342	63.691	66.766
60	35.534	37.485	40.482	43.188	46.459	74.397	79.082	83.298	88.379	91.952
80	51.172	53.540	57.153	60.391	64.278	96.578	101.879	106.629	112.329	116.321
100	67.328	70.065	74.222	77.929	82.358	118.498	124.342	129.561	135.807	140.169
200	152.241	156.432	162.728	168.279	174.835	226.021	233.994	241.058	249.445	255.264

付表 4 F 分布表 自由度 (m, n)，確率 α に対するパーセント点 $F_\alpha(m, n)$ の表

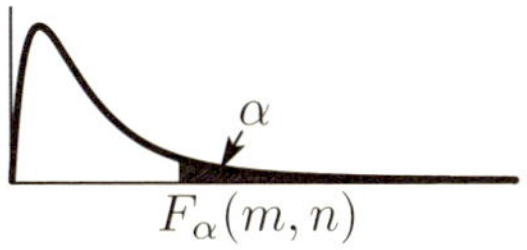

$\alpha = 0.05$

n \ m	1	2	3	4	5	6	7	8	9	10	12	15	20	30	40	60	120
1	161.45	199.50	215.71	224.58	230.16	233.99	236.77	238.88	240.54	241.88	243.91	245.95	248.01	250.10	251.14	252.20	253.25
2	18.51	19.00	19.16	19.25	19.30	19.33	19.35	19.37	19.38	19.40	19.41	19.43	19.45	19.46	19.47	19.48	19.49
3	10.13	9.55	9.28	9.12	9.01	8.94	8.89	8.85	8.81	8.79	8.74	8.70	8.66	8.62	8.59	8.57	8.55
4	7.71	6.94	6.59	6.39	6.26	6.16	6.09	6.04	6.00	5.96	5.91	5.86	5.80	5.75	5.72	5.69	5.66
5	6.61	5.79	5.41	5.19	5.05	4.95	4.88	4.82	4.77	4.74	4.68	4.62	4.56	4.50	4.46	4.43	4.40
6	5.99	5.14	4.76	4.53	4.39	4.28	4.21	4.15	4.10	4.06	4.00	3.94	3.87	3.81	3.77	3.74	3.70
7	5.59	4.74	4.35	4.12	3.97	3.87	3.79	3.73	3.68	3.64	3.57	3.51	3.44	3.38	3.34	3.30	3.27
8	5.32	4.46	4.07	3.84	3.69	3.58	3.50	3.44	3.39	3.35	3.28	3.22	3.15	3.08	3.04	3.01	2.97
9	5.12	4.26	3.86	3.63	3.48	3.37	3.29	3.23	3.18	3.14	3.07	3.01	2.94	2.86	2.83	2.79	2.75
10	4.96	4.10	3.71	3.48	3.33	3.22	3.14	3.07	3.02	2.98	2.91	2.85	2.77	2.70	2.66	2.62	2.58
11	4.84	3.98	3.59	3.36	3.20	3.09	3.01	2.95	2.90	2.85	2.79	2.72	2.65	2.57	2.53	2.49	2.45
12	4.75	3.89	3.49	3.26	3.11	3.00	2.91	2.85	2.80	2.75	2.69	2.62	2.54	2.47	2.43	2.38	2.34
13	4.67	3.81	3.41	3.18	3.03	2.92	2.83	2.77	2.71	2.67	2.60	2.53	2.46	2.38	2.34	2.30	2.25
14	4.60	3.74	3.34	3.11	2.96	2.85	2.76	2.70	2.65	2.60	2.53	2.46	2.39	2.31	2.27	2.22	2.18
15	4.54	3.68	3.29	3.06	2.90	2.79	2.71	2.64	2.59	2.54	2.48	2.40	2.33	2.25	2.20	2.16	2.11
16	4.49	3.63	3.24	3.01	2.85	2.74	2.66	2.59	2.54	2.49	2.42	2.35	2.28	2.19	2.15	2.11	2.06
17	4.45	3.59	3.20	2.96	2.81	2.70	2.61	2.55	2.49	2.45	2.38	2.31	2.23	2.15	2.10	2.06	2.01
18	4.41	3.55	3.16	2.93	2.77	2.66	2.58	2.51	2.46	2.41	2.34	2.27	2.19	2.11	2.06	2.02	1.97
19	4.38	3.52	3.13	2.90	2.74	2.63	2.54	2.48	2.42	2.38	2.31	2.23	2.16	2.07	2.03	1.98	1.93
20	4.35	3.49	3.10	2.87	2.71	2.60	2.51	2.45	2.39	2.35	2.28	2.20	2.12	2.04	1.99	1.95	1.90
21	4.32	3.47	3.07	2.84	2.68	2.57	2.49	2.42	2.37	2.32	2.25	2.18	2.10	2.01	1.96	1.92	1.87
22	4.30	3.44	3.05	2.82	2.66	2.55	2.46	2.40	2.34	2.30	2.23	2.15	2.07	1.98	1.94	1.89	1.84
23	4.28	3.42	3.03	2.80	2.64	2.53	2.44	2.37	2.32	2.27	2.20	2.13	2.05	1.96	1.91	1.86	1.81
24	4.26	3.40	3.01	2.78	2.62	2.51	2.42	2.36	2.30	2.25	2.18	2.11	2.03	1.94	1.89	1.84	1.79
25	4.24	3.39	2.99	2.76	2.60	2.49	2.40	2.34	2.28	2.24	2.16	2.09	2.01	1.92	1.87	1.82	1.77
26	4.23	3.37	2.98	2.74	2.59	2.47	2.39	2.32	2.27	2.22	2.15	2.07	1.99	1.90	1.85	1.80	1.75
27	4.21	3.35	2.96	2.73	2.57	2.46	2.37	2.31	2.25	2.20	2.13	2.06	1.97	1.88	1.84	1.79	1.73
28	4.20	3.34	2.95	2.71	2.56	2.45	2.36	2.29	2.24	2.19	2.12	2.04	1.96	1.87	1.82	1.77	1.71
29	4.18	3.33	2.93	2.70	2.55	2.43	2.35	2.28	2.22	2.18	2.10	2.03	1.94	1.85	1.81	1.75	1.70
30	4.17	3.32	2.92	2.69	2.53	2.42	2.33	2.27	2.21	2.16	2.09	2.01	1.93	1.84	1.79	1.74	1.68
40	4.08	3.23	2.84	2.61	2.45	2.34	2.25	2.18	2.12	2.08	2.00	1.92	1.84	1.74	1.69	1.64	1.58
60	4.00	3.15	2.76	2.53	2.37	2.25	2.17	2.10	2.04	1.99	1.92	1.84	1.75	1.65	1.59	1.53	1.47
80	3.96	3.11	2.72	2.49	2.33	2.21	2.13	2.06	2.00	1.95	1.88	1.79	1.70	1.60	1.54	1.48	1.41
120	3.92	3.07	2.68	2.45	2.29	2.18	2.09	2.02	1.96	1.91	1.83	1.75	1.66	1.55	1.50	1.43	1.35

付表 5　F 分布表　自由度 (m,n)，確率 α に対するパーセント点 $F_\alpha(m,n)$ の表

$\alpha = 0.025$

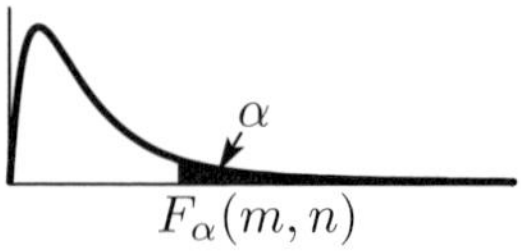

n \ m	1	2	3	4	5	6	7	8	9	10	12	15	20	30	40	60	120
1	647.79	799.50	864.16	899.58	921.85	937.11	948.22	956.66	963.28	968.63	976.71	984.87	993.10	1001.41	1005.60	1009.80	1014.02
2	38.51	39.00	39.17	39.25	39.30	39.33	39.36	39.37	39.39	39.40	39.41	39.43	39.45	39.46	39.47	39.48	39.49
3	17.44	16.04	15.44	15.10	14.88	14.73	14.62	14.54	14.47	14.42	14.34	14.25	14.17	14.08	14.04	13.99	13.95
4	12.22	10.65	9.98	9.60	9.36	9.20	9.07	8.98	8.90	8.84	8.75	8.66	8.56	8.46	8.41	8.36	8.31
5	10.01	8.43	7.76	7.39	7.15	6.98	6.85	6.76	6.68	6.62	6.52	6.43	6.33	6.23	6.18	6.12	6.07
6	8.81	7.26	6.60	6.23	5.99	5.82	5.70	5.60	5.52	5.46	5.37	5.27	5.17	5.07	5.01	4.96	4.90
7	8.07	6.54	5.89	5.52	5.29	5.12	4.99	4.90	4.82	4.76	4.67	4.57	4.47	4.36	4.31	4.25	4.20
8	7.57	6.06	5.42	5.05	4.82	4.65	4.53	4.43	4.36	4.30	4.20	4.10	4.00	3.89	3.84	3.78	3.73
9	7.21	5.71	5.08	4.72	4.48	4.32	4.20	4.10	4.03	3.96	3.87	3.77	3.67	3.56	3.51	3.45	3.39
10	6.94	5.46	4.83	4.47	4.24	4.07	3.95	3.85	3.78	3.72	3.62	3.52	3.42	3.31	3.26	3.20	3.14
11	6.72	5.26	4.63	4.28	4.04	3.88	3.76	3.66	3.59	3.53	3.43	3.33	3.23	3.12	3.06	3.00	2.94
12	6.55	5.10	4.47	4.12	3.89	3.73	3.61	3.51	3.44	3.37	3.28	3.18	3.07	2.96	2.91	2.85	2.79
13	6.41	4.97	4.35	4.00	3.77	3.60	3.48	3.39	3.31	3.25	3.15	3.05	2.95	2.84	2.78	2.72	2.66
14	6.30	4.86	4.24	3.89	3.66	3.50	3.38	3.29	3.21	3.15	3.05	2.95	2.84	2.73	2.67	2.61	2.55
15	6.20	4.77	4.15	3.80	3.58	3.41	3.29	3.20	3.12	3.06	2.96	2.86	2.76	2.64	2.59	2.52	2.46
16	6.12	4.69	4.08	3.73	3.50	3.34	3.22	3.12	3.05	2.99	2.89	2.79	2.68	2.57	2.51	2.45	2.38
17	6.04	4.62	4.01	3.66	3.44	3.28	3.16	3.06	2.98	2.92	2.82	2.72	2.62	2.50	2.44	2.38	2.32
18	5.98	4.56	3.95	3.61	3.38	3.22	3.10	3.01	2.93	2.87	2.77	2.67	2.56	2.44	2.38	2.32	2.26
19	5.92	4.51	3.90	3.56	3.33	3.17	3.05	2.96	2.88	2.82	2.72	2.62	2.51	2.39	2.33	2.27	2.20
20	5.87	4.46	3.86	3.51	3.29	3.13	3.01	2.91	2.84	2.77	2.68	2.57	2.46	2.35	2.29	2.22	2.16
21	5.83	4.42	3.82	3.48	3.25	3.09	2.97	2.87	2.80	2.73	2.64	2.53	2.42	2.31	2.25	2.18	2.11
22	5.79	4.38	3.78	3.44	3.22	3.05	2.93	2.84	2.76	2.70	2.60	2.50	2.39	2.27	2.21	2.14	2.08
23	5.75	4.35	3.75	3.41	3.18	3.02	2.90	2.81	2.73	2.67	2.57	2.47	2.36	2.24	2.18	2.11	2.04
24	5.72	4.32	3.72	3.38	3.15	2.99	2.87	2.78	2.70	2.64	2.54	2.44	2.33	2.21	2.15	2.08	2.01
25	5.69	4.29	3.69	3.35	3.13	2.97	2.85	2.75	2.68	2.61	2.51	2.41	2.30	2.18	2.12	2.05	1.98
26	5.66	4.27	3.67	3.33	3.10	2.94	2.82	2.73	2.65	2.59	2.49	2.39	2.28	2.16	2.09	2.03	1.95
27	5.63	4.24	3.65	3.31	3.08	2.92	2.80	2.71	2.63	2.57	2.47	2.36	2.25	2.13	2.07	2.00	1.93
28	5.61	4.22	3.63	3.29	3.06	2.90	2.78	2.69	2.61	2.55	2.45	2.34	2.23	2.11	2.05	1.98	1.91
29	5.59	4.20	3.61	3.27	3.04	2.88	2.76	2.67	2.59	2.53	2.43	2.32	2.21	2.09	2.03	1.96	1.89
30	5.57	4.18	3.59	3.25	3.03	2.87	2.75	2.65	2.57	2.51	2.41	2.31	2.20	2.07	2.01	1.94	1.87
40	5.42	4.05	3.46	3.13	2.90	2.74	2.62	2.53	2.45	2.39	2.29	2.18	2.07	1.94	1.88	1.80	1.72
60	5.29	3.93	3.34	3.01	2.79	2.63	2.51	2.41	2.33	2.27	2.17	2.06	1.94	1.82	1.74	1.67	1.58
80	5.22	3.86	3.28	2.95	2.73	2.57	2.45	2.35	2.28	2.21	2.11	2.00	1.88	1.75	1.68	1.60	1.51
120	5.15	3.80	3.23	2.89	2.67	2.52	2.39	2.30	2.22	2.16	2.05	1.94	1.82	1.69	1.61	1.53	1.43

付表 6　F 分布表　自由度 (m, n)，確率 α に対するパーセント点 $F_\alpha(m, n)$ の表

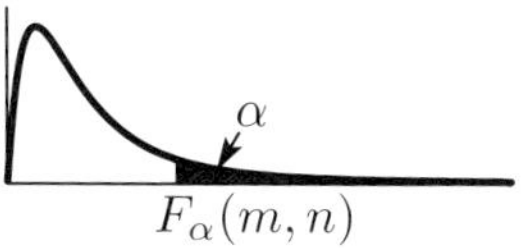

$\alpha = 0.001$

n \ m	1	2	3	4	5	6	7	8	9	10	12	15	20	30	40	60	120
1	4052 .18	4999 .50	5403 .35	5624 .58	5763 .65	5858 .99	5928 .36	5981 .07	6022 .47	6055 .85	6106 .32	6157 .28	6208 .73	6260 .65	6286 .78	6313 .03	6339 .39
2	98.50	99.00	99.17	99.25	99.30	99.33	99.36	99.37	99.39	99.40	99.42	99.43	99.45	99.47	99.47	99.48	99.49
3	34.12	30.82	29.46	28.71	28.24	27.91	27.67	27.49	27.35	27.23	27.05	26.87	26.69	26.50	26.41	26.32	26.22
4	21.20	18.00	16.69	15.98	15.52	15.21	14.98	14.80	14.66	14.55	14.37	14.20	14.02	13.84	13.75	13.65	13.56
5	16.26	13.27	12.06	11.39	10.97	10.67	10.46	10.29	10.16	10.05	9.89	9.72	9.55	9.38	9.29	9.20	9.11
6	13.75	10.92	9.78	9.15	8.75	8.47	8.26	8.10	7.98	7.87	7.72	7.56	7.40	7.23	7.14	7.06	6.97
7	12.25	9.55	8.45	7.85	7.46	7.19	6.99	6.84	6.72	6.62	6.47	6.31	6.16	5.99	5.91	5.82	5.74
8	11.26	8.65	7.59	7.01	6.63	6.37	6.18	6.03	5.91	5.81	5.67	5.52	5.36	5.20	5.12	5.03	4.95
9	10.56	8.02	6.99	6.42	6.06	5.80	5.61	5.47	5.35	5.26	5.11	4.96	4.81	4.65	4.57	4.48	4.40
10	10.04	7.56	6.55	5.99	5.64	5.39	5.20	5.06	4.94	4.85	4.71	4.56	4.41	4.25	4.17	4.08	4.00
11	9.65	7.21	6.22	5.67	5.32	5.07	4.89	4.74	4.63	4.54	4.40	4.25	4.10	3.94	3.86	3.78	3.69
12	9.33	6.93	5.95	5.41	5.06	4.82	4.64	4.50	4.39	4.30	4.16	4.01	3.86	3.70	3.62	3.54	3.45
13	9.07	6.70	5.74	5.21	4.86	4.62	4.44	4.30	4.19	4.10	3.96	3.82	3.66	3.51	3.43	3.34	3.25
14	8.86	6.51	5.56	5.04	4.69	4.46	4.28	4.14	4.03	3.94	3.80	3.66	3.51	3.35	3.27	3.18	3.09
15	8.68	6.36	5.42	4.89	4.56	4.32	4.14	4.00	3.89	3.80	3.67	3.52	3.37	3.21	3.13	3.05	2.96
16	8.53	6.23	5.29	4.77	4.44	4.20	4.03	3.89	3.78	3.69	3.55	3.41	3.26	3.10	3.02	2.93	2.84
17	8.40	6.11	5.18	4.67	4.34	4.10	3.93	3.79	3.68	3.59	3.46	3.31	3.16	3.00	2.92	2.83	2.75
18	8.29	6.01	5.09	4.58	4.25	4.01	3.84	3.71	3.60	3.51	3.37	3.23	3.08	2.92	2.84	2.75	2.66
19	8.18	5.93	5.01	4.50	4.17	3.94	3.77	3.63	3.52	3.43	3.30	3.15	3.00	2.84	2.76	2.67	2.58
20	8.10	5.85	4.94	4.43	4.10	3.87	3.70	3.56	3.46	3.37	3.23	3.09	2.94	2.78	2.69	2.61	2.52
21	8.02	5.78	4.87	4.37	4.04	3.81	3.64	3.51	3.40	3.31	3.17	3.03	2.88	2.72	2.64	2.55	2.46
22	7.95	5.72	4.82	4.31	3.99	3.76	3.59	3.45	3.35	3.26	3.12	2.98	2.83	2.67	2.58	2.50	2.40
23	7.88	5.66	4.76	4.26	3.94	3.71	3.54	3.41	3.30	3.21	3.07	2.93	2.78	2.62	2.54	2.45	2.35
24	7.82	5.61	4.72	4.22	3.90	3.67	3.50	3.36	3.26	3.17	3.03	2.89	2.74	2.58	2.49	2.40	2.31
25	7.77	5.57	4.68	4.18	3.85	3.63	3.46	3.32	3.22	3.13	2.99	2.85	2.70	2.54	2.45	2.36	2.27
26	7.72	5.53	4.64	4.14	3.82	3.59	3.42	3.29	3.18	3.09	2.96	2.81	2.66	2.50	2.42	2.33	2.23
27	7.68	5.49	4.60	4.11	3.78	3.56	3.39	3.26	3.15	3.06	2.93	2.78	2.63	2.47	2.38	2.29	2.20
28	7.64	5.45	4.57	4.07	3.75	3.53	3.36	3.23	3.12	3.03	2.90	2.75	2.60	2.44	2.35	2.26	2.17
29	7.60	5.42	4.54	4.04	3.73	3.50	3.33	3.20	3.09	3.00	2.87	2.73	2.57	2.41	2.33	2.23	2.14
30	7.56	5.39	4.51	4.02	3.70	3.47	3.30	3.17	3.07	2.98	2.84	2.70	2.55	2.39	2.30	2.21	2.11
40	7.31	5.18	4.31	3.83	3.51	3.29	3.12	2.99	2.89	2.80	2.66	2.52	2.37	2.20	2.11	2.02	1.92
60	7.08	4.98	4.13	3.65	3.34	3.12	2.95	2.82	2.72	2.63	2.50	2.35	2.20	2.03	1.94	1.84	1.73
80	6.96	4.88	4.04	3.56	3.26	3.04	2.87	2.74	2.64	2.55	2.42	2.27	2.12	1.94	1.85	1.75	1.63
120	6.85	4.79	3.95	3.48	3.17	2.96	2.79	2.66	2.56	2.47	2.34	2.19	2.03	1.86	1.76	1.66	1.53

付表 7 F 分布表 自由度 (m, n)，確率 α に対するパーセント点 $F_\alpha(m, n)$ の表

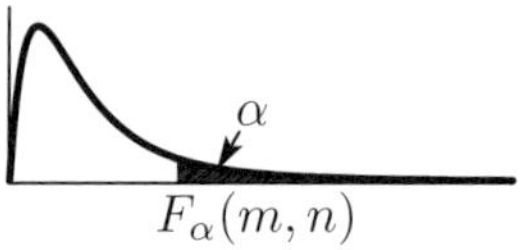

$\boldsymbol{\alpha = 0.0005}$

n \ m	1	2	3	4	5	6	7	8	9	10	12	15	20	30	40	60	120
1	16210.72	19999.50	21614.74	22499.58	23055.80	23437.11	23714.57	23925.41	24091.00	24224.49	24426.37	24630.21	24835.97	25043.63	25148.15	25253.14	25358.57
2	198.50	199.00	199.17	199.25	199.30	199.33	199.36	199.37	199.39	199.40	199.42	199.43	199.45	199.47	199.47	199.48	199.49
3	55.55	49.80	47.47	46.19	45.39	44.84	44.43	44.13	43.88	43.69	43.39	43.08	42.78	42.47	42.31	42.15	41.99
4	31.33	26.28	24.26	23.15	22.46	21.97	21.62	21.35	21.14	20.97	20.70	20.44	20.17	19.89	19.75	19.61	19.47
5	22.78	18.31	16.53	15.56	14.94	14.51	14.20	13.96	13.77	13.62	13.38	13.15	12.90	12.66	12.53	12.40	12.27
6	18.63	14.54	12.92	12.03	11.46	11.07	10.79	10.57	10.39	10.25	10.03	9.81	9.59	9.36	9.24	9.12	9.00
7	16.24	12.40	10.88	10.05	9.52	9.16	8.89	8.68	8.51	8.38	8.18	7.97	7.75	7.53	7.42	7.31	7.19
8	14.69	11.04	9.60	8.81	8.30	7.95	7.69	7.50	7.34	7.21	7.01	6.81	6.61	6.40	6.29	6.18	6.06
9	13.61	10.11	8.72	7.96	7.47	7.13	6.88	6.69	6.54	6.42	6.23	6.03	5.83	5.62	5.52	5.41	5.30
10	12.83	9.43	8.08	7.34	6.87	6.54	6.30	6.12	5.97	5.85	5.66	5.47	5.27	5.07	4.97	4.86	4.75
11	12.23	8.91	7.60	6.88	6.42	6.10	5.86	5.68	5.54	5.42	5.24	5.05	4.86	4.65	4.55	4.45	4.34
12	11.75	8.51	7.23	6.52	6.07	5.76	5.52	5.35	5.20	5.09	4.91	4.72	4.53	4.33	4.23	4.12	4.01
13	11.37	8.19	6.93	6.23	5.79	5.48	5.25	5.08	4.94	4.82	4.64	4.46	4.27	4.07	3.97	3.87	3.76
14	11.06	7.92	6.68	6.00	5.56	5.26	5.03	4.86	4.72	4.60	4.43	4.25	4.06	3.86	3.76	3.66	3.55
15	10.80	7.70	6.48	5.80	5.37	5.07	4.85	4.67	4.54	4.42	4.25	4.07	3.88	3.69	3.58	3.48	3.37
16	10.58	7.51	6.30	5.64	5.21	4.91	4.69	4.52	4.38	4.27	4.10	3.92	3.73	3.54	3.44	3.33	3.22
17	10.38	7.35	6.16	5.50	5.07	4.78	4.56	4.39	4.25	4.14	3.97	3.79	3.61	3.41	3.31	3.21	3.10
18	10.22	7.21	6.03	5.37	4.96	4.66	4.44	4.28	4.14	4.03	3.86	3.68	3.50	3.30	3.20	3.10	2.99
19	10.07	7.09	5.92	5.27	4.85	4.56	4.34	4.18	4.04	3.93	3.76	3.59	3.40	3.21	3.11	3.00	2.89
20	9.94	6.99	5.82	5.17	4.76	4.47	4.26	4.09	3.96	3.85	3.68	3.50	3.32	3.12	3.02	2.92	2.81
21	9.83	6.89	5.73	5.09	4.68	4.39	4.18	4.01	3.88	3.77	3.60	3.43	3.24	3.05	2.95	2.84	2.73
22	9.73	6.81	5.65	5.02	4.61	4.32	4.11	3.94	3.81	3.70	3.54	3.36	3.18	2.98	2.88	2.77	2.66
23	9.63	6.73	5.58	4.95	4.54	4.26	4.05	3.88	3.75	3.64	3.47	3.30	3.12	2.92	2.82	2.71	2.60
24	9.55	6.66	5.52	4.89	4.49	4.20	3.99	3.83	3.69	3.59	3.42	3.25	3.06	2.87	2.77	2.66	2.55
25	9.48	6.60	5.46	4.84	4.43	4.15	3.94	3.78	3.64	3.54	3.37	3.20	3.01	2.82	2.72	2.61	2.50
26	9.41	6.54	5.41	4.79	4.38	4.10	3.89	3.73	3.60	3.49	3.33	3.15	2.97	2.77	2.67	2.56	2.45
27	9.34	6.49	5.36	4.74	4.34	4.06	3.85	3.69	3.56	3.45	3.28	3.11	2.93	2.73	2.63	2.52	2.41
28	9.28	6.44	5.32	4.70	4.30	4.02	3.81	3.65	3.52	3.41	3.25	3.07	2.89	2.69	2.59	2.48	2.37
29	9.23	6.40	5.28	4.66	4.26	3.98	3.77	3.61	3.48	3.38	3.21	3.04	2.86	2.66	2.56	2.45	2.33
30	9.18	6.35	5.24	4.62	4.23	3.95	3.74	3.58	3.45	3.34	3.18	3.01	2.82	2.63	2.52	2.42	2.30
40	8.83	6.07	4.98	4.37	3.99	3.71	3.51	3.35	3.22	3.12	2.95	2.78	2.60	2.40	2.30	2.18	2.06
60	8.49	5.79	4.73	4.14	3.76	3.49	3.29	3.13	3.01	2.90	2.74	2.57	2.39	2.19	2.08	1.96	1.83
80	8.33	5.67	4.61	4.03	3.65	3.39	3.19	3.03	2.91	2.80	2.64	2.47	2.29	2.08	1.97	1.85	1.72
120	8.18	5.54	4.50	3.92	3.55	3.28	3.09	2.93	2.81	2.71	2.54	2.37	2.19	1.98	1.87	1.75	1.61

付表 8 ポアソン分布表

k \ λ	2.0	2.5	3.0	3.5	4.0	4.5	5.0	5.5	6.0
0	0.135	0.082	0.050	0.030	0.018	0.011	0.007	0.004	0.002
1	0.271	0.205	0.149	0.106	0.073	0.050	0.034	0.022	0.015
2	0.271	0.257	0.224	0.185	0.147	0.112	0.084	0.062	0.045
3	0.180	0.214	0.224	0.216	0.195	0.169	0.140	0.113	0.089
4	0.090	0.134	0.168	0.189	0.195	0.190	0.175	0.156	0.134
5	0.036	0.067	0.101	0.132	0.156	0.171	0.175	0.171	0.161
6	0.012	0.028	0.050	0.077	0.104	0.128	0.146	0.157	0.161
7	0.003	0.010	0.022	0.039	0.060	0.082	0.104	0.123	0.138
8	0.001	0.003	0.008	0.017	0.030	0.046	0.065	0.085	0.103
9	0.000	0.001	0.003	0.007	0.013	0.023	0.036	0.052	0.069
10	0.000	0.000	0.001	0.002	0.005	0.010	0.018	0.029	0.041
11	0.000	0.000	0.000	0.001	0.002	0.004	0.008	0.014	0.023
12	0.000	0.000	0.000	0.000	0.001	0.002	0.003	0.007	0.011
13	0.000	0.000	0.000	0.000	0.000	0.001	0.001	0.003	0.005
14	0.000	0.000	0.000	0.000	0.000	0.000	0.000	0.001	0.002
15	0.000	0.000	0.000	0.000	0.000	0.000	0.000	0.000	0.001
16	0.000	0.000	0.000	0.000	0.000	0.000	0.000	0.000	0.000
17	0.000	0.000	0.000	0.000	0.000	0.000	0.000	0.000	0.000
18	0.000	0.000	0.000	0.000	0.000	0.000	0.000	0.000	0.000
19	0.000	0.000	0.000	0.000	0.000	0.000	0.000	0.000	0.000
20	0.000	0.000	0.000	0.000	0.000	0.000	0.000	0.000	0.000

k \ λ	6.5	7.0	7.5	8.0	8.5	9.0	9.5	10.0	10.5
0	0.002	0.001	0.001	0.000	0.000	0.000	0.000	0.000	0.000
1	0.010	0.006	0.004	0.003	0.002	0.001	0.001	0.000	0.000
2	0.032	0.022	0.016	0.011	0.007	0.005	0.003	0.002	0.002
3	0.069	0.052	0.039	0.029	0.021	0.015	0.011	0.008	0.005
4	0.112	0.091	0.073	0.057	0.044	0.034	0.025	0.019	0.014
5	0.145	0.128	0.109	0.092	0.075	0.061	0.048	0.038	0.029
6	0.157	0.149	0.137	0.122	0.107	0.091	0.076	0.063	0.051
7	0.146	0.149	0.146	0.140	0.129	0.117	0.104	0.090	0.077
8	0.119	0.130	0.137	0.140	0.138	0.132	0.123	0.113	0.101
9	0.086	0.101	0.114	0.124	0.130	0.132	0.130	0.125	0.118
10	0.056	0.071	0.086	0.099	0.110	0.119	0.124	0.125	0.124
11	0.033	0.045	0.059	0.072	0.085	0.097	0.107	0.114	0.118
12	0.018	0.026	0.037	0.048	0.060	0.073	0.084	0.095	0.103
13	0.009	0.014	0.021	0.030	0.040	0.050	0.062	0.073	0.083
14	0.004	0.007	0.011	0.017	0.024	0.032	0.042	0.052	0.063
15	0.002	0.003	0.006	0.009	0.014	0.019	0.027	0.035	0.044
16	0.001	0.001	0.003	0.005	0.007	0.011	0.016	0.022	0.029
17	0.000	0.001	0.001	0.002	0.004	0.006	0.009	0.013	0.018
18	0.000	0.000	0.000	0.001	0.002	0.003	0.005	0.007	0.010
19	0.000	0.000	0.000	0.000	0.001	0.001	0.002	0.004	0.006
20	0.000	0.000	0.000	0.000	0.000	0.001	0.001	0.002	0.003

参考文献

本書を執筆する上で参考にした本をあげておく.

[1] 稲垣宣生著:『数理統計学 – 改訂版』, 裳華房, 2003.

[2] 河田敬義, 丸山文行, 鍋谷清治:『大学演習数理統計』, 裳華房, 1980.

[3] 久米均, 飯塚悦功:『回帰分析』, 岩波書店, 1987

[4] 倉田 博史, 星野 崇宏:『入門統計解析』, 新世社, 2009.

[5] 佐和隆光:『回帰分析』, 朝倉書店, 1979.

[6] D. サルツブルグ (竹内惠行, 熊谷悦生訳):『統計学を拓いた異才たち』, 日本経済新聞社, 2006.

[7] 杉原左右一:『統計学 – 増補第 2 版』, 晃洋書房, 2003.

[8] 竹村彰通:『現代数理統計学』, 創文社, 1991.

[9] 田代嘉宏:『確率・統計』, 森北出版, 2000.

[10] 東京大学教養学部統計学教室 編 :『統計学入門』, 東京大学出版会 1991.

[11] 西村和雄 :『ミクロ経済学』, 東京大学出版会 1996.

[12] 早川毅:『回帰分析の基礎』, 朝倉書店, 1986.

[13] W.フェラー (卜部舜一 [ほか] 訳) : 『確率論とその応用 1 上, 下, 2 上, 下』, 紀伊國屋書店, 1980.

[14] 蓑谷千凰彦:『統計学入門 1, 2』, 東京図書, 1994.

[15] 蓑谷千凰彦:『統計学のはなし』, 東京図書, 1997

[16] 森棟公夫:『統計学入門 第 2 版』, 新世社, 2000.

[17] 吉澤康和:『新しい誤差論』, 共立出版, 1989.

[18] E. L. レ-マン (渋谷政昭, 竹内啓訳): 『統計的検定論』, 岩波書店, 1969.

[19] 宿久 洋, 原 恭彦, 村上 享:『確率と統計の基礎 I, II』, ミネルヴァ書房, 2009.

索　　引

執筆者紹介

藤本佳久（ふじもとよしひさ）

東京大学大学院理学系研究科
博士課程修了，理学博士
現在　明治大学経営学部教授

例題と演習で学ぶ 文系のための統計学

2017年4月20日　第1版　第1刷　印刷
2017年4月30日　第1版　第1刷　発行

著　者　藤本佳久
発行者　発田和子
発行所　株式会社　学術図書出版社

〒113-0033　東京都文京区本郷5丁目4の6
TEL 03-3811-0889　振替　00110-4-28454
印刷　三和印刷（株）

定価はカバーに表示してあります．

ISBN978-4-7806-0591-4　C3033